U0826623

国家“十二五”规划重点图书

中国地质调查局
青藏高原1：25万区域地质调查成果系列

中华人民共和国

区域地质调查报告

比例尺 1：250 000

多格错仁幅

(I45C002004)

项目名称：西藏1：25万多格错仁幅区域地质调查

项目编号： 200313000021

项目负责：朱同兴

图幅负责：于远山　金灿海

报告编写：朱同兴　于远山　金灿海
周邦国　张启跃　周铭魁

编写单位：成都地质矿产研究所

单位负责：丁　俊(所　长)
王　剑(总工程师)

中国地质大学出版社
ZHONGGUO DIZHI DAXUE CHUBANSHE

内容简介

多格错仁幅位于青藏高原腹地羌塘地区北部。通过调查，厘定了测区大地构造格架和构造-地层分区，建立了测区构造-地层系统。在测区北部白头山、岗盖日、狮头山等地划分出若拉岗日构造混杂岩；在白头山及普若岗日等地发现小面积酸性侵入岩，丰富了调查区构造和岩浆活动资料。将区内大面积分布的新生代火山岩划分为新近纪及古近纪两个喷发时代，分别厘定为石坪顶组和鱼鳞山组。在狮头山变基性火山岩中发现有蓝闪石高压变质矿物存在。本报告共八章，约25万字，插图198幅，插表58个，图版7个。报告对测区地层及沉积环境、岩浆岩、变质岩、构造地质及地质发展史等进行了全面系统的论述与总结。

本书可供从事地层古生物、构造地质和区域地质矿产、油气调查的生产、科研人员及高等院校相关专业师生参考使用。

图书在版编目(CIP)数据

中华人民共和国区域地质调查报告. 多格错仁幅(I45C002004)：比例尺 1：250 000/朱同兴，于远山等著. —武汉：中国地质大学出版社，2012. 12

ISBN 978-7-5625-2520-2

Ⅰ. ①中…
Ⅱ. ①朱… ②于…
Ⅲ. ①区域地质-地质调查-调查报告-中国 ②区域地质-地质调查-调查报告-西藏
Ⅳ. ①P562

中国版本图书馆 CIP 数据核字(2010)第 218547 号

中华人民共和国区域地质调查报告
多格错仁幅(I45C002004)　比例尺 1：250 000

朱同兴　于远山 等著

责任编辑：刘桂涛　张　琰　　　责任校对：戴　莹

出版发行：中国地质大学出版社(武汉市洪山区鲁磨路 388 号)　　　邮政编码：430074
电　　话：(027)67883511　　传真：67883580　　E-mail：cbb @ cug. edu. cn
经　　销：全国新华书店　　http://www. cugp. cug. edu. cn

开本：880 毫米×1 230 毫米 1/16　　字数：470 千字　印张：14. 125　图版：7　附图：1
版次：2012 年 12 月第 1 版　　印次：2012 年 12 月第 1 次印刷
印刷：武汉中远印务有限公司　　印数：1—1 500 册

ISBN 978-7-5625-2520-2　　定价：460. 00 元

如有印装质量问题请与印刷厂联系调换

前 言

青藏高原包括西藏自治区、青海省及新疆维吾尔自治区南部、甘肃省南部、四川省西部和云南省西北部，面积达 260 万 km^2，是我国藏民族聚居地区，平均海拔 4 500m 以上，被誉为地球第三极。青藏高原是全球最年轻、最高的高原，记录着地球演化最新历史，是研究岩石圈形成演化过程和动力学的理想区域，是“打开地球动力学大门的金钥匙”。

青藏高原蕴藏着丰富的矿产资源，是我国重要的资源后备基地。青藏高原是地球表面的一道天然屏障，影响着中国乃至全球的气候变化。青藏高原也是我国主要大江大河和一些重要国际河流的发源地，孕育着中华民族的繁生和发展。开展青藏高原地质调查与研究，对于推动地球科学研究、保障我国资源战略储备、促进边疆经济发展、维护民族团结、巩固国防建设具有非常重要的现实意义和深远的历史意义。

1999 年国家启动了“新一轮国土资源大调查”专项，按照温家宝总理“新一轮国土资源大调查要围绕填补和更新一批基础地质图件”的指示精神。中国地质调查局组织开展了青藏高原空白区 1∶25 万区域地质调查攻坚战，历时 6 年多，投入 3 亿多，调集 25 个来自全国省（自治区）地质调查院、研究所、大专院校等单位组成的精干区域地质调查队伍，每年近千名地质工作者，奋战在世界屋脊，徒步遍及雪域高原，完成了全部空白区 158km^2 共 112 个图幅的区域地质调查工作，实现了我国陆域中比例尺区域地质调查的全面覆盖，在中国地质工作历史上树立了新的丰碑。

西藏 1∶25 万 I45C002004（多格错仁幅）区域地质调查项目，由成都地质矿产研究所承担，工作区位于藏北羌塘高原腹地。总体目标与任务是按照《1∶25 万区域地质调查技术要求》（暂行）、《青藏高原艰险地区 1∶25 万区域地质调查技术要求》（暂行）及其他有关规范、指南，参照造山带填图的新方法，应用遥感等新技术手段，充分搜集、分析与利用前人资料，以区域构造调查与研究为先导，合理划分测区构造单元，对测区不同地质单元、不同的构造—地层单位采用不同的填图方法，开展编测结合的区域地质调查。最终通过对沉积建造、变质变形、岩浆作用的综合分析，反演区域地质演化史，建立构造模式。

I45C002004（多格错仁幅）地质调查工作时间为 2003—2005 年，累计完成地质填图面积为 15 465km^2，实测剖面 26.81km。地质路线 2 281km，采集各类样品 1 357 件，全面完成了设计工作量。主要成果有：①对测区地层沉积特征及建造类型进行了论述，将测区地层划分为 19 个正式填图单位，从而重新厘定了测区地层系统，建立了地层构造格架。②测区原石坪顶组解体为古近系始—渐新统鱼鳞山组及新近系石坪顶组，将测区康托组、唢纳湖组的地层时代划归为古近系始新统，为分析测区新生代构造盆地演化特征提供了依据。③系统地划分出 16 个生物地层单位，有力地支撑了区内地层划分及大区域地层对比，为建立羌塘沉积盆地演化的年代地层格架奠定了基础。④查明了调查区各类侵入岩、火山岩的岩石类型、分布、产状、形态、规模和活动时代等特征。⑤将调查区侵入岩划分为两个构造岩浆岩带，即若拉岗日构造岩浆岩带和北羌塘构造岩浆岩带，进行了岩石学、岩石化学、地球化学、形成时代等方面的研究,探讨了岩浆源区性质及形成环境。⑥对调查区三叠系若拉岗日岩群中的变质火山岩进行了深入调研,认为其组成复杂,构造岩浆类型多样。首次将若拉岗日岩群变质火山岩划分为洋脊型、洋岛型及岛弧型火山岩三类。⑦对调查区大面积分布的新生代火山岩调研发现,其主要呈熔岩被形式产出,部分火山岩呈桌状山、熔岩台地、熔岩丘及火山锥等形式产出。时间上分为新近纪及古近纪,代表了两期火山喷发旋回。

2006年4月,中国地质调查局组织专家对项目进行最终成果验收,评审认为,成果报告资料齐全,工作量达到(或超过)设计规定,技术手段、方法、测试样品质量符合有关规范、规定。报告章节齐备,论述有据,在地层、古生物、岩石和构造等方面取得了较突出的进展和重要成果,反映了测区地质构造特征和现有研究程度,经评审委员会认真评议,一致建议项目报告通过评审,多格错仁幅成果报告被评为优秀级。

参加报告编写的主要有朱同兴、于远山、金灿海、周邦国、张启跃、周铭魁,由朱同兴、于远山编纂。项目根据多格错仁幅成果报告验收意见,对地质报告(送审稿)和地质图进行了全面修订和校正,最后由朱同兴研究员和周铭魁研究员、于远山高级工程师定稿。1∶25万多格错仁幅区域地质图由于远山、罗木金、周明魁、金灿海、周邦国、张启跃等编制,朱同兴研究员最后审定,数字化制图由张磊等完成。

参加本项目野外调研工作的主要技术人员有朱同兴、于远山、金灿海、周邦国、张启跃、曾庆荣、石文礼、李鸿睿、邹光富、田应贵、赵云江等;后勤服务人有缪国夏、张健、杨哲超、胡小松、胡仁才、李志强、阎勇、杨国先、刘绍安等。

1∶25万多格错仁幅区域地质调查工作,自始至终得到了成都地质矿产研究所丁俊所长、王剑副所长、潘桂棠研究员、王立全研究员、中国地质调查局基础调查部和区调处领导的关心和指导,得到了甘肃地调院、云南地调院和西藏自治区那曲行署矿产管理局、双湖特别行政区政府的大力支持和帮助,在此致以最诚挚的谢意!

为了充分发挥青藏高原1∶25万区域地质调查成果的作用,全面向社会提供使用,中国地质调查局组织开展了青藏高原1∶25万地质图的公开出版工作,由中国地质调查局成都地调中心与项目完成单位共同组织实施。出版编辑工作得到了国家测绘局孔金辉、翟义青及陈克强、王保良等一批专家的指导和帮助,在此表示诚挚的谢意。

鉴于本次区调成果出版工作时间紧、参加单位较多、项目组织协调任务重以及工作经验和水平所限,成果出版中可能存在不足与疏漏之处,敬请读者批评指正。

“青藏高原1∶25万区调成果总结”项目组

2010年9月

目　　录

第一章　绪　言

第一节　任务与要求

中国地质调查局2003年3月26日根据中地调函（2003）77号向成都地质矿产研究所下达了《西藏1∶25万黑虎岭幅（I45C002003）、多格错仁幅（I45C002004）、江爱达日那幅（I45C003003）、吐错幅（I45C003004）区域地质调查》项目任务书。

任务书编号：基（2003）002-19。

项目编号：200313000021。

工作性质：基础地质调查。

工作年限：2003年1月—2005年12月。

承担单位：成都地质矿产研究所。

总体目标与任务：按照1∶25万区域地质调查技术要求（暂行）、青藏高原艰险地区1∶25万区域地质调查技术要求（暂行）及其他有关规范、指南，参照造山带填图的新方法，应用遥感等新技术手段，充分搜集、分析与利用前人资料，以区域构造调查与研究为先导，合理划分测区构造单元，对测区不同地质单元、不同的构造-地层单位采用不同的填图方法，开展编测结合的区域地质调查。最终通过对沉积建造、变质变形、岩浆作用的综合分析，反演区域地质演化史，建立构造模式。

本着图幅带专题的原则，在区域地质调查的基础上，进一步加强含油气性的特殊岩类（如油页岩、生物礁、白云岩等）、地表油气标志和盖层条件的调查，研究中新生代沉积盆地的性质与演化及其与油气的成生关系；进行新生代岩浆活动、新构造活动和第四纪地质的调查研究，探讨青藏高原环境变化趋势和隆升过程及其对成藏条件的影响；对测区南部的查布-查桑-双湖构造带的性质、形成与演化过程进行深入研究；采用有效的技术方法和方法组合，注意对生态环境、旅游资源、矿产资源和灾害地质的调查研究。

测区范围：包括1∶25万黑虎岭幅、多格错仁幅、江爱达日那幅、吐错幅全部区域，地理坐标为东经87°00′—90°00′，北纬33°00′—35°00′，填图总面积61 860km²。其中多格错仁幅位于联测区范围的北东部。

预期成果：①提交分幅地质图件及区域地质调查报告、专题研究报告。②按中国地质调查局编制的《地质图空间数据库工作指南》，分幅提交以ARC/INFO、MAPGIS图层格式的数据光盘及图幅与图层描述数据、报告文字数据各一套。遥感解译数字影像图及数据光盘。

提交报告时间：2005年7月提交野外验收成果资料，2005年12月提交最终验收成果资料。

根据项目任务书总体目标与任务，结合测区具体地质情况，本次地质调查的具体任务是：

（1）以现代造山带理论为指导，以3S新技术、新方法为手段，以区域构造调查和研究为基础，合理划分测区构造单元；查清不同构造单元的基本特征；对测区主要构造进行调查。

（2）以现代地层学和沉积学理论为指导，对不同构造单元的沉积岩系进行岩石地层划分，建立沉积地层层序，划分正式和非正式填图单位。重点开展侏罗系岩石地层、生物地层、年代地层、层序地层和磁性地层等在内的多重地层划分与对比，建立侏罗系地层标准剖面；重视沉积相尤其是与油气关系密切的特殊岩类（如油页岩、生物礁、鲕粒灰岩、白云岩、含膏杂色岩系等）、地表油气标志和盖层条件的调查；加强古流向标志、盆地充填序列、重要地质界面以及盆地分析等数据的采集和调查，为研究中新生代沉积盆地的性质与演化及其与油气的成生关系提供基础资料。

（3）查明测区第四系主要沉（堆）积物的年代及成因类型，划分第四系填图单位，采集第四系孢粉化石和测年样品，为开展第四纪古地理、古环境和古气候变化的研究提供实际资料，探讨青藏高原环境变化趋势及其对成藏条件的影响。

（4）查明测区二叠系、三叠系、下侏罗统和新近纪火山岩的分布范围、岩石学特征、地球化学特征及其大地构造背景。

（5）通过对测区典型花岗岩的地质填图，查明岩体的就位机制及其与成矿作用关系。

（6）对测区的变质岩系，采用构造-地层填图方法，以构造变形、变质作用理论为指导，以构造分析方法为手段，以地质事件演化序列为主线，选择恰当的变质岩填图单位，通过地质填图和研究，查明变质岩的基本特征和构造变形。

（7）注意收集测区国土资源（土地资源、旅游资源、生物资源等）数据，为国民经济发展和西部大开发出谋献策，对双湖国家级野生动物自然保护区进行生态环境调查，提出环保建议。

第二节　自然地理概况

联测区位于西藏北部，行政区划主要隶属于西藏双湖特别行政区，部分属于青海省格尔木市管辖（图 1-2-1）。联测区在地理区划上属青藏高原地理区羌塘高原内陆湖盆地带。测区主要山脉（如冬布勒山脉等）呈北西方向延伸，与区域构造线走向基本一致。山顶积雪终年不化，白雪皑皑，冰峰重叠，蔚为壮观，主脊线海拔多在 5 500m 以上。测区内一些重要山脉和冰川主要有普若岗日大冰川（6 482m）、岗盖日（5 963m）等。这些雪山是许多河流与湖泊的重要补给来源。由于被四周的高山所阻隔，水系

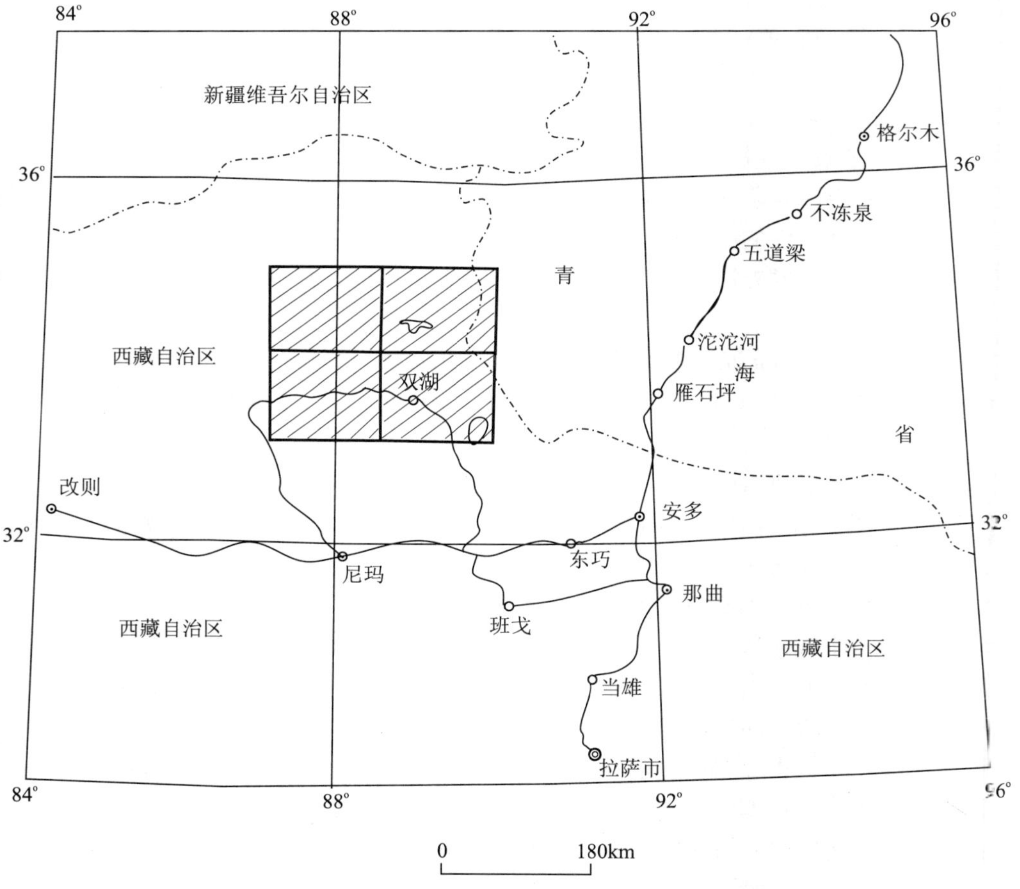

图 1-2-1　联测区交通地理位置简图

不能外泄，因而星罗棋布的湖泊成为测区地表水汇集之地，在地形上形成了独特的藏北高原湖盆地貌，其间点缀着以多格错仁、东湖为代表的大小不等的一系列咸水湖泊。测区发育的较大河流有：发源于黑虎岭流入多格错仁的长龙河；发源于普鲁岗日流入多格错仁的长水河、东温河；发源于岗盖日和冬布勒山脉流入长湖的西峡河等。藏北湖盆区夷平面发育，地形相对平缓，平均海拔为 5 000m 以上。

藏北高原为高原亚寒带半干旱季风型气候区，属典型的大陆性气候。这里气候干燥、寒冷，空气稀薄，低压、缺氧严重，一年四季不分明，冬长无夏，多风雪天气，年温差相对大于日温差，没有绝对无霜期，年大风日达 250 天，年日照时间长达 2 628h，降水量集中，6～8 月的降水量约占全年降水量的 93%，年降水量仅为 127～150mm。这里天气变化无常，时而晴空万里，时而浓云密布，狂风大作，冰雪交加，雷声隆隆。自然灾害十分频繁，风灾、雪灾和霜灾为主要的自然灾害。

联测区内已发现铁、铜、铅锌等金属固体矿点和石膏矿、盐类等非金属沉积型矿点 57 个，油气苗点 38 个。野生动植物资源也十分丰富，主要野生动物有野牦牛、野驴、熊、狼、藏羚羊、黄羊、岩羊、黄鸭、鸽子、雪鸡、猞猁、秃鹰等，主要野生植物有角苗伞根、虎耳根、大叶秦艽、麻黄、红花、刺参、葫芦苗、高山党参、青活麻、大黄等 40 多种。由于测区是世界上湖面最高、范围最大、数量最多的高原湖区，并且多为咸水湖或盐湖，许多湖泊蕴藏着丰富的盐类矿产资源和稀有金属元素，对这些湖泊的系统调查与研究，将有利于双湖地区乃至西藏的资源开发，对加快当地国民经济发展和西部大开发的步伐有着重要的现实意义。

联测区内交通通行条件极差，基本无公路可通行。区内广大地区的地质填图工作完全依靠四轮驱动车强行探索前进。

双湖行政区居民以藏族为主，人口稀少。测区北部（北纬 34°00′以北）为无人区，南部有少量居民，均从事牧业，主要饲养牦牛、绵羊、山羊，牧业为其支柱产业。因此，实施野外地质调查过程中的基本生活物资，多依赖外地供给。

土特产品为山羊绒和扎加藏布河中特有的无鳞鱼。

第三节 地质调查研究历史及工作程度

一、地质调查研究历史

测区属青藏高原中比例尺区域地质调查空白区，除双湖一带之外，其他区域的地质调查研究程度较低。20 世纪 80 年代以来，党和政府非常重视西藏的经济建设和生态环境的保护，先后有西藏地矿局、地矿部青藏高原地质调查大队、中国石油天然气总公司、成都地质矿产研究所、成都理工大学、吉林大学、中国地质大学和中国科学院等单位先后对测区的地质构造和生态环境进行过调查和专题研究。

测区地质调查研究历史可以明显地分为 3 个阶段：①建国前，仅有少数外国探险家和地质学家对测区进行过零星的路线地质调查，可用的地质资料十分有限；②20 世纪 80 年代为测区内区域地质调查的重要时期。原地矿系统对测区地层、岩石、构造等进行了多学科综合考察、路线地质调查和 1∶100 万区域地质调查。1986 年由西藏自治区地质矿产局区域调查大队（以下简称西藏区调队）完成的《1∶100 万改则幅区域地质调查报告》、1980—1985 年由地质矿产部青藏高原地质调查大队完成的区域地质调查成果（集中反映于《青藏高原地质文集》），以及文世宣（1979）、蒋忠惕（1983）、吴瑞忠（1986）对藏北羌塘地区地层系统的厘定，王成善等（1987）对羌塘地区地质构造特征的研究都具有广泛的代表性；③20 世纪 90 年代中期以来，西藏自治区地质矿产局出版了《西藏自治区区域地质志》（1993）和《西藏自治区岩石地层》（1997）。为配合中国石油天然气总公司新区事业部青藏石油勘探项目经理部在藏北羌塘盆地开展的大规模石油勘探计划，先后有 13 支队伍在羌塘盆地进行过 1∶20 万石油地质路线调查，1∶10 万区域石油地质填图以及各类专题的研究（图 1-3-1）。

测区内还做过 1∶20 万航磁、重力测量、6 条大地电磁测深（MT）剖面。这些基础资料对提高测区 1∶25 万地质调查成果的质量，无疑是十分宝贵的。在石油地质调查过程中，既强调了多学科之间的

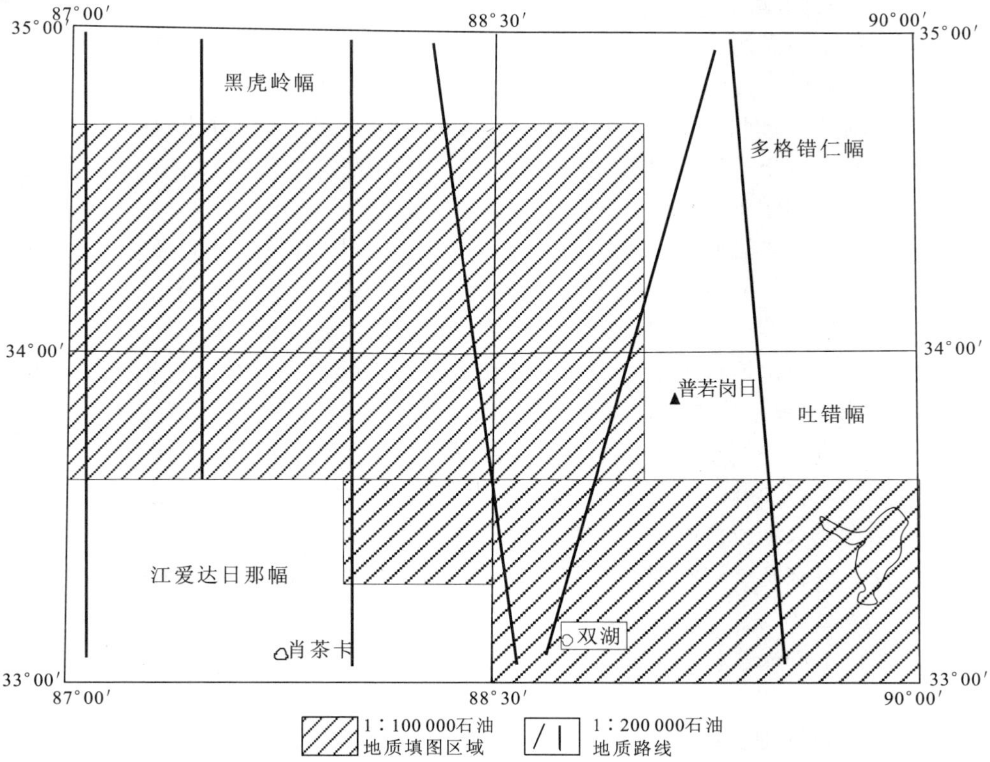

图 1-3-1　联测区地面地质调查研究程度图

综合调查，又侧重于各类专题的深入研究，如朱同兴等（1997、2002）通过对羌塘盆地西区综合地质的研究，系统地建立了羌塘盆地晚古生代—中新生代地层标准剖面，并对羌塘盆地大面积出露的海相侏罗系地层进行了包括岩石地层、生物地层及年代地层、层序地层、磁性地层等在内的多种地层划分与对比；赵政璋、李永铁、叶和飞等（2001）对青藏高原地层、羌塘盆地石油地质的研究；王成善等（2001）对西藏羌塘盆地地质演化与油气远景评价；李才、程立人、胡克等（1995、2002）对西藏龙木错—双湖古特提斯缝合带的研究；郑绵平等（1989）对青藏高原盐湖的研究；程立人等（1998）、李勇等（2001、2002）、尹海生等（2003）对测区地层古生物、沉积相和地质构造的研究以及中国科学院对普若岗日大冰盖的冰心研究等都集中反映了测区的最新地质研究水平。

值得指出的是，1∶100 万改则幅区调报告成果、1∶50 万编图成果和中国石油天然气总公司新区事业部青藏石油勘探项目经理部（以下简称青藏项目经理部）组织的在藏北羌塘盆地开展的大规模石油地质调查成果是测区内最重要的基础性地质资料。

二、地质工作程度和利用程度

1. 对 1∶100 万改则幅区调报告的评估

改则幅区域地质调查覆盖了测区全部区域。区内布置的地质路线有 5 条，长度约 1 100km，路线间距为 50～100km（图 1-3-2）。

1∶100 万改则幅区调报告初步查明了测区内地层的时空展布；初步建立了测区内岩石地层系统；对测区变质岩系进行了初步研究，划分了变质岩序列和变质相；初步划分了羌塘陆块内部的次级构造单元。上述工作成果基本奠定了测区的地层、构造和变质岩序列的总体框架。报告中所测试的部分样品（如侵入岩的化学分析、微量元素等）和鉴定的部分化石样品，部分 K－Ar 同位素年龄样品，本次工作中将选择利用；报告中对侵入岩、变质岩和区域构造的调查和描述也有许多可利用的价值；报告中对测区内矿产有了更多地了解，大致掌握了全区的水质类型。

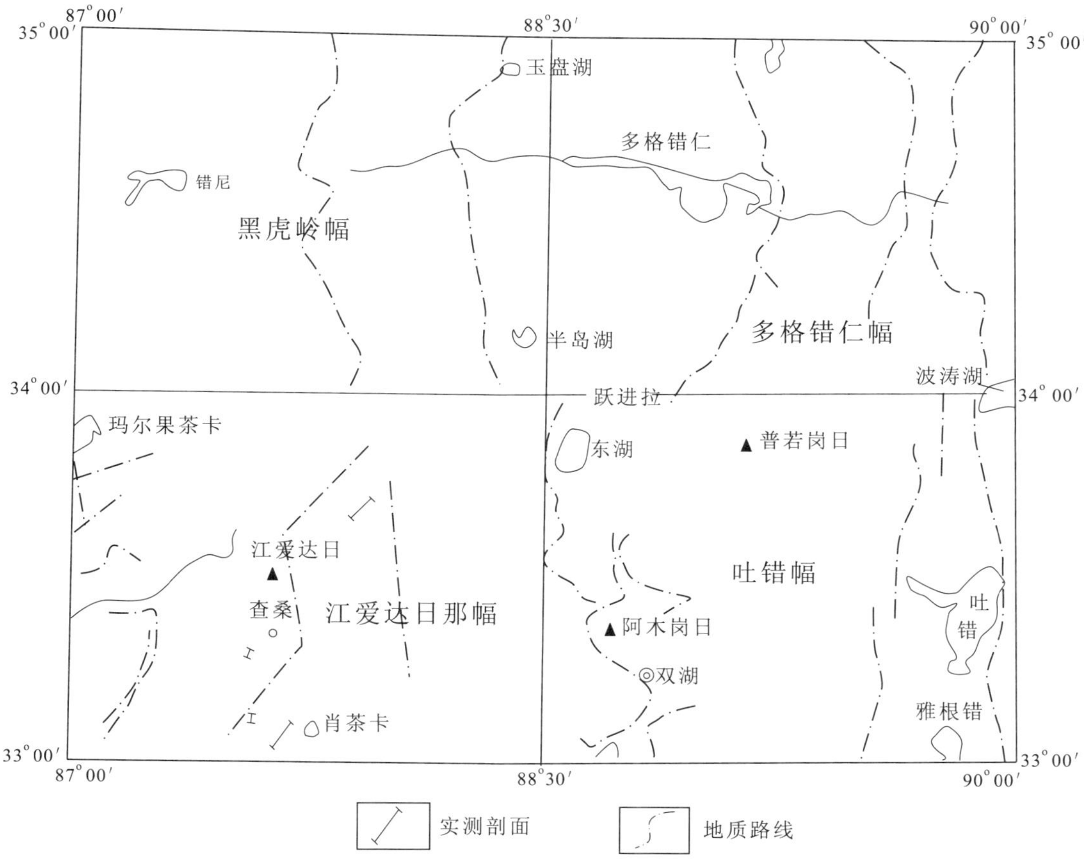

图 1-3-2　1：100 万改则幅区域地质调查布置的测区内地质路线和实测剖面位置示意图

1：100 万改则幅地质图图面结构合理，原始资料真实、可靠，经西藏地质矿产局和地质矿产部区域地质调查司组织验收，最终评审认为所取得的成绩较为突出，提高了青藏高原的地质研究程度，是一项较好的区域地质成果报告，对本次 1：25 万区调填图具有重要的参考价值。

受当时客观条件限制，测区除 3 条地质路线之外的其他区域地质研究程度很低，大部分地区属地质空白区。同时由于填图比例尺过小，对测区的点、线控制程度和采集样品的控制密度等都不能满足 1：25万区域地质调查工作的要求。对测区广泛分布的中新生代沉积岩系的相标志的采集、沉积相划分、岩石地层单位接触界面性质、沉积盆地分析显然是不够的。本次为配合研究专题的需要，填图过程中必须加强和重视这一方面的调查工作，要特别注意重要的地质界面（包括 T/P、J/T 等界面）的观察和侧向追索。区调工作过程中，除按照常规地质填图程序外，还应重视“3S”和数字填图等新技术和新方法的野外运用研究，充分调查各类地质体的垂向和横向变化。

2. 对 1：20 万石油地质路线调查报告和 1：10 万区域石油地质调查报告的评估

1993 年中国石油天然气总公司成立青藏油气勘探项目经理部，1994—1997 年在测区及邻区组织开展了 1：20 万石油地质路线调查和 1：10 万遥感区域石油地质调查（表 1-3-1、表 1-3-2）。测区已完成的 1：10 万填图面积为 36 970km^2，约占测区总面积的 60%；完成的地质点位 20 053 个；地质路线长度 16 487km；实测剖面长度 175 567m；采集各类样品共计 21 505 件；其中同位素年龄样品 159 件；大化石样品 3 108 件；微体古生物样品：1 796 件；石油地质样品 4 033 件。

1：10 万遥感区域石油地质填图一般地质路线间距 4km，允许偏离 1km，点距 500m，重要的地质界线、标志层与特殊岩类要进行追索。野外手图采用中国人民解放军总参测绘局及其放大的 1：5 万经过修正的地形图，室内成图的 1：10 万地理底图，是利用 1：10 万地形图计算校正、抽取等高线、地形地物经取舍后重新编绘。遥感解译利用中国石油天然气总公司遥感地质研究所提供的与 1：10 万地形图

表 1-3-1　测区 1∶10 万区域石油地质调查实物工作量统计表

资料名称	路线长度（km）	剖面长度（m）	面积（km^2）	地质点	采集样品	同位素样品	大化石样品	微古样品	石油地质样品	完成单位
沙窝滩幅、白滩湖幅、强仁温杂日幅区域石油地质调查报告	1 240	23 554	4 278	1 748	1 522	5	220	61	376	大庆石油学院
红土山幅、玉盘湖幅、黑虎岭、金沟塘幅、琵琶湖幅、半岛湖幅区域石油地质调查报告	2 448	9 534	8 683	4 218	1 327	13	216	114	226	成都地质矿产研究所
石榴湖幅、亚克错幅、花梁山幅、错尼幅、甜水河幅光明湖幅石油地质调查报告	2 360	12 497	4 235	1 750	1 216	31	165	87	166	成都理工大学
西长梁幅、黑尖山幅、长龙山幅、东湖幅区域石油地质调查报告	2 348	14 907	7 292	3 286	1 290	39	140	126	213	成都地质矿产研究所
笙根幅、洞错幅区域石油地质调查报告	945	19 134	3 483	1 430	1 128	14	221	88	191	成都理工大学
蜈松山幅、达尔沃错温幅区域石油地质调查报告	1 012	6 496	3 631	1 792	1 142	16	273	67	103	长春科技大学
西雅幅区域石油地质调查报告	1 525	6 830	1 790	2 018	1 433	4	131	177	312	大庆石油学院
蒂让碧错幅、孔纳木幅区域石油地质调查报告	1 350	10 172	3 578	1 618	1 112	3	85	276	256	江汉石油研究院
合计（8 份石油地质报告）	13 228	111 167	36 970	17 860	10 170	125	1 451	996	1 843	

表 1-3-2　测区 1∶20 万路线石油地质调查实物工作量统计表

资料名称	路线长度（km）	剖面长度（m）	地质点	采集样品	同位素样品	大化石样品	微古样品	石油地质样品	完成单位
西藏玛尔盖查卡—角木日—朗木登石油地质路线调查报告	573	12 864	385	3 050	4	302	115	407	成都地质矿产研究所
西藏若拉错—希杂日—纳江错石油地质路线调查报告	513	9 945	508	2 934	6	747	273	419	大庆石油学院
西藏塘鲁—普鲁岗日—多格错—仁强错石油地质路线调查报告	403		300	765					江汉石油研究院
西藏朝阳湖—错尼—纳洛日石油地质路线调查报告	770	13 591	547	2 790	13	436	151	871	成都理工大学
西藏尼玛—雪环湖石油地质路线调查报告	1 000	28 000	453	1 796	11	172	261	493	成都理工大学
合计（5 份路线石油地质报告）	3 259	64 400	2 193	11 335	34	1 657	800	2 190	成都理工大学

分幅相同的 1∶10 万比例尺 TM 卫星遥感图片及 1∶5 万的放大图片。该图片采用 541 波段假彩色合成，精度范围 30m，具有地质影像清晰、云层掩盖少、信息量丰富的特点。野外及室内整理以及各项目原始记录均按中华人民共和国石油天然气行业标准《野外石油天然气地质调查规范》（SY5517－92）执行。

1994—1997 年青藏项目经理部还在测区及相邻地区开展 1∶20 万航空磁测，面积 42.5 万 km^2；1∶20万重力勘探，面积 26.36 万 km^2；1∶20 万大地电磁测深（MT）物理点 1 905 个，长度 5 534km 等非地震地球物理勘探工作。同时，根据石油地质工作需要，设置各项专题研究，通过地质调查与研究工作，取得了大量的、丰富的地质资料，建立了测区地层系统与构造格架和岩浆活动规律，为 1∶25 万区调联测打下坚实基础，也为测区下一步的石油勘探工作奠定了坚实的基础，可以说测区内中新生代地层覆盖区油气勘探的前期准备工作任务已经接近基本完成。

经中国石油天然气总公司青藏项目经理部和成都地质矿产研究所总结 5 年勘探成果和综合研究，较为明确的认识是：羌塘盆地为具良好的石油地质条件和较好勘探前景的勘探目标盆地。盆地有沉积厚度巨大、有机质丰富的烃源岩，热演化程度在盆地中部适中，处于大量生油到凝析油阶段，地面露头已发现物性良好的白云岩和广泛分布的生物礁、生物浅滩相灰岩以及可作为封盖层的、延展性良好的膏盐层。在地震剖面上也发现了特征明显、规模巨大的生物礁体构造，圈闭面积大于 $100km^2$ 的保存形态较完整的背斜构造达 15 个（其中大部分在测区内），保存条件总体较好，具备形成大中型整装油气田的石油地质条件。

但是由于羌塘地区特殊的自然地理条件和复杂的地质条件，在以往的勘探生产和研究过程中，仍存在许多亟待解决的问题，主要有：

（1）区域地质构造演化对盆地形成、演化、热史、有机质演化、生成和运移及成岩的控制作用。

（2）中央隆起带是基底隆起带还是构造混杂带，二叠系是裂谷还是缝合带，中央隆起带的形成与演化过程及其对南、北羌塘油气生成与运移的影响。

（3）南北羌塘中新生代盆地的形成与演化及其与油气资源生成的关系。

（4）构造变形规律及改造期次、程度、深部构造式样与地表式样的关系，推覆构造及南北向断裂对成藏条件的影响。

上述有关问题在本次 1∶25 万区域地质填图过程中都得到了高度重视。

3. 对《青藏高原羌塘盆地及邻区 1∶50 万地质图及说明书》的评估

青藏高原羌塘盆地及邻区 1∶50 万地质图属编图性质，利用的资料主要有 1∶100 万改则幅区域地质报告和青藏石油勘探项目经理部 1994—1996 年提供的若干份 1∶20 万路线石油地质调查报告、1∶10 万区域石油地质调查报告以及遥感卫星 TM 图像资料。通过编图，提高了羌塘盆地岩石地层、构造、岩浆岩和石油地质的研究程度。在编图方法上突破常规，在地质图面上圈定出中大型褶皱构造、地面油气显示、油页岩、膏岩层、生物礁灰岩以及温泉等与石油地质密切相关的信息。因此羌塘盆地及邻区 1∶50 万地质图及说明书对本次 1∶25 万区域地质填图和石油地质研究具有重要的参考价值。

存在的主要问题：由于 1∶50 万地质图属编图性质，主要是利用前人的资料进行编图，所以在没有进行 1∶20 万路线石油地质调查和 1∶10 万区域石油地质调查的地区，地质资料明显缺乏，地质图面较为空旷，对某些地质体（如中上侏罗统雁石坪群）的认识过于粗略，有待于野外的进一步查证；中央隆起带的形成与演化对南北羌塘坳陷乃至整个羌塘盆地影响较大，但在 1∶50 万地质图说明书中有关中央隆起带的形成与演化方面的论述很少，本次 1∶25 万区域地质调查过程中，需要通过更多的野外地质工作，补充和深化对中央隆起带的形成与演化方面的认识。

4. 对前人一系列科研资料的利用程度评估

本次工作对涉及测区及邻区的科研资料进行了尽量收集，对收集的资料进行消化、归纳、整理，并最大限度地提取其中的有用部分，在工作中加以利用或用于指导本次区调工作。如文世宣等（1979）、蒋忠惕（1983）、吴瑞忠等（1985）对藏北羌塘地区地层系统的厘定；王成善等（1985）、李才等（1990、1994）对羌塘地区地质构造特征的研究；朱同兴等（1997、2002）对羌塘盆地多重地层的划分以及沉积盆地演化的研究，尤其是对羌塘盆地大面积出露的海相侏罗系地层进行了包括年代地层、岩石地层、生物地层、层序地层、磁性地层等在内的多种地层划分与对比研究；赵政璋、李永铁、叶和飞等（2001）对羌塘盆地石油地质的研究；李才、程立人、胡克等（1995、2002）对西藏龙木错-双湖古特提斯缝合带以及双湖地区蓝片岩的研究；郑绵平等（1989）对青藏高原盐湖的研究；尹海生等（2003）、李勇等（2001）、程立人等（1998）对测区地层古生物、沉积相和地质构造的研究等都集中反映了测区的最新地质研究水平。《1∶100 万改则幅区域地质调查报告》、《西藏自治区区域地质志》、《羌塘盆地及邻区1∶50万地质图说明书》等专著中有关对构造单元的划分、地层系统和变质变形等，本次工作都将充分利用。测区岩石地层单位名称和正式填图单位、非正式填图单位名称基本采用《羌塘盆地西区综合地质工程研究报告》(QT96YZ－01) 研究成果。在充分利用前人科研资料的同时，对一些存在争议的重大地质问题，如关键性地层界面性质的识别、中生代盆地性质及其演化、中央隆起带是褶皱基底还是构造混杂带、盆地内褶皱和断裂构造的性质和平面展布、侵入岩的定位机制等，都已作为本次1∶25万区域地质调查的重点，力争取得突破性成果。

第四节　完成任务情况

一、工作概况

西藏1∶25万黑虎岭幅 (I45C002003)、多格错仁幅 (I45C002004)、江爱达日那幅 (I45C003003)、吐错幅 (I45C003004) 区域地质调查项目于2003年1月开始启动，分3个大的阶段进行。

1. 组建队伍、资料收集、野外踏勘、设计编写阶段

时间为2003年1月—2004年1月。主要工作包括：①与合作单位协调，共同组建队伍；②全面收集测区及其邻近区域地质资料和有关文献资料；③2003年5月—2003年8月进行了野外初步踏勘，实测了大部分地层剖面，对测区地层展布和构造格架有了大致了解；④编写了《1∶25万黑虎岭幅 (I45C002003)、多格错仁幅 (I45C002004)、江爱达日那幅 (I45C003003)、吐错幅 (I45C003004) 区域地质调查工作设计书》，编制了1∶25万黑虎岭幅、多格错仁幅、江爱达日那幅、吐错幅地质草图和区域地质调查工作部署图。

2. 设计审查、野外地质调查阶段

大规模野外地质调查分两次。第一次为2003年5月8日—9月10日，重点是实测地层剖面和对江爱达日那幅、吐错幅进行部分填图。2004年1月通过由中国地质调查局在长春组织的项目设计审查。

第二次大规模野外调查时间为2004年3月25日— 9月15日，完成了剩余图幅的填图扫面工作，同时补测了一些地层剖面。对南部双湖构造混杂岩剖面和北部晚三叠世若拉岗日岛弧构造剖面进行了全面实测、补充采样和深入观察研究。

3. 资料综合整理、野外资料验收、报告编写、成果验收和资料归档阶段

2004年10月以后，在全部野外工作结束的基础上，转入全面的野外资料整理和图件编制阶段。主要进行了以下几项工作：①完成各类样品的送样、鉴定、测试分析；②全面检查原始资料和资料的综合整理；③对分析测试成果进行数据处理和编拟各种图件和表格；④按区域地质调查规范和技术要求编制和审定1∶10万分幅实际材料图、1∶25万分幅地理底图和分幅地质图；⑤编写1∶25万分幅野外地质调查报告和详细提纲；⑥2005年6月，通过由中国地质调查局在拉萨组织的野外原始资料验收，同意转入室内资料综合整理阶段；⑦2005年7—12月，编制1∶25万分幅地质图最终稿、编写1∶25万分幅区域地质调查报告和两个专题研究报告、申请成果验收；⑧2006年1—6月，数字化地质图以及全部地质资料的归档、成果登记。

二、完成的实物工作量

实际完成的实物工作量与设计工作量对比见表1-4-1。从表1-4-1中可以看出，本图幅已全面完成设计书和项目下达的实物工作量指标，并根据图幅实际情况增加了硅酸盐分析、微量元素和稀土分析、Ar－Ar同位素测年等测试分析工作量，相应地调整了电子自旋共振测年、粒度分析、碳氧同位素等样品的测试分析数量。测试项目的适量调整与补充，不仅满足了 1：25 万区域地质调查工作需要，而且在一定程度上还促进了某些地质问题的深入研究，提高了区调工作的质量。

表 1-4-1　1：25 万多格错仁幅完成的实物工作量与设计工作量对比表

项目			单位	设计工作量	完成工作量
填图	面积		km^2	15 465	15 465
	地质路线	实测路线	km	2 000	2 281
		利用路线	km	1 000	650
		实测地质点	个		714
		利用地质点	个		见资料卡片
遥感地质	解译面积		km^2	15 465	15 465
	实地验证路线		km	800	1 000（见资料卡片）
剖面	实测剖面		km	30	26.81
	利用剖面		km	10	15
采样	岩矿薄片		件	500	549
	定向薄片		件	20	3
	陈列样		件	50	101
	大化石		件	200	203
	微体化石		件	35	53
	简项分析		件	3	4
	硅酸盐分析		件	30	113
	稀土分析		件	30	113
	微量光谱样		件	30	113
	同位素年龄样		件	15	102
	水样、生储盖层样		件	10	3

三、质量评述

1. 1：25 万地形地理底图和地质图编图技术要求及精度

地理底图资料选取于国家基础地理信息中心编制的 1：25 万地形数据库。该资料采用 ARC/INFO 格式，坐标系统采用 1954 年北京坐标系，高程基准采用 1956 年黄海高程系。图形的矢量化输入和属性数据录入在 MAPGIS 软件系统中完成，图形的编辑、修改和输出也在 MAPGIS 系统中完成。图形数据和属性数据编辑好后，再转成 ARC/INFO 的标准格式，然后在 ARC/INFO 软件中进行最后的 1：25 万地质图的 ARC/INFO 格式的数据库。

新编的 1：25 万地理底图采用高斯—克吕格投影，六度分带，按国际分幅系统，采用统一的新编号，图幅经差 1°30′，纬差 1°分幅。经、纬线网格以经差 15′、纬差 10′组成。直角坐标网按 10km 标注，等高距为 100m，高程系统采用 1985 年国家高程基准。三角控制点位误差不超过±0.2mm，图廓边长误差不超过±0.2mm，方格网误差不超过±0.1mm，对角线误差不超过 0.3mm，两对角线的误差不超过 0.3mm。地理底图中的水系部分基本应用原始水系，仅把主干和支流用粗、细线加以区分；行政区划和地名参照新版的行政区划表、地名表进行了校正，并增添了与地质内容关系密切的地名，以便与区域地质调查报告相对应。地形地理底图和地质图的技术要求和精度能够符合中国地质调查局有关技术规定的要求，地名、公路、山川的现时性较强，能满足 1：25 万地质图精度之需要。

2. 地质剖面控制程度

测区内所有沉积岩岩石地层填图单位均有实测/修测/利用地层剖面控制，其中二叠系、三叠系、侏罗系地层都有2～3条地层剖面控制；对第四系湖积阶地和河流阶地、冰川地貌以及岩浆岩侵入岩体也有实测剖面或详细地质路线控制；对双湖构造混杂岩带、晚三叠世若拉岗日岛弧带也有实测构造剖面或详细地质路线控制。通过本次地质填图，基本查明了区内各岩石地层单位之间的接触关系和沉积岩相古地理环境，并对层序地层界面类型和沉积体系域结构特征进行了详细的资料收集。其研究程度达到了设计书规定的各项要求。

3. 地质填图精度

根据测区的地形地貌和通行条件，在遥感解译先行的基础上，在设计书中已经提出，测区划分两类工作区——实测区和修测区。在实测区，又分出重点工作区和一般工作区。不同工作区的地质路线密度有所区别。实际工作中全面达到设计要求，并在有些地段适当加密，对重要的地质体辅以横向追索，对个别实在不能穿越的地段，项目专门安排遥感子区分析，定遥感点进行控制。工作手图为1∶10万地形图，全部采用手持GPS定位，地质点和地质路线最大误差不超过100m，超过1∶3的地质点有野外实地遥感影像解译验证资料。在地质图上能够正确标定直径大于500m的闭合地质体；宽度大于250m，长度大于750m的线状地质体和长度大于1 000m的断层及褶皱构造。其填图精度达到设计书要求。

4. 遥感技术应用程度

根据西藏北部地质地貌的实际情况，选用了美国陆地资源卫星Landsat－7 ETM数据6景，成像时间分别为1999年8月25日、1999年9月17日和2000年4月4日、2000年6月17日（表1-4-2）。遥感数据的选购本着经济性和实用性原则，数据分辨率要满足1∶25万区域地质调查项目使用的最大比例尺要求，同时选择云层和冰雪覆盖较少的数据。

表1-4-2　ETM数据轨道号及接收时间

141－36 (1999.9.17)	140－36 (1999.8.25)	139－36 (2000.4.4)
141－37 (1999.9.17)	140－37 (1999.8.25)	139－37 (2000.6.17)

本项目使用的6景ETM数据质量较好，处理的遥感图像质量较佳，地面分辨率达到15m，带宽185km。全部数据由北京中国石油勘探开发研究院遥感地质研究所处理并形成1∶10万和1∶25万遥感影像图。遥感解译面积覆盖整个测区，按规范要求分为3大阶段，即设计阶段遥感解译、野外工作阶段遥感解译和综合研究阶段遥感解译。其中在综合研究阶段，还从实际工作需要出发，专门确定30个小区做详细的子区数据处理和1∶3万～1∶10万的比值分析和主成分分析成图。

遥感技术的应用为填图工作和区域构造格架判断起到了较好的作用，达到设计要求，并为探索在高寒险峻的西藏羌塘地区深入应用遥感技术积累了经验。

5. 样品分析鉴定质量

图幅内的古生物鉴定由成都地质矿产研究所、成都理工大学、云南地质调查研究院（以下简称云南地调院）、南京古生物地质研究所共同承担；岩矿薄片鉴定由成都地质矿产研究所（以下简称成都地矿所）、四川地质调查研究院（以下简称四川地调院）承担；同位素测龄的Sm－Nd法由宜昌地质矿产研究所（以下简称宜昌地矿所）承担、Ar－Ar法由中国科学院广州地球化学研究所（以下简称广州地化所）承担、K－Ar法由成都地矿所、宜昌地矿所承担；硅酸盐分析由成都地矿所承担；微量元素分析和稀土分析由中国地质科学院地质研究所承担；油气地质样品分析由四川石油管理局勘探与开发研究院承担，上述单位皆通过国家质量论证，成果质量均符合有关技术要求。

第五节 生产组织及人员编制

项目设计阶段参与资料收集、野外踏勘和设计编写的主要人员有朱同兴、李宗亮、董瀚、冯心涛、周铭魁、林世良、欧春生、张惠华、张启跃、曾庆荣、石文礼、李鸿睿、邹光富、田应贵、赵云江等。

大规模野外地质调查工作由项目负责人朱同兴研究员主持，周铭魁任技术指导，于远山任图幅负责，张启跃任图幅副负责。

室内综合研究和区域地质调查报告编写由项目负责人朱同兴研究员全面主持，周铭魁研究员指导和协助。报告编写人员：第一章由朱同兴执笔；第二章由金灿海执笔；第三章由于远山执笔；第四章由周邦国执笔；第五章第一节由张启跃、于远山执笔，第二节由于远山执笔，第三、四节由张启跃执笔，第五节由周邦国执笔；第六章由朱同兴执笔；第七章由周邦国执笔；第八章由朱同兴、于远山执笔，参考文献和图版编排、图版说明由于远山、朱同兴等完成。报告全文最后由朱同兴研究员、周铭魁研究员、于远山高级工程师仔细审查、修改和统篡。1∶25 万多格错仁幅区域地质图由于远山、罗木金、周明魁、金灿海、周邦国、张启跃等编制，朱同兴研究员最后审定，数字化制图由张磊等完成。

2005 年 6 月下旬，在西藏拉萨由中国地质调查局组织了野外原始资料的检查与验收，评审为优秀级，质量评分为 92.5 分。2006 年 4 月下旬，在四川成都由中国地质调查局组织了最终成果验收，多格错仁幅评审为优秀级，质量评分为 90.5 分。项目根据验收意见，对地质报告（送审稿）和地质图进行了修订和校正，最后由朱同兴研究员和周明魁研究员负责全面修改和定稿。

1∶25 万多格错仁幅区域地质调查工作，自始至终得到了成都地质矿产研究所丁俊所长、王剑副所长、潘桂棠研究员、王立全研究员、中国地质调查局基础调查部和区调处领导的关心和指导，得到了甘肃地质调查研究院、云南地质调查研究院和西藏自治区那曲行署矿产管理局、双湖特别行政区政府的大力支持和帮助，在此致以最诚挚的谢意！

第二章　地　层

对界于拉竹龙-金沙江结合带和班公湖-怒江结合带之间的这一地带，地学工作者通常以羌塘地区相称。对其地层区划存在多种意见，归纳起来主要有以下两种：①将其整体划为一个地层区，即羌塘地层区，下分 3 个地层分区，自北而南分别为：多格错仁地层分区、冈玛错—西雅尔岗地层分区、康托—昂达尔错地层分区，这一意见以成都环境地质与资源开发研究所（1996）为代表；②以龙木错—双湖断裂带为界，以南划属藏滇地层大区羌南—保山地层区羌南分区，以北划为华南地层大区羌北—昌都—思茅地层区羌北分区，这种意见以西藏地质局（1997）为代表。

近年来一些专题研究，特别是 1∶25 万区域地质填图的广泛实施，对于羌塘盆地的认识有了进一步提高，主要表现在：认为巴塘群或若拉岗日岩群的一套火山-沉积建造和复理石建造，代表了金沙江洋盆在晚三叠世向南俯冲，在其南缘形成的岛弧带沉积，它与多格错仁地层分区晚三叠世弧后盆地沉积在构造属性、沉积建造、物质组成等方面都存在本质上的不同。据此，将其单独划为金沙江构造-地层区若拉岗日构造-地层分区。把拉竹龙-金沙江结合带和班公湖-怒江结合带之间的地区称为羌塘地层区，进而分为 3 个地层分区，自北而南分别为：多格错仁地层分区、西雅尔岗地层分区和昂达尔错地层分区。

第一节　岩石地层

岩石地层单位是以某种岩石类型为主或几种岩石类型联合，或者由具有其他明显和一致的岩石特征构成的一种地层单位。它们是靠能观察到的物理特征，而不是靠推论的地质历史或形成方式来识别和确定的，因此，岩石地层可以穿交时间面、穿交化石的延续时限界线和穿交任何其他地层单位的界线。岩石地层单位通常以群、组、段、层作为常用单位和等级来表示。本图幅位于羌塘地区北缘，跨越了金沙江构造-地层区若拉岗日构造-地层分区和羌塘地层区多格错仁地层分区（图 2-1-1）。各地层分区地层系统列于表 2-1-1。

表 2-1-1　测区地层分区及地层系统一览表

地层（分）区		金沙江构造地层区（Ⅰ）	羌塘地层区（Ⅱ）	
		若拉岗日构造地层分区（Ⅰ$_1$）	多格错仁地层分区（Ⅱ$_1$）	
第四系	全新统	Qh^{al}　Qh^{pal}　Qh^{esl}　Qh^{l}　Qh^{f}　Qh^{eol}　Qh^{gl}		
	更新统	Qp^{pal}　Qp^{l}　Qp^{gl}		
新近系			石坪顶组（Nsh）	
古近系	渐新统		鱼鳞山组（$E_{2+3}y$）	
	始新统			
		唢呐湖组（E_2s）		
		康托组（E_2k）		
白垩系	下统		雪山组（J_3K_1x）	紫红色砂岩段（$J_3K_1x^2$）
侏罗系	上统			杂色泥岩段（$J_3K_1x^1$）
			白龙冰河组（J_3b）	
			索瓦组（J_3s）	
	中统		夏里组（J_2x）	
			布曲组（J_2b）	
三叠系	上统	若拉岗日岩群（T_3R）	藏夏河组（T_3z）	

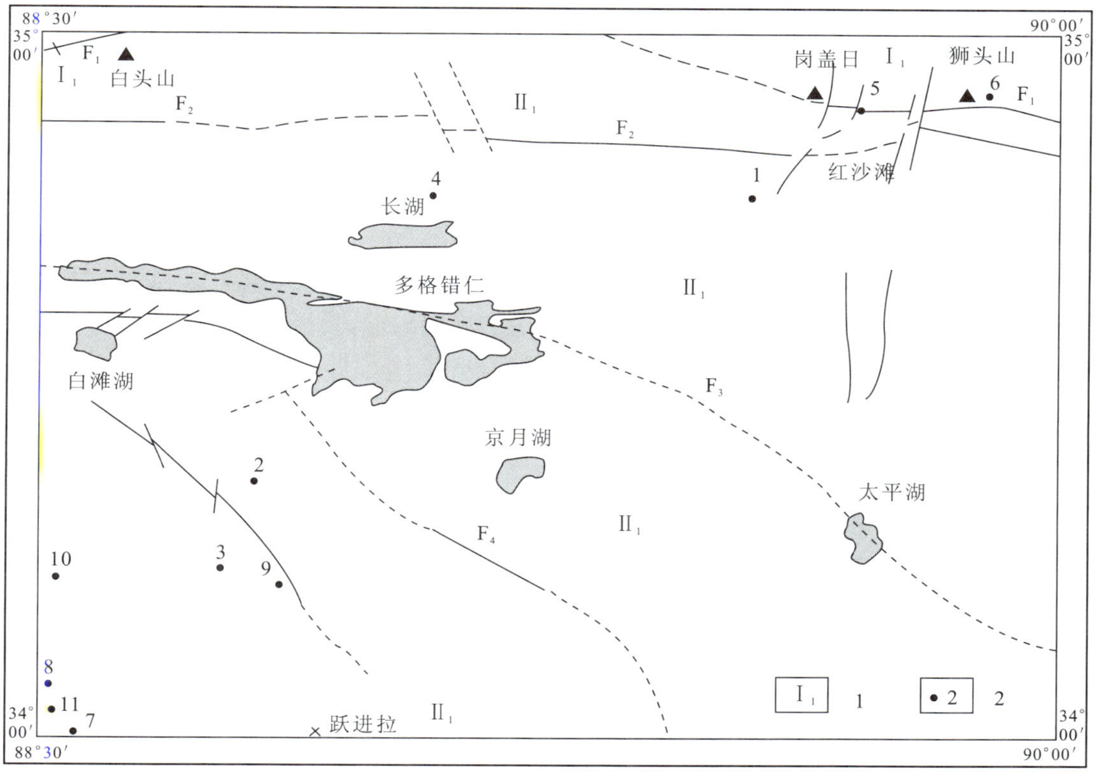

图 2-1-1　测区地层分区及剖面分布图

1-地层分区编号；Ⅰ1-若拉岗日构造地层分区；Ⅱ1-多格错仁地层分区；2-剖面位置及编号

根据《1∶100 万改则幅区域地质调查》建立的地层系统，在本次 1∶25 万区调实测 5 条地层剖面、1 条构造地层剖面（表 2-1-2）及对大庆石油学院（1996）4 条实测地层剖面及 1 条构造剖面（表 2-1-3）进行补充、修订后加以利用的基础上，共划分出 11 个组（群）级岩石地层单位（正式填图单位）和 11 个非正式填图单位（图 2-1-1，表 2-1-1）。

需要指出的是，本图幅对原上侏罗统索瓦组和白龙冰河组的含义作了修订，当前的索瓦组限指原索瓦组的下段和原白龙冰河组的下部一套比较单纯的碳酸盐岩地层体；而白龙冰河组包括了原索瓦组上段和原白龙冰河组上部一套碎屑岩、碳酸盐岩组成的地层体。

表 2-1-2　多格错仁幅野外实测剖面实物工作量统计表

序号	剖面名称	代号	起点经纬度	终点经纬度	剖面长度（m）	地层厚度（m）	层位
1	岗盖日地层剖面	GGP	34°52′26.8″	34°49′37.8″	5 540	3 850.63	T_3z
			89°32′24.4″	89°32′07.5″			
2	长水河西支沟地层剖面	CZP	34°22′02.9″	34°20′43.8″	6 592	3 006.17	J_2b、J_2x、J_3s、J_3b
			88°48′57.6″	88°45′37.8″			
3	灰熊沟地层剖面	HXP	34°14′02.2″	34°14′59.3″	2 868	1 778.44	J_3b
			88°45′43.5″	88°46′53.3″			
4	长湖北地层剖面	CHP	34°46′08.6″	34°43′48.0″	4 591	1 887.73	J_3K_1x
			89°04′34.4″	89°03′56.3″			
5	冬布勒山构造地层剖面	DBP	34°53′43.7″	34°54′25.4″	1 248	589.61	T_3R
			89°41′53.3″	89°41′53.3″			
6	狮头山地层剖面	STP	34°55′57.7″	34°52′32.8″	6 597	1 588.43	T_3R
			89°50′34.1″	89°50′42.8″			

表 2-1-3　利用剖面统计表（据大庆石油学院，1996）

序号	剖面名称	代号	起点经纬度	终点经纬度	剖面长度（m）	地层厚度（m）	层位
7	河湾山南地层剖面	HP	34°00′30″ 88°32′36″	34°00′02″ 88°32′37″	834	419	J_2b、J_2x、J_3s
8	黄山地层剖面	HSP	34°04′36″ 88°30′16″	34°03′50″ 88°30′14″	1 291	522	J_2b
9	长水河西地层剖面	CXP	34°13′22″ 88°51′18″	34°13′04″ 88°49′44″	2 072	1 104	J_2b
10	半岛湖北地层剖面	BBP	34°13′51″ 88°30′39″	34°14′43″ 88°31′18″	1 890	1 138	J_3s、J_3b、J_3K_1x
11	黄山背斜构造剖面	HGP	34°01′50″ 88°30′25″	34°06′10″ 88°30′30″	7 800		

一、若拉岗日构造地层分区

若拉岗日构造地层分区仅分布在图区西北角及东北部，约占图幅总面积的 3.7%，南部以白头山—狮头山边界断裂（F_1）为界，以北为若拉岗日构造地层分区，以南为多格错仁地层分区。

测区若拉岗日构造地层分区出露地层十分有限，出露的最老地层为上三叠统若拉岗日岩群，上覆古近系始新统康托组、唢呐湖组和第四系。

（一）上三叠统若拉岗日岩群

若拉岗日地层分区上三叠统若拉岗日岩群仅分布在图幅西北角及东北部，层位发育不全。若拉岗日岩群是由若拉岗日群演化而来。若拉岗日群最早由西藏区调队（1986）创名于若拉岗日玉龙河，原义是指上三叠统一套火山岩-砂泥岩复理石建造。本文采用构造-地层单位沿用其名，将若拉岗日岩群定义为：分布于图幅西北白头山及图幅北东部岗盖日、狮头山一带近东西向展布的中—基性火山岩、大理岩组合，与此共生的还有复理石、石英（片）岩、超基性岩和硅质岩岩块等。岩石普遍浅变质，顶、底均被断层切割断失，地层层位发育不全。因此，若拉岗日岩群实质上是总体无序、局部有序的构造-地层体（岩片）。

1. 剖面描述

（1）格尔木地区狮头山上三叠统若拉岗日岩群实测地层剖面（STP），起点坐标：N34°55′57.7″，E89°50′34.1″；终点坐标：N34°52′32.8″，E89°50′42.8″。剖面第 1—24 层为若拉岗日岩群（图 2-1-2），上、下界面分别与上三叠统藏夏河组、始新统康托组断层接触，未见顶、底，视厚度>1 588.43m。

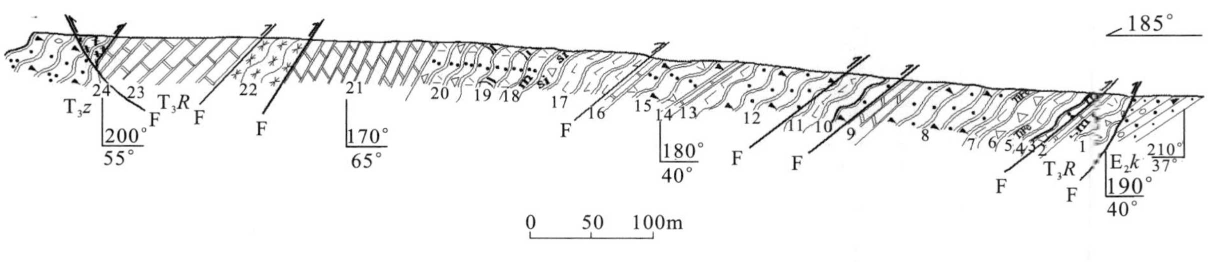

图 2-1-2　狮头山地区上三叠统若拉岗日岩群（T_3R）实测地层剖面图（STP）

若拉岗日岩群（T_3R） （未见顶）	视厚＞1 588.43m
24. 灰绿色变辉长岩，受构造挤压，较破碎，略显方向性，片理发育，片厚 10～15cm。	76.36m
23. 浅灰、灰白色厚—巨厚层状大理岩，局部铁泥质呈细条纹分布于岩石中，显条带。	187.10m
22. 灰绿色阳起石片岩，片理发育，片理定向排列，片厚 3～5cm。	67.00m
21. 浅灰、灰白色厚层状白云质大理岩，见条纹，含棘屑。	233.95m
20. 灰、灰绿色变火山角砾凝灰岩，角砾为杏仁状辉石玄武岩，含量 30%，砾径 5～15cm，见椭圆形气孔，孔径 2.5mm，岩石层状构造不明显，片理发育，片厚 2～5cm。	85.66m
19. 灰、灰绿色变晶屑玻屑凝灰岩，片理发育，片厚一般 5～15cm。	85.76m
18. 浅黄、黄色变熔结凝灰岩。	21.29m
17. 灰、灰绿色变辉石玄武岩，片理化明显，片厚约 5cm，顶部为厚 4.5m 的灰黑色似层状碎裂硅质岩，裂隙发育，裂隙常被铁质、碳酸盐、石英脉充填。	120.86m
16. 浅灰、灰白色厚层状大理岩，有细小裂纹。	19.43m
15. 灰绿色变岩屑凝灰岩，片理化明显，石英脉发育，脉宽 1～3mm。	107.73m
14. 灰白色厚层状大理岩，岩石破碎，方解石脉发育，偶见方解石团块。	9.34m
13. 灰绿色变玄武岩，偶见宽小于 2mm 的石英细脉。	22.11m
12. 灰绿色中厚—巨厚层状变质岩屑砂岩，发育一组节理，岩石较完整。	119.89m
11. 灰绿色变辉石橄榄玄武岩，岩石破碎，片理发育，方解石脉发育。	32.85m
10. 灰色中层状变岩屑砂岩、板岩互层产出，岩屑砂岩片理化强，板岩劈理发育。	60.14m
9. 浅灰、灰白色厚层状白云质大理岩，受构造挤压，较破碎，垂直层面节理发育，被后期方解石胶结而显角砾状。	38.82m
8. 黄绿、灰绿色中层状变质岩屑砂岩，岩石破碎，片理化强，片厚 3～5cm，见铁泥条带。	157.40m
7. 灰紫色变玄武岩、灰绿色变含钛铁矿玄武岩，岩石中见杏仁体，含量 5%～10%，多为椭圆状，粒径 1～2mm，主要由方解石组成。	12.71m
6. 紫褐色中层状变火山角砾岩、变铁质凝灰岩夹深灰色钙质千枚岩。钙质千枚岩方解石脉发育，脉宽 1～3mm。	27.89m
5. 灰绿色变含钛铁矿玄武岩，岩石中见椭圆状杏仁体，含量约为 15%，杏仁体大小 1～2mm，主要由方解石组成。	24.03m
4. 灰黑色板岩、深灰色中层状变凝灰岩不等厚互层，板岩：变凝灰岩为 3∶1，板岩劈理明显。	28.31m
3. 灰绿色变熔结凝灰岩，岩石中见椭圆状杏仁体，含量约为 10%，粒径 1mm 左右，主要由方解石组成。岩石片理化明显，较破碎。	9.33m
2. 浅灰、灰白色厚层状大理岩，灰色微晶方解石与灰白色细粒方解石相间出现，条带构造明显，方解石脉发育，脉宽 1～3mm。	14.61m
1. 灰绿色变火山角砾岩、变含蓝闪石熔结凝灰岩韵律互层，前者火山角砾含量约 60%，以凝灰质角砾为主，玄武质角砾次之，形态不规则，砾径 1～15cm；后者见椭圆形气孔，孔径小于 1mm，含量约 5%，片理发育。	25.85m

══════断层══════

下伏地层：藏夏河组（T_3z）灰褐、灰绿色变质岩屑石英砂岩与粉砂质板岩互层，夹变质岩屑砂岩，岩石片理发育，常见植物化石。

(2) 双湖地区冬布勒山上三叠统若拉岗日岩群实测构造地层剖面（DBP），起点坐标：N34°53′43.7″，E89°41′53.3″；终点坐标：N34°54′25.4″，E89°41′53.3″。剖面 5～25 层为若拉岗日岩群（图 2-1-3），下部与藏夏河组断层接触，未见底，上部未测全，视厚度＞589.61m。

若拉岗日岩群（T_3R） （未测全）	视厚＞589.61m
25. 灰白色厚层状滑石大理岩，破碎，裂隙发育，岩石见鱼牙化石。	15.44m
24. 灰褐色绿帘阳起片岩。	17.13m
23. 灰绿色绿帘透闪片岩。	14.82m
22. 杂色（青灰色、灰白色）硅质板岩，岩石呈纹层状，裂隙发育。	4.04m

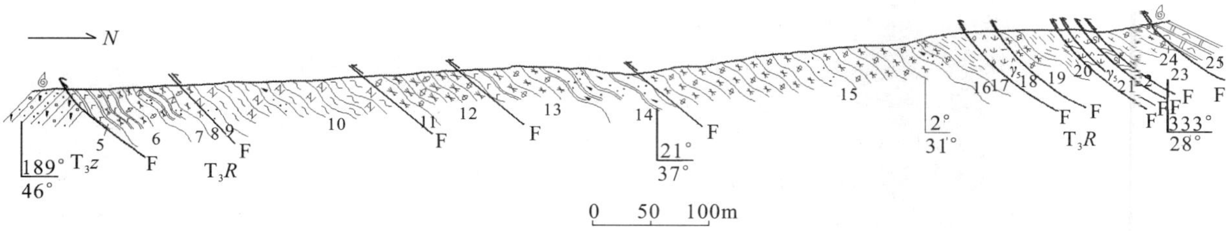

图 2-1-3 冬布勒山上三叠统若拉岗日岩群（T_3R）实测构造地层剖面图（DBP）

21. 以黄绿色蛇纹片岩为主，夹绿色蛇纹石化橄榄岩。蛇纹片岩片理发育，夹石英细脉。蛇纹片岩、蛇纹石化橄榄岩呈岩片产出，岩片间及与围岩均为断层接触。
20. 灰色极薄—薄层状绢云母千枚岩，裂隙发育，部分裂隙被宽 2～25cm 的石英脉充填。 16.45m
19. 灰绿色绿帘阳起片岩，夹 2 层厚 1.6～1.9m 灰绿色绿帘透闪片岩，发育一组片理，前者片厚 3～35cm，后者片厚 0.4～2cm，岩石地表多呈 5～30cm 块径的碎块石。 5.64m
18. 以灰色蛇纹石化辉石橄榄岩为主，夹碳酸盐化蛇纹岩，岩石发育一组片理，呈岩片产出，岩片间及与围岩均为断层接触。
17. 灰色绢云母千枚岩，裂隙发育，部分裂隙被宽 5～25cm 的石英脉充填。 25.15m
16. 灰绿色绿帘阳起片岩、灰褐色中厚层状变凝灰质岩屑石英砂岩，发育一组片理，前者片厚 3～30cm，后者片厚 20～50cm，较破碎，地表多呈 4～25 cm 块径的碎块石。 11.54m
15. 灰绿色绿帘阳起片岩夹 1 层厚 2.6m 灰色凝灰质板岩。 161.58m
14. 褐黄色中厚层状变岩屑石英砂岩，岩石裂隙发育，被宽 0.8～4mm 的石英细脉充填。 46.07m
13. 灰绿色绿帘阳起片岩夹深灰绿色变玄武岩，前者片理发育，片厚 0.3～2cm，较破碎，地表多呈 1～10 cm 块径的碎片；后者见气孔，孔径 0.3～1.5mm，扁圆形，沿长轴方向定向排列。 42.61m
12. 灰绿色绿帘阳起片岩，片理发育，片理定向排列，片厚 0.3～1.5cm，岩石破碎。 38.50m
11. 灰褐色绿帘阳起片岩，片理发育，片理定向排列，片厚 0.3～1.5cm，岩石破碎。 10.96m
10. 灰绿色钠长绿泥片岩夹 1 层厚 2.6m 灰褐色中厚层状变岩屑石英砂岩，钠长绿泥片岩片理发育，片厚 0.3～1.5cm，较破碎，地表多呈 1～7 cm 块径的碎片。 92.50m
9. 灰绿色长英质阳起片岩夹 1 层厚 0.7～0.9m 灰色凝灰质板岩，前者片理发育，片厚 0.3～9cm，裂隙发育，较破碎；后者薄层状，劈理发育。 9.31m
8. 灰绿色绿帘阳起片岩。 10.16m
7. 灰绿色长英质阳起片岩夹灰褐色板岩，前者见小褶曲，片理发育，片厚 0.3～8.5cm，裂隙发育，较破碎；后者薄层状，劈理发育。 19.46m
6. 绿色绿帘阳起片岩夹灰绿色变玄武岩，前者片理发育，片厚小于 1cm，较破碎，地表多呈 1～7cm 块径的碎片；后者呈透镜体，见扁圆形气孔，孔径 0.4～1.5mm，部分被方解石脉充填。 36.67m
5. 灰绿色变玄武岩，见孔径 0.4～1.5mm 扁圆形气孔，气孔沿长轴方向定向排列，部分被方解石脉充填，岩石中见宽为 1～4mm 的石英细脉。 35.67m

═══════断层═══════

下伏地层：藏夏河组（T_3z）灰褐、灰绿色含砾岩屑砂岩及粉砂岩。

2. 岩石地层特征及横向变化

根据剖面及路线观察，若拉岗日岩群在测区岩性变化较大，图幅西北白头山若拉岗日岩群主要由紫红色杏仁状变玄武安山岩及灰绿色变安山质凝灰岩间互组成；在岗盖日一带，若拉岗日岩群主要为以低绿片岩相的变玄武岩、绿帘阳起片岩、长英质阳起片岩、钠长绿泥片岩及绿帘透闪石片岩等中基性变质岩为主，板岩、凝灰质板岩、硅质板岩、千枚岩、变岩屑石英砂岩、变凝灰质岩屑石英砂岩、滑石大理岩次之，偶夹蛇纹石化橄榄岩、碳酸盐化蛇纹岩、蛇纹片岩等镁质变质岩岩片；向东至狮头山，若拉岗日岩群主要为变火山角砾岩、变火山角砾凝灰岩、变熔结凝灰岩、变凝灰岩、变铁质凝灰岩、变晶屑玻屑凝灰岩、变岩屑凝灰岩、变玄武岩、变辉石玄武岩、阳起石片岩，为一套火山喷发和有障壁海碎屑岩——碳酸盐岩沉积的已变质的火山岩和碎屑岩、碳酸盐岩组成的韵律式沉积建造，可以看出，岗盖日一带若拉岗日岩群岩石的变质、变形程度明显高于白头山及狮头山。

3. 原岩及层序

根据残留的原生沉积组构、特殊岩性以及岩石共生组合关系，将若拉岗日岩群原岩建造分为以下几种类型。

（1）变火山角砾岩、变含蓝闪石熔结凝灰岩、变熔结凝灰岩、变岩屑凝灰岩、变晶屑玻屑凝灰岩，原岩可能为中基性火山岩和火山角砾岩、熔结凝灰岩、岩屑凝灰岩、晶屑玻屑凝灰岩，为中—基性火山岩交互爆发沉积。

（2）绿帘阳起片岩、长英质阳起片岩、钠长绿泥片岩及绿帘透闪石片岩，原岩可能为中—基性火山岩；变含钛铁矿玄武岩、变玄武岩、蛇纹石化辉石橄榄岩、碳酸盐化蛇纹岩、绿帘透闪石片岩、蛇纹片岩、蛇纹石化橄榄岩，原岩为基性—超基性火山岩，为基性—超基性火山岩交互喷溢沉积。

（3）大理岩原岩为石灰岩，为有障壁海碳酸盐台地相开阔台地亚相。

（4）变质岩屑砂岩板岩、钙质千枚岩，原岩为岩屑砂岩、泥岩、泥灰岩，为陆源碎屑沉积相沉积。

4. 时代归属

冬布勒山上三叠统若拉岗日岩群实测构造地层剖面北端若拉岗日岩群滑石大理岩中发现一微体鱼类牙齿化石，化石完整性差，其种属不能鉴定。此类型标本在滇西常和晚三叠世的牙形石相伴生，在该剖面南端藏夏河组灰岩中发现一介形虫壳体，经云南地质调查院董致中鉴定为 *Sulcocythere Subovata* (Zheng)。此种介形虫在四川盆地见于上三叠统须家河组第四段，结合岩石组合及地层相互间的空间关系，初步确定若拉岗日岩群的时代为中生代晚三叠世。

（二）古近系

测区若拉岗日地层分区古近系陆相地层分布在图幅东北部，在测区内发育不全，仅出露始新统康托组、唢呐湖组。由于古近纪沉积物受到当时古气候古环境的影响，以红色沉积物为主体，夹有石膏、膏灰岩层。按沉积类型和岩性组合特征分为康托组和唢呐湖组，角度不整合在三叠系层位之上。古近系康托组和唢呐湖组划分沿革见表 2-1-4。

表 2-1-4　古近系地层划分沿革表

<table>
<tr><th colspan="2">吴瑞忠等（1985）</th><th colspan="2">西藏区调队（1986）</th><th colspan="2">成都环资所（1996）</th><th colspan="2">本报告（2005）</th></tr>
<tr><td rowspan="2">新近系</td><td rowspan="2">双湖群上组</td><td rowspan="2">新近系</td><td>唢呐湖组</td><td rowspan="2">新近系</td><td>唢呐湖组</td><td rowspan="2">新近系</td><td rowspan="2"></td></tr>
<tr><td>康托组</td><td>康托组</td></tr>
<tr><td rowspan="2">古近系</td><td rowspan="2">双湖群下组</td><td rowspan="2">古近系</td><td rowspan="2">纳丁错组</td><td rowspan="2">古近系</td><td rowspan="2"></td><td rowspan="2">古近系</td><td>唢呐湖组</td></tr>
<tr><td>康托组</td></tr>
</table>

1. 康托组（E_2k）

该组由西藏区调队（1986）以改则县北康托西山为层型创建，原义指岩性为一套紫红色砾岩夹砂岩、含砾砂岩、粉砂岩及少量泥岩夹基性喷出岩和凝灰质砂岩组成的地层体，厚 850～3 150m。本书沿用康托组一名，岩性特征与层型剖面相近，但未见火山岩夹层。

康托组在若拉岗日地层分区分布较为局限，仅分布在图幅东北部，近东西向展布，为一套紫红色及灰紫色、紫灰色细砾岩、含砾粗砂岩、岩屑砂岩和细砂岩构成正粒序沉积韵律，并以砾岩为主，代表一套冲积扇辫状河沉积，不整合于若拉岗日岩群之上，其上部被唢呐湖组角度不整合覆盖。

（1）剖面描述

格尔木地区狮头山始新统康托组实测地层剖面（STP），起点坐标：N34°55′57.7″，E89°50′34.1″；

终点坐标：N34°52′32.8″，E89°50′42.8″。剖面第 26—30 层为康托组（图 2-1-4），下部角度不整合于上三叠统藏夏河组之上，上部被断层错失，未见顶，厚度>168.37m。

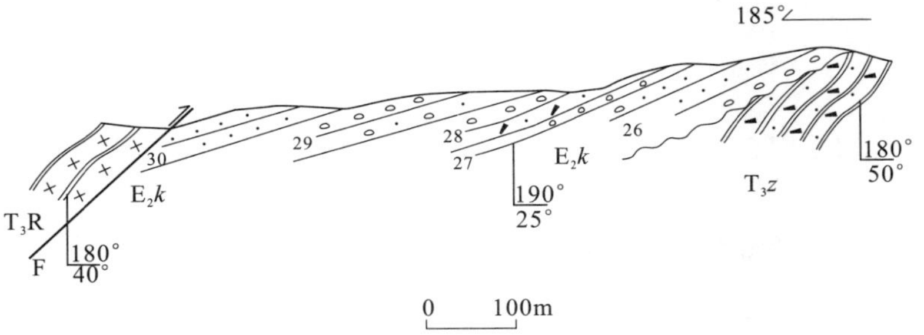

图 2-1-4 狮头山古近系始新统康托组（E_2k）实测地层剖面（STP）

康托组（E_2k） **视厚>168.37m**

30. 灰紫色、灰褐色中厚层状细砾岩、含砾粗砂岩和中层状细砂岩。砾岩中砾石含量均为 80%，其主要成分为脉石英，其次为砂岩、灰岩，次圆状，砾径 0.5～1.2cm。细砾岩、含砾粗砂岩和细砂岩构成正粒序。 7.08m
29. 紫灰色厚层状砾岩、中层状砂质砾岩不等厚互层。砾岩中砾石含量 75%左右，其成分为砂岩、脉石英、灰岩、泥岩，次圆状，砾径 3～10cm，个别达 25cm。 50.60m
28. 紫灰色厚层状砾岩夹中层状岩屑砂岩。砾岩中砾石含量 80%左右，其成分主要为砂岩，其次为脉石英、灰岩、泥岩，次圆状，砾径 3～10cm。 7.39m
27. 灰紫色厚层状砾岩、中层状砂质砾岩、粗砂岩，见正粒序层理。砾岩中砾石主要为脉石英，其次为砂岩、灰岩，次圆状，砾径 3～10cm。 4.51m
26. 紫红色中层状砾岩、含砾粗砂岩、砂岩、细砂岩韵律层，见正粒序层理、平行层理。 98.79m

~~~~~~角度不整合~~~~~~

下伏地层：藏夏河组（T_3z） 灰褐、灰绿色含砾岩屑砂岩及粉砂岩。

（2）岩性特征及横向变化

根据区内剖面及路线观察，康托组是角度不整合于雪山组或更老的地层之上，多不见顶，仅在图幅南部甘桔湖见唢呐湖组角度不整合于康托组之上。岩性下部为紫红色中层状砾岩、含砾粗砂岩、细砂岩韵律层；中上部紫灰色厚层状砾岩、细砾岩、含砾粗砂岩、岩屑砂岩不等厚互层，砾石主要为脉石英，其次为砂岩、灰岩。自下而上，具有沉积水体变深、颜色变深、粒度变细、层系变厚的特征。

（3）基本层序特征及沉积环境

根据区内剖面及路线观察，若拉岗日地层分区的康托组主要发育一种类型基本层序，即为由紫红色砾岩、含砾粗砂岩、中粒岩屑砂岩、细粒岩屑长石砂岩构成的正粒序沉积韵律，代表一套冲积扇辫状河沉积。

2. 唢呐湖组（E_2s）

唢呐湖组为西藏区调队（1986）创名于双湖唢呐湖东，原义指岩性为泥灰岩、泥岩、粉砂岩夹生物碎屑泥晶灰岩，含砾砂岩及多层石膏的地层体，厚 530～4 300m。西藏地质矿产局（1997）下了更加明确的定义，指岩性主要为红、砖红、土红色或鲜红色泥岩、泥质粉砂岩、砂岩、粗砂岩、含砾砂岩、砾岩，夹多层含膏盐岩的地层体，产淡水腹足、双壳类化石，底部与雁石坪群角度不整合接触，上未见顶。本文沿用其名。

唢呐湖组在测区若拉岗日地层分区分布在岗盖日以北及狮头山以东的图幅东北部，近东西向展布，分布局限，发育不全，岩石组合仅见其下部河流相紫红色中厚层状复成分砾岩、含砾粗砂岩、砂岩，未见其上部的含膏灰岩、石膏层。与下伏康托组不整合接触。

（1）岩性特征及横向变化

根据区内剖面及路线观察，唢呐湖组是角度不整合于康托组或更老的地层之上的一套碎屑岩系，在
~~~~~~

区域上多不见顶，底部见砾岩、含砾粗砂岩、粗粒岩屑砂岩，砾石主要为灰岩；中上部为中、细粒长石石英砂岩及粉砂岩，显示一个向上变细的退积沉积序列。

（2）基本层序特征及沉积环境

根据区内剖面及路线观察，唢呐湖组主要发育两种类型的基本层序，一种类型为紫红色砂砾岩、中粒岩屑砂岩不等厚互层产出的沉积韵律；另一种类型为由紫红色砾岩、粗粒岩屑砂岩、中粒长石石英砂岩构成的正粒序，代表一套辫状河沉积。

（三）第四系

测区若拉岗日地层分区第四系较发育，主要分布于河床两岸阶地、宽缓的山坡、浑圆状的山包等地段。根据野外观察，遥感图像解译以及前人1∶10万石油地质调查资料综合研究分析：测区第四系成因类型有冲积、冲洪积。按其时代定位归为更新统和全新统（表2-1-5）。

表2-1-5 测区若拉岗日地层分区第四系地层划分方案

系	统	地质实体及单位	代号	成因类型
第四系	全新统	现代冲沟（水道沉积）	Qh^{al}	冲积
		河漫滩、冲洪积平原	Qh^{pal}	冲洪积
	更新统	冲洪积平原	Qp^{pal}	冲洪积

1. 更新统（Qp）

主要为冲洪积物（Qp^{pal}），分布在冬布勒山以北于沟、谷地带的高阶地堆积（2级阶地以上）。由灰色砾、卵石、砂土、亚砂土组成，卵砾石成分为灰岩、砂岩、玄武岩，次棱角次圆—次圆，磨圆度较差，砾径1～20cm，个别可达40cm以上，结构松散，在狮头山北沟谷两侧阶地上为弱固结—半固结状态的砾石层堆积。厚度0.5～15m。

2. 全新统（Qh）

测区全新统（Qh）主要分布于河谷、湖泊滨岸及山前陡坡地带，其成因类型主要有河流冲积、冲洪积，现按成因类型分别介绍如下。

（1）冲积（Qh^{al}）

主要分布于冬布勒山以北的现代河沟、河谷地区，包括现代河床、河漫滩及1～2级低阶地堆积。由黄褐、灰褐色砾石、砂土及亚砂土组成。砾石成分为灰岩、砂岩，次圆—圆状，磨圆度较好，砾径0.5～15cm，个别可达25cm以上。现代河沟、河谷地区，包括现代河床、河漫滩及1～2级低阶地堆积。

（2）冲洪积（Qh^{pal}）

主要分布于白头山以西现代河流支流沟口与干流交汇处，由砂砾石、砂、泥等松散堆积物组成，构成洪冲积扇或洪积裙，其扇裙末端多被河流破坏。砾石成分主要为灰岩、砂岩，少量玄武岩，次棱角—次圆，磨圆度较差，砾径1～35cm，个别可达40cm以上，由扇顶到扇缘砾石砾径变细，至扇缘则由细砾、粗砂、细砂、粘土等构成。

二、多格错仁地层分区

多格错仁地层分区位于白头山-狮头山断裂以南。该地层分区出露的最老地层为上三叠统藏夏河组，其他依次为中侏罗统布曲组、夏里组，上侏罗统索瓦组、白龙冰河组，上侏罗统—下白垩统雪山组，古近系康托组、唢呐湖组、鱼鳞山组，新近系石坪顶组和第四系。其中索瓦组、白龙冰河组、雪山组和鱼鳞山组大面积分布，其他各组零星分布。

（一）上三叠统藏夏河组

上三叠统藏夏河组（T_3z）是本项目新建岩石地层单位。以川碳中心（1996）所测藏夏河剖面为层型，以此代表多格错仁地层分区北部上三叠统一套砂泥质复理石沉积地层。前人曾以碎屑岩型上三叠统肖茶卡组相称（成都环资所朱同兴等，1996）。

藏夏河组（T_3z）分布于图幅西北白头山及图幅东北部冬布勒山等地区，呈近东西向展布，地层顶、底均被断层切割，发育不全。

1. 剖面描述

西藏双湖地区岗盖日上三叠统藏夏河组（T_3z）实测地层剖面（GGP）起点坐标为 N34°52′26.8″，E89°32′24.4″；终点坐标为 N34°49′37.8″，E89°32′07.5″。剖面 14～53 层为藏夏河组（图 2-1-5），上、下均与始新统康托组断层接触，未见顶、底。

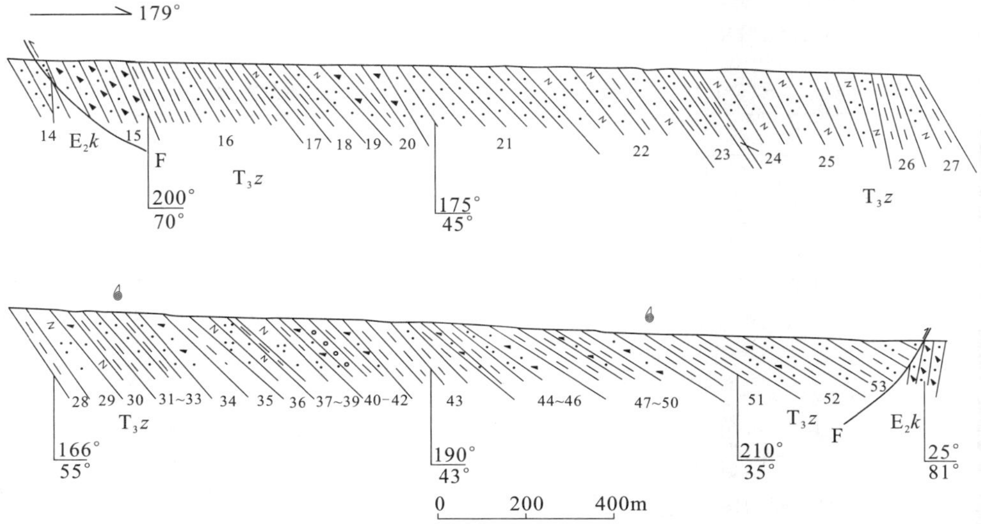

图 2-1-5　岗盖日上三叠统藏夏河组（T_3z）实测地层剖面示意图（GGP）

藏夏河组（T_3z）	**（未见顶）**	**视厚＞3 153.12m**
53. 灰色薄层状粉砂质泥岩，岩石极破碎，劈理发育。		197.22m
52. 灰色薄层状泥质粉砂岩，夹 2 层灰色薄—中层中粒岩屑砂岩，前者平行层理发育。		197.22m
51. 灰色泥岩，见少量植物碎片，产孢粉：*Psophoshaera*。		88.83m
50. 灰色中—厚层状细粒岩屑砂岩夹灰色泥岩，前者平行层理发育，后者劈理发育。		44.60m
49. 灰色泥岩，薄层状，水平层理较发育，含植物碎片，劈理发育，岩石破碎。		8.71m
48. 灰色中—厚层状中粒岩屑砂岩，岩性组合单一，岩石劈理发育。		6.88m
47. 灰色泥岩，薄层状，水平层理发育，含植物碎片，劈理发育，岩石破碎。		72.89m
46. 灰色中—厚层状中粒岩屑砂岩，含植物碎片。		33.74m
45. 灰色泥岩为主，偶夹灰色薄—中层状泥质粉砂岩。		43.24m
44. 灰色中—厚层状岩屑砂岩，夹 1 层 0.65m 厚泥岩。砂岩、泥岩构成的鲍马序列（a、e 段），前者下部为中粒，向上过渡为细粒的正粒序，含植物碎片，砂岩底面上见槽模；后者极薄—薄层状，水平层理发育，含植物碎片。		16.67m
43. 灰色泥岩，夹 3 层厚 1.3～1.63m 的灰色薄—中层泥质粉砂岩，前者极薄—薄层状，水平层理较发育，地表风化强烈，岩石破碎；后者平行层理发育。		122.79m
42. 灰色中—厚层状中粒岩屑砂岩，夹 1 层厚 0.7m 灰色粉砂质泥岩，砂、泥岩中均见植物碎片。		24.25m
41. 灰色泥岩，偶夹灰色薄—中层状细粒岩屑砂岩，前者极薄—薄层状，水平层理较发育，含植物碎片，岩石地表风化强烈，岩石破碎；后者含植物碎片。		26.37m
40. 灰色薄—中层状细粒岩屑砂岩，夹杂色中层状细砾岩及灰色极薄—薄层状泥岩。砂岩见植物碎片，细砾岩中砾石为脉石英。细砾岩、砂岩、泥岩构成正粒序。		44.90m
39. 灰色粉砂质泥岩，偶夹灰紫色薄—中层状粉砂岩，前者层理不清，含有机质，岩石地表风化强烈，岩石破碎；后者平行层理发育。		23.40m

38. 灰色薄—中层状细粒长石石英砂岩，平行层理发育，岩性组合单一，侧向延伸稳定。 50.50m
37. 灰色薄层状泥岩，含植物碎片及有机质。 12.26m
36. 灰色中—厚层状细粒长石石英砂岩，平行层理较发育，岩性组合单一，侧向延伸稳定。 59.99m
35. 灰色薄层状泥岩，偶夹灰色薄层状泥质粉砂岩、细砂岩。 34.45m
34. 灰色中—厚层状细粒岩屑砂岩，平行层理较发育，发育两组节理，岩石破碎。 39.65m
33. 灰色泥岩为主，夹2层厚分别为1.5m、1.8m灰色中层状细粒长石石英砂岩，见植物碎片，产孢粉：*Cadargasporites granulatus*、*Psophosphaera*。泥岩、泥质粉砂岩、细砂岩构成正粒序。 46.07m
32. 灰色薄—中层状细砂岩，夹2层厚分别为0.25m、0.35m灰色泥岩细砂岩，前者平行层理发育，后者极薄—薄层状，含植物碎片。 24.15m
31. 灰色极薄—薄层状粉砂质泥岩，水平层理发育。 24.08m
30. 灰色薄层状中粒岩屑长石砂岩夹1层厚0.4m灰色极薄—薄层状泥岩。 55.09m
29. 灰色中—厚层状细粒长石石英砂岩，平行层理极发育，侧向延伸稳定。 44.30m
28. 灰色泥岩，含植物碎片，岩石地表风化强烈，较破碎，地貌上呈负地形。 29.40m
27. 灰色细粒长石石英砂岩夹少量灰色泥岩，平行层理发育。 74.73m
26. 灰色泥岩为主，夹1层厚1.3m灰色薄—中层状细砂岩及1层厚0.5m的粉砂质泥岩。细砂岩、粉砂质泥岩、泥岩构成鲍马序列（a、c、e段），砂岩底面上见重荷模，泥岩水平层理发育，含植物碎片。 38.70m
25. 灰色中—厚层状细粒长石石英砂岩，夹3层厚为0.8～3.3m灰色极薄—薄层状粉砂质泥岩，砂岩平行层理发育。 396.20m
24. 灰色薄层状泥岩，水平层理较发育，含少量有机质，地表风化强烈，地貌上呈负地形。 15.07m
23. 灰色薄层状粉砂质泥岩，夹4层厚0.4～3.3m灰色薄层状粉砂岩及少量细砂岩。细砂岩、泥质粉砂岩、泥岩构成正粒序，泥岩水平层理发育，含植物碎片。 94.60m
22. 灰褐色中—厚层状细粒岩屑砂岩，平行层理极为发育，含植物碎片。 233.73m
21. 灰色薄层状细砂岩，岩石组合平行层理发育，地表风化强烈，较破碎。 256.88m
20. 灰色薄—中层状细粒岩屑砂岩，夹3层厚0.15～0.35m灰色泥岩，岩屑砂岩平行层理发育。 106.84m
19. 灰色薄—中层状细粒长石石英砂岩，夹2层厚约为0.4m灰色泥岩。 33.56m
18. 灰色薄层状泥岩夹同色薄层状细砂岩。 46.28m
17. 灰色中—厚层状细粒长石石英砂岩，夹3层厚小于0.3m的灰色粉砂质泥岩。前者平行层理发育，与后者构成正粒序。 48.93m
16. 深灰色薄层状泥岩为主，夹3层厚为2～3m灰色薄—中层状细砂岩。泥岩水平层理发育，含较多植物碎片。 241.54m
15. 灰色薄—中层状细粒岩屑砂岩，平行层理发育。 232.88m
14. 灰色泥质粉砂岩，平行层理发育，受断层影响岩石极为破碎，地貌上呈负地形。 26.54m

2. 岩性特征及横向变化

藏夏河组在区域上有着比较广泛的分布，主要断续出露在北羌塘盆地北缘，向西在黑虎岭幅、向东在乌兰乌拉湖北侧明镜湖一带均有所见。该组岩性横向上较稳定，均表现为一套细碎屑复理石建造，具浊积岩沉积特征，发育鲍马序列组合；纵向上存在两分性：中下部以灰—深灰色泥质粉砂岩及细—中粒岩屑砂岩为主，深灰色泥岩为辅，夹灰—深灰色钙质泥岩及杂色细砾岩，砂、泥岩比为3∶1～4∶1；上部深灰色泥岩、灰色细砂岩、灰色长石石英砂岩、灰色岩屑长石砂岩交互沉积，以泥岩为主，砂岩为辅，砂、泥岩比为1∶2～1∶3。砂岩以中—薄层为主，平行层理发育，常具粒序层理，小型交错层理和波痕，在砂岩底部发育重荷模、沟模、槽模和底冲刷等沉积构造，泥岩以薄层为主，水平层理发育。泥岩、粉砂质泥岩及岩屑长石砂岩局部见植物碎片。

藏夏河组因构造破坏，地层完整性较差，底与侏罗系地层成断层接触，顶只在黑虎岭幅弯弯梁一带发现被下侏罗统那底岗日组平行不整合覆盖。地层中生物稀少，本次区调在冬布勒山藏夏河组灰岩中采获一枚双壳类：*Sulcocythere subovata*（Zheng）；在岗盖日藏夏河组泥岩中采获两粒孢粉：*Cadargasporites granulatus*、*Psophosphaera*；成都环境地质与资源开发研究所（以下简称成都环资所）（1994）

在明镜湖东该组中部采获两枚双壳类：*Halobia plicasa*、*H. superbescens*，据此可认定该组地质时代属晚三叠世。

3. 其本层序特征及沉积环境

根据区内剖面及路线观察，藏夏河组（T_3z）自上而下发育4种类型基本层序（图2-1-6）。中下部发育有由灰—深灰色细砂岩、粉砂岩、粉砂质泥岩构成的正粒序（陆棚相）（A）及由细砾岩、细粒岩屑砂岩、泥岩常构成的正粒序（斜坡相）（B）；上部多见由细砂岩、泥岩构成的韵律（盆地相）（C）和由岩屑砂岩、炭质泥岩构成的韵律（盆地相）（D）。

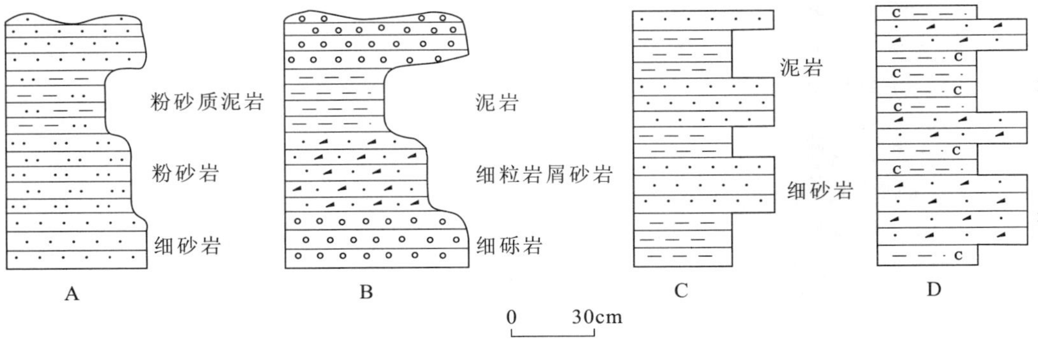

图2-1-6　测区藏夏河组基本层序

A-细砂岩、粉砂岩、粉砂质泥岩正粒序；B-细砾岩、细粒岩屑砂岩、泥岩正粒序；
C-细砂岩、泥岩韵律；D-岩屑砂岩、炭质泥岩韵律

在该组中部及中上部发育不完整的鲍马序列（图2-1-7），主要为由岩屑细砂岩、粉砂质泥岩、泥岩构成的鲍马序列（a、c、e段）（A）和由细粒岩屑砂岩、泥岩构成的鲍马序列（a、e段）（B），岩屑砂岩底面上见重荷模。根据岩性组合、沉积构造、基本层序分析，藏夏河组（T_3z）为一套次深海大陆坡、深海补偿盆地沉积的细碎屑岩复理石建造。

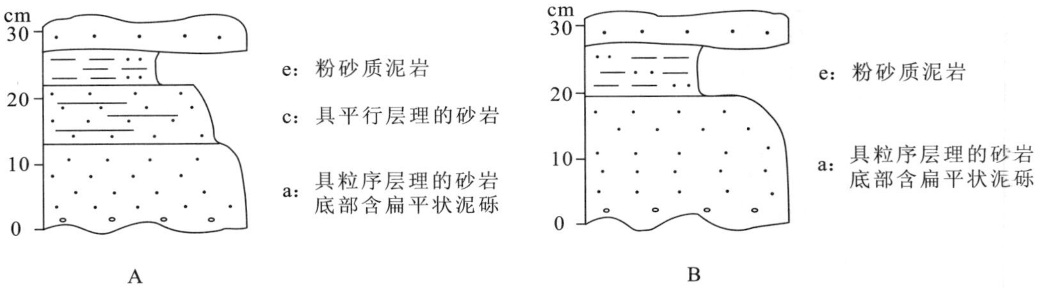

图2-1-7　测区藏夏河组鲍马序列

A-鲍马序列（a、c、e段）；B-鲍马序列（a、e段）

（二）侏罗系—白垩系

侏罗系是测区发育相对完整的一个岩石地层单位，广泛分布在多格错仁地层分区。测区内发育不全，仅出露中、上侏罗统和下白垩统。测区侏罗系岩石地层单位的划分始于20世纪80年代，随着工作的深入各家又提出了各自的划分意见。20世纪90年代，侏罗系被作为油气勘探的主要目的层，成都环资所朱同兴等（1996）对测区内侏罗系进行了详细的岩石地层、生物地层、年代地层、层序地层、磁性地层等划分对比与研究工作，极大地提高了测区侏罗系地层的研究程度。测区侏罗系地层划分沿革见表2-1-6。

据岩性组合特征：图幅内侏罗系—白垩系分为5个组，自下而上为中侏罗统布曲组、夏里组，上侏罗统索瓦组、白龙冰河组和上侏罗统—下白垩统雪山组。

1. 中侏罗统布曲组（J_2b）

布曲组一名为白生海（1989）以雁石坪剖面为典型代表创建，因布曲一带发育最好而得名，代表雀莫错组与夏里组之间比较单纯的一套中厚层状碳酸盐岩建造的地层体。主要由泥晶灰岩、生物碎屑灰岩、鲕粒灰岩、亮晶砂屑灰岩夹粉砂岩组成，厚674m，以盛产双壳类和腕足类为特征。本书沿用其名。

表 2-1-6 测区侏罗系—下白垩统地层划分沿革表

<table>
<tr><th colspan="2">蒋忠惕
（1983）</th><th colspan="3">西藏区调队
（1986）</th><th colspan="3">西藏岩石地层
（1997）</th><th colspan="3">成都环资所
朱同兴等（1996）</th><th colspan="3">本书
（2005）</th></tr>
<tr><td rowspan="2"></td><td rowspan="2">雪山组</td><td rowspan="4">上侏罗统</td><td colspan="2" rowspan="2">白龙冰河组</td><td rowspan="7">中上侏罗统</td><td rowspan="7">雁石坪群</td><td rowspan="4">上灰岩组</td><td rowspan="5">上侏罗统</td><td rowspan="2">雪山组</td><td>紫红色砂岩段</td><td></td><td rowspan="2">雪山组</td><td>紫红色砂岩段</td></tr>
<tr><td>杂色泥岩段</td><td rowspan="3">上统</td><td>杂色泥岩段</td></tr>
<tr><td colspan="2" rowspan="5">侏罗系</td><td rowspan="5">雁石坪群</td><td rowspan="2">上灰岩组</td><td rowspan="2">索瓦组</td><td>碎屑岩夹灰岩段</td><td colspan="2">白龙冰河组</td></tr>
<tr><td>灰岩段</td><td colspan="2">索瓦组</td></tr>
<tr><td rowspan="3">中侏罗统</td><td rowspan="2">上砂岩组</td><td rowspan="2">上砂岩组</td><td rowspan="2">夏里组</td><td rowspan="2">上石膏段
灰岩段
下石膏段</td><td rowspan="3">中侏罗统</td><td colspan="2" rowspan="2">夏里组</td></tr>
<tr><td rowspan="2">中侏罗统</td></tr>
<tr><td>下灰岩组</td><td>下灰岩组</td><td colspan="2">布曲组</td><td colspan="2">布曲组</td></tr>
</table>

测区布曲组仅出露于多格错仁西南岸-河湾山-长水河一带，呈北西西—南东东向展布，受地质构造影响，布曲组在测区仅出露中上部，下部处于背斜核部被埋没，或被断层错失，未见底，发育不全；上部被夏里组整合覆盖，部分地段被断层错失。

（1）剖面描述

1）西藏双湖地区长水河西支沟中侏罗统布曲组（J_2b）、夏里组（J_2x）及上侏罗统索瓦组（J_3s）实测地层剖面（CZP），起点坐标：N34°22′02.9″，E88°48′57.6″；终点坐标：N34°20′43.8″，E88°45′37.8″。剖面第1—10层为布曲组（图2-1-8），下部处于背斜核部被埋没，未见底，上部被断层错失，未见顶，出露厚度462.49m。

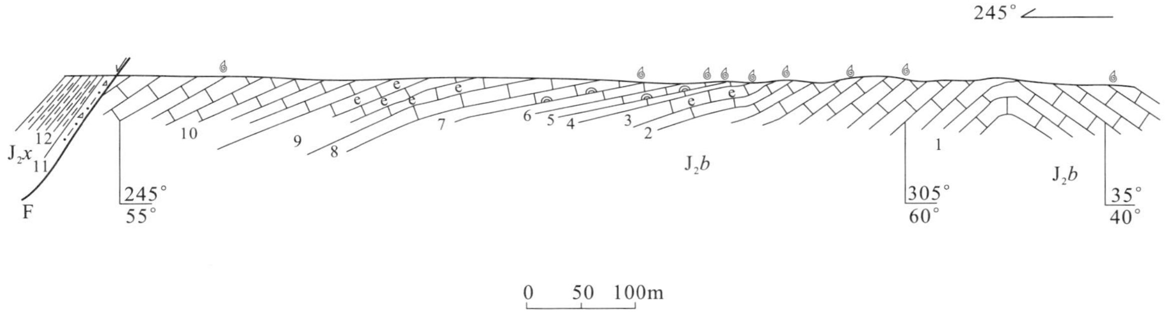

图 2-1-8 长水河西支沟中侏罗统布曲组（J_2b）实测地层剖面图

上覆地层：夏里组（J_2x） 杂色泥页岩夹中薄层岩屑细砂岩、钙质粉砂岩或泥质灰岩。

═══ 断层 ═══

布曲组（J_2b） **视厚>462.49m**

10. 灰黑色厚层—块状含生屑泥晶灰岩。岩石单层厚0.5～5m不等。含大量海百合茎、腕足、海绵等生物化石个体及碎片，偶见珊瑚化石：*Stylina paricosta*。 131.03m

9. 深灰色厚层—块状生物碎屑灰岩，含较多海百合茎化石个体及腕足碎片 48.39m

8～2. 灰黑色厚层—块状生物礁灰岩与含生物屑泥晶灰岩、微晶灰岩等互层。前者单层厚1～5m，后者单层厚一般小于1m，岩石中含丰富腕足：*Rhy. trigonalis* Muir-Wood、*Cymatorhynchia* sp.、*Burmirhynchia* sp.、*Lobothyris* sp.、*Cymatorhynchia densecosta*、*Bur. trilobata* Ching，Sun et Ye、*Avonothyris distorta* Ching，Sun et Ye、*Thurmanella penptychia* Ching，Sun et Ye、*Kallirhynchia* sp.、*Lacunaerhynchia* sp.、*Rhy.*

platiloba Muir-Wood、*Rhy. praecusor* Roche、*Holcothyris gigantea*、*Kutchithyris jooraensis* Kitchen；双壳：*Corbula* cf. *tanganyicensis* Cox、*Chlamys* (*Radulopecten*) *tipperi* Cox、*Astarte pindiroensis* Cox、*Radulopecten baimaensis* Wen、*Lopha* sp.、*Plogiostoma* sp.、*Astarte* sp.；海百合茎和海绵等生物化石及碎片。　99.56m

1. 深灰色厚层—块状含生物屑泥晶灰岩。岩石中含海百合茎、腕足：*Rhynchonelloidella* sp.、*Avonothyis* sp.、海绵等生物化石及印模，单层厚1～5m不等。　>183.51m

（背斜核部，未见底）

2）西藏双湖地区长水河中游西岸中侏罗统布曲组（J_2b）实测地层剖面（CXP）起点坐标：N34°13′22″，E88°51′18″；终点坐标：N34°13′04″，E88°49′44″。剖面1～39层为布曲组（图2-1-9），底部未测全，上部被断层错失，未见顶，厚度>1 077.75m。

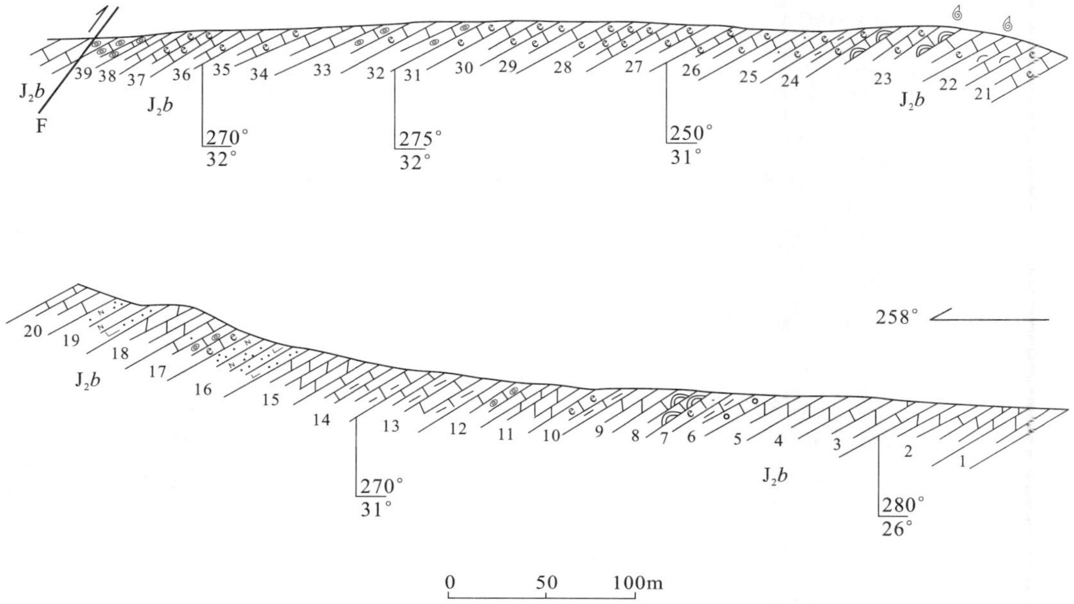

图2-1-9　长水河中游西岸侏罗统布曲组（J_2b）实测地层剖面示意图（CXP）

（引自青藏地区羌塘盆地区域石油地质调查报告，1996）

布曲组（J_2b）　**视厚>1 077.75m**

39. 深灰色中层状藻灰岩，藻类形成格架，黏结物为灰泥基质，生物碎屑主要为海百合茎。　24.51m
38. 深灰色中层状含生物碎屑泥晶灰岩。　15.70m
37. 深灰色中层状生物碎屑灰岩。　24.28m
36. 深灰色中层状生物碎屑灰岩与泥晶灰岩互层。　18.41m
35. 深灰色中层状含生物碎屑泥晶灰岩夹生物碎屑灰岩，生物碎屑主要为棘皮类、藻类、水螅类、双壳类和腕足类。　21.35m
34. 深灰色中层状含生物碎屑泥晶灰岩，生物碎屑有棘皮类、水螅类、双壳类和藻类。　20.97m
33. 深灰色中层状含生物碎屑泥晶灰岩夹深灰色藻灰岩，生屑主要为棘皮类、水螅类、双壳类和腕足类。　21.17m
32. 深灰色中层状藻灰岩与深灰色泥晶灰岩互层，藻类形成生物格架，障积和黏结灰泥基质。　21.92m
31. 深灰色中层状珊瑚灰岩、生物屑灰岩、泥晶灰岩互层，生屑杂乱排列。　14.84m
30. 深灰色中层状生物碎屑灰岩与深灰色含生物碎屑泥晶灰岩互层，生屑主要为壳藻类、腕足类、藻类、棘皮类。　22.75m
29. 深灰色中层状含生物碎屑泥晶灰岩夹生物碎屑灰岩，生屑主要为壳藻类、腕足类、藻类、棘皮类。　31.47m
28. 深灰色中层状生物碎屑灰岩夹核形石灰岩，生屑主要为棘皮类、藻类，次为腕足类、双壳类。　27.81m
27. 深灰色中层状核形石灰岩、生物碎屑灰岩、泥晶灰岩互层，生屑主要为棘皮类、腕足类与双

壳类。 29.77m

26. 深灰色中层状含生物碎屑泥晶灰岩与深灰色中层状生物碎屑灰岩互层，生屑主要为棘皮类、藻类、双壳类。 31.13m
25. 深灰色中层状含生物碎屑泥晶灰岩、砂屑灰岩和泥晶灰岩互层，生屑主要为棘皮类、水螅类、双壳类 *Plagiostoma* sp. 和腕足类。 33.82m
24. 深灰色中层状生物碎屑灰岩与灰色泥质灰岩互层，生物碎屑灰岩中有时含珊瑚灰岩。 27.57m
23. 深灰色礁灰岩，由4个旋回组成，每个旋回下部为生物碎屑灰岩夹泥晶灰岩，上部为珊瑚灰岩夹泥晶灰岩。生物灰岩中产双壳类：*Endolium* cf. *corneolum*（Young et Bird），*Plagiostoma* cf. *subscardiformis*（Greppin），*P.* sp.，*Liostera* sp.，*Gryphea* cf. *lituola* Lamark，*Camptonectes* cf. *auritus*（Sowerby） 60.68m
22. 深灰色薄层状牡蛎灰岩，牡蛎介壳不规则，个体较大且较完整，介壳间灰泥基质充填，牡蛎介壳杂乱排列。 10.44m
21. 深灰色—灰黑色中层状生物碎屑灰岩，生物碎屑以小型双壳类为主，定向排列，显示出平行层理与交错层理。 10.44m
20. 深灰色中层状含生物碎屑泥晶灰岩，主要结构组分为灰泥基质，次为生屑，有时含砂屑、核形石。 36.86m
19. 灰绿色薄层状钙质粉砂岩与灰绿色中—薄层状长石细砂岩互层，粉砂和细砂组成反韵律。 38.93m
18. 灰色薄层状泥质灰岩，风化后颜色变浅。 31.11m
17. 深灰色中层状藻礁灰岩，下部以生物碎屑灰岩为主，夹核形石灰岩、砾屑灰岩和泥晶灰岩，中部为藻灰岩，上部为生物碎屑灰岩。产双壳类：*Spondylopecten* cf. *subpunotatus*（Murnster）。 31.48m
16. 灰绿色薄层状钙质粉砂岩与灰绿色中—薄层状长石石英细砂岩组成韵律，发育波状层理。 55.59m
15. 灰色薄层状泥灰岩，风化后为浅灰色。 35.08m
14. 深灰色中—薄层状泥晶灰岩与灰色泥质灰岩互层，泥晶灰岩中含少量双壳类、腕足类碎片。 44.48m
13. 深灰色中—薄层状泥晶灰岩夹灰色泥质灰岩，泥晶灰岩中含少量海百合茎等生屑。 42.03m
12. 灰色薄层状泥晶灰岩与灰色藻泥灰岩互层，泥晶灰岩中含少量生屑。 39.68m
11. 薄层状泥灰岩，风化后为浅灰色。 45.40m
10. 深灰色中层状泥晶岩夹生物屑灰岩，生物屑以小型双壳类为主。 16.57m
9. 灰色薄层状泥灰岩，页理发育。 31.30m
8. 深灰色礁灰岩，造礁格架为珊瑚。 27.93m
7. 深灰色中层状生物碎屑灰岩、砂屑灰岩、泥晶灰岩组成韵律，生物屑主要为棘皮类、水螅类、藻类。 7.17m
6. 深灰色中层状砾屑灰岩、砂屑灰岩、泥晶灰岩和灰色泥灰岩组成正韵律。 14.67m
5. 深灰色中层状泥晶灰岩与灰色薄层状泥质灰岩互层，泥晶灰岩中含少量双壳类、腕足类、棘皮类碎片。 25.21m
4. 灰色薄层状泥灰岩，页理发育，局部夹深灰色泥晶灰岩透镜体。 16.91m
3. 深灰中层状泥晶灰岩与灰色泥灰岩，产双壳类、腕足类和棘皮类化石。 23.77m
2. 灰色泥灰岩夹深灰色中薄层状泥晶灰岩透镜体，泥晶灰岩中含少量双壳类 *Anisocardia* sp.、腕足类碎屑。 29.10m
1. 深灰色中层状泥晶灰岩夹灰色泥灰岩，泥晶灰岩中含少量双壳类和腕足类。 15.45m

（未见底）

（2）岩性特征及横向变化

根据区内剖面及路线观察，布曲组属测区侏罗系最下部层位，出露宽约1km。岩石地层对比如图2-1-10所示。

图幅西南黄山—河湾山一带，布曲组底部被断层错失，发育不全，岩性为生物碎屑灰岩、砂屑灰岩、泥晶灰岩夹泥质灰岩、钙质粉砂岩及钙质页岩，出露厚度116.82～522.28m；图幅中南部长水河一带，布曲组较发育，但底部被断层错失，发育不全，岩性主要为微晶灰岩、泥晶灰岩、生物礁灰岩、生物碎屑灰岩、泥灰岩，夹少量砂屑灰岩、钙质粉砂岩和钙质细砂岩，出露厚度462.49～1 077.75m；向西至江爱达日那的那底岗日一带，布曲组出露较好，岩性为泥晶灰岩、泥灰岩、夹钙质泥岩、泥质粉砂

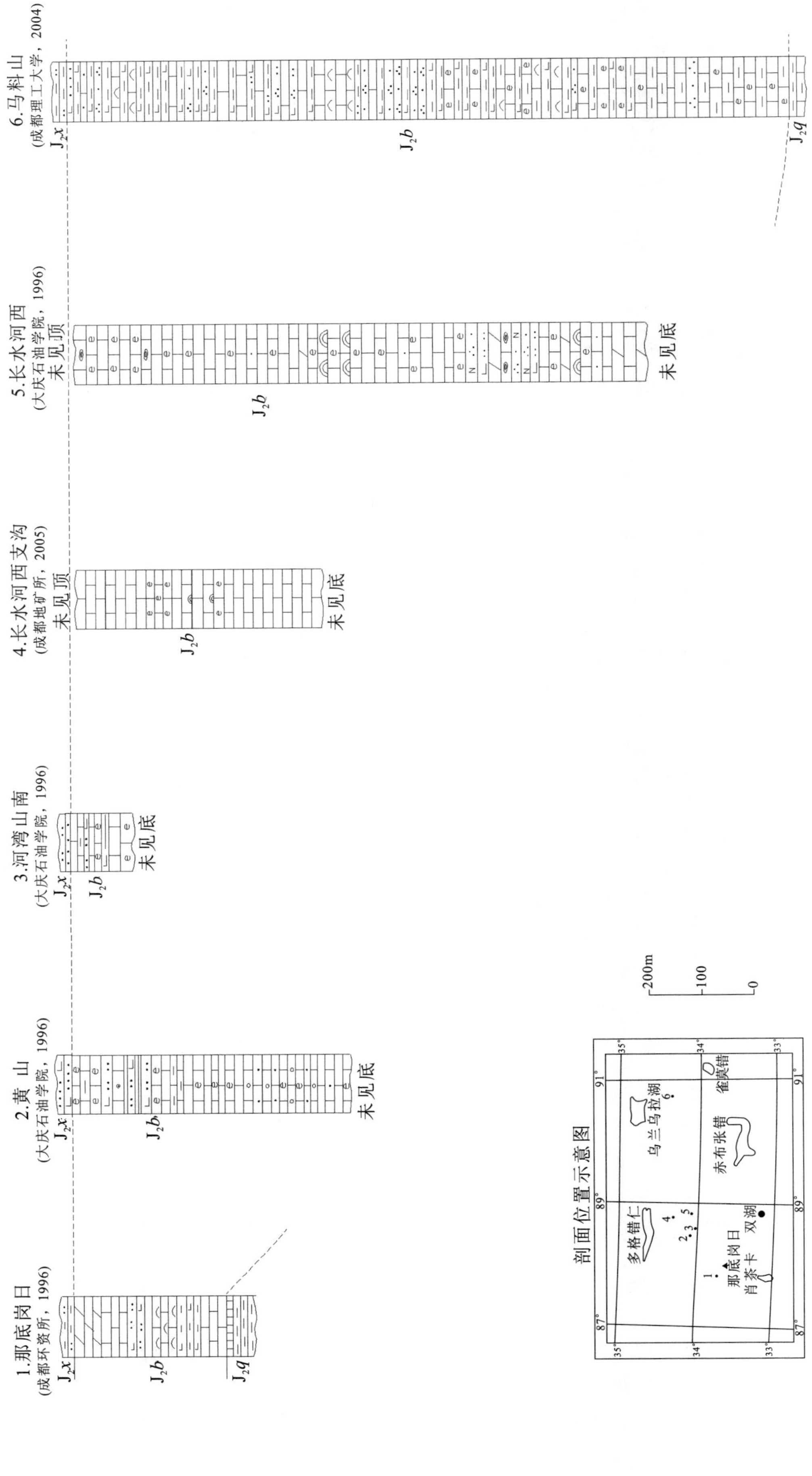

图2-1-10　测区侏罗统布曲组（J_2b）岩石地层对比图

岩，厚度291m，顶、底齐全；向东至乌兰乌拉湖的马料山一带，是北羌塘盆地布曲组最为发育地段，岩性主要为生物碎屑灰岩、含生屑泥质灰岩、泥质灰岩、介壳灰岩夹钙质泥岩及细砂岩，厚度1 357.86m，顶、底齐全。

可以看出：布曲组总体上为局限台地及浅滩相沉积，自南西向北东方向，厚度递增，砂、泥质在东西两端较多，在长水河一带相对较少，代表羌北盆地巴通期中央相带沉积。

（3）基本层序特征及沉积环境

根据区内剖面及路线观察，布曲组（J_2b）发育两种类型基本层序（图2-1-11）。

类型A主要见于布曲组下部，岩性为深灰—灰黑色厚层—块状生物碎屑灰岩、微晶灰岩、砂屑灰岩、泥质灰岩，为局限台地相沉积；类型B主要见于布曲组中上部，岩性为深灰—灰黑色厚层—块状生物碎屑灰岩、含生物微晶灰岩及生物礁灰岩，代表浅滩—局限台地相的碳酸盐礁、滩沉积。

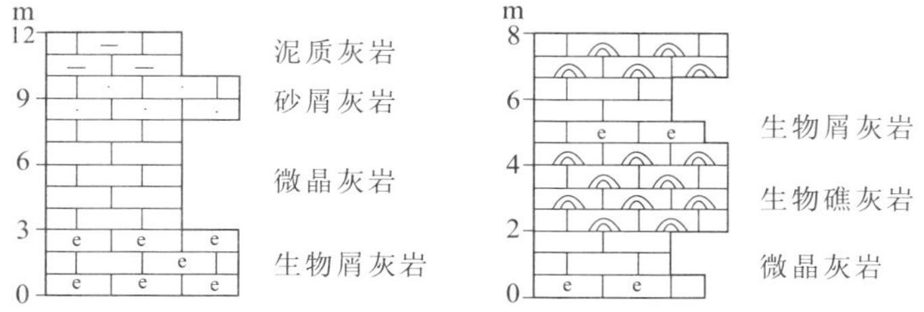

图2-1-11　测区布曲组基本层序

2. 中侏罗统夏里组（J_2x）

该组为青海区调队（1987）于雀莫错东夏里山创建，原义指一套灰紫、灰绿、褐红色相间的杂色碎屑岩系。白海生（1989）以雁石坪剖面为代表，重新定义该组，代表一套海退序列沉积。岩性主要为灰、灰绿色及紫红色长石砂岩、粉砂岩、泥质岩夹泥灰岩、石膏岩，含双壳类 *Protocardia striatula*、*Modiolus bipartitus*、*Pteroperna burensis*、*Astarte multiformis*、*Anisocardia tenera* 和腕足 *Stenogmus pentagonalis*、*Ivanoviella* cf. *steinbessi* 等为代表的动物群，厚646m，时代则定为中—晚侏罗世卡洛阶。夏里组下与布曲组、上与索瓦组均为整合接触关系。本报告沿用夏里组一名。

测区夏里组常与布曲组或索瓦组相伴出露，分布于多格错仁西南岸河湾山一带，呈北西西—南东东向展布，主要为灰、灰绿、紫红等杂色泥岩与钙质细、粉砂岩不等厚互层，局部夹泥灰岩及深灰色生物碎屑灰岩，即以细碎屑岩夹碳酸盐岩沉积为特征。

（1）剖面描述

1）西藏双湖地区长水河西支沟中侏罗统布曲组（J_2b）、夏里组（J_2x）及上侏罗统索瓦组（J_3s）实测地层剖面（CZP），起点坐标：N34°22′02.9″，E88°48′57.6″；终点坐标：N34°20′43.8″，E88°45′37.8″。剖面11～30层为夏里组（图2-1-12），下部与中侏罗统布曲组断层接触，未见底，顶部与上侏罗统索瓦组整合接触，厚度＞647.98m。

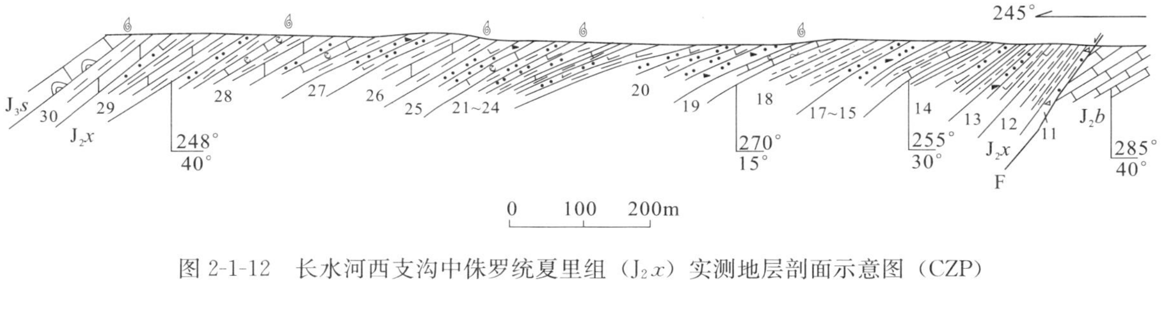

图2-1-12　长水河西支沟中侏罗统夏里组（J_2x）实测地层剖面示意图（CZP）

上覆地层：索瓦组（J_3s）　深灰—灰黑色中厚层状生物礁灰岩夹中—薄层状泥灰岩或泥晶灰岩。

——整合——

夏里组（J_2x）　　**视厚＞647.98m**

30. 深灰色中—薄层状泥灰岩与泥岩互层。单层厚10～30cm不等。　32.68m

29. 灰绿色泥岩夹深灰色薄—中厚层状钙质细砂岩及泥灰岩。细砂岩单层厚5～35cm不等；泥灰岩单层厚10～30cm，层面上偶见双壳碎片。　55.27m

28. 杂色泥岩夹薄—厚层状含生物泥晶灰岩、泥灰岩及砂岩。泥岩为紫红或灰绿色，页理较发育，多呈粉末状；泥灰岩呈深灰色，单层厚5～50cm不等；泥晶灰岩含双壳：*Liostrea* (Latinvda) *alimena* (Orbigng)、*Lopha costata* (Sowerby) 等化石碎片，单层厚20～30cm；砂岩包括薄—中层状细砂岩及粉砂岩，有灰绿与紫红色两种交替出现，单层厚20～30cm，层面上有波痕。　113.84m

27. 灰色中厚层状岩屑细砂岩夹薄层状钙质粉砂岩。前者单层厚20～35cm，层面上见风化波痕及植物碎片，后者单层厚2～15cm。　20.53m

26. 杂色泥岩夹厚层状泥灰岩。泥岩为灰绿色钙质泥岩及紫红色泥页岩，呈2～5m宽的间互层出现；泥灰岩中见腕足、双壳等化石碎片。　39.57m

25～20. 灰—灰绿色薄—中厚层状岩屑细砂岩与页状、薄—极薄层状钙质粉砂岩互层，偶夹杂色泥岩或生物碎屑微晶灰岩。细砂岩单层厚20～40cm不等，粉砂岩单层厚仅0.3～10cm，个别层厚20cm，具脉状交错纹层及浪成波痕；生物碎屑微晶灰岩单层厚20～30cm，见双壳：*Gervillella* cf. *siliqua* (Eudes-Desl)、*Protocardia* sp.、*Protocardia qinghaiensis* Wen 等化石碎片。　147.03m

19. 深灰色纹层状灰岩，单层厚0.5～5cm，顶部有一厚层黑灰色生物碎屑灰岩，含钙质砂屑及大量腕足、海百合茎等。　14.83m

18. 浅灰色薄—极薄层状钙质泥岩夹薄层状泥质粉砂岩。泥岩单层厚0.5～2cm，层面上有少量双壳印模；后者单层厚3～10cm。　52.19m

17. 灰绿色中薄层状岩屑细砂岩，单层厚一般5～20cm，个别达50～60cm，层理发育完好，层面上偶见植物化石碎片。　30.50m

16～11. 杂色泥页岩夹中薄层状岩屑细砂岩、钙质粉砂岩或泥质灰岩。泥页岩呈灰绿及紫红色，单层厚0.5～20cm不等，间互层状交替出现，间宽1～4m不等；其他岩层多呈单一夹层，为中—薄层状，单层厚3～20cm不等。　141.53m

＝＝＝断层＝＝＝

下伏地层：布曲组（J_2b）　灰黑色厚层—块状含生屑泥晶灰岩。

2）西藏双湖地区河湾山南中侏罗统夏里组（J_2x）实测地层剖面（HP）起点坐标：N34°22′02.9″，E88°48′57.6″；终点坐标：N34°20′43.8″，E88°45′37.8″。剖面7～21层为夏里组（图2-1-13），下部与布曲组整合接触，上部与索瓦组整合接触，顶、底齐全，厚度276.42m。

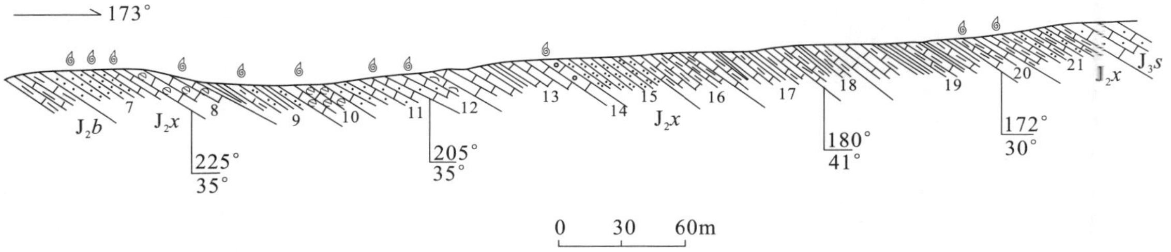

图2-1-13　河湾山南中侏罗统夏里组（J_2x）实测地层剖面图（HP）

（引自青藏地区羌塘盆地区域石油地质调查报告，1996）

上覆地层：索瓦组（J_3s）　深灰色礁灰岩，含珊瑚 *Montlivatiia ellipocylindrica* He et Xiao。

————整合————

夏里组（J_2x）　276.42m

（21～14）．灰绿色薄层状泥灰岩夹薄层状粉砂岩，粉砂岩中见丘状交错层理。　22.48m

13. 灰色中层状微晶灰岩夹灰绿色薄层状钙质页岩。　28.10m

12. 灰色中层状砂屑灰岩、生物碎屑灰岩和介壳灰岩组成两个旋回，每个旋回由砂屑灰岩开始，介壳灰岩结束。双壳类：*Spondyloprcten* sp.；腕足类：*Stenogmus* sp.、*Apatecosia* cf. *nutiensis* Bague、*Kutchithyris tibetica* Shi。　11.41m

11. 灰红色中层状微晶灰岩夹红褐色薄层状细砂岩，细砂岩中发育丘状交错层理，层面上具浪成波痕。腕足类：*Rhynchonelloidclla* sp.。　21.05m

10. 灰色中层状生物碎屑灰岩，生物碎屑主要为小个体（不足厘米级）的双壳类。其中较大个体的双壳类：*Pleuromya uniformis*（Sowerby）；腕足类：*Kutchithyris* sp.；菊石：*Aspidoceras* aff. *blakei spath*。　8.19m

9. 浅灰色薄层状钙质页岩与棕红色薄层状钙质粉砂岩互层，夹肉红色中层状砂屑含云灰岩和微晶灰岩。含双壳类：*Chlamys* cf. *laevis* Wen。　21.39m

8. 灰色厚层状生物碎屑灰岩，生屑多为双壳类和腕足类。分布杂乱。双壳类：*Quensledia* cf. *laevigata*（*Phillips*）、*Phaladomya* sp.；腕足类：*Bihenithyris* sp.、*Apatecosia* sp.。　10.53m

7. 灰绿色薄层状细砂岩及棕红色薄层状粉砂，夹灰绿色薄层状泥灰岩。细砂岩中发育丘状交错层理。产双壳类：*Spondyloprcten* cf. *palinurus*（d' Orbigny）、*Chlamys* sp.；腕足类：*Bihendubirhynchia* sp.。　21.25m

————整合————

下伏地层：布曲组（J_2b）　灰红色薄层状含泥微晶灰岩。

（2）岩性特征及横向变化

根据区内剖面及路线观察，夏里组整合覆于布曲组之上，其上被索瓦组整合覆盖，岩性虽然总体上为一套以浅滩及三角洲相沉积的碎屑岩，夹少量碳酸盐，但其岩性及厚度仍存在一些差异（图 2-1-14）。

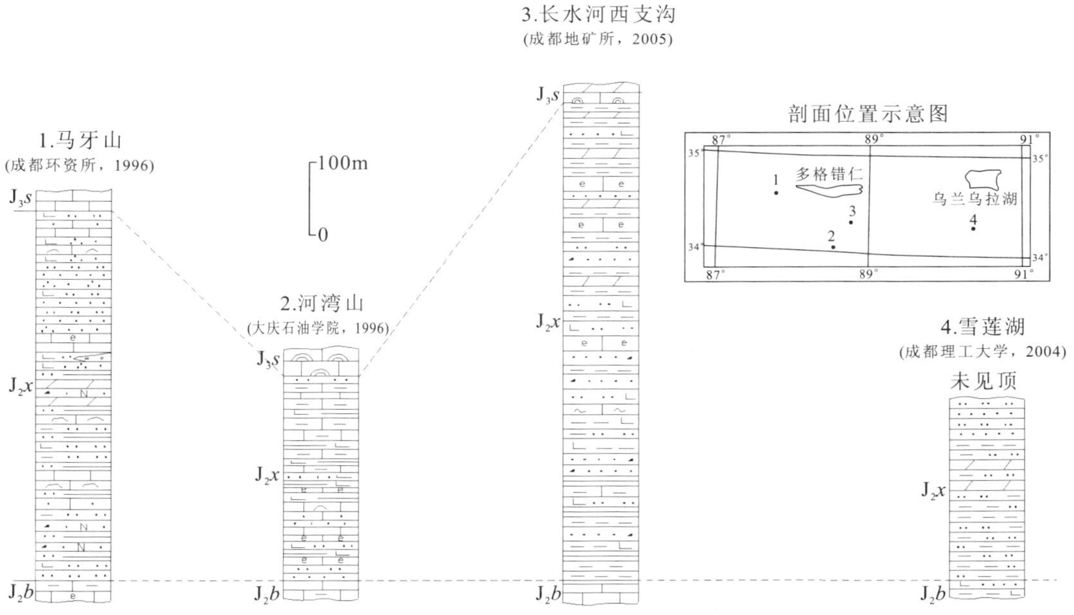

图 2-1-14　测区侏罗统夏里组（J_2x）岩石地层对比图

图幅西南河湾山一带，以泥质灰岩及生物碎屑灰岩为主，夹少量粉砂岩、钙质粉砂岩、钙质页岩及细砂岩，厚度 276.42m；图幅中南部长水河，夏里组底部虽被断层错失，但厚度明显增大，仍是测区发育较好地段，下部主要为浅灰—灰色或杂色薄—极薄层状钙质泥、页岩夹灰色、灰绿色薄层状泥质粉砂岩、钙质粉砂岩、中薄层状岩屑细砂岩，以泥岩为主，砂岩多呈夹层产出，局部夹泥质灰岩，即以细碎屑岩夹碳酸盐岩沉积为特征；中上部主要由杂色泥岩、钙质泥岩、泥灰岩或泥岩、粉砂岩、砂岩按一定顺序依次叠置，在一定地层间隔内重复出现，表现为周期性变化的旋回性基本层序特点，局部夹深灰色生物碎屑灰岩或含生物泥晶灰岩，厚度647.98m；向西至黑虎岭幅的马牙山一带，夏里组较发育，以钙质粉砂岩、粉砂岩及细砂岩为主，夹泥晶灰岩、泥灰岩和生物介壳灰岩，在碎屑岩中普遍发育沙纹层理、交错层理、水平层理、重荷模、冲刷充填构造，层面上常见黄铁矿颗粒和植物碎片，局部含脉状干沥青、软沥青，灰岩中普遍含双壳类、腕足类化石，厚度502.43m；向东至乌兰乌拉湖的雪莲湖一带，为一套由粉砂岩、泥质粉砂岩、粉砂质泥岩、泥岩，夹泥灰岩构成的细碎屑建造，厚度276.43m。

测区内夏里组岩性组合为碎屑岩夹碳酸盐岩，分段不明显，未见膏盐岩层，生物化石相对稀少，这与北羌塘中北部所见夏里组特征一致。而在北坳陷南部，该组岩性组合分段明显，膏盐岩十分发育，生物比较丰富，如那底岗日剖面，自下而上可分为下石膏段、灰岩段、上石膏段和杂色砂泥岩段，厚度达1 160.71m，含大量双壳类、腕足类及孢粉等化石。

(3) 基本层序特征及沉积环境

根据区内剖面及路线观察，夏里组下部自下而上发育5种类型基本层序（图2-1-15）。类型A为钙质泥岩夹岩屑石英砂岩，类型B为泥岩夹泥质灰岩，类型C为泥岩夹泥质粉砂岩，类型D为泥岩、页岩韵律沉积，类型E为钙质粉砂岩、泥岩互层式韵律沉积，以类型A、C、E最为发育，总体以杂色细碎屑岩为特征，代表了三角洲相沉积。

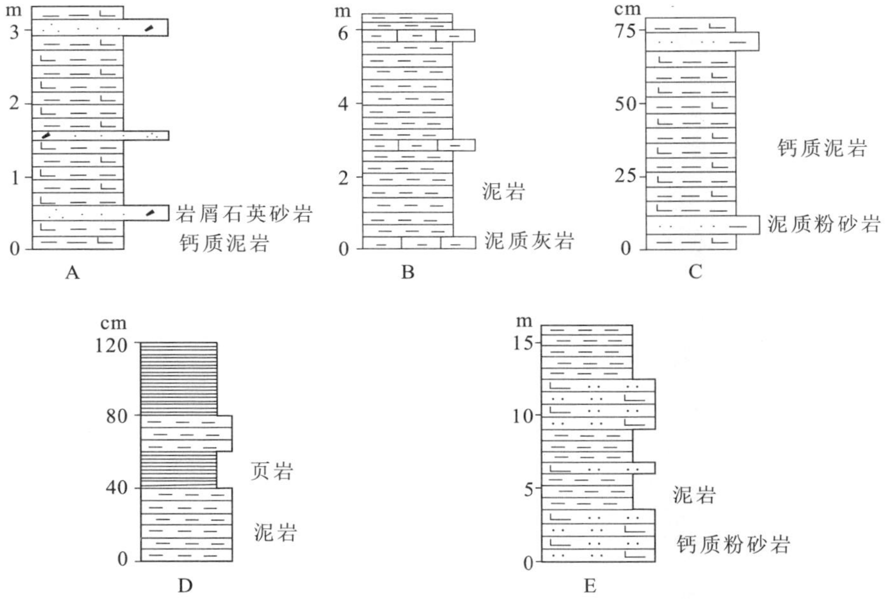

图2-1-15　长水河西支沟中侏罗统夏里组（J_2x）下部基本层序结构图

A-钙质泥岩夹岩屑石英砂岩基本层序；B-泥岩夹泥质灰岩基本层序；

C-钙质泥岩夹泥质粉砂岩基本层序；D-泥岩夹页岩韵律；E-钙质粉砂岩、泥岩互层

夏里组中上部自下而上发育3种类型基本层序（图2-1-16）。类型A为泥岩、钙质粉砂岩、岩屑砂岩、生物碎屑灰岩沉积韵律，类型B为细砾岩、细砂岩、泥质粉砂岩、泥灰岩、泥岩构成的正粒序，类型C为泥灰岩、泥岩韵律，代表局限台地相或泻湖相沉积。

3. 上侏罗统索瓦组（J_3s）

索瓦组由青海区调队（1987）首创，地点是格尔木市唐古拉山乡索瓦，原含义为一套深灰色中—厚层状泥晶灰岩、生物碎屑灰岩、生物礁灰岩与灰绿、深灰色钙质粉砂岩、泥质粉砂岩组成的地层体。西藏岩石地层（1997）定义为一套深灰色碳酸盐岩与灰绿色、深灰色细碎屑岩互层状组成的地层体，底以灰岩的大量出现为划分标志，顶与雪山组碎屑岩整合过渡，厚375～941m。产丰富的腕足类和双壳类化

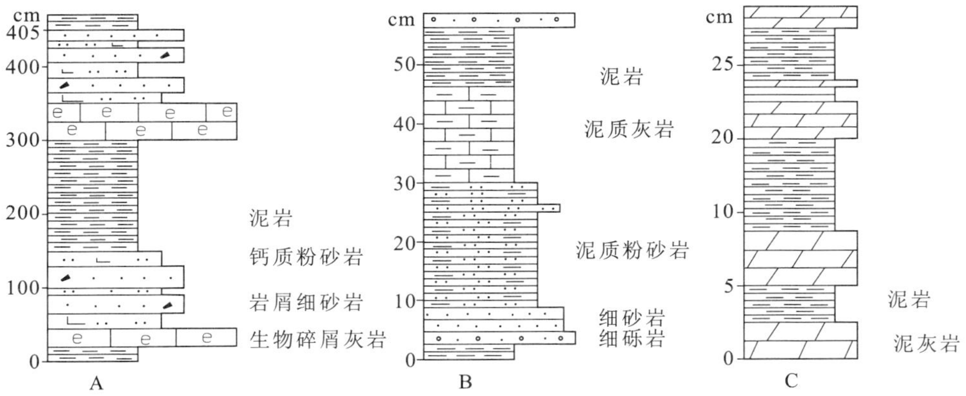

图 2-1-16 长水河西支沟中侏罗统夏里组（J_2x）中上部基本层序结构图

A-泥岩、钙质粉砂岩、岩屑细砂岩、生物碎屑灰岩沉积韵律；

B-细砾岩、细砂岩、泥质粉砂岩、泥质灰岩、泥岩构成的正粒序；C-泥灰岩、泥岩韵律

石等，时代为晚侏罗世牛津期。

测区上侏罗统岩石地层三分性明显：下部为一套以碳酸盐岩为主，夹少量细碎屑岩的岩石组合；中部为碳酸盐岩与碎屑岩的互层沉积组合；上部为一套比较单一的碎屑岩组合，这就是前人自下而上所称的索瓦组下段、上段和雪山组。本图幅以索瓦组、白龙冰河组和雪山组代表上侏罗统自下而上 3 个组级岩石地层单位，但修定了其中索瓦组和白龙冰河组的含义，将索瓦组一名用以限指原索瓦组下段的一套以碳酸盐岩为主，夹少量细碎屑岩的地层体，而白龙冰河组限指原索瓦组上段富含菊石 *Blanfordiceras*、*Virgatosphinctes*、*Aulacosphinctes*、*Aulacosphinctoides* 等的一套泥灰岩与泥岩韵律地层体。

测区索瓦组广泛出露于多格错仁地层分区，也是图幅内出露最广的一套灰岩地层，广泛分布于白滩湖—向峰河—太平湖—西峡河一带，呈近东西向或北西西—南东东向展布。索瓦组底部与夏里组、顶部与白龙冰河组均为整合接触关系。区域上本组富含双壳类、腕足类及少量菊石、有孔虫、孢粉、海胆等化石，是北羌塘地区比较稳定、分布广泛、生物化石类型繁多的岩石地层单位之一。

（1）剖面描述

西藏双湖地区长水河西支沟中—上侏罗统布曲组—索瓦组实测地层剖面（CZP）起点坐标：N34°22′02.9″，E88°48′57.6″；终点坐标：N34°20′43.8″，E88°45′37.8″。剖面第 31—42 层为索瓦组（图 2-1-17）。索瓦组顶、底齐全，底部与夏里组、顶部与白龙冰河组均呈整合接触，厚度 686.06m。

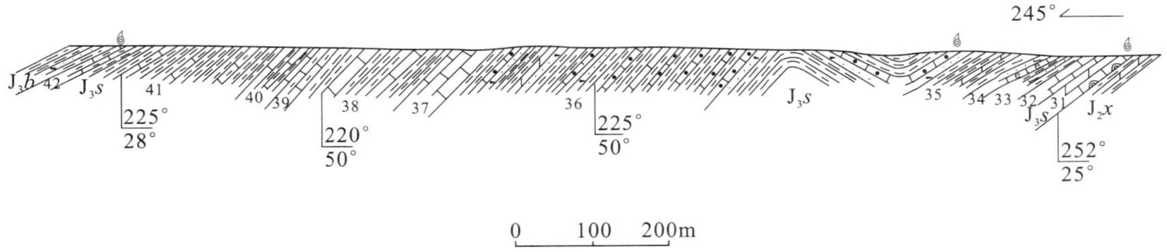

图 2-1-17 长水河西支沟上侏罗统索瓦组（J_3s）实测地层剖面图（CZP）

上覆地层：白龙冰河组（J_3b） 灰绿色泥岩夹灰绿色薄层状岩屑细砂岩及深灰色薄层状泥质灰岩。

——整合——

索瓦组（J_3s）	**686.06m**
42. 深灰色中—厚层状含生物屑泥质灰岩，含腕足、海百合茎等生物化石。	13.14m
41. 深灰—灰绿色泥岩夹中厚层状泥质灰岩。	114.40m
40. 灰—深灰色中薄层状灰岩夹泥岩。	34.68m
39. 深灰色中—厚层状泥质灰岩，单层厚 20～50cm 不等，含少量腕足类、双壳类等生物碎片。	19.36m

38. 深灰色泥岩夹黑灰色薄—中厚层状含生物屑砂质灰岩。前者多呈页状、粉末状破碎露头；后

者单层厚 20～50cm 不等，含少量腕足等生物碎片及碎屑，层面不甚平整，多呈瘤状起伏。　102.80m

37. 深灰色薄—中厚层状含生物屑灰岩，含少量腕足、双壳等生物化石碎片。　42.49m

36. 深灰色泥岩与薄—中厚层状含生物屑灰岩、岩屑细砂岩、泥灰岩等不等厚互层。岩石总体以泥岩为主，与其他各岩层相间出现，间互层宽 1～15m 不等，构成频繁变化的沉积韵律。含生物砾屑灰岩单层厚 10～50cm，见双壳 *Chlamyslaevis* Wen、*Chlamys*（*Radulopecten*）sp.、*Pseudolimea* sp. 及腕足、腹足等化石碎片，岩屑细砂岩单层厚 10～50cm；泥岩单层厚 10～30cm。　246.95m

35. 杂色泥岩夹中—薄层状泥灰岩。泥岩有灰绿、深灰及紫红等色，泥灰岩单层厚 10～30cm。　46.64m

34. 下部为深灰色厚层状生物介屑灰岩，上部为灰绿色中—薄层状钙质细砂岩，前者单层厚 55～70cm 不等，含腕足类、双壳类、海百合茎等生物化石碎片，后者单层厚 10～30cm 不等，见沙纹交错层理。　13.13m

33. 灰绿色中—薄层状钙质细砂岩与泥岩互层，单层厚 10～30cm，见沙纹交错层理。　13.99m

32. 深灰色中厚层状泥晶灰岩，含较多腕足类、双壳类、海百合茎等生物化石碎片。　15.79m

31. 深灰—灰黑色中厚层状生物礁灰岩夹中—薄层状泥灰岩。单层厚分别为 30～50cm 及 10～30cm 不等，见双壳化石 *Chlamys*（*Radulopecten*）cf. *tipperi* Cox、*Chlamys*（*Radulopecten*）cf. *vagans*（Sow.）、*Astarte elegans*（Sowerby）等。　20.69m

————整合————

下伏地层：夏里组（J_2x）　深灰色中—薄层状泥灰岩与薄层泥岩。

（2）岩性特征及横向变化

根据区内剖面及路线观察，索瓦组是整合于中侏罗统夏里组细碎屑岩地层之上的一套碳酸盐岩建造，岩性主要为灰—深灰色中—厚层、块状生物碎屑灰岩及生物礁灰岩夹灰—灰绿色中—薄层状细砂岩、粉砂岩或泥岩、泥灰岩等，发育沙纹层理、小型交错层理、小型包卷层理及压溶缝合线等沉积构造，含大量腕足、双壳及海百合茎等化石。区域上，索瓦组岩性及厚度存在一些差异（图 2-1-18）。

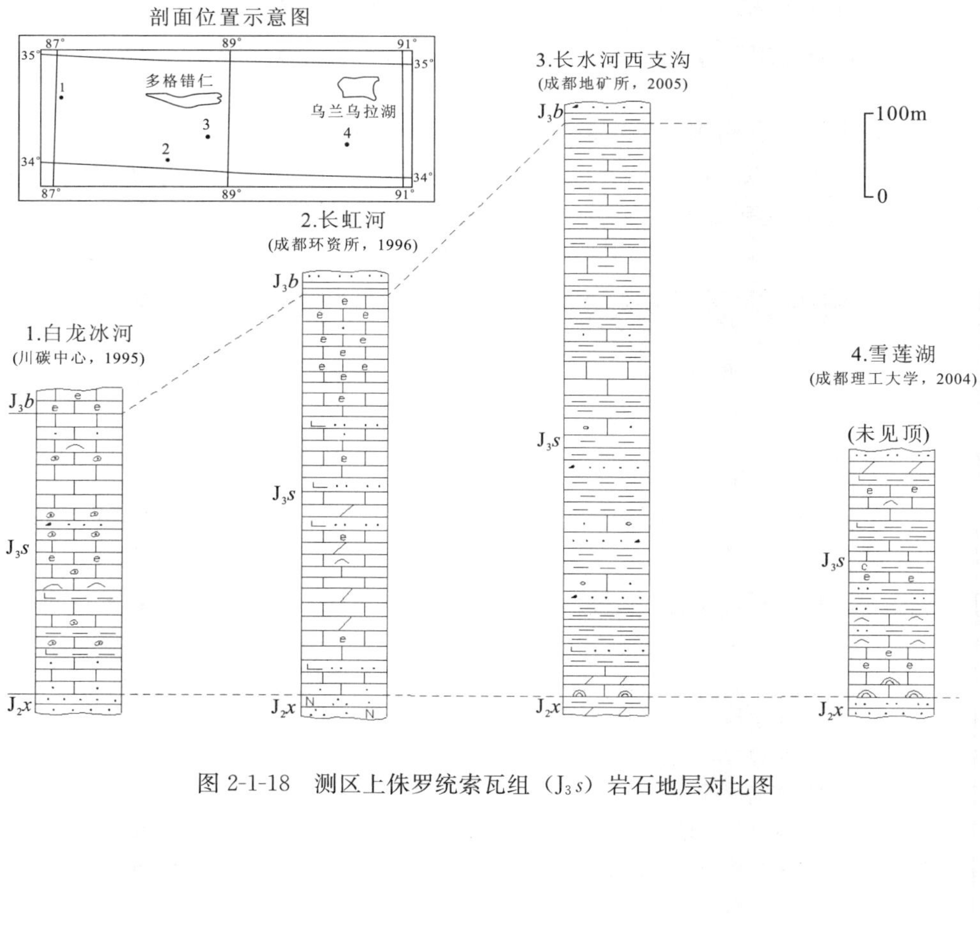

图 2-1-18　测区上侏罗统索瓦组（J_3s）岩石地层对比图

图幅中南部长水河一带，是测区索瓦组最为发育地段，顶、底齐全，以开阔台地相沉积为主，岩性主要为泥质灰岩、泥晶灰岩、砂屑灰岩，夹泥灰岩、细砂岩及泥岩，富含双壳类、腕足类，有少量菊石、有孔虫、海胆等，厚度686.06m；向西至黑虎岭幅长虹河一带，索瓦组以开阔台地相沉积为主，岩性主要为泥晶灰岩、生物碎屑灰岩，夹泥灰岩、介壳灰岩及钙质粉砂岩，发育沙纹层理、小型交错层理、小型包卷层理及压溶缝合线等沉积构造，厚度476m；再向西至黑虎岭幅白龙冰河一带，索瓦组以浅滩相沉积为主，岩性主要为泥晶灰岩、鲕粒灰岩、生物碎屑灰岩，夹介壳灰岩、泥岩及细砂岩，厚度328.99m；向东至乌兰乌拉湖的雪莲湖一带，下部主要为浅滩相的生物礁灰岩、介壳灰岩、生物碎屑灰岩，中上部主要为开阔台地相的粉砂质泥岩、钙质泥岩、泥晶灰岩及泥灰岩，未见顶，出露厚度294.65m。

可以看出：区域上索瓦组的岩石组合虽有所变化，但是变化不大。在测区中南部长水河一带，岩石中含生屑少，含泥质成分多，厚度大，生物除底栖的双壳类和腕足类外，浮游型菊石大量出现，代表羌北盆地牛津期坳陷沉积；向西、向东沉积水体变浅，岩层中碎屑岩减少，生物碎屑灰岩、鲕粒灰岩明显增多，以至在黑虎岭幅白龙冰河一带全为一套碳酸盐岩组合，厚度变薄，生物以发育底栖型双壳类、腕足类为主要特征，代表开阔台地及其浅滩相沉积。

(3) 基本层序特征及沉积环境

根据区内剖面及路线观察，索瓦组自下而上发育6种类型基本层序（图2-1-19）。

类型A、B位于索瓦组下部，以粉砂岩夹细砂岩、泥岩夹钙质细砂岩为特征，类型C、D位于索瓦

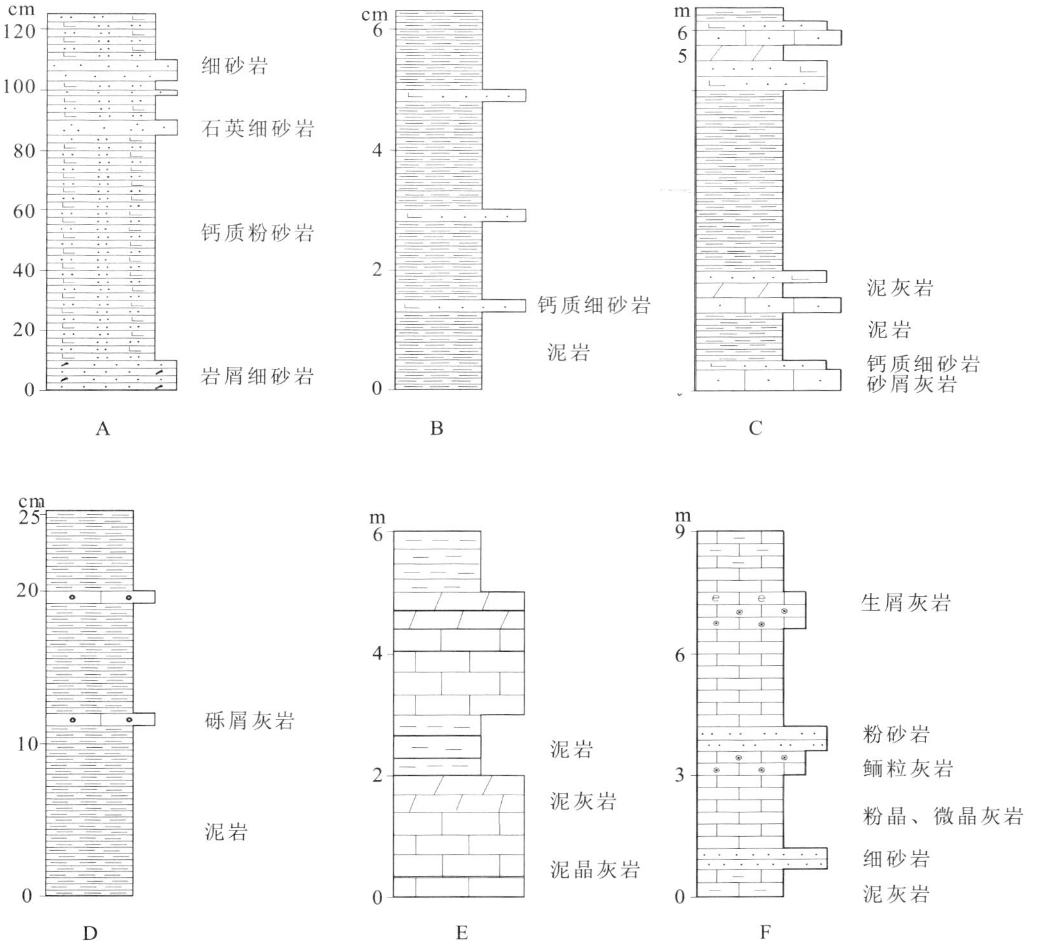

图2-1-19　测区上侏罗统索瓦组（J_3s）基本层序

A-粉砂岩夹细砂岩基本层序；B-泥岩、钙质细砂岩基本层序；C-砂屑灰岩、泥灰岩、钙质细砂岩、泥岩基本层序；D-砾屑灰岩、泥岩基本层序；E-泥晶灰岩、泥灰岩、泥岩基本层序；F-泥灰岩、细砂岩、灰岩、粉砂岩基本层序

组中部，以细碎屑岩夹碳酸盐岩为特征，它们均为开阔台地环境沉积；类型 E、F 位于索瓦组上部，以碳酸盐岩、细碎屑岩交互沉积为特征，为台地或泻湖沉积特征。

综上所述，索瓦组基本层序以细砂岩、泥岩及生物屑灰岩不等厚互层出现为特征，整体仍为向上变细变厚的旋回性基本层序，局部岩层表现为泥岩夹钙质细砂岩或介屑灰岩等非旋回性基本层序。总体为开阔台地及浅滩相沉积。

4. 上侏罗统白龙冰河组（J_3b）

该组由西藏区调队（1986）以改则县北部白龙冰河南侧路线剖面为代表创建。原意是指整合于夏里组之上的灰色中—厚层状泥灰岩、生物碎屑灰岩与灰绿色泥页岩、钙质泥岩互层，夹浅灰色粉砂岩地层，厚达 2 080m，富含菊石动物群，下部以 *Progeronia* sp.、*Alligoticeras* sp. 及 *Perisphinctdae* 为代表；上部有 *Aulacosphinctes* sp.、*Subplanites* sp.、*Paraboliceras* sp.、*Virgatosphinctes minusculus*、*V.* cf. *subfrequens*、*V.* cf. *pompeckji*、*V.* cf. *frequens* 等。不难看出，创名地的白龙冰组纵向岩石组合特征与我们修订含义后的索瓦组和白龙冰河组是一致的，与原含义的索瓦组上、下段吻合，不同的是其上未见雪山组的覆盖。

测区白龙冰河组广泛分布于白滩湖—向峰河—太平湖—西峡河一带，近东西向或北西西—南东东向展布，与索瓦组相伴出现，整合于索瓦组和雪山组之间的一套细碎屑岩夹灰岩、泥灰岩的韵律式沉积，细碎屑岩主要为灰—灰绿色中薄层状钙质泥岩、粉砂质泥岩、钙泥质粉砂岩、粉砂岩和少量石英细砂岩。

（1）剖面描述

1）西藏双湖地区长水河西支沟上侏罗统白龙冰河组实测地层剖面（CZP）起点坐标：N34°22′02.9″,E88°48′57.6″；终点坐标：N34°20′43.8″，E88°45′37.8″。剖面 43～51 层为白龙冰河组（图 2-1-20），底部与索瓦组整合接触，上部被断层错失，未见顶，出露厚度 964.73m。

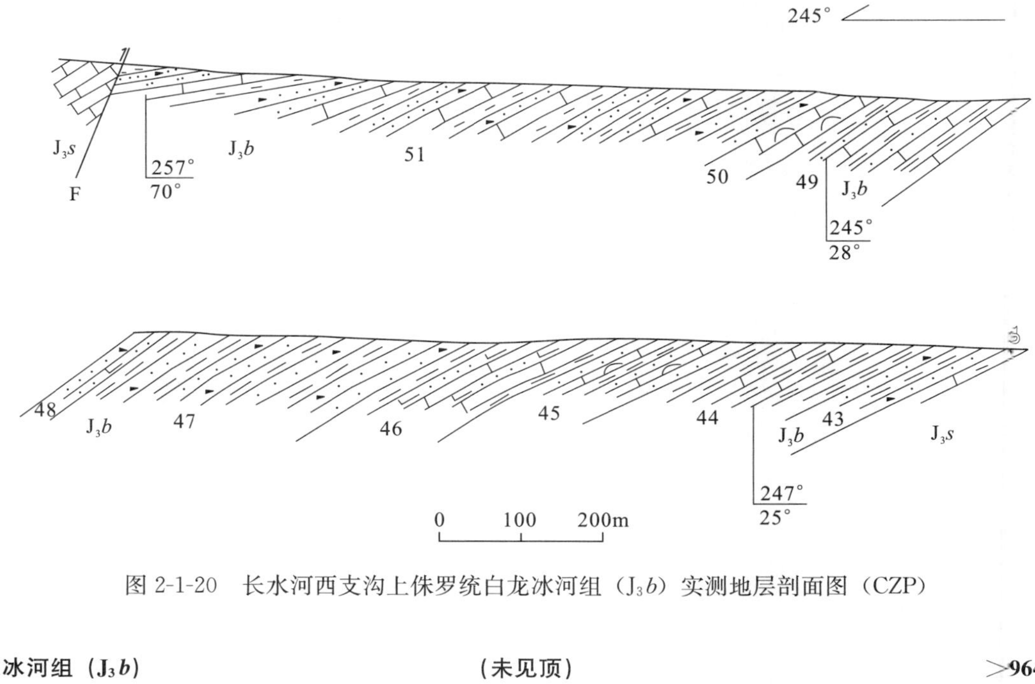

图 2-1-20　长水河西支沟上侏罗统白龙冰河组（J_3b）实测地层剖面图（CZP）

白龙冰河组（J_3b）	**（未见顶）**	**>964.73m**

51. 灰绿色中厚层状岩屑细砂岩夹粉砂岩与深灰色、灰色泥岩不等厚互层。局部夹中厚层状含生物碎屑砂质灰岩或泥晶灰岩。细砂岩单层厚 30～50cm，粉砂岩层厚一般小于 20cm。泥岩层厚不甚明显，多风化呈粉末状，一般出露宽 1～25m 不等。生物碎屑砂质灰岩单层厚 20～40cm 不等，部分为砾屑灰岩，含较多腕足、海百合茎等生物化石碎片。　349.64m
50. 深灰色厚层状生物介壳灰岩，岩石以含大量腕足、双壳等生物介壳碎屑为特征，单层厚 50～200cm 不等，层理较清。　27.13m

49. 深灰色泥岩与中厚层状砂岩，厚层含生物屑泥晶灰岩等互层。泥岩质软，呈页状或粉末状，出露宽一般 3～15m，砂岩为灰绿色，单层厚 20～50cm 不等，细、中、粉砂级岩层均有，常呈韵律出现，层面上偶见较多保存不好的植物叶片等化石，生物屑泥晶灰岩则含较多腕足等生物碎片，多位于砂岩层底部或夹于泥岩之中，单层厚约 50cm。 111.58m

48. 灰绿色中薄层状岩屑细砂岩夹薄层状钙质粉砂岩。前者单层厚 10～30cm，底面见重荷模构造，层内有植物碎片及印模；后者单层厚 5～15cm，具沙纹交错层理，层面上有浪成波痕及雨痕等沉积构造。 22.93m

47. 灰绿色中厚层状岩屑细砂岩与泥岩不等厚互层。前者单层厚约 30cm，出露宽一般 5～10m；泥岩多风化破碎呈粉末状，出露宽一般 30～50m。 161.55m

46. 灰绿色泥岩夹薄层状钙质细砂岩及厚层状生物屑灰岩。细砂岩单层厚 5～20cm，多呈单一夹层或位于生物碎屑灰岩下部；生物屑灰岩含较多腕足等化石碎片，单层厚约 50cm。 77.65m

45. 灰绿色薄—中层状细砂岩与泥岩互层，偶夹深灰色薄层状生物介屑灰岩。 64.55m

44. 深灰色泥岩夹薄—中层状泥质灰岩，含腕足、双壳等生物。 108.38m

43. 灰绿色泥岩夹灰绿色薄层状岩屑细砂岩及深灰色薄层状泥质灰岩。岩屑细砂岩单层厚 10～25cm，底面见重荷模构造，层内有植物碎片及印模。 41.33m

————整合————

下伏地层：索瓦组（J_3s） 深灰色中—厚层状含生物屑泥质灰岩。

2）西藏双湖地区灰熊沟上侏罗统白龙冰河组实测地层剖面（HXP）起点坐标：N34°14′02.2″，E88°45′43.5″；终点坐标：N34°14′59.3″，E88°46′53.3″。剖面 3～22 层为白龙冰河组（图 2-1-21），底部与索瓦组整合接触，上部被断层错失，出露厚度 1 315.67m。

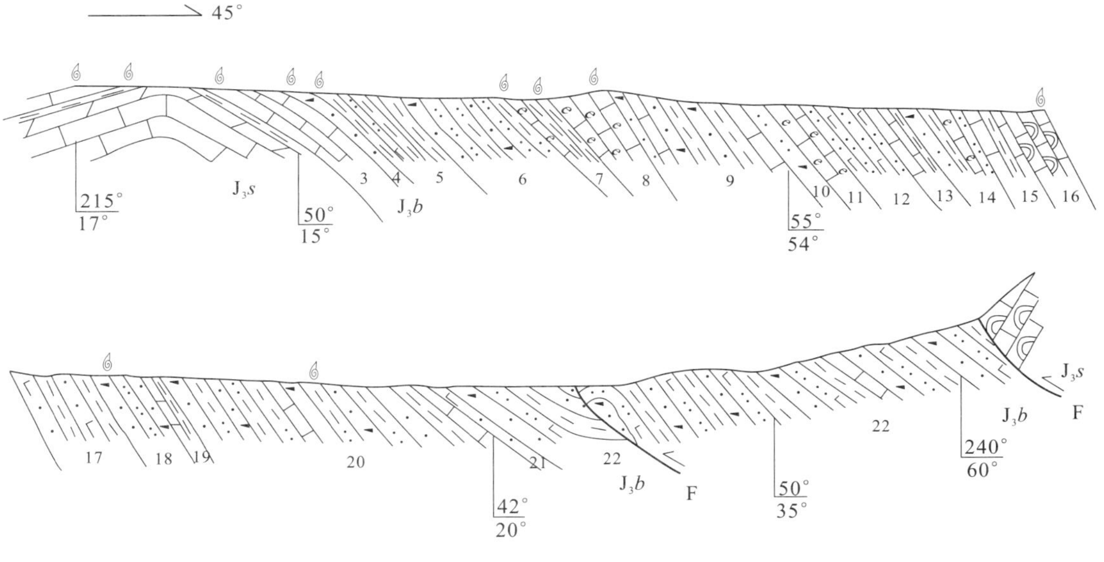

图 2-1-21 灰熊沟上侏罗统白龙冰河组（J_3b）实测地层剖面（HXP）

白龙冰河组（J_3b） **（未见顶）** **>1 315.67m**

22. 灰绿色中层状岩屑砂岩、钙质粉砂岩与泥岩组成韵律，局部夹钙质砂岩、灰黑色泥晶灰岩。 >84.81m

21. 灰黄色中层状钙质砂岩，含双壳、炭屑、植物碎片及虫管。 12.00m

20. 灰绿色中层状岩屑砂岩、粉砂岩、粉砂质泥岩夹灰黑色介壳灰岩（局部为钙质砂岩），上部可见灰绿色岩屑砂岩、粉砂岩、粉砂质泥岩、灰黑色泥晶灰岩组成厚约 3m 的基本层序，砂岩中见波痕、虫孔、斜层理、平行层理及植物碎片，含双壳类：*Chlamys laevis* Wen，?*Lopha* sp.。 265.77m

19. 浅灰色薄—中层状泥灰岩、泥岩，构成厚30～50cm的韵律，底层面见重荷模。　13.61m

18. 灰绿色岩屑砂岩、粉砂岩夹泥岩、介壳灰岩（生物富集层），含双壳类：*Radulopecten gerzensis* Wen、*Liostrea* sp.、*Lopha* sp.。　60.88m

17. 灰绿色泥岩与灰黑色钙质细砂岩组成，以泥岩为主，中部夹厚2m的含生屑泥晶灰岩。细砂岩中见水平层理，局部见沙纹层理，底见虫管，植物碎片。　99.25m

16. 灰色厚、块状礁灰岩，岩石单层厚3～5m，向上层厚变薄至50cm，局部可见到角砾状灰岩，顶部有3m厚的介壳灰岩。礁灰岩中含海绵约30%，另见藻类及少量有孔虫，含双壳类 *Birmanica lobata* Ching Sun et Ye、*Birmanica flabilis* Ching Sun et Ye、*Holcothyris* sp.、*Kallirhynchia* sp.。　53.79m

15. 灰绿色含砂屑泥晶灰岩、粉砂岩与泥岩、灰黑色泥晶灰岩。　40.05m

14. 灰绿色岩屑细砂岩与粉砂岩、泥岩，顶部为厚4.5m的含生屑泥晶灰岩。　80.14m

13. 深灰色中—厚层状泥晶灰岩，向上层厚减薄并与泥岩组成厚1～2m的韵律型基本层序。　35.23m

12. 灰绿色薄—中层状钙质粉砂岩，平行层理发育。　62.70m

11. 灰黑色厚、块状含生屑泥晶灰岩，岩石单层厚3～5m，向上层厚变薄至50 cm。　36.27m

10. 灰绿色薄—中层状岩屑粉砂岩与粉砂岩组成厚30cm左右向上变细的韵律。　26.43m

9. 浅灰色薄—中层状岩屑细砂岩、含生屑泥晶灰岩夹少量泥岩、介壳灰岩，顶部见厚3m透镜状含生屑泥晶灰岩，岩屑细砂岩中见斜层理、虫孔。　130.48m

8. 灰黑色中层状泥晶生屑灰岩，劈理发育，含双壳类：*Liostrea* cf. *birmanica* (Read)，*Pseudotrapezium cardiforme* (Deshayes)、*Parvamussium* cf. *subpersonatum* (Vacrk)、?*Chlamys* (*Radulopecten*) sp.。　59.88m

7. 深灰色厚、块状泥岩夹中厚层状泥晶灰岩，下部泥晶灰岩中含大量横生珊瑚，其顶面见生物富集层（生物暴死层），泥岩中见虫孔、遗迹化石。含双壳类：*Grammatodo* cf. *minutus* Fan、*Liostrea* sp.、*Goniocora* cf. *annulata* Roniewicz、*Epistreptophyllum* cf. *cornutiformis* (Gregory)。　41.15m

6. 灰绿色中层状岩屑砂岩、粉砂岩、粉砂质泥岩夹少量中厚层状内碎屑灰岩。　109.16m

5. 灰绿、浅灰色厚层状泥岩夹中层状含生屑泥晶灰岩、薄层状钙质粉砂岩，含生屑泥晶灰岩中见大量化石，钙质粉砂岩中见斜层理，底面见重荷模构造。含双壳类：*Chlamys* (*Radulopecten*) *tipperi* Cox、*Chlamys* (*Radulopecten*) cf. *vagans* (Sow.)、*Chlamys laevis* (Wen)、?*Liostrea* cf. *blanfordi* Cox、*Ostrea* cf. *calceola ziete*、?*Plagiostoma* sp.。　39.94m

4. 灰绿色中薄层状岩屑细砂岩与钙质粉砂岩、灰黑色薄层状泥晶灰岩组成向上变细的层序。含双壳类 *Chlamys* (*Radulopecten*) aff. *tipperi* Cox。　7.55m

3. 深灰色中层状泥晶灰岩夹少量薄层状介壳灰岩，泥晶灰岩含灰黄色泥质条带和双壳类化石。含双壳类：*Catella* sp.，*Anisocardia* (*A.*) *triangularis* (Bean)，*Chlamys* (*Radulopecten*) cf. *tipperi* Cox。　39.94m

————整合————

下伏地层：索瓦组（J_3s）　灰黑色中层状泥晶灰岩与灰色泥灰岩、泥岩。

3）西藏双湖地区半岛湖东北白龙冰河组剖面（引自大庆石油学院，1996），起点坐标：N34°00′30″，E 88°32′36″；终点坐标：N34°00′02″，E88°32′37″，底部与索瓦组整合接触，上部与雪山组杂色泥岩段整合接触，厚度606.83m。

上覆地层：雪山组杂色泥岩段（$J_3K_1x^1$）　灰绿色薄层状钙质细砂岩。

————整合————

白龙冰河组（J_3b）　606.83m

26. 灰色中层状生物碎屑灰岩，含双壳类 *Chlamys* cf. *textoria*，本层向西出现珊瑚礁灰岩，含珊瑚 *Ladophyllia qiebulaensis*。　68.88m

25. 灰绿色薄层状钙质细砂岩，发育水平层理。　39.60m

24. 灰绿色薄层状砂屑灰岩，亮晶方解石胶结。　51.68m

23. 深灰色薄层状小型薄壳类生物碎屑灰岩，亮晶方解石胶结。　24.98m

22. 灰绿色薄层状钙质细砂岩，多见水平层理，偶有小型交错层理。　19.18m
21. 灰色薄层状含泥灰岩，层面发育波痕，含双壳类：*Phaladomya* sp.、*Lopha* sp.。　23.01m
20. 灰绿色薄层状含泥灰岩。　13.43m
19. 灰绿色砂屑灰岩，层面上有介壳化石顺层排列。　4.48m
18. 灰绿色薄层状钙质细砂岩，见小型交错层理。　4.91m
17. 灰色薄层状介壳灰岩+介壳顺层定向排列。　14.96m
16. 灰色薄层状砂屑灰岩。　46.83m
15. 灰色薄层状介壳灰岩夹灰绿色钙质粉砂岩、细砂岩、介壳较破碎。　19.20m
14. 灰绿色薄层状钙质细砂岩，发育小型槽状交错层理。　14.57m
13. 灰色薄层状生物碎屑灰岩+顶部为黄色薄层状介壳灰岩，生屑顺层排列，含腕足类 *Biheni-thyris* sp.、*Juralina* sp.，双壳类 *Gervillella* sp.。　20.96m
12. 灰绿色薄层状钙质细砂岩与灰色薄层状生物碎屑灰岩互层。　21.55m
11. 灰绿色薄层状砂屑灰岩夹灰色生物屑灰岩，生屑为双壳类、腕足类，次为海百合茎。　21.55m
10. 灰绿色、黄绿色薄层状钙质细砂岩，发育小波纹状层理、水平层理、小型浪成交错层理等。　30.34m
9. 黄绿色薄层状介壳灰岩与钙质细砂岩互层，介壳主要为牡蛎碎片，细砂岩中发育小型波纹层理含腕足类 *Dorsoplicathyris* sp.，双壳类：*Ostrca* sp.。　32.86m
8. 灰色中层状生物碎屑灰岩夹黄绿色介壳灰岩、棱形石灰岩、钙质粉砂岩。　34.06m
7. 黄绿色薄层状介壳灰岩夹黄绿色细砂岩，发育小型波状交错层理。　34.06m
6. 黄绿色薄层状牡蛎介壳灰岩夹灰色棱形石灰岩。　15.00m
5. 灰色中层状棱形石灰岩。　4.84m
4. 灰色中层状生物碎屑灰岩，碎屑大小不一、杂乱分布，双壳类 *Placunopsis* sp.　17.27m
3. 灰色中层状鲕粒砂屑灰岩、含砂屑鲕粒灰岩，中夹一层黄色薄层状钙质细砂岩，含双壳类 *Gervillella silqua*。　12.47m
2. 灰绿色、土黄色薄层状钙质细砂岩，发育有小型交错层理和爬升层理。　16.76m

——————整合——————

下伏地层：索瓦组（J_3s）　灰色中厚层状含燧石结核微晶灰岩。

(2) 岩性特征及横向变化

根据区内剖面及路线观察，白龙冰河组岩为一套细碎屑岩为主夹碳酸盐岩的韵律式沉积建造，在区域上其岩性及厚度仍存在一些差异（图 2-1-22）。

在多格错仁西侧的曲龙沟一带，白龙冰河组中下部主要为泻湖相沉积的泥灰岩、细砂岩、泥岩韵律，上部为浅滩相沉积的泥灰岩、介壳灰岩，夹钙质粉砂岩，厚度 616.13m；图幅西南半岛湖，白龙冰河组主体为局限台地相沉积的生物碎屑灰岩、介壳灰岩，夹细砂岩—粉砂岩，向上碎屑逐渐增多，与上侏罗统—下白垩统地层过渡，其间尚见小型珊瑚礁，介壳灰岩常见小型薄壳双壳类，较破碎，密集成层，厚 606.83m；图幅中南部灰熊沟是测区白龙冰河最发育地段，下部为局限台地相沉积的碳酸盐岩和细碎屑岩组成的韵律式沉积建造组合，中部为浅滩相沉积的生物礁灰岩，上部局限台地相沉积的细碎屑岩夹碳酸盐岩的不等厚韵律式沉积建造，碎屑较下部明显增多，灰岩中产丰富的双壳类化石，厚度 >1 315.9m；图幅中南部长水河一带，主要为局限台地相沉积的细砂岩、粉砂岩、泥岩组合，局部夹中厚层状生物介屑灰岩，细砂岩中偶见双壳、植物等化石碎片，厚度>964.73m。

可以看出：白龙冰河下部整合于索瓦组之上，在长湖、曲龙沟见雪山组整合覆于其上。测区中南部长水河一带，沉积水体深，岩石中含生屑及砂质成分少，含泥质成分多，沉积厚度大，而在其西部，沉积水体变浅，地层中生物碎屑灰岩、鲕粒灰岩及砂质成分明显增多，沉积厚度变薄。

(3) 基本层序特征及沉积环境

根据区内剖面及路线观察，白龙冰河组自下而上发育 4 种类型基本层序（图 2-1-23）。

类型 A、B 位于白龙冰河组下部，为碳酸盐岩和细碎屑岩组成的韵律式沉积建造组合，碳酸盐岩岩石组合为灰黑色中厚层状泥晶灰岩、含生屑泥晶灰岩、浅灰色中薄层状泥灰岩、介壳灰岩、礁灰岩，碎屑岩类岩石组合为灰绿色中层状岩屑砂岩、岩屑细砂岩、粉砂岩、泥岩，为一套局限台地相、开阔台地

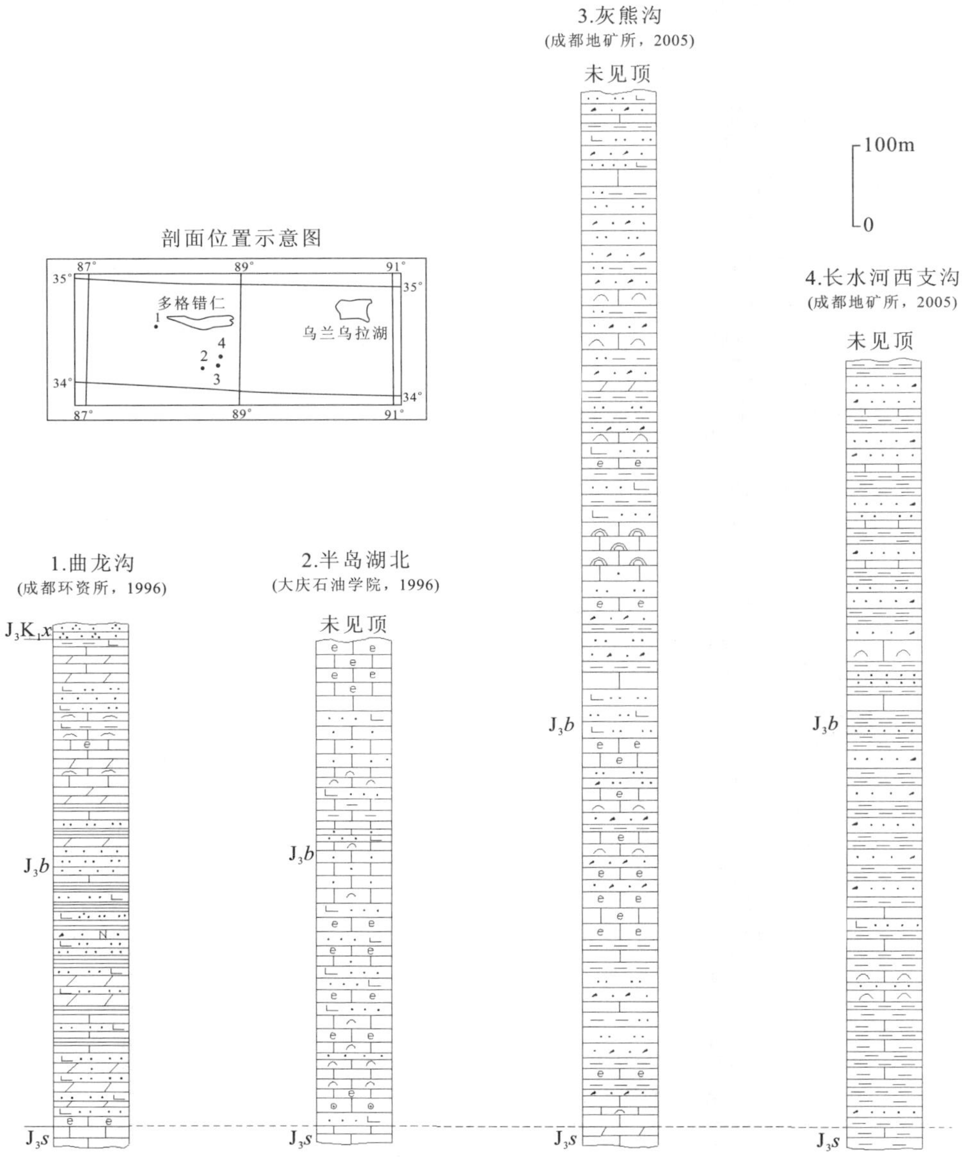

图 2-1-22　测区侏罗统白龙冰河组（J_3b）岩石地层对比图

相、生物礁相、河口湾相、三角洲相沉积；类型 C、D 位于白龙冰河组中上部，碎屑逐渐增多，处于海退期，以细碎屑岩为主夹中—薄层状碳酸盐岩的不等厚韵律式沉积建造组合，碎屑岩类岩石组合为灰绿色中层状岩屑砂岩、岩屑细砂岩、粉砂岩、泥岩，碳酸盐岩类岩石组合为灰黑色中层状泥晶灰岩、含生屑泥晶灰岩、中薄层状泥灰岩，在细碎屑岩中见羽状、脉状交错层理、平行层理、包卷层理，在粉砂岩层面上见干涉波纹（图 2-1-24），三角洲相、河口湾相沉积特征明显。

5. 上侏罗统—下白垩统雪山组（J_3K_1x）

雪山组最早由蒋忠惕（1983）正式公布，以温泉剖面为典型代表，主要岩石组合为灰色粉砂岩与粉砂质泥岩互层，夹不厚的钙质泥岩和泥灰岩，顶部为一套较厚的黄褐色砂岩，厚 55 958m，上未见顶，含双壳类等，当时定其时代为早白垩世。20 世纪 90 年代后期，中国石油天然气集团公司将其时代修正为晚侏罗世，并作为上侏罗统最高的一个组级岩石地层单位。本书沿用雪山组一名，但将其时代修订为晚侏罗世提塘期晚期—早白垩世。

雪山组广泛分布于多格错仁以北及甘桔湖—洋姜湖以东，近东西向展布。根据纵向岩石组合特征，

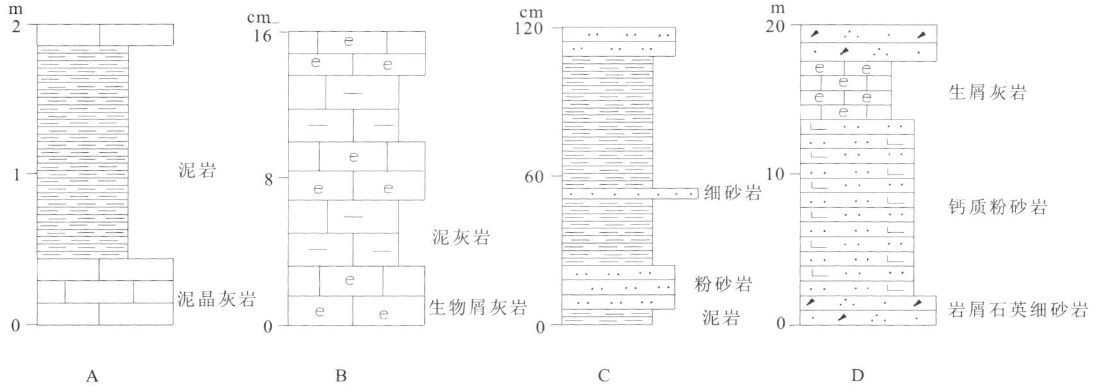

图 2-1-23 测区上侏罗统白龙冰河组（J_3b）基本层序结构图

A-泥晶灰岩、泥岩基本层序；B-生物屑灰岩、泥灰岩基本层序；C-粉砂岩、泥岩基本层序；D-岩屑石英细砂岩、钙质粉砂岩、生屑灰岩基本层序

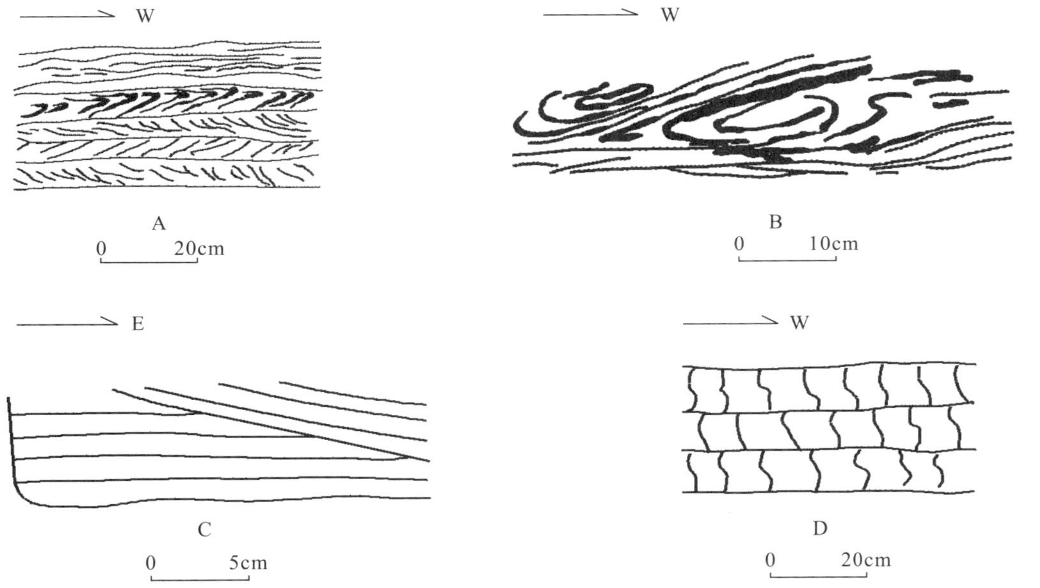

图 2-1-24 测区上侏罗统白龙冰河组（J_3b）沉积构造图

A-钙质细砂中羽状、脉状交错层理；B-粉砂岩中包卷层理；C-岩屑砂岩中交错层理、平行层理；D-钙质粉砂岩层面上的干涉波纹

划分两个段级岩石地层单位，自下而上为杂色泥岩段、紫红色砂岩段。砂岩中普遍发育波痕、交错层理，具向上变粗的沉积序列。

（1）剖面描述

西藏双湖地区长湖上侏罗统—下白垩统雪山组实测地层剖面（CHP）起点坐标：N34°46′08.6″，E89°04′34.8″；终点坐标：N34°43′48.0″，E89°03′56.3″。雪山组底部与白龙冰河组整合接触，上部被第四系覆盖，未见顶，出露厚度 2 397.57m。该剖面第 36—45 层为雪山组杂色泥岩段、第 46—71 层为雪山组紫红色砂岩段（图 2-1-25）。

雪山组紫红色砂岩段（$J_3K_1x^2$） **（未见顶）** **>1 887.73m**

71. 灰紫色中薄层状细粒岩屑石英砂岩、粉砂岩、泥岩构成的韵律层，细粒岩屑石英砂岩（0.5～1m）、粉砂岩（1m）、泥岩（3～5m）构成正粒序。岩屑石英砂岩局部发育平行层理，粉砂岩向上单层厚度渐变薄，泥质含量增多。 99.06m

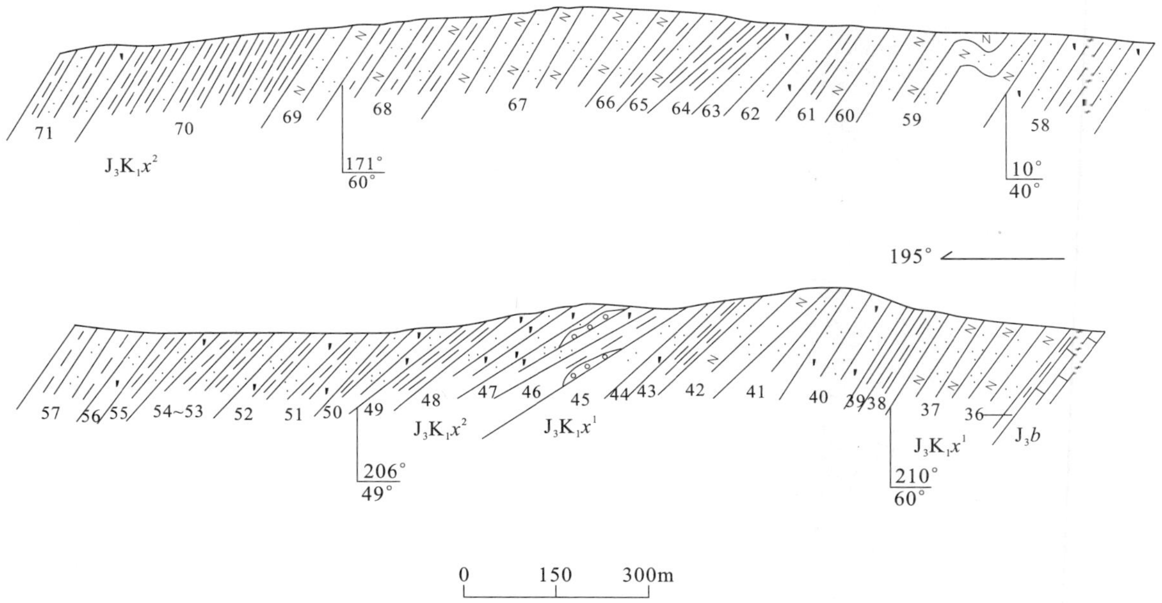

图 2-1-25　长湖上侏罗统—下白垩统雪山组实测地层剖面示意图（CHP）

70. 灰紫色泥岩，局部夹粉砂质泥岩、砂岩。泥岩单层厚度较薄，但组合厚度较大，粉砂质泥岩多为薄层状夹层产出，厚度小，砂岩以岩屑石英砂岩为主。　242.90m
69. 灰紫色厚层状中粒长石石英砂岩，岩层中交错层理及斜层理发育，底冲刷明显。　68.57m
68. 灰紫色中层状中粒长石石英砂岩与同色泥岩互层。长石石英砂岩局部见平行层理，泥岩固结度差，易土状风化，多夹于砂岩中呈薄层状产出。　118.06m
67. 灰紫色中层状细粒长石石英砂岩，局部夹粉砂岩、泥岩。长石石英砂岩局部见平行层理，粉砂岩、泥岩多为夹层产出，厚 1～3m 不等。　178.12m
66. 紫灰色细粒长石石英砂岩与紫红色泥岩互层，砂、泥比可达 1∶1，长石石英砂岩以薄层—中薄层状为主，平行层理发育。　53.38m
65. 紫灰色薄—中层状细粒长石石英砂岩夹粉砂质泥岩、泥岩。长石石英砂岩平行层理发育，局部见交错层理和斜层理，粉砂质泥岩与泥岩相伴出现，粉砂质泥岩多为泥岩中的薄夹层。　57.30m
64. 紫红色泥岩夹细粒长石石英砂岩，偶夹粉砂质泥岩。泥岩固结程度较差，土状风化强烈，地表呈负地形；长石石英砂岩呈薄层状，平行层理发育。　45.99m
63. 紫灰色薄层状细粒岩屑石英砂岩夹紫红色泥岩，岩屑石英砂岩发育平行层理，组合厚 2m 左右，与泥岩界线明晰，在接触界面可见底冲刷构造。　31.71m
62. 下部紫灰色中薄层状细粒长石石英砂岩夹泥岩，中部紫灰色薄—中层状细粒岩屑石英砂岩，上部为紫灰色粉砂岩与泥岩互层，砂岩中平行层理发育。　49.70m
61. 下部紫灰色中厚层状细粒长石石英砂岩，发育平行层理；上部为紫红色泥岩夹中厚层状细粒长石石英砂岩，向上泥岩增多，长石石英砂岩呈薄层状夹层。　46.85m
60. 紫灰色中薄层状粉砂岩夹紫红色泥岩，前者局部发育平行层理，后者单层厚度较薄，与粉砂岩呈负相关关系。　19.67m
59. 紫灰色薄层状细粒长石石英砂岩夹中薄层状粉砂岩，前者平行层理发育，侧向延伸稳定，后者向上层厚加大。　75.94m
58. 紫灰—灰色中厚层状细粒长石石英砂岩夹紫红色泥岩，砂、泥岩构成韵律，砂岩平行层理发育，下部厚度大，向上变薄，泥岩下部厚度较薄，向上增厚。　150.08m
57. 紫红色泥岩夹粉砂岩，泥岩单层厚度多在 1m 以上，易风化，地貌上多沿走向形成线状负地形，粉砂岩多呈薄层状夹层产出，厚约 1m 左右。　99.37m
56. 紫灰色中薄层状细粒岩屑石英砂岩，局部发育平行层理。　29.21m
55. 紫灰—灰色薄层状粉砂岩夹紫红色薄层状泥岩，粉砂岩平行层理发育，与泥岩互层产出，交替较为频繁，泥岩具向上加厚特征，可达 2m 左右。　50.31m

54. 灰—紫灰色中层状中—粗粒岩屑石英砂岩，夹细砾岩。前者平行层理发育，后者多为薄层透镜状产出，厚度较薄，厚 30 cm 左右。 16.34m

53. 紫红色泥岩夹薄—中层状粉砂岩，前者单层厚度 50～100cm，固结程度差，后者平行层理发育，局部具包卷层理，在粉砂岩与泥岩接触面见底冲刷构造。 88.58m

52. 紫灰色薄层状细粒岩屑石英砂岩夹紫红色泥岩，砂岩发育平行层理，泥岩呈夹层产出，厚度较小，与砂岩构成粗细的韵律层组合。 73.55m

51. 下部为紫灰色薄层状细粒岩屑石英砂岩，局部发育平行层理；上部为紫红色泥岩，厚 5m 左右，土状风化。 48.04m

50. 中下部为紫灰色薄层状细粒岩屑石英砂岩，平行层理发育；上部为紫红色泥岩，单层厚度较大，土状风化明显。 61.38m

49. 紫灰—紫红色泥岩。 39.85m

48. 紫灰色中层状含砾岩屑砂岩夹薄层状细砾岩，前者细砾含量小于 5%，以灰岩和脉石英为主，砾径 2～3mm，砂粒粒径 0.3mm 左右，平行层理发育，局部见交错层理；后者呈夹层产出，厚 0.3～0.5m，砾石成分主要为灰岩、砂岩和泥岩，砾径 2～8mm 者居多，部分达 10mm 以上，分选性和磨圆度中等。 75.01m

47. 紫灰色薄层状细粒岩屑石英砂岩夹细砾岩，上部见厚约 3m 的紫红色泥岩。岩屑石英砂岩偶见细砾，局部发育平行层理；细砾岩呈透镜体产出，单层厚 0.5m 左右，砾石成分主要为灰岩、砂岩和泥岩，砾径 2～5mm 者居多，个别达 10mm 以上，分选性和磨圆度中等，平行层理发育。 41.55m

46. 紫红色泥岩夹同色薄层状岩屑石英砂岩和中层状细砾岩，砂岩多呈夹层产出，偶见细砾；细砾岩呈透镜状产出，砾石成分主要为灰岩、砂岩和泥岩，砾径 2～5mm 者居多，个别达 10mm 以上，分选性和磨圆度较好。 27.18m

雪山组杂色泥岩段（$J_3K_1x^1$） **509.84m**

45. 灰绿色中层状粉砂岩及石英砂岩，粉砂岩局部见纹层状构造，石英砂岩局部发育平行层理及斜层理，两者呈互层产出。 11.37m

44. 灰绿色中层状细粒岩屑石英砂岩，局部发育平行层理，该层上部见厚约 2m 的紫灰色粉砂岩。 14.07m

43. 中下部紫灰色中层状粉砂质泥岩，向上砂质减少，过渡为紫红色泥岩。 40.87m

42. 灰绿色中薄层状中粒长石石英砂岩，平行层理较为发育。 66.50m

41. 紫灰色粉砂岩，单层厚度 30～50cm，岩层侧向延伸稳定。 26.96m

40. 灰绿色薄—中层状细粒岩屑石英砂岩，局部发育平行层理，侧向延伸稳定。 93.25m

39. 中下部为紫灰色泥岩，单层厚 1～2m，固结度较差，风化强烈；上部为紫红色页岩。 20.64m

38. 底部为细砾岩，厚 0.5m，砾石含量 5%～50%，成分主要为灰岩、砂岩和泥岩，砾径 2～10mm 者居多，个别达 10mm 以上，分选较好，棱角一次圆状，侧向延伸渐变为含砾粗砂岩；中部为紫灰色中层状粉砂岩；上部紫红色泥岩。 36.47m

37. 灰绿色中薄层状中粒长石石英砂岩，平行层理发育。 177.10m

36. 杂色（紫灰、紫红、灰绿）泥岩、页岩夹灰色中层状泥晶灰岩及灰绿色岩屑石英砂岩。泥岩不显层理，固结程度差，其上过渡为紫红色页岩，页理发育，在灰色泥岩中局部夹同色厚 5～10 cm 粉砂质泥岩。岩屑石英砂岩局部发育平行层理。 22.61m

————整合————

下伏地层：白龙冰河组（J_3b）　灰—深灰色薄层状含生物屑泥晶球粒灰岩。

（2）岩性特征及横向变化

根据区内剖面及路线观察，雪山组是整合于白龙冰河组之上的一套巨厚三角洲相碎屑岩系，普遍具二分性，下部为紫红、灰绿、浅灰及黄灰色等组成的杂色碎屑岩和泥岩组合，上部为紫红色碎屑岩组合，夹含砾粗砂岩或细砾岩。在区域上其岩性及厚度差异较大（图 2-1-26）。

江爱达日那幅的那底岗日一带，雪山组下部为钙质粉砂岩与泥岩或粉砂质泥岩互层产出为特征，上部主要为钙质细砂岩及钙质石英细砂岩，该组顶、底齐全，厚度 340m；图幅西南部半岛湖，雪山组分为两段，下部杂色泥岩段主要为钙质细砂岩、细砂岩及钙质页岩，上部紫红色砂岩段以细砂岩为主，少

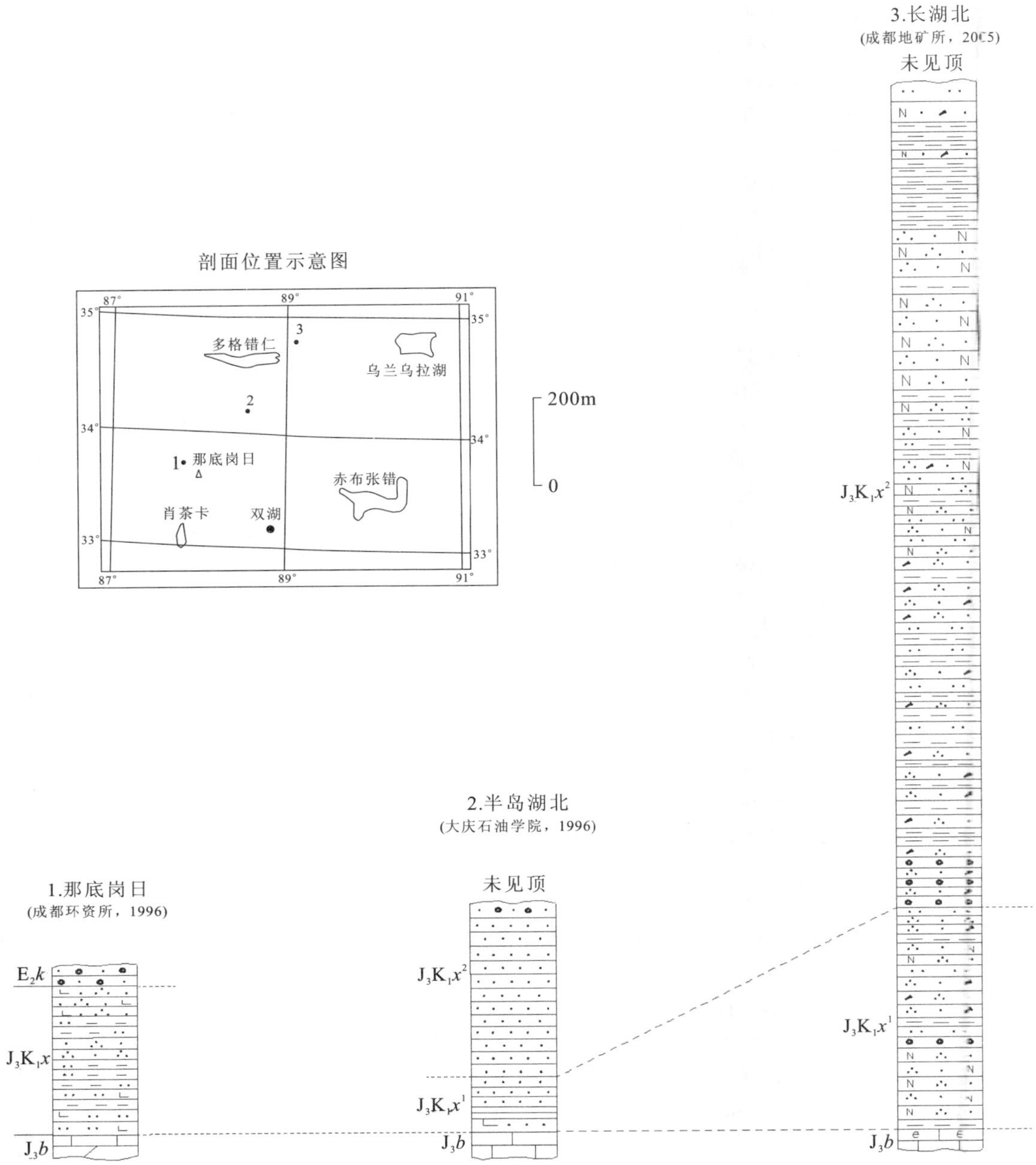

图 2-1-26　测区上侏罗下白垩统雪山组（J_3K_1x）岩石地层对比图

量中粒砂岩及含砾粗砂岩，顶部为第四系覆盖，未见顶，出露厚度>532.52m；图幅中北部长湖一带，是测区内雪山组最为发育地段，分为两段，下部杂色泥岩段主要为杂色（灰、灰绿、紫灰）泥岩、灰绿色薄—中层状中细粒石英砂岩、中层状细粒岩屑石英砂岩、长石石英砂岩夹紫红色页岩、紫灰—灰绿色粉砂质泥岩、粉砂岩，偶见紫灰色细砾岩透镜体，发育底冲刷、板状交错层理、槽状交错层理、楔形交错层理、平行层理和粒序层理等沉积构造，上部紫红色砂岩段主要为紫红色泥岩、紫灰色泥岩、紫红色岩屑石英砂岩、紫灰色中薄层状中粒砂质细粒岩屑石英砂岩、灰—紫灰色中薄层状粗粒岩屑石英砂岩、细砾岩、紫灰色中薄层状粉砂岩、灰色—紫灰色中薄层状细粒长石石英砂岩，泥岩、砂岩常构成韵律，见槽状交错层理、楔形交错层理及平行层理，顶部为第四系覆盖，未见顶，厚度>2 397.57m。

可以看出：横向上，自南西向北东方向，雪山组砾石含量逐渐增多，厚度逐渐增大，尤其在长湖一带，厚度陡增，成为羌塘盆地最高的海相层位；纵向上，雪山组下部为杂色细碎屑岩系，上部为紫红色调碎屑岩。

(3) 基本层序特征及沉积环境

根据区内剖面及路线观察，雪山组下部杂色泥岩段主要发育两种类型基本层序（图 2-1-27），类型 A 细砂岩、泥岩互层，类型 B 由岩屑砂岩、细砂岩、泥岩构成的正粒序呈韵律产出，局部夹灰岩、细砾岩，发育交错层理，见底冲刷构造，沉积环境为三角洲平原分支河道及分流间湾沉积。

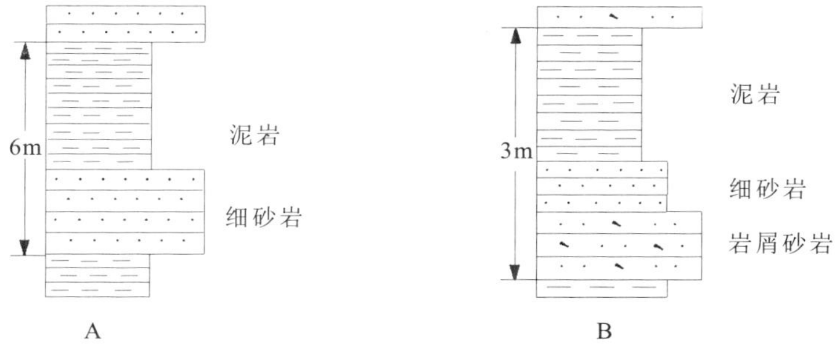

图 2-1-27 测区上侏罗统—下白垩统雪山组杂色砂岩段（$J_3K_1x^1$）基本层序示意图

A-细砂岩、泥岩基本层序；B-岩屑砂岩、细砂岩、泥岩基本层序

雪山组上部紫红色砂岩段主要发育 3 种类型基本层序（图 2-1-28），其中类型 A 主要位于雪山组紫红色砂岩段下部，细粒岩屑石英砂岩、泥岩不等厚互层，岩性组合以紫红色中—细粒岩屑石英砂岩、紫红色中薄层状细粒长石石英砂岩、紫色中薄层状粉砂岩为主，夹紫红色泥岩、细砾岩透镜体，发育交错层理，见底冲刷，具正粒序，为三角洲平原分支河道及分流间湾碎屑岩沉积；类型 B 位于雪山组紫红色砂岩段中上部，细粒长石石英砂岩、泥岩交互产出，构成韵律，岩性组合以长石石英砂岩为主，岩屑石英砂岩为辅，夹泥岩及粉砂质泥岩，为三角洲前缘碎屑岩沉积；类型 C 主要位于雪山组紫红色砂岩段上部，由中粒岩屑长石砂岩、粉砂岩、泥岩构成正粒序，岩性组合以泥岩及砂泥岩组合为主要特征，为前三角洲细碎屑岩沉积。

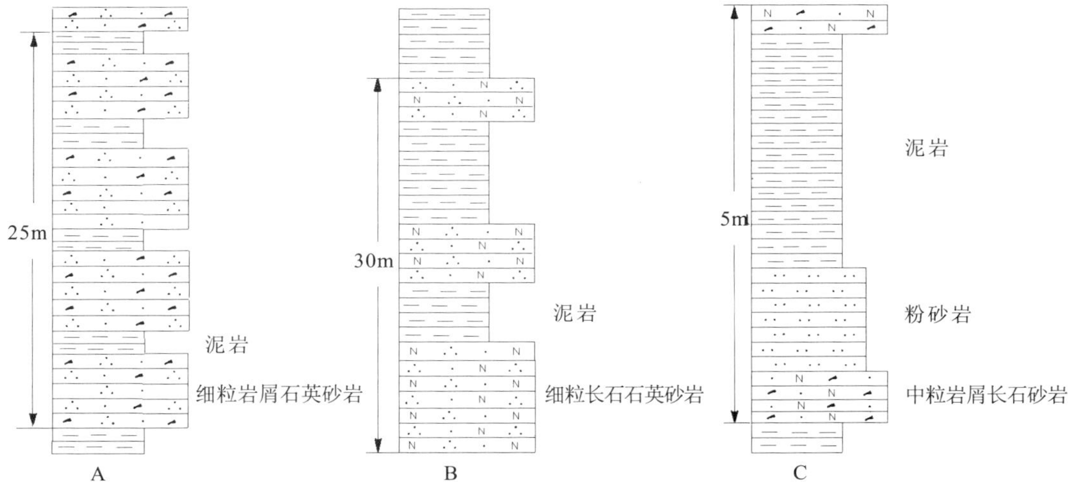

图 2-1-28 测区上侏罗统—下白垩统雪山组紫红色砂岩段（$J_3K_1x^2$）基本层序示意图

A-细砂岩夹泥岩层序特征；B-细砂岩、泥岩韵律；C-粉砂质泥岩夹细砂岩层序特征

三、古近系和新近系

古近系在测区分布面积约 2 370km^2，占图区面积的 1/5，仅次于侏罗系地层。出露有始新统陆相河湖沉积的康托组、唢呐湖组和始新统—渐新统鱼鳞山组火山喷溢相碱性、钙碱性系列火山岩、火山碎屑岩。古近系地层在区域上不整合于侏罗系等不同时代地层之上。前人普遍将康托组和唢呐湖组归入新近

系。本项目在前人工作的基础上，基本查明多格错仁地区新生代火山岩有两期：一期同位素年龄为32.6～43.4Ma，另一期为7.23～10.6Ma。在洪玉泉河东南还见后期火山岩喷发不整合于前期火山岩之上，故将前期火山岩划归古近系始新统—渐新统，沿用西藏区调队（1986）创名的鱼鳞山组；而将后期喷发火山岩划归新近系中新统—上新统，并沿用西藏区调队（1986）创名的石坪顶组。古近系和新近系地层划分沿革见表 2-1-7。

表 2-1-7　测区古近系和新近系地层划分沿革表

地层系统		西藏区调队（1986、1987）	成都环资所（1996）	西藏地质矿产局（1997）	赵政璋等（2001）	本项目 2005
新近系	上新统	石坪顶组	石坪顶组 喷呐湖组	石坪顶组	石坪顶组	石坪顶组
	中新统	喷呐湖组 / 康托组	康托组	喷呐湖组 / 康托组	喷呐湖组 康托组	
古近系	渐新统	纳丁错组/鱼鳞山组			纳丁错组/鱼鳞山组	鱼鳞山组
	始新统					喷呐湖组 康托组

（一）始新统康托组（E_2k）

该组由西藏区调队（1986）以改则县北康托西山为层型创建，原义指岩性为一套紫红色砾岩夹砂岩、含砾砂岩、粉砂岩及少量泥岩夹基性喷出岩和凝灰质砂岩组成的地层体，厚 850～3 150m。本书沿用康托组一名，岩性特征与层型剖面相近，但未见火山岩夹层。

康托组主要分布在图幅西南部，角度不整合于白龙冰河组或更老的地层之上，其顶部被上覆喷呐湖组角度不整合覆盖。岩性二分性明显，下部为一套紫红色中厚层状灰质砾岩、含砾粗砂岩，中上部为紫灰、灰紫、紫红色中厚层状细粒岩屑长石砂岩、紫红色泥岩，在甘桔湖地区，康托组地层厚 684m。

1. 剖面描述

西藏双湖地区甘桔湖西古近系始新统康托组信手地质剖面起点坐标：34°12′，E89°30′14.2″；终点坐标：N34°16′13.4″，E89°19′28.7″，剖面第 1—5 层为康托组，底部角度不整合于索瓦组之上，顶部与喷呐湖组角度不整合接触（图 2-1-29）。

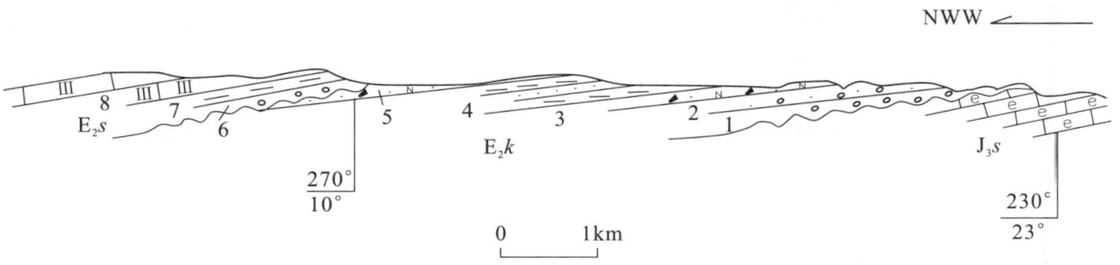

图 2-1-29　甘桔湖西古近系始新统康托组（E_2k）信手地质剖面图

上覆地层：唢呐湖组（E_2s）　紫红色中厚层状复成分砾岩。

～～～～～角度不整合～～～～～

康托组（E_2k）　　**视厚 684m**

5. 紫灰、灰紫、紫红色中厚层状细粒岩屑长石砂岩。	104m
4. 灰紫色泥岩夹紫红色中厚层状细砂岩。	281m
3. 紫灰、灰紫、紫红色中厚层状细粒岩屑长石砂岩。	78m
2. 紫红色中厚层状含砾粗砂岩。	109m
1. 紫红色中层状砾岩。	112m

～～～～～角度不整合～～～～～

下伏地层：索瓦组（J_3s）　灰色薄-中层生物碎屑灰岩。

2. 岩性特征及横向变化

根据区内剖面及路线观察，康托组是角度不整合于白龙冰河组或更老的地层之上的一套紫红色碎屑岩系，在区域上多不见顶，局部地段（甘桔湖）见顶部与唢呐湖组角度不整合接触，其岩性及厚度变化较大（图 2-1-30）。

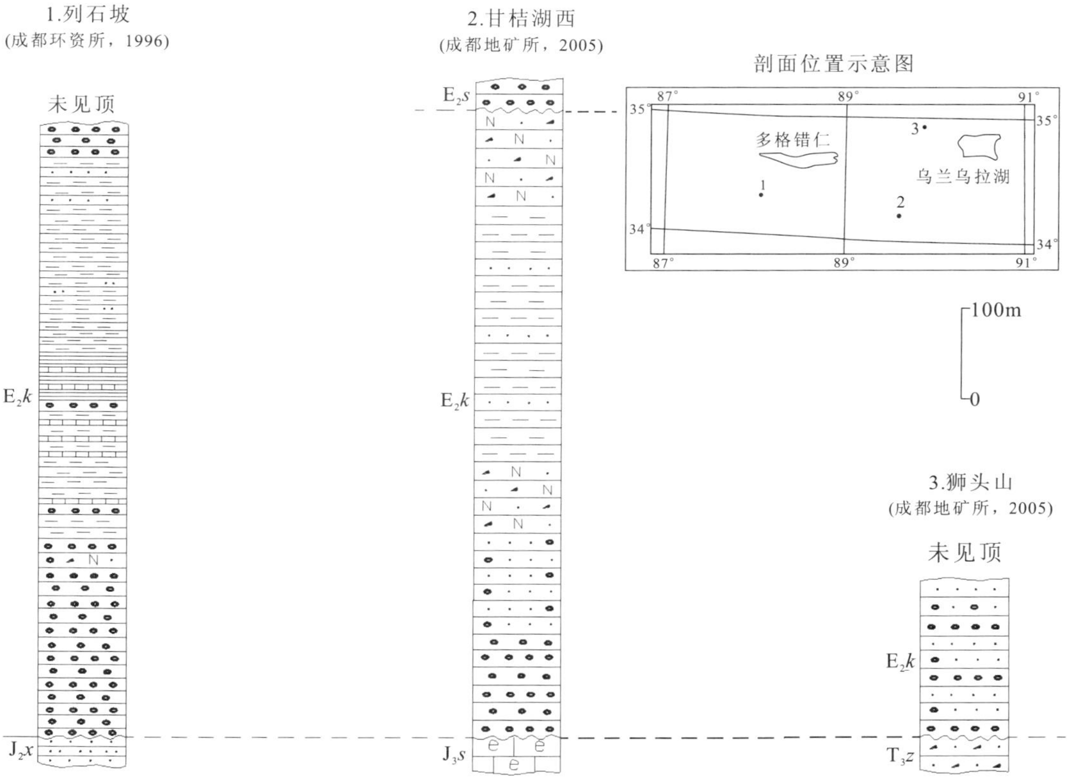

图 2-1-30　测区古近系始新统康托组（E_2k）岩石地层对比图

位于图幅西南侧邻区的列石坡一带，康托组较发育，下部为土黄色中厚层状细砾岩，夹含砾粗砂岩及泥岩，中部为紫红色泥岩夹砂砾岩及数层石膏，上部主要为紫红色泥岩、细砾岩，夹粉砂质泥岩及细砂岩，顶部被剥蚀，未见顶，出露厚度 669.87m；图幅南部甘桔湖是测区康托组出露较好地段，下部为紫红色中层状砾岩、紫红色中厚层状含砾粗砂岩，中部为紫灰、灰紫、紫红色中厚层状细粒岩屑长石砂岩、灰紫色泥岩夹紫红色中厚层状细砂岩，上部为紫灰、灰紫、紫红色中厚层状细粒岩屑长石砂岩，总体上岩石碎屑颗粒具下粗上细特征，发育大型楔状交错层理，出露厚度 684m，顶、底齐全；图幅东北部狮头山，康托组不发育，仅出露下部，岩性为紫红色中层状砾岩、含砾粗砂岩、细砂岩韵律层，残留出露厚度 168.37m。

可以看出：康托组下部以粗碎屑岩为主，代表辫状河流环境沉积，中上部以细碎屑岩为三，代表干旱湖泊沉积环境，纵向上显示一个向上变细的退积沉积序列。

3. 基本层序特征及沉积环境

根据区内剖面及路线观察，康托组主要发育 3 种类型基本层序（图 2-1-31）。

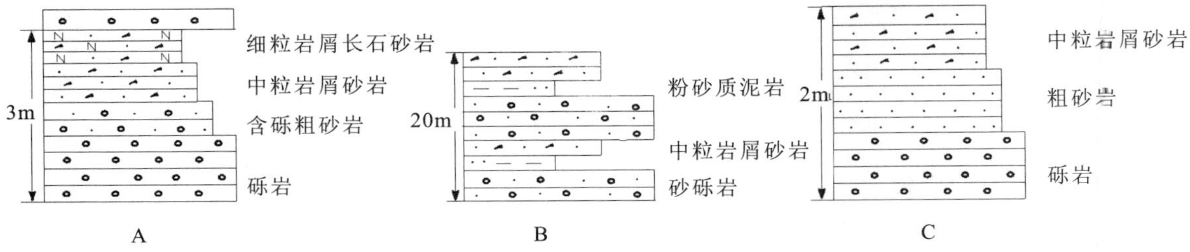

图 2-1-31　测区始新统康托组（E_2k）基本层序

类型 A 由紫红色砾岩、含砾粗砂岩、中粒岩屑砂岩、细粒岩屑长石砂岩构成的正粒序沉积韵律；类型 B 由紫红色砂砾岩、中粒岩屑砂岩、粉砂质泥岩不等厚互层；类型 C 由紫红色砾岩、粗砂岩、中粒岩屑砂岩构成正粒序沉积韵律，它们均位于康托组中下部，代表一套冲积扇、辫状河沉积；康托组上部多为灰紫色泥岩、紫灰、灰紫、紫红色中厚层状细粒岩屑长石砂岩互层，代表辫状河—干旱湖泊相沉积。

（二）始新统唢呐湖组（E_2s）

西藏区调队（1986）创名于双湖唢呐湖东，原义指岩性为泥灰岩、泥岩、粉砂岩夹含砾砂岩及多层石膏的地层体，厚 530～4 300m。西藏地矿局（1997）作了更加明确的定义，指岩性主要为红、砖红、土红色或鲜红色泥岩、泥质粉砂岩、砂岩、粗砂岩、含砾砂岩、砾岩，夹多层含膏盐岩的地层体，产淡水腹足、双壳类化石，底部与雁石坪群角度不整合接触，上未见顶。

测区唢呐湖组（E_2s）主要分布于图幅西南万安湖及东南兰丽河，其余地带零星分布，为一套河流环境向湖泊环境转化的沉积序列，以含膏灰岩和碎屑岩构成的岩石组合为其主要特征。岩性两分，下部为一套辫状河流相的紫红色中厚层状复成分砾岩、含砾砂岩、砂岩；上部主要为黄灰色、浅黄色含膏灰岩和紫红色泥岩互层状或互为夹层状产出，夹石膏层，厚度大于 867m，与下伏康托组或更老地层呈不整合接触。区域上，唢呐湖组顶部与鱼鳞山组火山岩为喷发不整合接触关系。

1. 剖面描述

1）西藏双湖地区过车岭古近系始新统唢呐湖组（E_2s）信手地质剖面（图 2-1-32），起点坐标：N34°49′15.8″，E89°35′53.8″；终点坐标：N34°49′23.9″，E89°36′39.8″。剖面第 1—7 层为唢呐湖组（E_2s），底部角度不整合于上侏罗统白龙冰河组（J_3b）之上，上部为向斜核部，未见顶，出露厚度 221m。

唢呐湖组（E_2s）	**视厚＞221m**
7. 土黄—灰绿色泥岩及粉砂质泥岩。	26m
6. 土灰色薄层状含虫迹化石钙泥质粉砂岩，夹 1 层 0.5m 厚的纤维状石膏，石膏顶部为 20cm 厚的灰绿色泥灰岩。	45m
5. 紫红色泥岩夹紫灰—灰绿色粉砂质泥灰岩。	50m
4. 紫红色泥岩，岩石片理发育。夹 1 层厚度为 2～3cm 的纤维状石膏。	35m
3. 灰绿色薄层状泥岩。	32m
2. 紫红色泥岩，页理发育，含少量粉砂岩。	28m
1. 灰绿色泥岩夹灰白色中厚层状中粗粒长石石英砂岩。	5m

～～～～～～角度不整合～～～～～～

下伏地层：白龙冰河组（J_3b）　深灰色薄—厚层状泥晶灰岩及灰绿色中薄层状细砂岩。

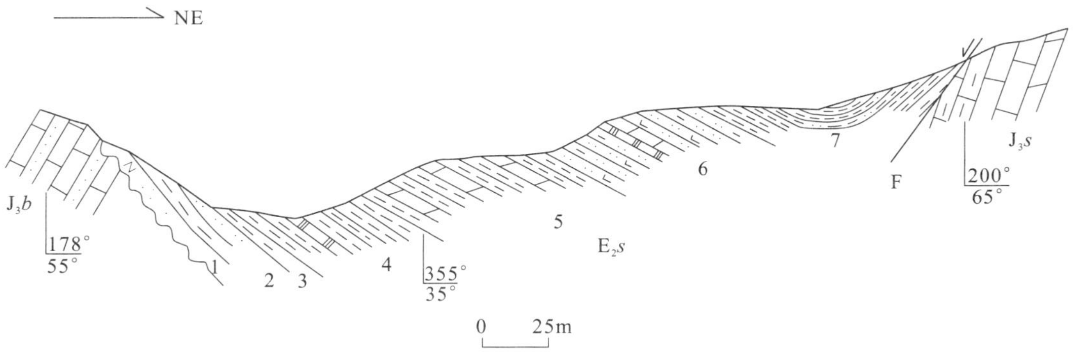

图 2-1-32　过车岭古近系始新统唢呐湖组（E_2s）信手地质剖面图

2）西藏双湖地区甘桔湖古近系始新统唢呐湖组（E_2s）信手地质剖面（图 2-1-33），起点坐标：N34°12′00.6″，E89°30′14.2″；终点坐标：N34°16′13.4″，E89°19′28.7″。剖面第 6—13 层为唢呐湖组（E_2s），底部角度不整合于康托组之上，顶部与鱼鳞山组为喷发不整合接触，厚度 867m。

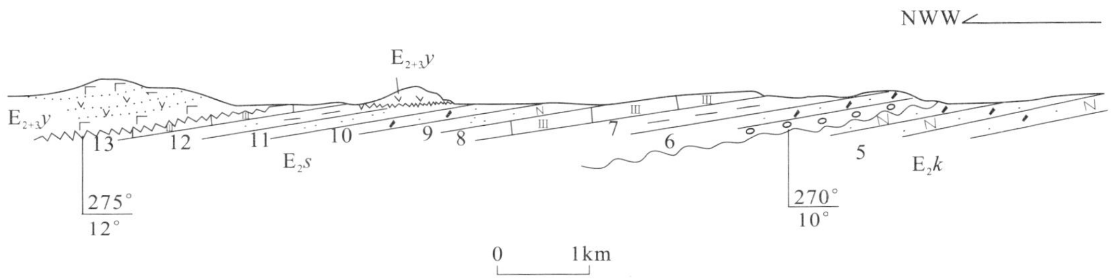

图 2-1-33　甘桔湖古近系始新统唢呐湖组（E_2s）信手地质剖面图

上覆地层：鱼鳞山组（$E_{2+3}y$）　深灰色气孔状玄武岩。

～～～～～～喷发不整合～～～～～～

唢呐湖组（E_2s）	**>867m**
13. 灰白色中厚层状膏灰岩。	89m
12. 紫红色薄层状粉砂质泥岩。	99m
11. 紫红色薄层状粉砂岩。	110m
10. 紫红色中层状中粒岩屑砂岩。	87m
9. 紫红色中层状中粒长石石英砂岩。	103m
8. 灰白、灰黄色薄—中层状膏灰岩，水平层理较发育，见孔径 1～5mm 的不规则膏盐晶洞，含少量藻类生物碎屑。	98m
7. 灰紫色薄层状泥岩。	138m
6. 紫红色中厚层状砾岩、中粒岩屑砂岩不等厚互层。砾岩钙质胶结，砾石成分以灰岩为主，约 90%，余为硅质岩、砂岩。	143m

～～～～～～角度不整合～～～～～～

下伏地层：康托组（E_2k）　紫灰、灰紫、紫红色中厚层状细粒岩屑长石砂岩。

3）西藏双湖地区东温泉南东古近系始新统唢呐湖组（E_2s）信手地质剖面（图 2-1-34），起点坐标：N34°05′09.8″，E89°23′11.4″；终点坐标：N34°06′14.7″，E89°23′13.2″。其中该剖面第 1—4 层为唢呐湖组（E_2s），底部角度不整合于上侏罗统白龙冰河组（J_3b）之上，上部被第四系覆盖，未见顶，出露厚度 441m。

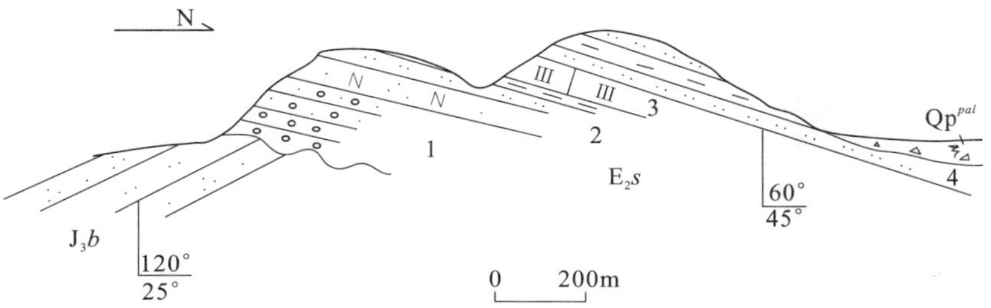

图 2-1-34　东温泉南东古近系始新统唢呐湖组（E_2s）信手地质剖面图

上覆地层：第四系（Qp^{pal}）　冲洪积砂砾石、砂石及粘土

唢呐湖组（E_2s）　　**视厚>441m**

4. 棕红色中厚层状粉砂岩夹泥岩。　121m
3. 灰白色中厚层状膏灰岩，见石膏淋滤形成的晶洞。　58m
2. 棕红色中层状细粒长石石英砂岩、粉砂岩、泥岩。　109m
1. 棕红色厚层状砾岩及含砾粗砂岩，砾石主要为砂岩，约 80%，少量灰岩、硅质岩，次圆状，分选差，岩石固结度差。　153m

～～～～～～角度不整合～～～～～～

下伏地层：白龙冰河组（J_3b）　灰绿色中层状石英细砂岩夹薄层状粉砂岩。

2. 岩性特征及横向变化

根据区内剖面及路线观察，唢呐湖组是角度不整合于康托组或更老的地层之上的一套碎屑岩系，在区域上多不见顶，其岩性及厚度变化较大（图 2-1-35）。

位于图幅西南侧邻区的争胜湖一带，唢呐湖组不发育，仅出露其下部，未见顶，下部为灰—浅灰色中层状砾岩、细砾岩夹膏灰岩及鲕粒灰岩，砾岩为钙质胶结，粒序层理发育，砾石以灰岩为主，含量达 95%，钙质、膏泥质胶结，膏灰岩次生溶蚀孔洞发育，上部主要为薄—中层状含砾含膏藻灰岩、膏灰岩、鲕粒灰岩，少量泥晶灰岩，出露厚度 212.14m；测区中南部东温泉及甘桔湖一带，唢呐湖组非常发育，下部为棕红色厚层状砾岩或紫红色中层状砾岩、中粒岩屑砂岩不等厚互层，中上部为灰紫色薄层状泥岩、灰白色中厚层状膏灰岩、紫红色中层状中粒长石石英砂岩、岩屑砂岩及紫红色薄层状粉砂岩、粉砂质泥岩，未见砾石，泥质成分明显增多，出露厚度 441～867m；图幅东北部过车岭一带，唢呐湖组以细粒碎屑岩为主，主要为灰绿色泥岩、紫红色泥岩、粉砂质泥岩、灰白色中厚层状中粗粒长石石英砂岩，夹灰绿色泥灰岩及石膏，出露厚度 221m。

可以看出：唢呐湖组总体表现为一套河流环境向湖泊环境转化的沉积序列，在底部见砾岩、含砾粗砂岩，表现为辫状河流沉积特征，中上部为一套湖相沉积特征的地层体，以灰色、杂色、紫红色泥岩、泥灰岩、膏灰岩、粉砂岩为主。横向上显示自南而北，具有碳酸盐岩、砾石和石膏成分减少，泥质成分增多，厚度变薄的特征，在纵向上显示一个向上变细的退积沉积序列。

3. 基本层序特征及沉积环境

根据区内剖面及路线观察，唢呐湖组主要发育 3 种类型基本层序（图 2-1-36）。

类型 A 由紫红色砂砾岩、中粒岩屑砂岩不等厚互层产出，类型 B 由紫红色砾岩、粗粒岩屑砂岩、中粒长石石英砂岩构成正粒序沉积韵律，类型 C 由棕红色含砾粗砂岩、细粒长石石英砂岩、粉砂岩、泥岩构成正粒序沉积韵律，它们均位于唢呐湖组中下部，为一套河流相沉积；上部主要为黄灰色、浅黄色含膏灰岩和紫红色泥岩粉砂岩互层状或互为夹层状产出，夹石膏层或盐丘，为一套湖泊相沉积。

（三）渐新统鱼鳞山组（$E_{2+3}y$）

西藏区调队（1987）创名于改则县茶布区北部的鱼鳞山组，本书沿用其名。

测区鱼鳞山组主要分布在图幅中南部及北部，呈熔岩被产出，平面上呈面状分布，为一套钙碱性—

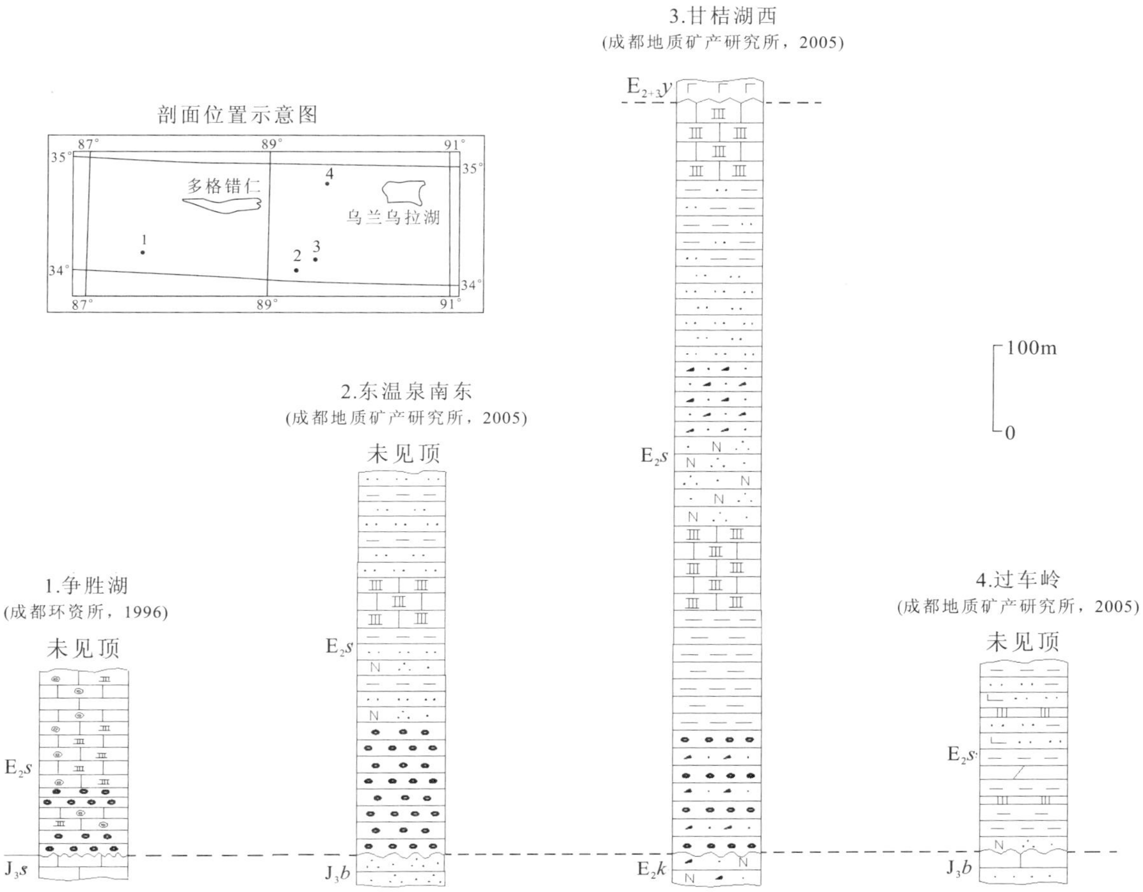

图 2-1-35　测区东古近系始新统唢呐湖组（E_2s）岩石地层对比图

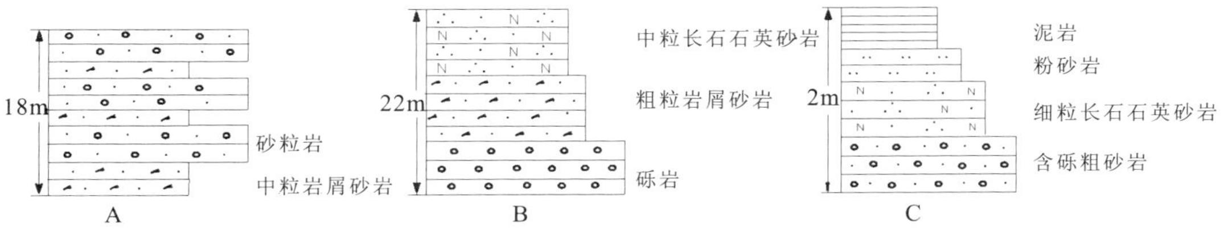

图 2-1-36　测区始新统唢呐湖组（E_2s）基本层序示意图

碱性高钾系列中性火山岩，岩性以紫色安山岩、暗紫色气孔状粗安岩、灰—灰黑色粗面岩、灰黑色玄武粗安岩、灰白色黑云安山岩、英安岩为主，少量灰色辉石安山岩、粗面玄武岩，厚度大于 602m。与下伏各时代地层均为不整合接触关系。

1. 剖面描述

西藏双湖地区太平湖西鱼鳞山组（$E_{2+3}y$）路线地质剖面（图 2-1-37），起点坐标：N34°12′50.8″，E39°41′46.5″；终点坐标：N34°19′31.1″，E89°40′47.0″。其中该剖面第 1—4 层为鱼鳞山组，未见顶、底部，出露厚度 602m。

鱼鳞山组（$E_{2+3}y$）　　　　**＞602m**

4. 以灰白色黑云安山岩为主，少量灰色辉石安山岩。　　　　137m

3. 灰黑色玄武粗安岩及暗紫色气孔状粗安岩，玄武粗安岩中见椭球状气孔，孔径 1.5～15mm，含

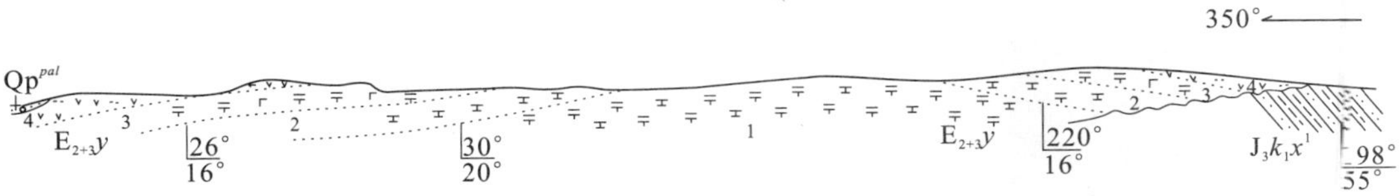

图 2-1-37　太平湖西鱼鳞山组（$E_{2+3}y$）路线地质剖面图

量13%，偶见长石充填，沿长轴方向定向排列。　162m

2. 以灰、灰黑色粗面岩为主，少量暗紫色粗安岩。粗面岩见椭球状气孔，孔径2.5～5mm，沿长轴方向定向排列。　176m

1. 暗紫色气孔状粗安岩及少量灰色粗面岩，气孔呈椭球体，孔径0.5～4mm，含量8%，未充填，沿长轴方向定向排列。　127m

~~~~~~~喷发不整合~~~~~~~

下伏地层：雪山组（$J_3K_1x^1$）　杂色泥岩夹灰紫色薄层状粉砂岩。

2. 岩性特征及横向变化

根据剖面及路线观察，测区鱼鳞山组岩性变化较大，图幅西南跃进拉中部东月湖一带，火山岩特别发育，岩石呈熔岩被产出，平面上呈面状分布，岩性主要为暗紫色粗安岩和灰—灰黑色粗面岩，少量英安岩、紫色安山岩、辉石安山岩、灰黑色玄武粗安岩、灰白色黑云安山岩、粗面玄武岩、安山质角砾熔岩，厚度大于602m；图幅东部玉带山一带，火山岩零星分布，岩性主要为紫色安山岩、辉石安山岩、暗紫色气孔状粗安岩为主，少量灰—灰黑色粗面岩、英安岩、流纹岩。横向上，自南西向北东方向，火山岩具有规模变小，厚度变薄、颜色变深、由碱性向钙碱性变化之趋势；纵向上、中下部以粗安岩、粗面岩为主，上部以安山岩为主，自下向上，具有由碱性向钙碱性变化之趋势。

3. 形成时代及喷发韵律特征

该套火山岩喷发不整合于索瓦组、白龙冰河组、雪山组、康托组或唢呐湖组之上，说明鱼鳞山组火山岩喷发时代晚于上述地层沉积时代。鱼鳞山组获得的K-Ar同位素年龄值为32.6～43.4Ma（参见表3-3-4），如多格错仁北东辉石安山岩年龄为41.6Ma，蓝云峰粗安岩为38.2Ma，月牙山东流纹岩为37.9Ma，月牙山东及洪玉泉河上游粗面岩为37.1～35Ma，红沙滩西（园湖东）英安岩及英安质凝灰岩年龄为32.6～32.8Ma等，表明其喷发时代为古近纪始新世—渐新世。

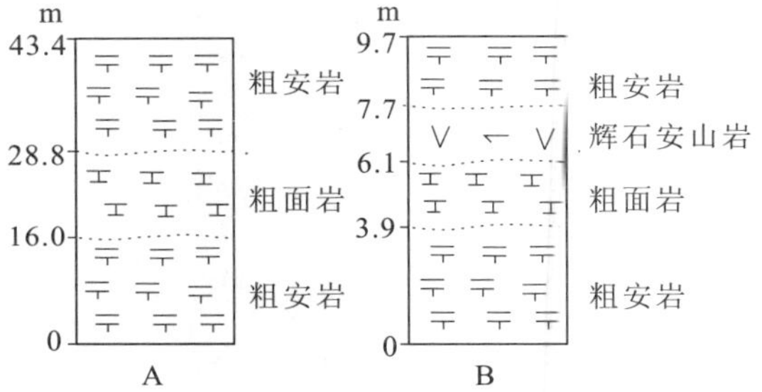

图 2-1-38　鱼鳞山组（$E_{2+3}y$）火山岩喷溢韵律

A-粗安岩、粗面岩溢发韵律；

B-粗安岩、粗面岩、辉石安山岩喷溢韵律

测区鱼鳞山组火山喷发韵律发育（图2-1-38），类型A为紫色粗安岩、灰—灰黑色粗面岩构成的喷溢韵律，在跃进拉一带非常发育；类型B发育在太平湖西，为暗紫色粗安岩、灰—灰黑色粗面岩和辉石安山岩构成的喷溢韵律。

火山岩呈熔岩被产出，以火山口为中心呈椭圆形或不规则形态分布，气孔发育，气孔沿长轴方向定向排列，具流动构造特征，陆相特征明显，具中心式火山喷发特点。

（四）新近系石坪顶组（Nsh）

西藏区调队（1986）创名于改则县沉鱼湖西石坪顶，原义分上、下两段，上段为辉石安山岩和粗面安山岩；下段为气孔玄武岩、辉石安山岩、玄武安山岩、玄武碱性粗面岩，流纹质晶屑凝灰岩及凝灰岩（白云湖东）。西藏地矿局（1997）将石坪顶组新定义为一套碱性粗面质玄武岩、安山岩及中酸性火山碎屑岩组成的火山岩系，不整合覆于唢呐湖组之上，其上未见顶。本书沿用其名。
~~~~~~~

测区石坪顶组（N*sh*）主要分布在多格错仁北部沙窝滩，部分分布在洪玉泉河东南。因其多呈熔岩被产出，在平面上呈面状分布，主要为一套高碱性中酸性火山岩系，少量为钙碱性中性火山岩，岩性主要为安山岩、辉石安山岩、粗安岩、粗面岩、粗安质凝灰岩、英安岩、流纹岩，厚度大于717m，喷发不整合于鱼鳞山组或更老地层之上。

1. 剖面描述

西藏双湖地区沙窝滩新近系石坪顶组（N*sh*）信手地质剖面（图2-1-39），起点坐标：N34°48′58.2″，E 88°45′09.1″；终点坐标：N 35°00′06.1″，E 88°45′41.0″。剖面第1—6层为石坪顶组（N*sh*），底部喷发不整合于康托组之上，出露厚度717m。

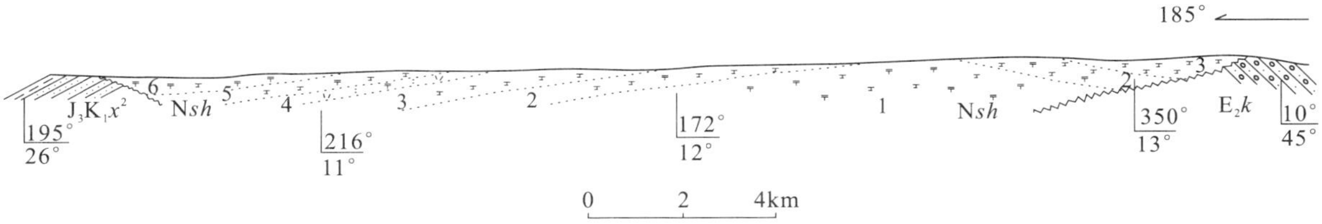

图2-1-39 沙窝滩新近系石坪顶组信手地质剖面示意图

石坪顶组（N*sh*） **717m**

6. 以灰、灰黑色气孔状粗面岩为主，少量灰色、灰紫色粗安岩。 126m
5. 灰色、灰紫色粗安岩及少量深灰色粗面岩。粗安岩见椭球状气孔，孔径0.5～2.5mm，沿长轴方向定向排列。 117m
4. 灰色气孔状粗安质凝灰岩，气孔呈椭球体，孔径0.5～2mm，未充填，沿长轴方向定向排列。 48m
3. 灰、灰黑色气孔状粗面岩，气孔孔径0.2～3mm，未充填，沿长轴方向定向排列。 195m
2. 深灰色粗面岩及少量灰色、灰紫色粗安岩。粗面岩具块状构造，部分定向构造，斑状结构，基质呈粗面结构、交织结构，斑晶含量约38%，大小1～5mm，呈粒状或板柱状晶形，部分斑晶长轴平行流面定向分布，主要矿物为正长石、条纹长石、钠铁闪石。 163m
1. 以灰色、灰紫色粗安岩为主，少量深灰色粗面岩。粗安岩见椭球状气孔，孔径0.5～2.5mm，沿长轴方向定向排列。 68m

～～～～～～喷发不整合～～～～～～

下伏地层：康托组（E_2k） 杂色复成分砾岩。

2. 岩性特征及横向变化

根据剖面及路线观察，测区石坪顶组岩性变化较大，图幅西北沙窝滩，火山岩呈熔岩被产出，平面上呈面状分布，岩性主要为灰色—灰紫色粗安岩和灰—灰黑色粗面岩，少量粗安质凝灰岩，厚度大于717m；洪玉泉河东南一带，岩性主要为紫色安山岩、辉石安山岩、暗紫色气孔状粗安岩为主，少量灰—灰黑色粗面岩、英安岩、流纹岩，自北西向南东方向，具有由碱性向钙碱性变化的趋势。

3. 形成时代及韵律特征

根据剖面及路线观察，测区石坪顶组不整合于索瓦组、白龙冰河组、雪山组、康托组和唢呐湖组之上，在洪玉泉河东南见石坪顶组气孔、杏仁状粗面岩喷发不整合于鱼鳞山组粗面岩之上，说明石坪顶组时代晚于古近纪。石坪顶组火山岩获得的同位素年龄值有两组：7.23～8.76Ma以及2.5～3.2Ma（参见表3-3-4），因此石坪顶组火山岩喷发时代应为新近纪中新世—上新世。

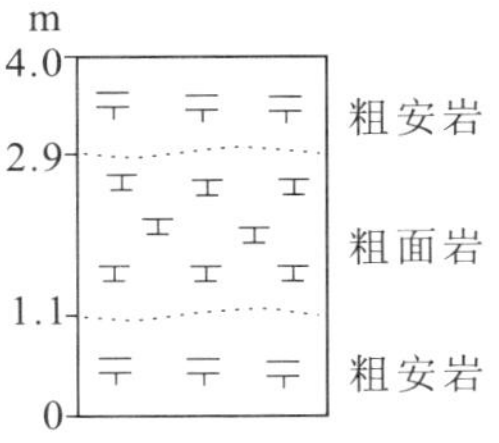

图2-1-40 石坪顶组火山喷发韵律

测区石坪顶组火山岩常见灰色—灰紫色粗安岩和深灰色粗面岩构成的喷发韵律（图2-1-40）。火山岩呈熔岩被产出，与下伏地层呈喷发不整合接触，以火山口为中心呈椭圆形或不规则形态分布。在粗面岩、粗安岩中常见气孔，孔径呈椭球体，孔径一般0.2～3mm，多未充填，沿长轴方向定向排列，具流动构造特征，陆相特征明显，具中心式火山喷发特点。

四、第四系

测区第四系分布广泛，遍布测区的各个角落，主要分布于河床两岸阶地、湖滨地带、宽缓的山坡、浑圆状山包、冰川前缘等地段。本区具有第四系发育相对齐全、沉积厚度较大、类型多样等特点。

根据野外观察（含相邻图幅）、遥感图像解译以及前人1∶10万石油地质调查资料综合研究分析，测区第四系成因类型复杂，有冲积、冲洪积、湖积、残坡积、冰积、沼泽、风积等类型。按时代定位归为更新统（Qp）和全新统（Qh）（表2-1-8）。

表2-1-8　测区多格错仁地层分区第四系地层划分方案

系	统	地质实体及单位	代号	成因类型
第四系	全新统	现代冲沟（水道沉积）	Qh^{al}	冲积
		残坡堆积扇体	Qh^{esl}	残坡积
		河漫滩、冲洪积平原	Qh^{pal}	冲洪积
		湖滨平原	Qh^{l}	湖积
		风成堆积（沙丘）	Qh^{eol}	风积
		沼泽堆积（板滩）	Qh^{f}	淤积
		冰水堆积	Qh^{gl}	冰积
	更新统	冲洪积平原	Qp^{pal}	冲洪积
		滨湖平原堆积	Qp^{l}	湖积

（一）更新统（Qp）

该统在测区主要分为冲洪积和湖积两种成因类型。其岩石组合主要为松散砾石层、沙泥、粘土、沙陇等。

1. 冲洪积（Qp^{pal}）

分布广泛，主要见于沟、谷地带的高阶地堆积（二级阶地以上），为松散（局部地段为弱固结—半固结状态）砾石、砂、亚粘土、含砂砾石、含砾砂泥等，砾石成分为灰岩、砂岩、火山岩（玄武岩、安山岩、粗安岩），次棱角—次圆，磨圆度较差，砾径1～20cm，个别可达40cm以上。

2. 湖积阶地沉积（Qp^{l}）

测区并不十分发育，只局限于测区中部东温河及测区东南部一带，岩性为一套古湖泊相灰、灰白色及褐色为特征的弱固结—半固结的砂、泥质岩性组合，发育沙泥纹层。

（二）全新统（Qh）

测区全新统较发育，除基岩裸露区外，基本被全新世沉积物覆盖，分布在各山间沟谷、河流两侧、各大山间开阔平原等低洼处，成因类型主要有河床、河漫滩、湖泊、湖沿沼泽、风积物和冰水堆积等。现按成因类型分别介绍如下：

1. 残坡积（Qh^{esl}）

多零星分布，发育最好，规模较大的是多格错仁西部及图幅东部的山前缓坡地带，主要由亚粘土夹碎石、岩块构成，或者为岩块间充填碎石和亚粘土。

2. 冲积（Qh^{al}）

广泛分布于测区现代河沟、河谷地区，多在Ⅰ级阶地以下，呈枝状展布，构成河床相、河漫滩相堆积。主要为砂砾石、砂、泥等松散堆积物，个别地段见有弱固结的砂砾石层堆积。砾石成分为灰岩、火山岩（玄武岩、安山岩、粗安岩）、砂岩，次圆—圆状，磨圆度较好，砾径0.5～15cm，个别可达25cm以上。

3. 冲洪积（Qh^{pal}）

主要分布在山川低地、沟谷、山口前平地、各湖盆周边及现代河流的两岸等广大地域。由砂砾石、砂、泥等松散堆积物组成，构成洪冲积扇或洪积裙，其扇裙末端多被河流破坏。砾石成分为灰岩、火山岩（玄武岩、安山岩、粗安岩）、砂岩，次棱角—次圆，磨圆度较差，砾径1～35cm，个别可达40cm以上，由扇顶到扇缘砾径变细，至扇缘则由细砾、粗砂、细砂、粘土等构成。

4. 湖积物（Qh^{l}）

湖泊沉积是测区内第四系沉积类型中分布较广泛的一类，主要分布在各较大现代湖泊周围，如：多格错仁、长湖、波涛湖等湖泊边缘，由砾石、砂、泥和盐碛类等组成，砾含量5%～60%，以20%～50%居多，局部发育风成砂丘，砾石磨圆度、分选性均较差，成分复杂，主要为灰岩、砂岩、玄武岩、安山岩。

5. 风积（Qh^{eol}）

主要见于洪玉泉南部的山坡地带，成群分布，多为新月型沙丘，由浅黄色细—中粗砂组成，局部夹粉砂，发育平行层理、波痕等沉积构造，为半固定沙丘，覆盖于更新统及老地层之上。

6. 沼泽堆积（Qh^{f}）

分布于湖泊边缘水系发达之地，规模小，测区仅强仁温杂日南侧发育较好。其中下部以细砾、角砾、泥砂沉积为主，上部多覆盖厚薄不等的淤泥或泥沙，地形上显示向湖心微倾或缓倾的微坡状地貌。雨季人畜难以行走，旱季沉积物表面多附有白色粉末，显示含过量盐碱成分。

7. 冰水堆积（Qh^{gl}）

测区冰积物主要分布在普若岗日冰川两侧及前缘，终碛分布标高在5 150m以上，特点是分布轮廓具一定的方向性，形态高处窄，低处宽，沿长轴方向中部微微隆起呈脊状，在垂直长轴方向自中间脊状隆起处向两侧逐渐变为缓平状。冰积物以砾石为主，砾径一般5～200cm，个别达3m以上，砾径相差悬殊，粗细混杂，砾石无分选，棱角—次棱角状，磨圆差。砾石表面常见不同方向的刻痕式压痕。冰积砾石层整体上不显层理，呈无序状。偶见较大的巨砾（漂砾），长轴略显定向性。

第二节 生物地层及年代地层

生物地层带（生物带）是生物地层单位的统称。各种生物带具有特定的含义和具体的应用范围，它所表现的含义和术语分别有：延限带、组合带、富集带等。在诸多实测地层剖面的基础上，通过剖面中所产出的各类生物化石的系统研究，在对各门类化石正确定名的基础上，研究所产化石的水平及垂直分布规律，划分和建立不同的生物地层单位。

测区生物地层工作始于20世纪80年代中期，到90年代中期发展到了一个新的阶段，以西藏区调队和成都环资所、川碳中心等为代表的羌塘盆地区域石油地质调查工程队，在羌塘盆地西区做了以三叠系、侏罗系为重点的生物地层单位创建工作，赵政璋等（2001）对1994年以来各石油地质调查工程队的生物地层成果，做了比较系统的总结，编辑完成了《青藏高原地层》专著。在前人研究的基础上，结合近年来在羌塘盆地西区开展1∶25万区调中取得的一些新成果，对测区晚三叠世和中、晚侏罗世的生物地层单位作进一步探讨。

一、晚三叠世生物地层及年代地层

测区三叠纪地层仅出露上三叠统若拉岗日岩群及藏夏河组，获得生物化石极少，当前仅在岗盖日藏夏河组泥岩中发现孢粉：*Adargasporites granulatus*，*Psophosphaera*，在冬布勒山藏夏河组灰岩中发现介形虫：*Sulcocythere subovata* (Zheng)，在冬布勒山若拉岗日岩群大理岩中发现牙形石，且由于其完整性差，种属不能鉴定。显然仅以此来建立图区生物地层单位是不现实的。为了有效反映这一时期生物群面貌，我们放眼于羌塘盆地西区，发现上三叠统地层中古生物化石十分丰富，经我们不完全的收集整理发现，各门类化石多达13个门类，150余属，150余种（包括相似种，下同），就门类来看以双壳类、孢粉最为繁盛，其属的数量占总数的75%，种的数量是总数量的79%。能建立生物地层单位的门类，经前人和我们的进一步对比研究，有双壳类、牙形石、孢粉等。此前，在羌塘盆地西区只有成都环资所朱同兴等（1996）和赵政璋等（2001）作过双壳类、腕足类、牙形石和孢粉4个门类生物地层单位划分的初步尝试。我们在此基础上加入近年来获得的一些新成果，作了补充和修订。

（一）牙形石生物地层单位

测区上三叠统地层中，仅在冬布勒山和雪环湖一带若拉岗日岩群大理岩中发现牙形石 *Epigondolella*，同时在菊花山和照沙山等剖面菊花山组采得牙形石5属5种，数量虽少但时代意义较强，早在1996年成都环资所朱同兴等就建立了晚三叠世牙形石 *Epigondolella postera*-*E. abneptis spatulatus* 组合带。主要分子有：*Epigondolella postera*，*E. abneptis spatulatus*，*Neohindella triassica* Müler，*N. kobayashi*，*Aniogathus deflectens* Swet，*Neospathodus* sp.，*Zarkodina* sp. 等。其中代表性分子 *Epigdolella* 动物群见于滇西保山上三叠统大水塘组和南梳坝组下部，被王志浩等作为诺利阶中上部的带化石，*E. abneptis* 被田传荣（1982）作为藏南聂拉木土隆上三叠统诺利阶下部的带化石，并可与国际三叠系牙形石第20带对比。由此，该牙形石组合带的地质时代为晚三叠世诺利期。

（二）孢粉生物地层单位

测区上三叠统地层中目前所获孢粉化石极少，仅见 *Adargasporites granulatus*，*Psophosphaera*，出自测区东北部藏夏河组。但在羌塘盆地西区，经我们对前人和新近成果的收集、整理，已发现有41属25种，主要来自土门格拉群含煤碎屑岩和肖茶卡群扎那组细碎屑岩层中，其次在菊花山组的泥岩也有所发现。此前对上三叠统孢粉生物地层单位很少有人涉及，我们在综合研究对比现有成果的基础上，建立了羌塘盆地西区上三叠统的一个孢粉生物地层单位，即 *Dictyophyllidites*-*Clathroidites* 组合带。

Dictyophyllidites-*Clathroidites* 组合带的主要组成分子有 *Didtyophyllidites* sp.，*Clathroidites* cf. *papulosus*，*Cadargasporites granulatus*，*C. raticulatus*，*Lueckisporites ruttnari*，*Lycopodiacidites* cf. *rugulatus*，*Megamonoporites cacheutensis*，*Psophosphaera bullulinaeformis*，*Pseudowalchia landessi*，*P. ovalis*，*Semiretisporis lycopodioides*，*Schizosporites* cf. *parvus*，*Taeniaesporites noviaulensis* 及 *Classopollis annulatus*，*C. monostriates*，*C. paruns*，*Klukisporites variegatus*，*Assoretosporagyrata* 等。其中所列该组合带的两个属，是四川上三叠统须家河组地层中的重要分子和优势种群，并具有演化快，延续时间短的特征，还有 *Clathroidites granulatus*，*Cadargasporites raticulatus*，*Lueckisporites ruttnavi*，*Lycodiacidites* cf. *rugulatus*，*Megamonoporites cacheutensis*，*Pseudowalchia landessi*，*Psophosphaera bullulinaeformis*，*Semiretisporis lycopodiodes* 等，广见于四川、贵州、云南、湖北等地上三叠统的须家河组、火把冲组、一平浪组，并与英国、瑞士、奥地利等晚三叠世的孢粉组合相似，是指示晚三叠世以诺利期为主，有可能跨瑞替期的一个孢粉组合带。

综上所述，我们着眼于羌塘盆地西区，将上三叠统建立了牙形石和孢粉生物地层单位各1个，各生物地层单位之间以及与年代地层之间的对比关系见表2-2-1。

表 2-2-1 测区上三叠统生物地层单位划分综合对比表

年代地层			生物地层	
系	统	阶	牙形石	孢粉
三叠系	上统	瑞替阶		*Dictyophyllidites-Lathroidites* 组合带
		诺利阶	*Epigondolella postera-E. abneptis spatulatus* 组合带	
		卡尼阶		

二、侏罗纪生物地层及年代地层

测区侏罗纪古生物群相对其他地层来说是比较丰富的，据目前所知，共计有 9 个门类，140 属，257 种。其中属种在 10 个以上的门类有双壳类、腕足类和珊瑚。但与羌塘盆地西区相比，无论是在属种的丰度上，还是在层位的分布上都相差甚远。在羌塘盆地西区，经我们不完全的收集整理，已发现 19 个门类，290 余属，460 余种，其中双壳类 80 余属，210 余种，腕足类 50 余属，100 余种，菊石 28 属，30 余种，孢粉 60 属，70 余种，珊瑚 30 余属，30 余种，其他如有孔虫、苔藓虫、层孔虫、介形虫、海绵、海胆、鱼类、藻类、腹足类、海百合茎、箭石、水螅、刺毛虫和植物等，属种多在 10 以下，一般时限较长，时代意义欠佳。

对于羌塘盆地西区侏罗系生物地层的研究，主要在 20 世纪 90 年代中期，以成都环资所，川碳中心和江汉石油勘探开发研究院等为代表的石油地质调查工程队，根据各自工作成果结合东区资料曾对双壳类、腕足类、菊石和孢粉等门类作过生物地层单位的划分。此前西藏区调队（1986）也对中侏罗统的双壳类、腕足类和上侏罗统的菊石作过生物地层单位的初步划分。此后赵政璋等（2001）在总结 1994 年以来各石油地质调查工程队资料的基础上，从羌塘地区总体出发，也提出了生物地层单位的划分意见。我们在前人生物地层单位划分的基础上，参考近年来 1∶25 万区调取得的成果，着眼于测区和羌塘盆地西区，对双壳类、腕足类、孢粉和菊石等 4 大门类生物进行了生物地层单位的划分。侏罗系共划分出 8 个生物地层单位（表 2-2-2）。

表 2-2-2 测区中、上侏罗统生物地层单位划分综合对比表

年代地层			生物地层单位			
系	统	阶	双壳组合带	腕足组合带	孢粉组合带	菊石组合带
侏罗系	上统	提塘阶	*Buchia blanfordiana-Myopholas multicostata-Radulopecten fibrosus*		*Classopollis annulatus-Lygodiumsorites*	*Blanfordiceras-Virgatosphinctes-Aulacosphanctes-Aulacosphinctoides*
		基末里阶		*Rutorhynchia jieshanensis-Lacumosella trilobatiformis*		
		牛津阶				*Progeronia-Alligaticeras*
	中统	卡洛阶	*Bostra buchii-Camptonectes laminates*		*Cyathidites-Neovaestrcki-Minerisporites richardsoni*	
		巴通阶		*Burmirhynchia-Holcothyris-Kutchithyris*		
		巴柔阶				

（一）双壳类生物地层单位

双壳类动物群，无论是在图区还是在羌塘盆地西区，都是中、上侏罗统分异度最高的一个门类，在测区共发现 49 属，123 种。就羌塘盆地西区而言，经我们的收集整理，达 80 余属，210 余种，种属在 10 个以上的属有 *Astarte*、*Camptonectes*；5～10 个属的有 *Chlamys*，*Corbula*，*Entolium*，*Gervillilla*，*Liostrea*，*Lopha*，*Modiocarda*，*Radulopholas*，*Plagiostoma*，*Pleuromya*，*Protocarda*，*Myopholas* 等，

余者都在5个以下。主要分布在中侏罗统布曲组和上侏罗统索瓦组，次为中侏罗统夏里组和上侏罗统白龙冰河组，上侏罗统—下白垩统雪山组生物相对较少。本次拟建立测区双壳类生物地层单位2个，其划分沿革见表2-2-3。

1. *Bostra buchii-Camptonectes laminates* 组合带

该组合带代表性分子有：*Bostra buchii*（Roemer），*B.* cf. *somaliensis* Cox，*Camptonectes laminates*（Sowerby），*C. abscurus*（Sowerby），*C. lens*（Sowerby），*C. auritus*，*C.* sp.，共生分子有：*Parvamussium pumilum*（Lemarch），*P. subersonapum*（Vaeck），*P. subpersonatus*（Vaeck），*Ceratomys concertrica*（Sowerby），*Cercomya*（Capillimya）cf. *strata*，*Eligmus* cf. *rollandi* Douville，*Eopecten inaequstrica* Voltz，*Grammatador kunyanus* Cox，*Liostrea jiangjinensis* Wen，*L. acuminate*（Sowerby），*L. eduliformis*，*L. simplex* Cou，*Lopha asella*（Greppin），*L. costata*（Sowerby），*Inoperma perplicatum*，*Ostrea calceola* Zieten，*O. quadrata*，*Placunopsis fibrosa*（Laube），*Nicaniella*（*Trautschoidia*）*aitkeni* Cox，*Thracia toghonheensis* Wen等。上述组合代表性分子特别是*Camptonectes laminates*在测区只见于中侏罗统布曲组和夏里组中。它们所在的层位中，常有典型巴通期最为特征的腕足类*Bumirhynchia*，*Holcothyris*等相伴出现。*Bostra buchii*在比隆错夏里组油页岩剖面中特别富集，*Thlacia togtonhensis*，*Liostrea acumita*在夏里组中也很特征，*Placunopsis fibrosa*目前也只在雀莫错组中见到。因此，我们以此组合带作为以巴通期为主，可能下跨巴柔期，上延至卡洛期的中侏罗世双壳类生物地层单位。

2. *Buchia blanfordiana-Myopholas multicostata-Radulopecten fibrosus* 组合带

该组合带代表性分子主要有*Buchia blanfordiana*（Stoliczka），*Myopholas multicostata*，*Radulopecten fibrosus* Sowerby，*R. gerzensis* Wen，*R. inaequecostata*（Yong et Bird），*R. moodanensis*（Cox），*R. siliqua*，*R.* cf. *scarburgensis*，*R. tiperi*，共生分子有：*Entolium mangqiongensis*，*E. demissum*（phillps），*E. disciforme*（Schiibler），*E. cingulatum*，*E. xizangensis* Tongi，*Anisocardia kinjeleensis* Cox，*A.*（*A.*）*minima*（Sowerby），*Astarte spitiensis*，*Margaritifera guanyintanensis* Xiong et wang，*Meleagrinella radiate*（Trauti），*Pronella kidugaloensis* Cox等。上述组合分子当前只出现在羌塘盆地西区上侏罗统索瓦组和白龙冰河组中，个别如*Astarte spitiensis*只在雪山组中发现，其中的*R. fibrosus*是各家一致列为牛津阶或牛津阶—基末里阶的代表分子，也见于英国Corsllian组，是欧洲牛津阶的常见分子，但在羌塘盆地西区主要出自白龙冰河组剖面中，索瓦组的路线中也有发现，而其种群多为白龙冰河组路线中所得；*R. moondanensis*，*R.* cf. *scarburgensis*在欧洲基末里—提塘阶地层中都有产出。*Entolium*一属中所列各种，比较广泛见于索瓦组中，常见有菊石*Virgatosphinctes*，*Blanfordiceras*，*Haplophylloceras*等共生。*Buchia blanfordiana*出现在长虹河剖面和江爱达日那一带索瓦组，同一层位中见菊石*Virgatosphinctes*，同时该属在西藏南部上侏罗统门卡墩组中极为丰富，其种群多达20种，并有大量上侏罗统菊石共生，同时，也是斯匹提地区常见分子。该组合带的地质年代可能为整个晚侏罗世。

（二）腕足类生物地层单位

腕足动物群在图区所获不多，目前只发现16属，23种，主要分布在布曲组—白龙冰河组，并以索瓦组居多，次为白龙冰河组和布曲组，夏里组极为少见，雪山组目前还没有发现腕足动物。但在图幅所在的羌塘盆地西区，却是仅次于双壳类的一个生物门类，据我们不完全的收集整理，已发现50余属、100余种，主要产出层位是布曲组、索瓦组，次为夏里组、雀莫错组和白龙冰河组，其中种群在10个以上的属有*Burmirhynchia*，*Holcothyris*，*Kutchithyris*；5～10个的属是*Avonothyris*，*Tanggulerarella*，余者都在5个以下。

对于腕足动物群生物地层单位的划分，与双壳类一样主要有西藏区调队（1986），川碳中心（1996），江汉石油研究院（1996），成都环资所（1996）和赵政璋等（2001）。我们在分析研究前人成果

表 2-2-3 测区中、上侏罗统双壳类生物地层单位划分沿革表

年代地层 系	统	阶	西藏区调队(1986)	川碳中心(1996)	江汉石油勘探研究院(1996)	成都环资所(1996)	赵政璋等(2001)	本报告(2005)
侏罗系	上侏罗统	提塘阶		*Camptonectes abscurus-Loevitrigonia gibbosa* 组合	*Myopholas multicostata-Radulopecten fibrosus-Gervillella aviculoides* 组合	*Buchia blanfordiana-Inoperna-Sowerbyana* 组合		*Buchia blanfordiana-Myopholas multicostata-Radulopecten fibrosus* 组合带
		基末里阶		*Lopha gragea-Pereginocan chayunnanensis* 组合			*Myopholas multicostata-Radulopecten fibrosus-Gervillella aviculoides* 组合	
		牛津阶		*Radulopecten fibrosus-Myopholas multicostata* 组合		*Gervillella aviculoides-Entolium xizangensis* 组合		
	中侏罗统	卡洛阶	*Myopholas multicotata-Gerillella carentalis-Inoperna sowerbyana-Camptonectes lens* 组合	*Chlamys* (*Radulopectus*) *tipperi-Ch*. (*R*). *vagans-Cercomya* 组合		*Bostra buchii* 顶峰带	*Meleagrinella bramburiensis-Pronoella triangularis* 组合	*Bostra buchii-Camptonectes laminates* 组合带
		巴通阶	*Lopha asellus-Liostrea bimanica-Camptonectes Laminates-Chlamys*(*Radulopectus*) *vagans-Ch*.(*R*.) *tipperi-Modiolus inbricatus* 组合	*Chlamys-Liostrea-Camptonectes* 组合	*Camptonectes laminates-Homomya gibbosa-Liostrea bimanica* 组合	*Camptonectes laminates-Ceratomys concertrica* 组合	*Camptonectes laminates-Radulopecten vagans* 组合 *Eomiodon angulatus-Isognomon* (*Mytiloperna*) *bathonicus* 组合	
		巴柔阶					*Anisocardia gibbosa-Camptonectes auritus* 组合	

的基础上，加入部分近年来的新成果，着眼于羌塘盆地西区进一步作了补充和修订，其划分沿革列于表2-2-4。

表 2-2-4　测区中、上侏罗统腕足类生物地层单位划分沿革表

划分者 系	统	阶	西藏区调队（1986）	川碳中心（1996）	成都环资所（1996）	赵政璋等（2001）	本书（2005）
侏罗系	上侏罗统	提塘阶		*Wottonithyris zodaensis-Kutchithyris pygmae* 组合			
		基末里阶		*Cymatorhynchia-Rhynchonelloiella-Turkmenithyris* 组合		*Lacunosella rhombica-Meschiaalata* 组合	*Rutorhynchia jieshanensis-Lacunosella trilobatiformis* 组合带
		牛津阶		*Thurmanella rotunda-Rutorhynchia jieshanensis* 组合	*Thurmanella rotunda-Rutorhynchia bipticata* 组合	*Rutorhynchia jieshanensis* 组合	
	中侏罗统	卡洛阶	*Thurmanella rotunda-Kutchithyris deqinensis* 组合		*Burmirhynchia-Holcothyris-Kutchithyris* 顶峰带	*Dzhangirhnnchia kokdzharensis-Dorsoplicathyris pentagonalis* 组合	
		巴通阶	*Burmirhynchia-Holcothris* 组合	*Burmirhynchia-Holcothyris-Tanggularella* 组合	*Tanggularella-Avonothyris subpentagona* 组合	*Burmirhynchia-Holcothyris* 组合	*Burmirhynchia-Holcothyris-Kutchithyris* 组合带
		巴柔阶					

1. *Burmirhynchia-Holcothyris-Kutchithyris* 组合带

该组合带除代表性分子 *Burmirhynchia* 和 *Holcothyris*、*Kutchithyris* 之外，主要共生分子还有：*Tanggularella abbrevia* Shi，*T. feraxa* Shi，*T. sphenoides* Shi，*T. rotunda* Ching，Sun et Ye，*Arcomytilum bathonicus*（Morris et Lycett），*Avonothyris sogxianensis* Sun，*A. subpentagona* Ching，Sun et Ye，*A. gothonicus* Ching，Sun et Ye，*A. tibetica* Ching，Sun et Ye，*Gusarella mucleala* Ching，Sun et Ye，*Lotharingella spides* 等。*Burmirhynchia*，*Holcothyris* 两属，据我们的收集整理，在羌塘盆地西区发现的种群共 38 种，占中、上侏罗统腕足动物种群总数的 35%。其中 *Burmirhynchia* 属共有 20 种，在布曲组中都能见到，但 *B. gutta* Buckman 可下延到雀莫错组，*B. cuneata* Ching，Sun et Ye，*B. flanilis* Ching，Sun et Ye，*B. lujiangensis* Reed，*B. nierongensis* Ching，Sun et Ye 和 *B. trilobata* 可上延到夏里组和索瓦组，个别如 *B. cuneata* 在白龙冰河组也偶有所见；只见于布曲组的是 *B. altilis* Ching，Sun et Ye，*B. bpalaiensis* Buckman，*B. costata*（Reed），*B. hasipawensis*，*B. irragularis*，*B. obessi* Buckman，*B. ovalis* Buckman，*B.* aff. *praestans* 等。*Holcothyris* 属共 18 种，在中侏罗统布曲组中都能见到，但其中 *Holcothyris suboralis* Duckman，*H. trigomaris* Buckman，可下延到雀莫错组，*H. tenuis* Ching，Sun et Ye，*H. golmudensis* Ching，Sun et Ye，*H. tanggulaica* Ching，Sun et Ye，*H. trigomaris* Buckman 和 *H.*（*Pinguis*）var. *longisulcata* Reed，*H.*（*P.*）var. *olivaeformis* Reed 可上延到索瓦组，只见于布曲组的是 *H. brveseptata*，*H. cooperi*，*H. curvita*，*H. depressa*，*H. flexa* Buckman，*H.* cf. *lujiangensis* Reed，*H. macra* Buckman，*H. pinguis* Reed，*H. undu-*

lata 等。这两属在地理上有着广泛的分布，从我国的青海、西藏、云南到缅甸禅邦、泰国呵叻，在阿富汗、法国、摩洛哥、阿尔及利亚以及英国等地中侏罗统中期地层中都能见到，其时代多定为巴通期。但从上述我们对其在羌塘盆地西区产出层位的分析中可见，该两属的时代并不只限于巴通期，应该是始于巴柔期，繁盛在巴通期，上延到牛津—基末里期，绝灭于提塘期。因此该组合带的地质时代主要为中侏罗世巴通期。

2. *Rutorhynchia jieshanensis-Lacunosella trilobatifornis* 组合带

该组合带的主要组成分子有 *Rutorhynchia jieshanensis* Sun，*R. biplicata* Sun，*R. quadplicata*，*R. elongata*，*Lacunosella trilobatiformos*，*L. trilobata*，*L. rhombica*，*Bihenithyris rectimarginata* Ching，Sun et Ye，*Bicepsirhynchia pyriformis* Hat，*Carainirhynchia rossica* Ben，*Cymetorhynchia densecosta*，*Dorsoplicathyris pentagonalis* Almeras，*Epithyoris oxonica* Arkell，*E. perbellus* Shi，*Juralina* cf. *baulini* (Etallon)，*Pentithyris* cf. *pelagica*，*Sepaliphoris compta* Ching，Sun et Ye，*S.* cf. *arduensis*，*Somalirhynchia moravica*，*Turkmenithyris krimbohi*，*Turmanella rotunta* Ching，Sun et Ye，*T. pentphyca* Ching，Sun et Ye 等。上列主要分子只见于羌塘盆地西区上侏罗统，主要分布在索瓦组地层中，其中 *Rutorhynchia* 是晚侏罗世才出现的属，所列各种主要来自本图幅白龙冰河剖面索瓦组底部，也见于喀喇昆仑地区红其拉甫组。*Lacumosella trilobatiformis* 曾被史晓颖等（1991）作为北羌塘盆地牛津阶的代表分子之一，*L. rhombica* 也曾被赵政璋等（2001）列为牛津晚期—基末里期的腕足组合的代表分子。*Juralina* cf. *baulini* 其原型种是法国上侏罗统牛津阶重要组成分子。由此，该组合地质时代应为晚侏罗世牛津—基末里期。

（三）菊石生物地层单位

菊石动物群在图区目前所获很少，仅已发现 5 属 8 种，主要来自上侏罗统索瓦组，中侏罗统在河湾山夏里组剖面采得 1 枚 *Aspidoceras* aff. *blakei* spath，长水河西岸布曲组剖面中采得 1 枚 *Pseudoperisphinctes* sp.。但放眼相邻地区还是有比较丰富的发现，据我们收集整理，连同测区在内，共发现 24 属，31 种。

前人对菊石动物群的生物地层单位作过不同的划分，我们在研究前人划分的基础上，从本地区的实际资料出发，以剖面化石为基础，建立了 *Progeronia-Alligaticeras* 组合带和 *Blanfordiceras-Virgatosphinctes-Aulacosphinctes-Aulacosphinctoides* 组合带。晚侏罗世菊石生物地层单位划分沿革见表 2-2-5。

1. *Progtronia-Alligaticeras* 组合带

该组合带目前只见于白龙冰河剖面下部索瓦组中，同层产出的是 *Progeronia* sp.，*Allgaticeras* sp.，*Perisphinctidae*。*Progeronia* 在藏南相当层位中也有所见，并广泛分布在西欧、北非、马达加斯加及印度等地，被视为牛津阶—基末里阶的标准分子。其他的 1 科 1 属，也见于藏南聂拉木地区上侏罗统门卡墩组，昌都的拉贡塘组，*Alligaticeras* 也在洛隆马里相当卡洛期的地层中发现。但在白龙冰河剖面上，这些分子之下地层中富含 *Holcothyris*，*Avonothyris gigontes*，*Liostrea birmanica*，它们常见于中侏统巴通—卡洛期。因此，我们将该组合带作为牛津—基末里早期的一个菊石组合带。

2. *Blanfordiceras-Virgatosphinctes-Aulacosphinctes-Aulacosphinctoides* 组合带

该组合带的组合分子十分丰富，其中尤以 *Virgatosphinctes* 最为丰富，其种群多达 17 个，其次是 *Aulacosphinctes*，*Aulacosphintoides*，*Blanfordiceras*，其他仅见 1 种或只有属的发现。

现将鉴定无疑问的属群和原型种群分子列举如下：*Aulacosphinctes hollandi* Uhlig，*A. morickeanus*，*A. rareplicatus*，*A. spitiensis*，*Aulacosphintoides infundibulus*，*Berriasella* sp.，*Blanfordiceras cricki*，*B. calebranti*，*Euprionoceras* sp.，*Haplohylloceras aculeatum*，*Kossmatia* sp.，*Paraboliceras spitiense*，*Perisphinctes* sp.，*Properispinctes* sp.，*Streblites platydomus*，*Subplanites* sp.，*Substeueroceras* sp.，*Ubigites griesbachi*，*Virgatosphinctes broilii*，*V. contiguus*，*V. dacquei*，*V. denseplicatus*，*V. frequens*，*V. haydeni*，*V. holdhausi*，*V. lemoinei*，*V. kutianus*，*V. minusculus*，*V. multifascia-*

表 2-2-5　羌塘盆地西区侏罗统菊石生物地层单位划分沿革表

<table>
<tr><th colspan="3">划分者</th><th rowspan="2">西藏区调队
(1986)</th><th rowspan="2">川碳中心
(QT96YD－01)(1996)</th><th rowspan="2">成都环资所
(QT96YD－02)(1996)</th><th rowspan="2">江汉石油勘探
开发研究院(1996)</th><th rowspan="2">成都环资所
(QT96YZ－01)(1996)</th><th rowspan="2">赵政璋等
(2001)</th><th rowspan="2">本书
(2005)</th></tr>
<tr><th>系</th><th>统</th><th>阶</th></tr>
<tr><td rowspan="10">侏罗系</td><td rowspan="10">上统</td><td>贝利阿斯阶</td><td>Berriasella-spiticeras 组合带</td><td>Berriasella-Blanfordiceras 带</td><td rowspan="9">Blanfordiceras-VirgatosphInctes-Aulocosphinctes-Kossmatia-Paraboliceras 组合带</td><td></td><td rowspan="4"></td><td></td><td rowspan="2"></td></tr>
<tr><td rowspan="4">提塘阶</td><td rowspan="4">Virgatosphinctes-Aulacosphinctes 组合带</td><td rowspan="2">Aulacosphinctes-Virgatosphinctes 带</td><td rowspan="3">Aulacosphinctes 组合带</td><td rowspan="4">Aulacosphinctes 组合带</td></tr>
<tr><td rowspan="5">Blanfordiceras-Virgatosphinctes-Aulacosphanctes-Aulacosphinctoides 组合带</td></tr>
<tr><td rowspan="2">Aulacosphinctoides-Streblites 带</td></tr>
<tr><td rowspan="5">Aulacosphinctoides 组合带</td><td rowspan="4">Blanfordiceras-AulacospInctes-Virgatosphinctes 组合带</td></tr>
<tr><td rowspan="4">基末里阶</td><td rowspan="4">Perisphinctidae 带</td><td rowspan="4">Kossmatia-Euprionoceras 带</td><td>Aulacosphinctoides-Virgatosphinctes 组合带</td></tr>
<tr><td rowspan="3"></td></tr>
<tr><td rowspan="3">Progeronia-Alligaticeras 组合带</td></tr>
<tr><td rowspan="2">Progeronia-Alligaticeras 组合带</td></tr>
<tr><td>牛津阶</td><td>Progeronia 带</td><td>Properispinctes-Alligaticeras 带</td><td>Properispinctes-Alligaticeras 组合带</td><td>Perisphinctes 组合带</td><td>Perisphinctes 组合带</td></tr>
</table>

tus, *V. subfrequens* 等。

其中 *Perisphinctes* 见于藏南上侏罗统门卡墩组，新疆红其拉甫组，曾被林宝玉（1989）作为牛津阶的带化石之一，在世界各地也是牛津阶的常见分子，在印度库奇仅限于牛津阶上部。但在本区它产自白龙冰河剖面上部白龙冰河组，并与 *Aulacosphinctes*, *Virgatosphinctes*, *Properispinctes* 等同出一层。*Aulacosphintoides infundibulus* 曾见于斯匹提页岩组中，是晚基末里期—早提塘期的主要分子，在印度库奇大量出现在中基末里期，该属地理分布更广，常见于非洲、南美阿根廷、澳大利亚、新西兰、日本、印度等地，多数学者主张放在提塘阶下部。但在本区的独星湖剖面中，它与 *Virgatosphinctes*, *Blanfardiceras* 同出一层，*Aurgatosphinctes* 在藏南、法国、丹麦、马达加斯加、印度库奇、尼泊尔等地曾作为提塘阶的指示化石。但在本区却出现在吐坡错、独星湖剖面的索瓦组，并与 *Kossmatia*, *Blanfordicetas*, *Properispinctes*, *Virgatosphintes*, *Paraboliceras* 等同在一个大层中。*Euprionoceras* 见于东湖剖面索瓦组下部，是我国北方海域早—中基末里期的分子。*Blanfordiceras* 见于长虹河、独星湖剖面的索瓦组中上部，在长虹河剖面与 *Haplophyoceras aculeatum*, *Virgatosphinctes*, *multifasciatus*, *V. haydeni* 同出一层，在独星湖剖面与 *Aulacosphinctes spitiensis*, *V. dacquei* 共生，而在藏南古错村剖面见于门卡墩组，并与 *Berriasella* 多种同出一层。至于 *Vigatosphinctes*，从上述中不难发现它在索瓦组和白龙冰河组中都能见到，与各家所列基末里期到提塘期的代表属群均存在共生关系。由此可见，从羌塘盆地西区菊石动物群目前资料展示，我们将该组合带作为基末里中晚期—提塘期的一个菊石组合带。

（四）孢粉生物地层单位

图区孢粉化石目前所获极少，仅获 2 属，即在夏里组发现一枚 *Classopollis* sp.，在索瓦组发现一枚 *Equisetites* sp.，不足以建立生物地层单位。放眼羌塘盆地西区，对侏罗系作过比较系统采集、分析、鉴定，且成果较丰富的剖面也很有限，据目前所知，由川碳中心（1995）所测的独雪山布曲组剖面，在 7 个层位中获得以 *Classopollis*, *Leiotriletes*, *Cyathidites*, *Klukisporites*, *Conbaculatisporites*, *Baculatisporites* 和 *Minlerisporites* 等为代表的 7 属，其中突出的是获得了丰富的以 *Minlerisporites* 为代表的大孢子群。最引人注目的是由成都环资所朱同兴等（1996）所实测的海相侏罗系中、上统那底岗日连续系统剖面，在包括从中侏罗统布曲组—上侏罗统雪山组的 10 个层位中，获得 51 属，63 种孢粉化石，其中有裸子植物孢粉 15 属，30 种，蕨类植物孢子 36 属，33 种，为建立羌塘盆地西区侏罗系生物地层单位提供了良好素材，这两个单位曾据各自所获的孢粉化石建立了羌塘盆地西区侏罗系孢粉生物地层单位各 2 个。我们在此基础上，充分利用近年来区调成果，作了补充和修订，侏罗纪孢粉生物地层单位其划分沿革见表 2-2-6。

表 2-2-6　羌塘盆地西区侏罗系孢粉生物地层单位划分沿革表

年代地层		川碳中心	成都环资所	本书
系	统	(1996)	(1996)	(2005)
侏罗系	上统	*Classopollis*-*Klukisporites* 组合	*Classopollis*-*Klukisporites* 组合带	*Classopollis*-*Lygodiumsorites* 组合带
	中统	*Classopollis*-*Osmundacidites* 组合	*Classopollis*-*Cyathidites*-*Neoraistrickia* 组合带	*Classopollis*-*Cyathidites*-*Neoraistrickia* 组合带

1. *Classopollis*-*Cyathidites*-*Neoraistrickia* 组合带

该组合带主要见于独雪山剖面布曲组和那底岗日剖面布曲组和夏里组。其主要组成分子有大孢子 *Minerisporites richardsoni*, *M.* spp. *M.* sp. nov, *Pesillitriletes phyllicus*, *Aneuletes* sp. 和少量 *Trileites* sp. 等，*M. richardsoni* 最早见于英国中侏罗统，后在波兰、德国和我国的同期地层中均有发现；

P. phyllicus 广泛分布于国内、外的中侏罗统，但在波兰、丹麦上侏罗统中也有发现，蕨类植物孢子中的 Cyathidites 在布曲组和夏里组中都是常见而主要出现的分子，在独雪山布曲组中含量最高可达11%，次有 *Neoraistrickia*，*Punctatisporites*，*Boculatisporites*，*Canbaculatisporites* 及 *Osmundacidites* 等。裸子植物花粉中 *Classopollis* 占压倒多数，在独雪山剖面布曲组中，最高含量达 70%～80%，在那底岗日剖面布曲组—夏里组，所占比例达 75%～95%，其主要种群有 *C. atmulatus*，*C. classoides*，*C. major*，*C. parvus*，*C. triangulus*，*C. tristriatus* 等，次有 *Cycadspetes* 及少量 *Caytompolle nites*，*Chasmatosmatosporites*，*Eucomidites* 等。其中的 *Classopollis* 是侏罗系到早白垩世都比较繁盛的一个属，单独出现在地层中很难判定其所在地层的确切时代。*Neoraistrickia* 数量虽少，但还未见在上侏罗统中出现，因此，我们以此组合带作为中侏罗世的一个孢粉生物地层单位。

2. *Classopollis-Lygodiumsporites* 组合带

该组合带主要见于那底岗日剖面上侏罗统索瓦组—雪山组下部，以裸子植物花粉占绝对优势，含量达 80.2%～96.4%，而蕨类植物孢子只占 3.2%～19.8%，在裸子植物花粉中 *Classopollis* 含量最高47.1%～94.4%，主要种群是 *C. annulatus*，*C. monostriatus*，*C. multistriatus*，*C. torosus*，*C. qiyungulus*，次有 *Chasmatosporites*，*Cycadopiotes*，还偶见 *Pristinuspollenites* 等。其中 *C. annulatus* 中侏罗世开始出现，繁盛于晚侏罗世，衰落于早白垩世的一个属种。蕨类孢子以出现 *Lygodiumsporites*，*Klukisporites*，*Concavissimisporites*，*Ischyosporites*，*Pristinuspollenites* 为特征，而区别于中侏罗统孢粉生物地层单位。前人列为上侏罗统代表分子的 *Klukisporites* 延续时间较长，在剖面中从布曲组到雪山组都有它的存在，因此，我们将该组合带作为晚侏罗世的一个孢粉生物地层单位。

第三节　层序地层

一、晚三叠世层序地层与海平面变化

1. 晚三叠世层序划分

测区晚三叠世地层包括若拉岗日岩群和藏夏河组两个岩石地层单位，分布在图幅西北角白头山及图幅东北部岗盖日及狮头山等地，呈近东西向分布，为一套深水复理石建造沉积，因区内藏夏河组仅出露其中上部地层，层序很不完整，且构造变形强烈，结合填图过程中观察到的岩性和沉积相变化特征，测区上三叠统藏夏河组划分出 2 个不完整的三级层序、1 个超层序（二级层序）和 1 个巨层序（表 2-3-1、图 2-3-1），2 个不完整的三级层序对应于江爱达日那剖面上上三叠统土门格拉群中的 SQ_2、SQ_3 层序，SQ_1 层序在本图幅内未出露。现以双湖特别区岗盖日上三叠统藏夏河组剖面为代表，阐述晚三叠世三级层序地层的划分。

表 2-3-1　测区晚三叠世层序地层划分表

系	统	组	层号	厚度（m）	沉积相	边界类型	体系域	SQ	Ss
三叠系	上统	藏夏河组	41～51	>818.40	盆地	SB_1	TST	3	1
			40	44.90	斜坡浊积扇		LST		
			14～39	>2 289.82	斜坡-陆棚		HST	2	

（1）SQ_2 层序

底界面：该层序底部被断层错失，未见底，体系域发育不全，仅见高位体系域，界面性质不明。

高位体系域（HST）：厚度>2 289.82m，为一套斜坡—陆棚相的碎屑岩，岩性以灰色中—薄层细粒岩屑砂岩、灰色细砂岩、长石石英砂岩、岩屑砂岩为主，夹灰—深灰色薄层泥岩、灰色钙质泥岩、泥

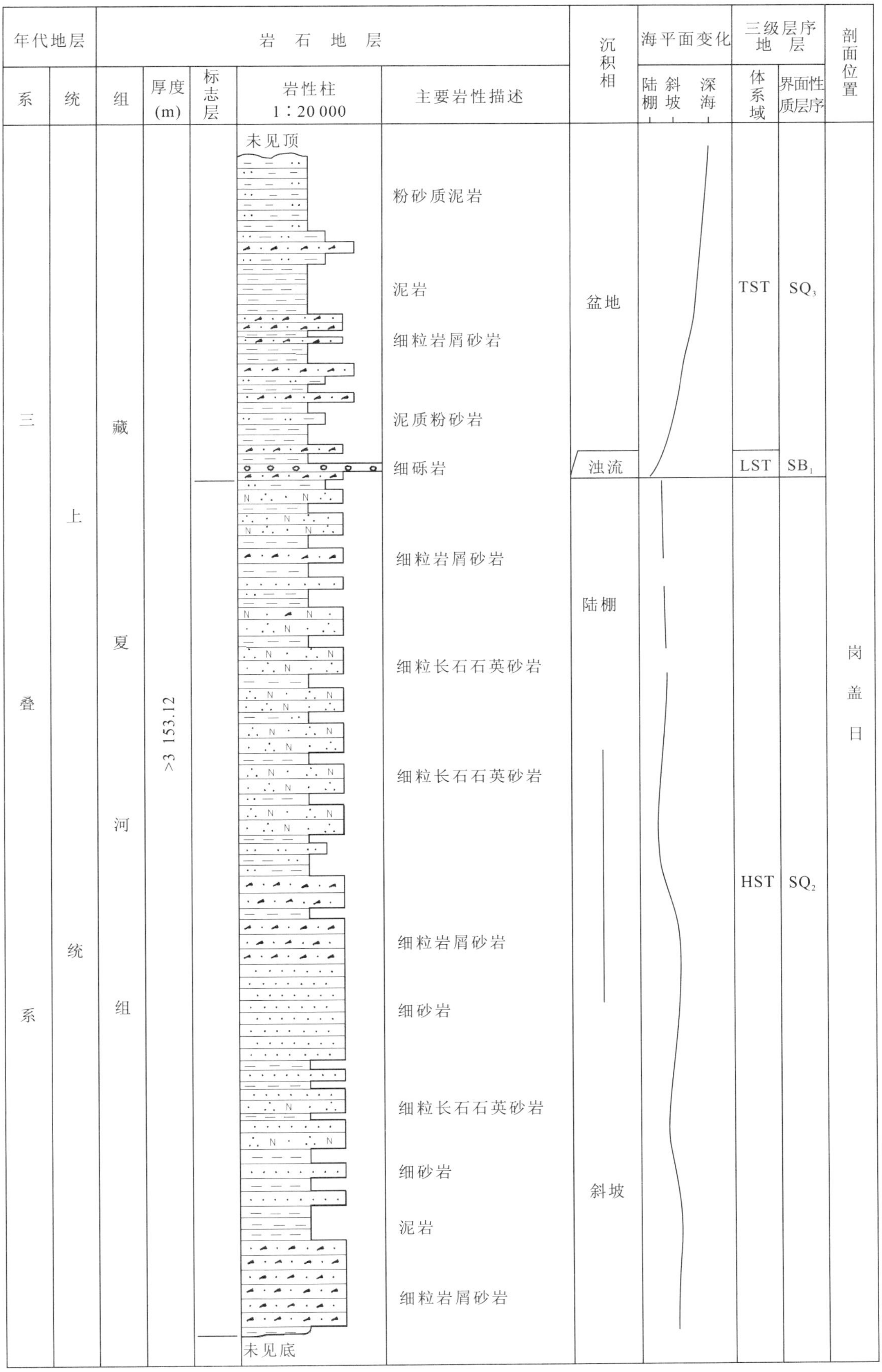

图 2-3-1　双湖岗盖日地区晚三叠世三级层序地层划分及其特征柱状图

质粉砂岩。砂岩平行层理发育，泥岩水平层理发育，含较多植物碎片，向上砂岩增多变粗，具有明显的向上变浅，加积-进积结构特征。

（2）SQ_3层序

底界面：为Ⅰ类层序界面，表现为浊积扇形成向海岸上超界面。

低位体系域（LST）：厚度44.90m，由浊积扇形成的低位楔构成，岩性为灰色薄—中层状细粒岩屑砂岩、夹杂色细砾岩及灰色泥岩，岩屑砂岩、泥岩构成正粒序。

海侵体系域（TST）：厚度大于818.40m，该体系域不完整，由深水复理石盆地-浊积岩柞的灰、灰绿色泥页岩与黄灰色、灰色薄—中层状中细粒岩屑杂砂岩不等厚互层，发育鲍马序列和正粒序层理、平行层理、沙纹层理等沉积构造。总体表现为向上水体加深、结构变细的沉积旋回，体系域有较强的向海岸方向上超、退积叠加形成。

剖面上和测区范围内未见高位体系域（HST）沉积。

测区上三叠统藏夏河组三级层序在区域上可以进行东西向对比（图2-3-2），SQ_2层序底界面未见及，性质不明，测区内仅见及HST，相当于岗盖日剖面上第1—39层、藏夏河剖面上第1—7层、多色梁子剖面上第1—8层，由一套斜坡—陆棚的岩屑长石砂岩夹泥页岩构成；SQ_3层序：底界面为Ⅰ类层序界面，LST相当于岗盖日剖面上第40层、藏夏河剖面上第8层、多色梁子剖面上第10—14层，由浊积扇形成的低位楔构成，TST相当于岗盖日剖面上第41—51层，藏夏河剖面第9—25层、多色梁子剖面第15—23层，该体系域不完整，由深水复理石盆地—浊积岩相的灰、灰绿色泥页岩与黄灰色、灰色

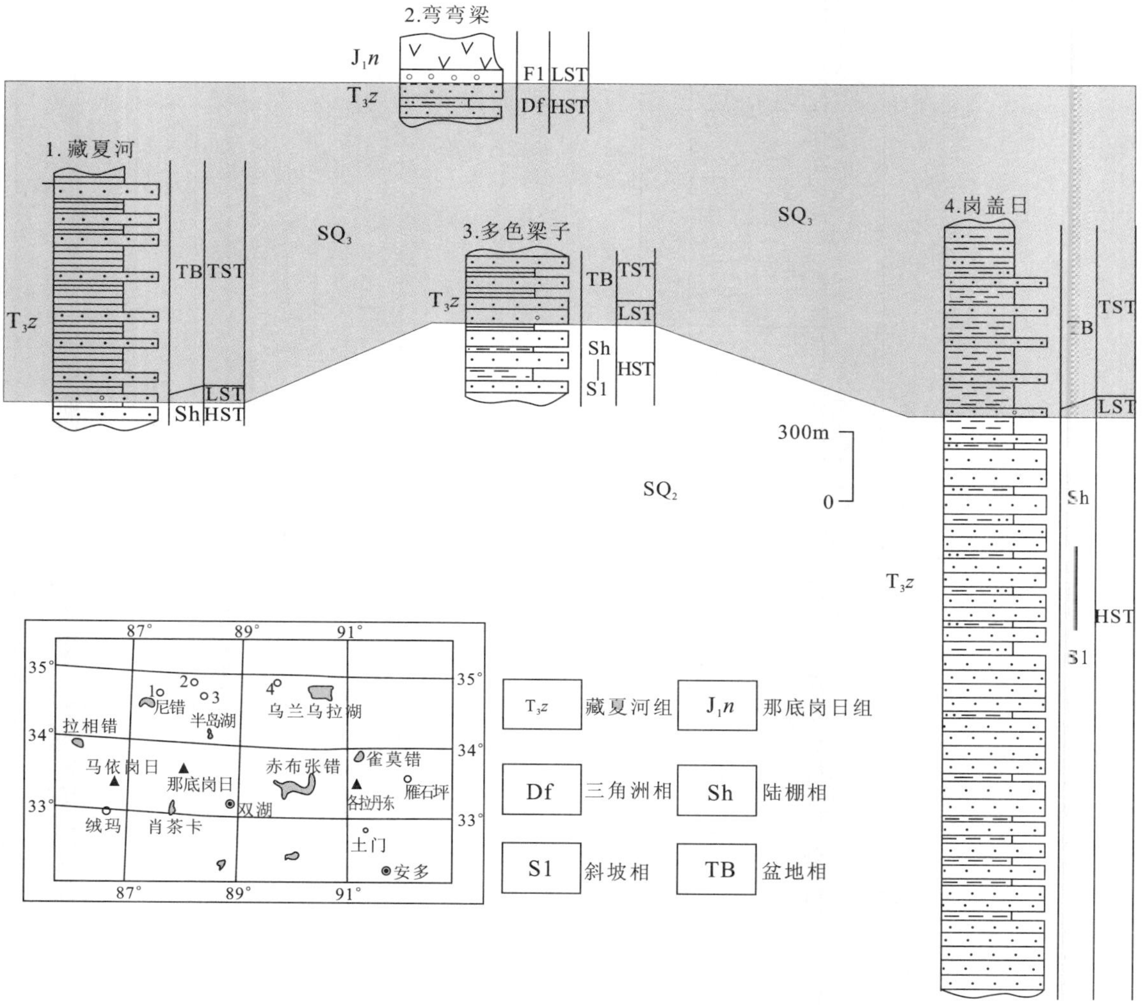

图2-3-2　测区及邻区藏夏河组三级层序东西向对比图

薄—中层状中细粒岩屑杂砂岩，砂、泥岩常构成韵律，泥岩水平层理极发育，含少量植物碎片，砂岩平行层理发育，发育正粒序层理、平行层理、沙纹层理等沉积构造，岩层中见细砂岩、粉砂质泥岩、泥岩构成鲍马序列（a、c、e段），在细砂岩底面上见重荷模。总体表现为向上水体加深、结构变细的沉积旋回，体系域有较强的向海岸方向上超、退积叠加形成。

2. 层序地层特征与海平面变化

测区三叠系不发育，仅出露若拉岗日岩群和藏夏河组两个岩石地层单位，它们可能属同时异相产物。共识别出2个三级层序，其中SQ_2层序底部被断层错失，未见底，层序发育不全，界面性质不明；SQ_3层序较完整，层序顶部被断层错失，未见顶，层序发育不全，属Ⅰ型层序。

层序体系域厚度表明，SQ_2高位体系域（HST）沉积物发育，SQ_3低位体系域（LST）沉积物不发育，海侵体系域（TST）沉积物发育，表明晚三叠世早期，海平面变化总体上处于一种窄幅振荡时期，在海侵—海退结构样式和海平面变化曲线上，表现为相互交替，沉积环境变化不大，始终处于斜坡、陆棚相沉积背景，海平面升降值相当；晚三叠世后期，在经历短暂的海退事件后海平面迅速上升，进入新一轮的海侵期。

二、侏罗系—白垩系层序地层与海平面变化

1. 侏罗系—白垩系层序划分

侏罗系及白垩系是测区主要地层，包括中侏罗统布曲组、夏里组、上侏罗统索瓦组、白龙冰河组，上侏罗—下白垩统雪山组5个岩石地层单位，在测区呈东西向或北西—南东向大面积分布。测区侏罗系—白垩系共识别出6个三级层序、2个超层序（二级层序）和1个巨层序（表2-3-2、图2-3-3）。现以双湖特别区长水河西支沟中—上侏罗统布曲组、夏里组、索瓦组实测地层剖面和双湖特别区灰熊沟上侏罗统白龙冰河组实测地层剖面为代表，阐述中、上侏罗统野外露头层序地层的划分，以双湖特别区长湖上侏罗—下白垩统雪山组实测地层剖面为代表，阐述上侏罗—下白垩统野外露头层序地层的划分。

（1）SQ_4层序

底界面：该层序底部海侵体系域被断层错失，层序发育不全。区域上，布曲组整合于雀莫错组之上，原界面性质可能属Ⅱ型层序界面（SB_2）。

海侵体系域（TST）：厚＞183.51m，未见底，为陆棚相深灰色厚层—块状含生物屑泥晶灰岩。

高位体系域（HST），厚278.98m，为灰黑色厚层—块状生物礁灰岩与生物屑泥晶灰岩、泥晶灰岩等互层，产双壳及腕足类化石，为浅滩及碳酸盐台地相沉积，具有向上变粗、变浅的沉积序列。

（2）SQ_5层

底界面：该层序底部虽被断层错失，但层序较全，陆棚边缘体系域、海侵体系域和高位体系域均发育。层序下部为杂色细碎屑岩，区域上，夏里组整合于布曲组之上，原界面性质属Ⅱ型层序界面（SB_2）。

陆棚边缘体系域（SMST）：厚度＞141.53m，主要为前三角洲相灰—浅灰绿色薄—极薄层状钙质泥岩、薄层状岩屑细砂岩、紫红色页岩、粉砂岩、泥质灰岩。岩层中泥质粉砂岩、泥岩互层，表现为向上变细的特征，并见浅水浪成波痕等沉积构造，加积型叠置结构特征明显。

该准层序上部粉砂岩沉积于紫红色页岩之上，表明当时处于全球海平面下降后期至上升最初期或相对海平面高度下降至逐渐上升初期。

海侵体系域（TST）：厚244.55m，中下部为局限台地近岸相带灰绿色薄层状泥岩及深灰色薄层状泥质粉砂岩，夹浅灰色纹层状灰岩，上部为局限台地远岸相带生物碎屑灰岩，可见，自下而上，沉积序列上表现为向上沉积水体变深、碎屑粒度变细、层系变厚，退积型叠置结构特征明显。

高水位体系域（HST）：厚261.89m，下部由前三角洲相灰绿色泥岩、粉砂岩、钙质粉砂岩、灰色泥灰岩构成，上部由三角洲前缘相灰绿色细砂岩、钙质细砂岩、泥岩、灰色泥灰岩构成，沉积特征表现为高水位时陆源（粉）砂质含量迅速增加，沉积水体变浅、碎屑粒度变粗、层系变厚，以加积叠置型式为主。

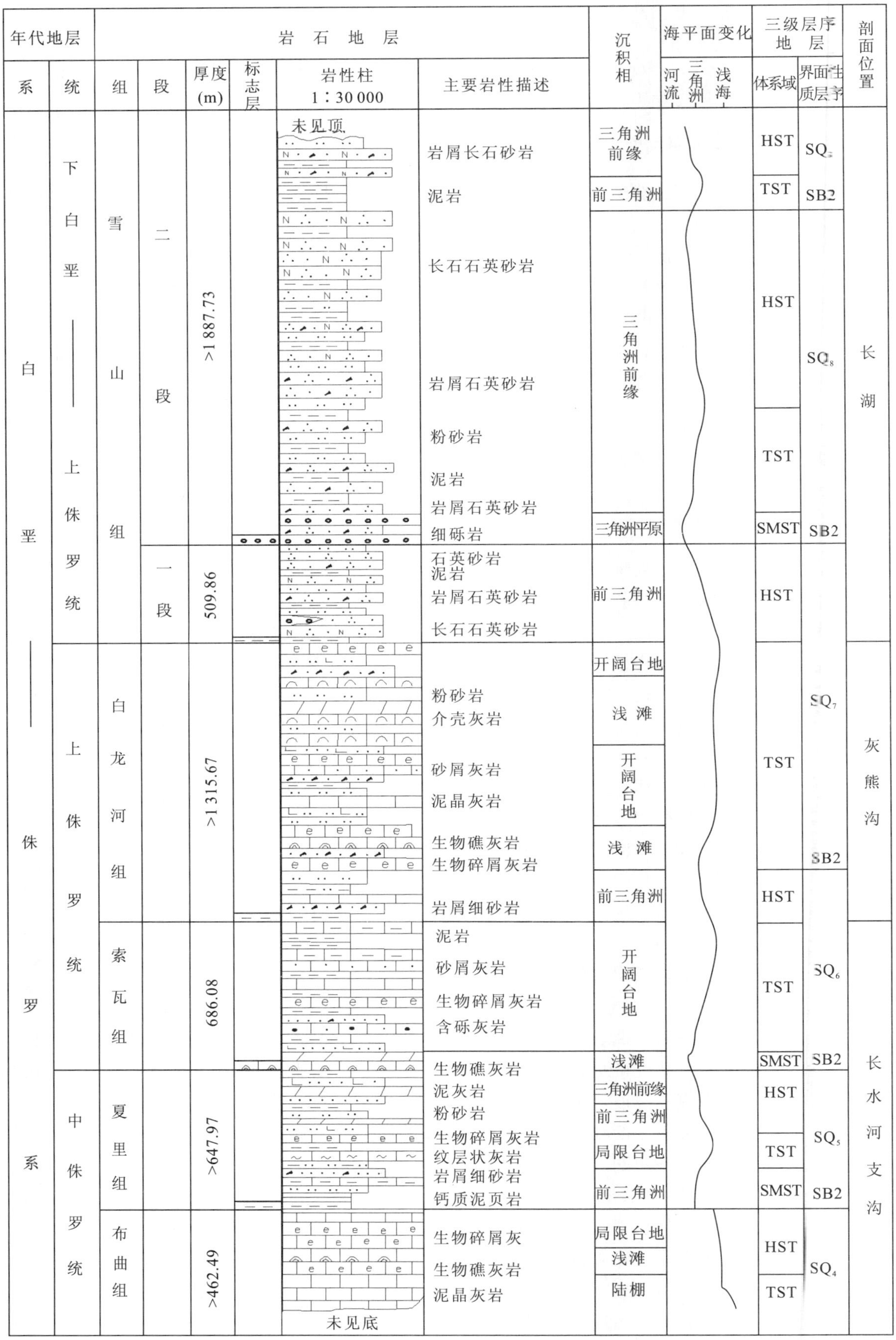

图 2-3-3　测区中—晚侏罗世—早白垩世三级层序划分及其特征柱状图

表 2-3-2 测区中侏罗世—早白垩世层序地层划分表

系	统	组	层号	厚度（m）	沉积相	底边界类型	体系域	SQ	Ss	Ms
白垩系	下统	雪山组二段	71	＞99.06	三角洲前缘	SB_2	HST	9	3	2
			70	242.90	前三角洲		TST			
			58—69	895.38	三角洲前缘	SB_2	HST	8		
			49—57	506.64	三角洲前缘		TST			
			46—48	143.75	三角洲平原		SMST			
侏罗系	上统	雪山组一段	36—45	509.86	前三角洲	SB_2	HST	7		
		白龙冰河组	8—22	1 077.93	浅滩		TST			
			3—7	237.74	三角洲相	SB_2	HST	6		
		索瓦组	33—42	648.60	开阔台地		TST			
			31—32	37.48	浅滩		SMST			
	中统	夏里组	26—30	261.89	前三角洲	SB_2	HST	5	2	
			17—25	244.55	局限台地		TST			
			11—16	＞141.53	前三角洲		SMST			
		布曲组	2—10	278.98	浅滩、局限台地	SB_2	HST	4		
			1	＞183.51	陆棚		TST			

体系域厚度结构显示：TST＜＜HST，表现为层序经历短暂海侵和持续缓慢海退特征。

（3）SQ_6层序

底界面：该层序底部为钙质细砂岩与泥岩互层，整合于泥晶灰岩之上，属Ⅱ型层序界面（SB_2）性质。

陆棚边缘体系域（SMST）：厚37.48m，上部由浅滩相深灰—灰黑色生物礁灰岩、泥灰岩、泥晶灰岩构成，表明当时海平面振荡频繁，沉积水体基本维持在正常浪基面之上。

海侵体系域（TST）：厚648.60m，下部由台地相灰绿色中薄层状钙质细砂岩、泥岩、泥灰岩组成，以细砂岩、泥岩为主，泥灰岩呈夹层产出，野外可识别2个细砂岩—泥岩向上变细的准层序，加积型叠置结构明显；中部为深灰色泥岩与薄—中层状含生物砾屑灰岩、岩屑细砂岩、生物碎屑灰岩、泥灰岩互层产出，夹少量砂屑灰岩，上部以中厚层状泥质灰岩、灰—深灰色泥岩为主，夹少量泥晶灰岩，为台地相沉积，准层序组具有向上变深、向海岸上超、退积叠置型结构特征。其底界面为初始海泛面，长水河地区表现为泥岩；顶界面为最大海泛面，长水河地区该准层顶部有厚13.14m深灰色薄层状泥质灰岩，生物化石稀少，可视为凝缩层沉积体。

高水位体系域（HST）：厚237.74m，由前三角洲相灰色薄层状泥岩、泥质粉砂岩、粉砂岩、岩屑细砂岩等细碎屑岩及少量灰岩组成，自下而上，沉积特征表现为高水位时陆源（粉）砂质含量迅速增加，沉积水体变浅、碎屑粒度变粗、层系变厚，且野外见泥岩—细砂岩构成的若干个向上变浅的准层序组，准层序组具有加积—进积型叠置地层结构。

体系域厚度结构显示为TST＞＞HST，说明本层序内海平面变化早中期具有缓慢持续上升，晚期快速下降的特点。

（4）SQ_7层序

底界面：Ⅱ型层序界面（SB_2），主要表现为岩相结构转换面。由于缺失SMST沉积体，初始海泛面直接超覆于底界面之上，造成初始海泛面与层序底界面重合。

海侵体系域（TST）：厚1 077.93m，底部由浅滩相灰—深灰色生物碎屑灰岩、生物礁灰岩岩屑细砂岩组成，细砂岩呈夹层产出；中下部由台地相粉砂岩、泥岩、泥晶灰岩、生物碎屑灰岩、砂屑灰岩组成，以细碎屑岩为主，碳酸盐岩呈夹层产出，构成不等厚韵律层；上部由浅滩相灰色介壳灰岩、泥灰岩、粉砂岩、粉砂质泥岩组成；顶部由台地相岩屑砂岩、钙质粉砂岩、生物碎屑灰岩、泥岩组成。细砂岩—粉砂岩—粉砂质泥岩—泥岩构成的准层序表明具有向上加深的沉积序列。

高水位体系域（HST）：厚约509.86m，由三角洲远砂坝充填形成的灰绿色中薄层状中粒长石石英砂岩、杂色（紫灰、紫红、灰绿色）薄层状粉砂岩、细砾岩、泥岩组成，以砂岩为主，粉砂岩、细砾岩、泥岩呈夹层产出，砂岩平行层理发育，见砂岩—砾岩及泥岩—粉砂岩—砂岩向上变浅的旋回，并构成相对应的准层序，准层序组以加积—进积型叠置结构为特征。

体系域厚度结构显示为TST>>HST，反映海平面早中期具有缓慢持续上升，晚期快速下降的特点。

（5）SQ_8层序

底界面：该层序底部紫红色泥岩整合于灰绿色粉砂岩之上，属Ⅱ型层序界面（SB_2）性质。

陆棚边缘体系域（SMST）：厚143.75m，由三角洲平原相紫红色泥岩、紫灰色中薄层状中粒砂质细粒岩屑石英砂岩、紫灰色中层状含砾岩屑砂岩及细砾岩透镜体组成，砂岩平行层理发育，局部见交错层理。砾岩—砂岩构成向上变细的准层序正粒序沉积序列，加积型叠置结构明显。

海侵体系域（TST）：厚506.64m，由三角洲前缘相紫灰（红）色泥岩、紫灰色薄层状粉砂岩、紫灰色薄层状细粒岩屑石英砂岩、长石石英砂岩组成，以泥岩、紫灰色薄层状粉砂岩为主，砂岩呈夹层状产出，砂岩及粉砂岩平行层理发育，粉砂岩中局部见包卷层理，砂岩、泥岩构成正粒序，具有向上变深、向海岸上超、退积叠置型结构特征。

高水位体系域（HST）：厚约895.38m，由三角洲前缘相紫灰—灰色薄层、中厚层状细粒岩屑石英砂岩、紫灰色中厚层状细—中粒长石石英砂岩、紫灰—灰色薄层—中层状粉砂岩、紫红色泥岩组成，以砂岩为主，粉砂岩、泥岩呈夹层状产出，野外见若干个泥岩—粉砂岩—砂岩向上变浅的旋回，并构成相对应的准层序，准层序组以加积—进积型叠置结构为特征。

（6）SQ_9层序

底界面：Ⅱ型层序界面（SB_2），主要表现为岩相结构转换面。由于缺失SMST沉积体，初始海泛面直接超覆于底界面之上，造成初始海泛面与层序底界面重合。

海侵体系域（TST）：厚242.90m，由前三角洲相灰紫色泥岩、粉砂质泥岩、细粒岩屑长石砂岩组成，以泥岩为主，粉砂质泥岩、细粒岩屑长石砂岩呈夹层状产出，见砂岩—泥岩正粒序，具有向上变深、向海岸上超、退积叠置型结构特征。

高水位体系域（HST）：厚>99.06m，由三角洲前缘相灰紫色中薄层状细粒岩屑长石砂岩、粉砂岩、泥岩组成，砂岩、粉砂岩、泥岩常构成的韵律，野外见若干个泥岩—砂岩向上变浅的旋回，并构成相对应的准层序，准层序组以加积—进积型叠置结构为特征。

2. 层序地层特征与海平面变化

侏罗系、白垩统系是测区主要地层，共识别出6个三级层序、2个超层序（二级层序）和1个巨层序，巨层序顶底不全，超层序周期16～22Ma，平均为19Ma，三级层序平均周期6.3Ma，SQ_4、SQ_5层序发育不全，SQ_6、SQ_7、SQ_8、SQ_9层序较完整，均属Ⅱ型层序。

层序体系域厚度表明，中侏罗世布曲组SQ_4层序海侵体系域（TST）被断层错失，发育不全，高位体系域（HST）较发育，表明该时期海平面变化呈上升趋势，沉积物沉积速度与平面上升速度相当，总体上处于一种窄幅振荡时期，沉积环境变化不大，为海侵期晚期；中侏罗夏里组SQ_5层序陆棚边缘体系域（SMST）和海侵体系域（TST）均不发育，高位体系域（HST）沉积物相对较发育，表明该时期海平面变化上升时限短暂，沉积物沉积速度大于海平面上升速度，总体上处于海退期；晚侏罗世索瓦组SQ_6层序陆棚边缘体系域（SMST）和高位体系域（HST）不发育，海侵体系域（TST）较发育，表明该时期处于一个长期的海侵期，海平面上升，沉积物沉积速度小于海平面上升速度，沉积水体变深；晚侏罗世该层序晚期海平面下降，沉积物沉积速度小于海平面上升速度，沉积水体变浅；晚侏罗—早白垩世白龙冰河组至雪山组一段SQ_7层序缺失陆棚边缘体系域（SMST），高位体系域（HST）不发育，海侵体系域（TST）较发育，表明该时期处于一个长期的海侵期，海平面上升，沉积物沉积速度小于海平面上升速度，沉积水体变深，本期海侵与前一海侵期间仅经历一短暂的海退期，可以说是前一海侵期的延续；晚侏罗—早白垩世雪山组二段SQ_8层序陆棚边缘体系域（SMST）和海侵体系域（TST）均不发育，高位体系域（HST）发育，表明该时期海平面变化上升时限短暂，沉积物沉积速度大于海平面上升速度，总体上处于海退期，但沉积水体变深幅度不大，沉积环境较稳定，多处于三角洲前缘背景；晚侏罗—早白垩世雪山组二段 SQ_9 层序缺失陆棚边缘体系域（SMST），海侵体系域（TST）均不发育，高位体系域（HST）发育，表明该时期海平面变化上升时限短暂，沉积物沉积速度大于海平面上升速度，总体上处于海退期，本期海退与前期海退期间仅经历一短暂的海进期，可以说是前一海退期的延续。

综上所述，测区中上侏罗世至早白垩世可识别出 6 幕海侵事件，其中晚侏罗—早白垩世白龙冰河组至雪山组一段 SQ_7 层序中的海侵事件是前几幕海侵事件的延续，中侏罗夏里组 SQ_4 层序和晚侏罗—早白垩世雪山组二段 SQ_9 层序中的海侵事件是海退期间经历的短暂海侵事件，因此，测区中—晚侏罗世至早白垩世大的海侵事件有两幕，即巴通期和牛津期，它与全球海平面变化是同步的。

三、层序时空格架及沉积演化

（一）层序地层等时格架建立的依据

建立层序地层的等时格架主要是通过层序界面、初始海侵面和最大海泛面等 3 个关键界面的确认、综合标定辅以体系域的空间叠置关系，可以实现层序地层格架的建立。

层序地层的等时格架，除了上述 3 个关键界面外，沉积体系域也是重要的因素。层序界面，只有通过界线上下的沉积体系域及其接触关系才能反映这个物理界面的存在，或通过层序界面以下高位体系域的顶面特征而表现出来的，因此从某种意义上来讲，确认沉积体系域的性质则是另一关键因素，它们都是建立层序地层等时格架的辅助界面。

（二）三级层序时空格架

1. 晚三叠世层序时空格架

羌塘区晚三叠世地层格架由 3 个三级层序组成，由于地层剖面在沉积盆地中所处的位置不同，层序界面的等时性价值各不相同，在南北方向上，各层序单元内部沉积岩石组合，沉积相都有一定的相似性和差异性（图 2-3-4）。

（1）三级层序 SQ_1

该层序仅在江爱达日那剖面上土门格拉群下部可见，且发育完整，以北区域均未见及，该剖面上发育 LST、TST 和 HST，底界面为 I 类层序界面，对应于 T_3 与 T_2 的地层假整合接触界面。LST 由三角洲分支河道亚相复成分砾岩—前缘砂体亚相组成；TST 由泻湖低能亚相的泥页岩夹煤线构成；HST 由三角洲前缘亚相席状砂体构成。

（2）三级层序 SQ_2

该层序在江爱达日那剖面上土门格拉群中发育完整，以北区域如沃若山、菊花山、甜水河、藏夏河、多色梁子（湾湾梁）等区只见及该层序的部分 HST。江爱达日那剖面上该层序底界面为 II 类层序界面，TST 为碳酸盐缓坡相或局限台地相薄—中层状泥晶灰岩构成。HST 在区域内相变较大，江爱达日那剖面上为碳酸盐缓坡相或低能台地相的砾屑灰岩组成，在沃若山为三角洲平原相细碎屑岩，顶部夹煤线，菊花山与甜水河一带由碳酸盐缓坡相—礁滩相泥晶灰岩、礁灰岩、生物屑灰岩组成，而在盆地北侧藏夏河—多色梁子—岗盖日一带则为斜坡—外陆棚相一套复理石沉积。

（3）三级层序 SQ_3

该层序在区域内较发育，但总体沉积环境差异较大，底界面性质也有差别。江爱达日那剖面上底界面为 II 类层序界面，TST 由陆棚背景相的泥页岩夹煤线构成，HST 由三角洲前缘—平原相砂泥岩组成；沃若山剖面上底界面为Ⅱ类层序界面，TST 由三角洲平原—前缘相细碎屑岩组成，HST 为三角洲平原相细碎屑岩，夹煤线，底部与上覆雀莫错组不整合接触；菊花山和甜水河一带，底界面为Ⅱ类层序界面，TST 与 HST 界限不清楚，均由碳酸盐缓坡相泥晶灰岩或泥灰岩组成，顶部与那底岗日组的砾岩

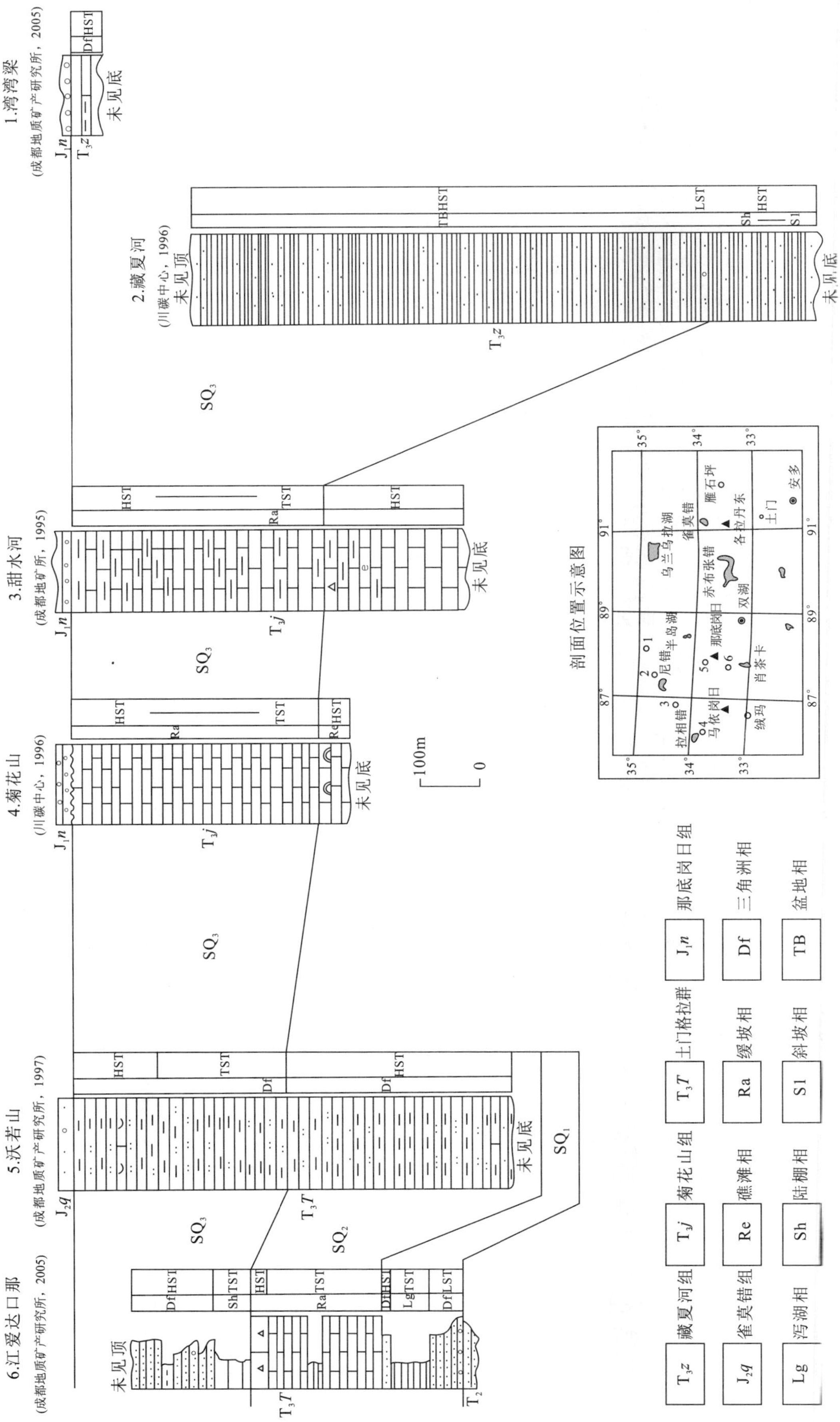

图2-3-4　测区及邻区晚三叠世三级层序地层对比图

假整合接触。藏夏河—多色梁子一带底界面为I类层序界面，发育LST，为深水浊积扇形成的低位楔，TST为一套深水复理石相砂泥岩沉积，HST为陆棚—三角洲相砂泥岩组成，顶部与那底岗日组的大套砾岩假整合接触。从该层序格架的沉积相变化来看，明显反映出水体北深南浅的沉积特征。

2. 侏罗纪层序时空格架

测区侏罗纪地层格架由6个三级层序组成，由于地层剖面在沉积盆地中所处的位置不同，层序界面的等时性价值各不相同，在南北方向上，各层序单元内部沉积岩石组合，沉积相都有一定的相似性和差异性（图2-3-5）。

（1）三级层序SQ_4

该层序位于布曲组，区域上底界面表现为岩相结构转换面，缺失SMST，初始海泛面与层序底界面重合，为一个II类层序界面。在那底岗日一带，TST由局限台地相泥晶灰岩、钙质泥岩组成，HST由浅滩相介壳灰岩、泥灰岩、钙质粉砂岩及泥晶灰岩组成；测区长水河TST由局限台地相泥晶灰岩及少量含生屑泥晶灰岩组成，HST由浅滩或局限台地相生物礁灰岩、生物屑灰岩、泥晶灰岩组成。

可以看出，在长水河一带，该层序主体为局限台地相及浅滩相碳酸盐岩沉积，沉积厚度大，向南至河湾山及那底岗日，该层序主体为浅滩相碳酸盐岩及碎屑岩沉积，沉积水体变浅，沉积厚度变薄，说明当时沉降中心处于长水河区域。

（2）三级层序SQ_5

该层序由夏里组构成，以三角洲相为主体，底界面为一个II类层序界面。那底岗日一带，SMST由潮坪相粉砂质泥岩、钙质泥岩、泥质粉砂岩，泥灰岩、泥晶灰岩组成 ，夹石膏，TST由潮坪相生物碎屑灰岩、鲕粒灰岩、泥晶灰岩、钙质泥岩、泥质粉砂岩组成，HST下部为潮坪相泥岩、灰岩、砂岩夹石膏，上部为三角洲前缘相粉—细砂岩、含砾粗砂岩；河湾山一带SMST由三角洲前缘相粉—细砂岩组成，TST由前三角洲相泥质灰岩、生物碎屑灰岩、钙质泥岩及细砂岩组成，HST由三角洲前缘相粉砂岩、泥质灰岩组成；测区长水河SMST由前三角洲相泥页岩及粉砂岩、细砂岩组成，TST由局限台地相纹层状灰岩、生物碎屑灰岩和泥岩组成，HST由三角洲前缘相粉—细砂岩、泥岩、泥灰岩组成。

该层序由北向南有水体变浅、沉积物颗粒变粗的趋势。

（3）三级层序SQ_6

该层序由索瓦组及白龙冰河组下部地层组成，底界面区域上具等时性，与索瓦组和夏里组地层界面重合，表现为岩相结构转换面，为一个II类层序界面。区域上那底岗日一带缺失SMST，初始海泛面与层序底界面重合，该层序为索瓦组潮坪相泥质灰岩、泥灰岩、钙质粉砂岩、介壳灰岩、泥质灰岩、泥晶灰岩、泥灰岩，TST与HST界线不明显；在半岛湖、长水河一带，SMST为索瓦组下部的浅滩相生物礁灰岩、介壳灰岩和砂屑灰岩，TST为索瓦组中部的局限台地相泥晶灰岩、泥质灰岩、砂屑灰岩、细砂岩、泥岩、生物碎屑灰岩，HST为索瓦组上部及白龙冰河组下部的浅滩相生物砂屑灰岩、介壳灰岩、砂屑灰岩、泥灰岩、泥岩、细砂岩及前三角洲相泥岩、粉砂质泥岩、岩屑细砂岩、粉砂岩。

可以看出，在半岛湖—长水河一带，该层序主体为局限台地相碳酸盐岩沉积，沉积厚度大，向南至那底岗日，该层序主体为潮坪相碳酸盐岩及碎屑岩沉积，沉积水体变浅，沉积厚度变薄，TST与HST界线不明显，说明当时沉降中心处于半岛湖—长水河区域。

（4）三级层序SQ_7

该层序由白龙冰河组上部及雪山组下部地层组成，底界面区域上具等时性，在白龙冰河组下部，表现为岩相结构转换面，缺失SMST，初始海泛面与层序底界面重合，为一个II类层序界面。在那底岗日一带，TST为白龙冰河组泻湖相的泥质灰岩、泥灰岩构成，HST为雪山组三角洲前缘相粉砂岩、细砂岩、泥岩组成；在半岛湖一带，TST为白龙冰河组上部局限台地相泥质灰岩、泥质 灰岩、生物碎屑灰岩及细砂岩组成，HST为雪山组一段三角洲前缘相细砂岩、泥岩组成；在长水河—长湖一带，TST为白龙冰河组中上部浅滩相生物碎屑灰岩、生物礁灰岩、岩屑细砂岩及台地相粉砂岩、泥岩、泥晶灰岩、生物碎屑灰岩、砂屑灰岩组成，HST为雪山组一段前三角洲底积—远砂坝充填形成的中粒长石石英砂岩、粉砂岩、细砾岩、泥岩组成。

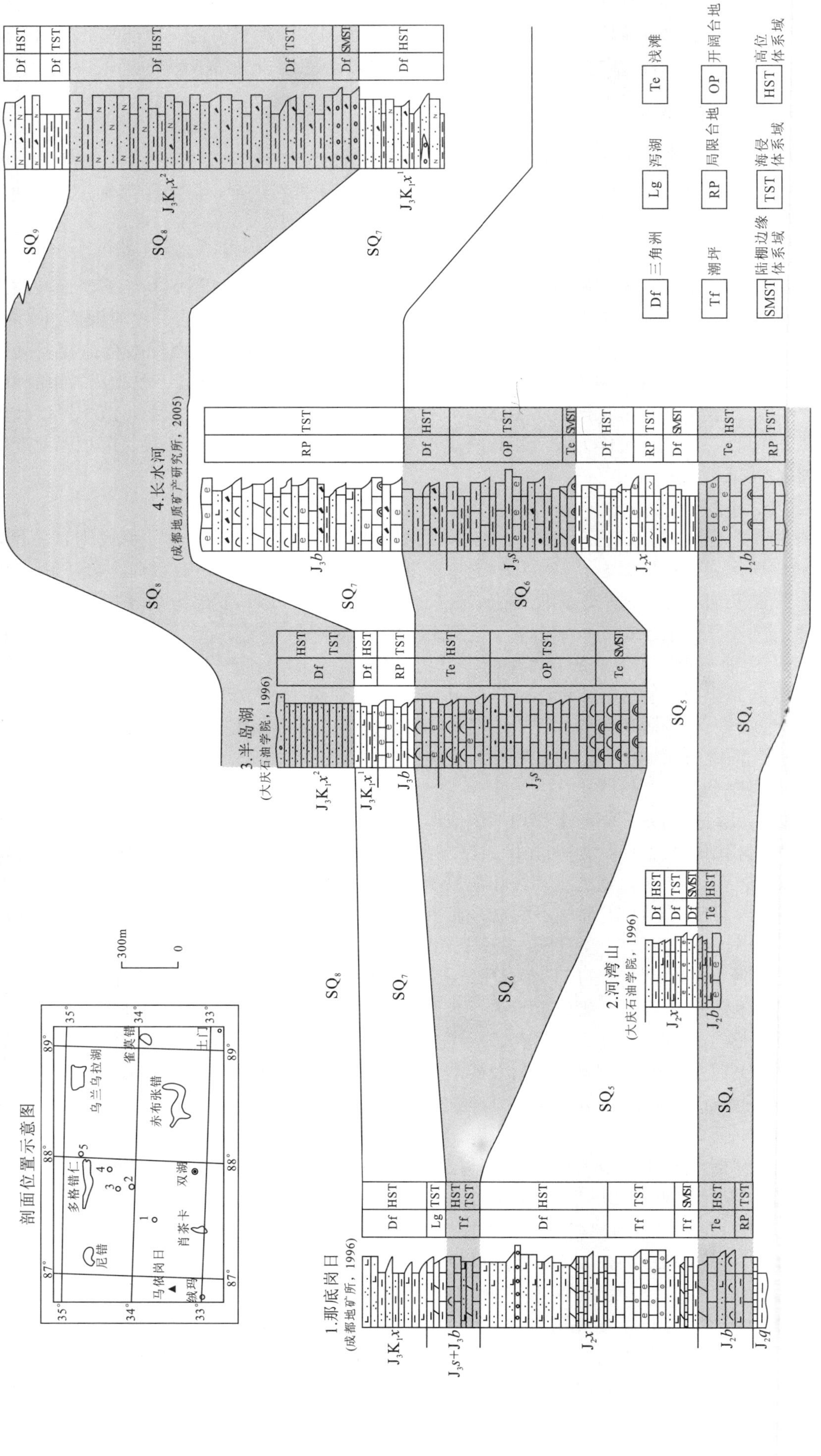

图2-3-5　测区侏罗—白垩系三级层序地层对比图

可以看出，在半岛湖和长水河一带，该层序主体为台地相碳酸盐岩沉积，沉积厚度大，向南至那底岗日，该层序主体为三角洲相碎屑岩沉积，沉积水体变浅，碎屑颗粒变粗，沉积厚度变薄，说明当时沉降中心处于半岛湖—长水河区域。

（5）三级层序 SQ_8

该层序由雪山组二段中下部地层组成，为一个II类层序界面，表现为岩相结构转换面。区域上那底岗日缺失该层，半岛湖缺失SMST，初始海泛面与层序底界面重合，由三角洲前缘相细砂岩组成，长湖发育完整，SMST由三角洲平原相泥岩、细粒岩屑石英砂岩、含砾岩屑砂岩及细砾岩组成，TST由三角洲前缘相泥岩、粉砂岩、细粒岩屑石英砂岩、长石石英砂岩组成，HST由三角洲前缘相细粒岩屑石英砂岩、细—中粒长石石英砂岩、泥岩组成。

该层序仅在长湖发育完整，该层序主体为三角洲前缘相泥岩、粉砂岩、细砂岩，沉积厚度大；向南至半岛湖，该层序主体为三角洲前缘相细砂岩，含砾粗砂岩组成，沉积水体变浅，碎屑颗粒变粗，沉积厚度薄；继续向南，厚度逐渐减小，在那底岗日未发育，推断其沉降中心应该在长湖一带，厚度可达千米以上。

（6）三级层序 SQ_9

该层序由雪山组二段上部地层组成，仅在长湖一带见及，底界面为II类层序界面，表现为岩相结构转换面。TST由前三角洲相泥岩、粉砂质泥岩、细粒岩屑长石砂岩组成，HST由三角洲前缘相细粒岩屑长石砂岩、粉砂岩、泥岩组成。

该层序仅在长湖一带见及，向南，那底岗日、半岛湖未发育，推断其沉降中心应该在长湖一带，说明长湖一带在该时期尚处于海相环境，其他地区地壳上升，已成为陆地。

（三）沉积演化阶段划分

中生代北羌塘盆地的沉积演化从构造演化角度出发可以划分为3个阶段：弧后盆地沉积演化阶段、前陆盆地发育阶段和前陆盆地萎缩阶段。

1. 弧后盆地沉积演化阶段

在北羌塘地区，由于受到昆仑地块向南碰撞造山和南羌塘陆块向北碰撞造山的双重影响，导致北羌塘陆块南北两侧中酸性火山岛弧发育，以岛弧或弧后复理石盆地沉积为特征。

晚三叠世盆地的沉降中心进一步向南迁移，前渊带位于藏夏河、明镜湖、岗盖日一带，形成深水复理石沉积；沃若山、江爱达日那一带为隆起区，发育含煤碎屑岩系沉积建造；而在盆地中南部发育缓坡相碳酸盐岩沉积建造。

早侏罗世作为滞留弧的中酸性火山岩和火山碎屑岩特别发育，并且有岩浆侵位构造。土阿辛晚期结束了岛弧或弧后盆地演化阶段。

2. 前陆盆地发育阶段

该阶段自中侏罗世巴通期至晚侏罗世基末里期。整个区内发生了相对稳定的均匀沉降作用，盆地内发生了两次明显的海侵，形成中、晚侏罗世三砂夹两灰的沉积结构，以半岛湖—长水河一带为中心，整体上呈南北浅中部深的向形结构，总沉积厚度巨大。

3. 前陆盆地萎缩阶段

该阶段发生在晚侏罗世提塘期—早白垩世贝利阿斯期。提塘期，随着班公湖—怒江洋盆关闭，羌塘盆地南部迅速抬升，在北羌塘盆地中西部形成一个向北西开口的海湾环境，沉积河流—三角洲相紫红色碎屑。大约在贝利阿斯期末，海水退出羌塘地区，结束中生代海相盆地的演化历史。

第四节　几个地层的时代讨论

1. 若拉岗日岩群及藏夏河组的时代

在测区西北角的白头山及东北部的岗盖日、狮头山等地，发育一条呈近东西向分布的晚三叠世砂泥质复理石（多已发生轻度变质，局部已达中等程度变质）、洋岛、岛弧型火山岩、大理岩及一条灰、灰绿色泥质页岩与黄灰色、灰色中层状中细粒砂岩不等厚互层的深水复理石沉积，两者间均为断层接触。西藏区调队进行 1：100 万改则幅区调（1986）时，将其命名为若拉岗日群和肖茶卡组。朱同兴等（2005）通过对晚三叠世北羌塘地区地层展布、充填序列与沉积型式等系统研究，将前者划入若拉岗日岩群；后者创名为藏夏河组。

测区上三叠统若拉岗日岩群、藏夏河组出露较少，两者间均为断层接触。前人在若拉岗日群大理岩中发现晚三叠世诺利期牙形石 *Epigondollella* 动物群；本次在岗盖日藏夏河组发现植物：*Equisetites* sp.，*E.* cf. *takahashi* Konno，*Podozamites* sp.，泥岩中发现孢粉：*Taeniaesporites noviaulensis*，*Apiculatasporites* sp. *Cadargasporites granulatus*，*Psophosphaera*，*Cadargasporites granulatus*；本次区调还在冬布勒山若拉岗日岩群大理岩中发现一鱼牙，此类型标本在滇西常和 T_3 的牙形石相伴生；在冬布勒山藏夏河组灰岩中发现介形虫：*Sulcocythere Subovata*（Zheng），此种介形虫在四川盆地见于上三叠统须家河组。

上述生物组合总体反映了晚三叠世特征，并以诺利期为突出，但不能排除有瑞替期存在的可能。据此，确定若拉岗日岩群、藏夏河组的地层时代为晚三叠世。

由于若拉岗日岩群、藏夏河组两者间为断层接触，暂无同位素年龄数据支持，仅以目前发现的少量化石尚难以确定其时代先后。因此，我们暂时认为前者属若拉岗日岛弧相沉积，后者属深水复理石盆地相沉积，两者为同时异相沉积物。

2. 白龙冰河组的时代

白龙冰河组由西藏区调队（1986）创建，指整合于雁石坪群上砂岩组之上一套碳酸盐岩和碎屑岩组合的地层体，以含丰富菊石为特征，时代归属晚侏罗世。西藏自治区区域地质志（1993）和西藏自治区岩石地层（1997）沿用白龙冰河组这一名称和含义。川碳中心和成都环资所（1996）通过进一步工作后，未采用白龙冰河组一名，而将其所包含的地层作为索瓦组另一沉积组合类型，将其分为上、下两段，下段以比较单一的碳酸盐岩为特征，上段为碳酸盐与碎屑岩的不等厚互层。含双壳类、腕足类和菊石等生物群，整合于夏里组之上，时代归属晚侏罗世牛津—基末里期。西藏地矿局（1997）在《西藏自治区岩石地层》中，废去了白龙冰河组一名，将其所属地层体纳入雁石坪群上灰岩组中。方德庆、梁定益（2000）重新起用了白龙冰河组一名，但修订了建组时含义，只代表成都环资所（1996）索瓦组上段所指部分，认为其主体部分时限为基末里—提塘期，顶部可能跨入早白垩世。赵政璋等（2001）在《青藏高原地层》中也用了白龙冰河组一名，但对其含义似乎显得比较模糊，在岩石地层序列及对比表中，将白龙冰河组与夏里组—雪山组对比，但在该书的文字叙述中既谈到白龙冰河组与夏里组连续过渡，又说白龙冰河组与索瓦组岩性界线难于确定，同时又认为白龙冰河组与雪山组为同时异相产物（见《青藏高原地层》P139）。

本次通过对图区的进一步工作，结合前人在羌塘盆地西区所取得的成果，发现图区上侏罗统三分性明显，野外填图过程中可作为 3 个正式填图单位，这就是人们熟知的索瓦组下段、上段和雪山组。据此，我们对原索瓦组和白龙冰河组的含义做了修订，将原索瓦组下段的一套以碳酸盐岩为主，夹少量细碎屑岩的岩石组合称索瓦组，代表以晚侏罗世牛津期为主跨基末里期的地层体；将原索瓦组上段富含菊石 *Blanfordiceras*，*Virgatosphinctes*，*Aulacosphinctes*，*Aulacosphinctoides* 的一套碳酸盐岩和细碎屑岩互层沉积的岩石组合，称白龙冰河组，代表基末里期—提塘期的地层体。

3. 雪山组时代问题

雪山组一名自蒋忠惕（1983）正式公布以来，对其时代归属存在较大分歧：晚侏罗世、早白垩世以及晚侏罗世—早白垩世等。但各家对其整合于雁石坪群上灰岩组（索瓦组或新定义的白龙冰河组）之上的认识是基本一致，认为雪山组是一套紫红色碎屑岩为特征的地层体，位于雁石坪群最顶部的一个岩石地层单位。

经本次区调工作以后，我们认为测区雪山组时代应为晚侏罗世—早白垩世，主要理由是：

青海区调队曾在雁石坪地区雪山组中采到提塘期双壳类：*Laevitrigonia gibbesa* Sowerby，*Cypricardia* cf. *loweana*，*Myopholas multicostata*，同时还在雀莫错剖面雪山组采到双壳类：*Peregrinoconcha yunnanensis*，*Peregrinoconcha perlonga*，*Pleuronya* sp.，*Protocardia* sp.，*Questedtia* sp. 等晚侏罗世海生双壳类动物群。在羌塘盆地西区雪山组地层的下部采获双壳类：*Astartespitiensis*（黑虎岭幅）和大量孢粉（那底岗日剖面），在孢粉组合中 *Lygodiumspoite* 属的发现，突出的展示了其地质时代属晚侏罗世。

本次我们在多格错仁以北的长湖地区实测了雪山组地层剖面。雪山组整合于白龙冰河组之上，可以分为杂色泥岩段和紫红色砂岩段。砂岩中普遍发育波痕、交错层理、具向上变粗的沉积序列。方德庆等（2002）在多格错仁以北长湖雪山组剖面和半岛湖东北雪山组剖面采集的 4 个砂岩样品进行 ESR 法年龄测定，雪山组下部两个样品的平均年龄为 103.5Ma，上部两个样品的平均年龄为 93Ma，表明其地质时代为早白垩世。

综上所述，羌塘盆地雪山组整合于索瓦组和白龙冰河组之上，含晚侏罗世双壳类动物群，砂岩样品 ESR 法年龄在早白垩世，因此雪山组的地质时代应属晚侏罗世—早白垩世。雪山组是羌塘盆地结束海相沉积历史的海退沉积岩系，是羌塘盆地最高的海相层位。

4. 石坪顶组的时代

测区西北部及南部广泛出露一套钙碱性-碱性高钾火山岩，西藏区调队（1986）将其创名为石坪顶组，时代定至上新世。前人对这套钙碱性-碱性高钾火山岩曾作过不少 K－Ar 法同位素年龄值测定，其年龄值大多落在始新世—渐新世。成都环资所（1997）在图幅南部跃进拉曾采获 K－Ar 法同位素年龄值为 32.6±0.8Ma 和 33.9±0.8Ma。

本次区调对测区火山岩进行了系统采样和研究，对原石坪顶组进行了分解，认为测区火山岩分为两期，其理由如下：

在图幅南部及北部，发育一套钙碱性-碱性高钾火山岩，喷发不整合于唢呐湖组或更老地层之上，岩性主要为安山岩、粗安岩、粗面岩、玄武粗安岩、黑云安山岩、英安岩，K－Ar 法同位素年龄值为 326～434ka；在图幅西北部沙窝滩及中南部洪玉泉，发育一套以碱性为主，钙碱性为辅的中酸性火山岩，喷发不整合于前期火山岩或更老地层之上，岩性主要为安山岩、辉石安山岩、粗安岩，少量粗面岩、粗安质凝灰岩、英安岩、流纹岩，K－Ar 法同位素年龄值为 723～106ka，Ar－Ar 法同位素年龄值为 25～32ka。据此，我们将测区火山岩系进行了分解，将前者厘定为鱼鳞山组，时代归入古近纪始新世—渐新世；将后者采用原名石坪顶组，时代归入新近系中、上新世。

第三章　岩浆岩

测区岩浆岩较发育，以大面积分布的火山岩为主，侵入岩及脉岩极少，展布面积约 2 500km²，占测区总面积的 16%。侵入岩主要为酸性岩类，少量超基性岩；侵入活动时期主要为喜山早期，燕山晚期及印支期次之。火山岩以新生代中酸性熔岩为主，火山碎屑岩极少，广泛分布于测区沙窝滩、东月湖、波涛湖、跃进拉等地，呈大面积熔岩被或熔岩台地、熔岩锥形式产出，分别构成古近系鱼鳞山组和新近系石坪顶组；中生代变质中基性火山岩，主要赋存于图区上三叠统若拉岗日岩群中，其中熔岩与火山碎屑岩各占一半。

第一节　侵入岩

测区侵入岩主要有两类：酸性侵入岩和超镁铁质岩，是本次区调新发现的岩体。大庆石油学院（1996）在进行 1∶10 万石油地质调查时曾于测区西南图边发现极少量中酸性浅成侵入岩体。根据侵入岩空间分布及区域大地构造背景，以白头山—岗盖日—狮头山断裂为界，将测区侵入岩划分为南、北两个构造岩浆岩带（图 3-1-1）：北部若拉岗日构造岩浆岩带，见有少量花岗闪长岩及超镁铁质岩；南侧北羌塘构造岩浆岩带，出露小面积二长花岗岩体。

一、酸性侵入岩

（一）若拉岗日构造岩浆岩带

1. 地质特征

该带酸性侵入岩见于测区北部白头山，岩石类型为花岗闪长岩，呈孤立小岩株侵入于若拉岗日岩群（T_3R）变质火山岩地层之中（图 3-1-2），面积不足 0.5km²。

2. 岩石学特征

花岗闪长岩：灰—浅灰色，细粒花岗结构，块状构造。岩石主要由斜长石（45%）、石英（35%）、钾长石（5%）、黑云母（15%）等矿物组成。副矿物中磷灰石、锆石少量。斜长石半自形，主要为中长石，普遍具环带结构，并具绢云母化蚀变；石英呈他形粒状，分布于斜长石粒间，呈齿状镶嵌，有时包裹斜长石，显波状消光；钾长石他形，呈大变斑晶，似基底胶结物包裹交代上述两种矿物，使被包裹矿物边缘发生熔蚀。暗色矿物黑云母呈半自形，多沿斜长石粒边及裂隙生长，结晶明显晚于斜长石，并见磷灰石及锆石包体。副矿物磷灰石自形，较锆石多，在黑云母及斜长石中均可见到。

3. 岩石化学特征

该酸性侵入岩的岩石化学成分、CIPW 标准矿物含量及有关岩石化学指数见表 3-1-1，表 3-1-2。

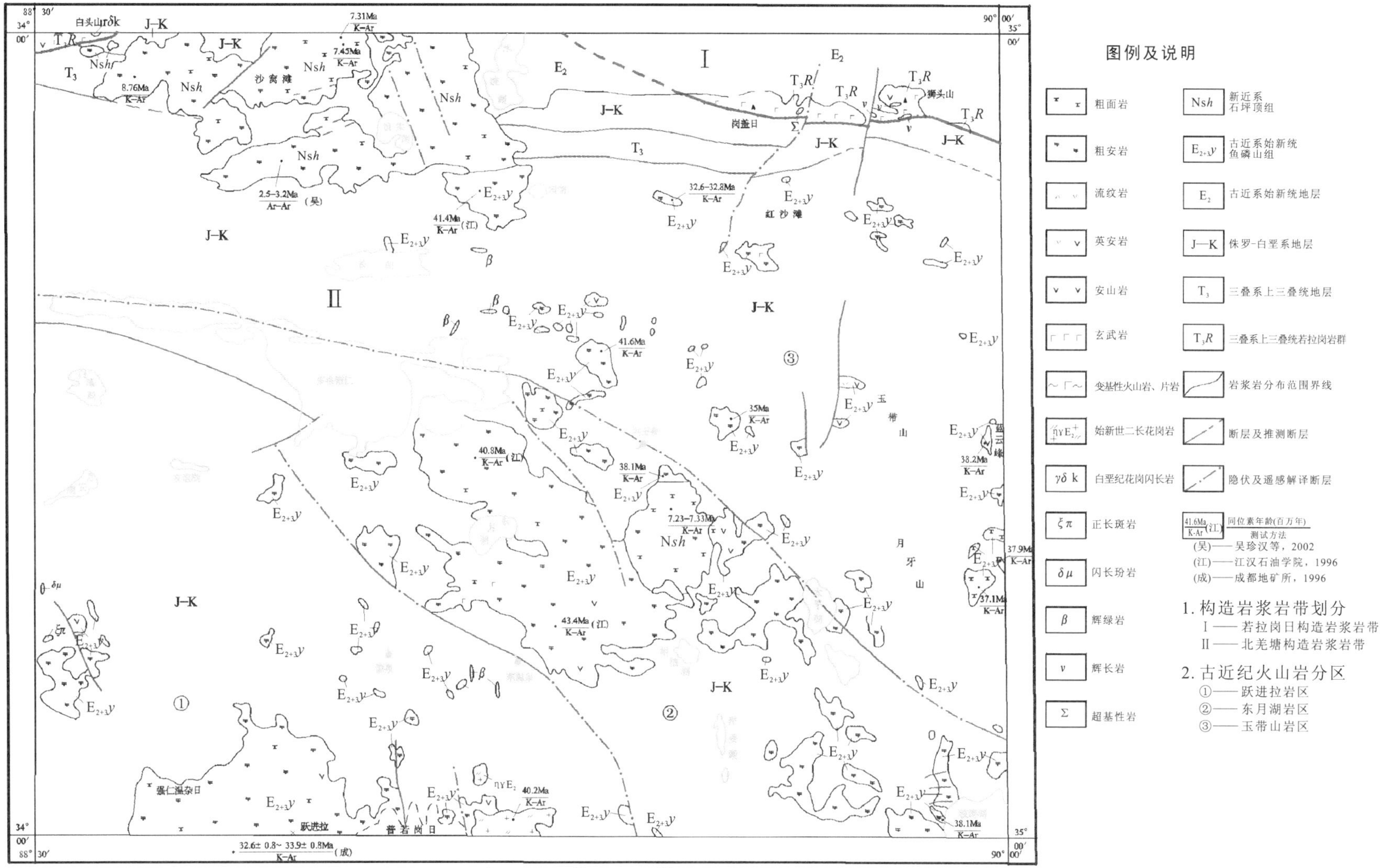

图3-1-1　测区岩浆岩分布图

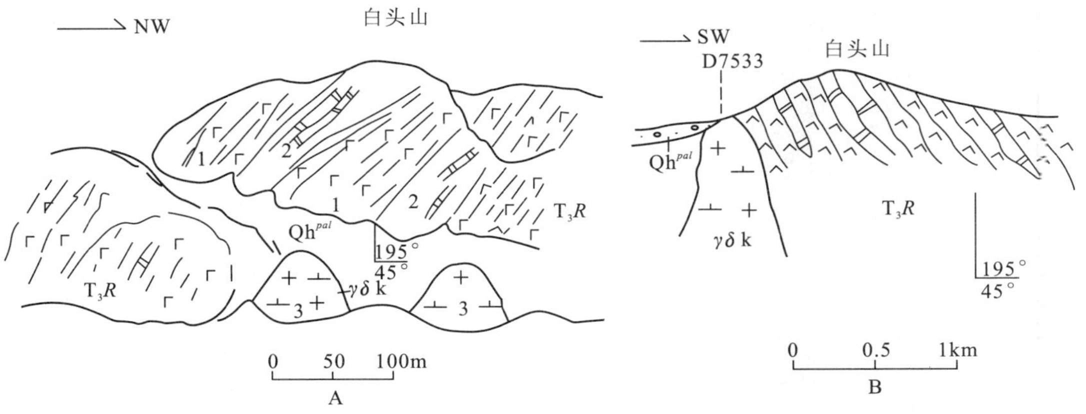

图 3-1-2　白头山地区花岗闪长岩与围岩侵入产出关系

A-宏观露头；B-剖面示意

1-片理化玄武岩；2-大理岩；3-白垩纪花岗闪长岩（γδk）

T_3R——若拉岗日岩群；Qh^{pal}——全新统冲洪积；D7533——地质点号

表 3-1-1　中酸性侵入岩岩石化学分析结果

序号	样号	产地	岩石名称	氧化物原始重量（%）												
				SiO_2	TiO_2	Al_2O_3	Fe_2O_3	FeO	MnO	MgO	CaO	Na_2O	K_2O	P_2O_5	Loss	Σ
1	D7533GS1	白头山	花岗闪长岩	67. 00	0. 58	15. 60	2. 56	1. 70	0. 04	1. 62	1. 90	3. 60	2. 91	0. 16	2. 55	100. 22
2	D4096GS1	普若岗日	二长花岗岩	67. 52	0. 60	14. 33	2. 43	0. 93	0. 08	2. 33	3. 21	2. 84	4. 14	0. 13	1. 50	100. 04
3	中国平均值（黎彤，1962）		酸性岩	70. 40	0. 31	14. 48	1. 38	1. 77	0. 08	0. 94	1. 93	3. 77	3. 79	0. 18	0. 97	100. 00

表 3-1-2　中酸性侵入岩 CIPW 标准矿物及特征参数计算值

序号	Ap	Il	Mt	Or	Ab	An	C	Di	Hy	Q	Σ	K_2O+Na_2O+CaO	Al_2O_3	K_2O+Na_2O	δ	AR	SI	DI
	体积（%）											（分子数）						
1	0. 35	1. 1	2. 42	17. 14	30. 38	8. 49	3. 42	0	6. 35	27. 74	97. 39	123	153	89	1. 77	2. 18	13. 11	75
2	0. 28	1. 14	1. 96	24. 47	24. 03	14. 1	0	0. 84	6. 93	24. 63	98. 38	147	141	90	1. 99	2. 32	18. 39	73
3	0. 39	0. 59	2. 02	22. 52	32. 07	6. 54	1. 81	0. 00	4. 13	29. 19	99. 99	135	142	101	2. 08	2. 71	8. 07	84

注：序号含义同表 3-1-1。

从表中可以看出，其岩石化学成分具有以下特征：

（1）白头山花岗闪长岩 SiO_2 含量为 67.00%，属酸性岩类，略低于中国酸性岩类平均值（70.40%）（黎彤，1962）；Al_2O_3 含量为 15.60%，略高于中国酸性岩类平均值（14.48%）。Al_2O_3 >（K_2O+Na_2O+CaO）（分子数），属 SiO_2 过饱和的铝过饱和岩类。其 CIPW 标准矿物组合主要为：Or+Ab+An+Q+Hy，少量 Mt、Ap、Il 等，在深成岩 QAP 命名图解中（图 3-1-3）落入二长花岗岩区。

（2）花岗闪长岩的里特曼指数 $\delta=1.77<3.3$，属钙碱性岩。赖特碱度率 AR=2.18，在 SiO_2-AR 图上（图 3-1-4）落入钙碱性系列岩区。（Na_2O+K_2O）/ Al_2O_3 比值为 0.58<0.9，在 Na_2O+K_2O-Al_2O_3 图上（图 3-1-5），也落入钙碱性岩区（CA）。其分异指数 DI=75，分异程度较高。固结指数 SI=13.11，酸性程度较高。

（3）白头山花岗闪长岩富钠、贫钾，其 Na_2O>K_2O。这一特点可能反映了该岩体与围岩（若拉岗日岩群）的富钠玄武安山岩有一定成因联系，表明白头山花岗闪长岩侵位时可能处于特殊的岛弧构造环境，岩浆形成受控于某岛弧火山岩浆的进一步演化，两者可能属同一岩浆源的产物。

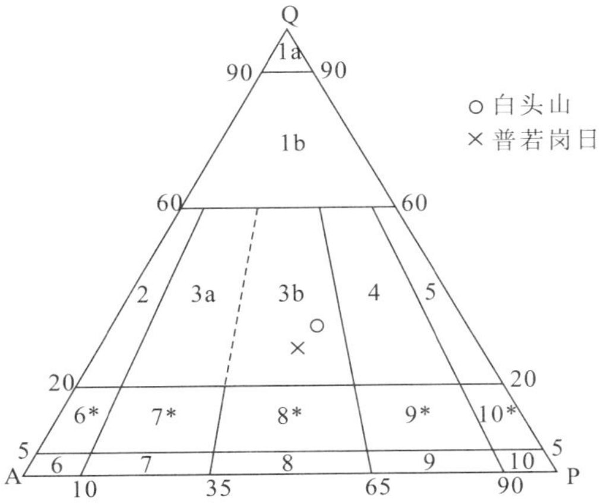

图 3-1-3 深成岩 QAP 分类命名图解

(after Streckeisen，1973，Maitre，1989)

1a-硅英岩；1b-富石英花岗岩类；2-碱长花岗岩；3a-花岗岩（钾长花岗岩）；3b-花岗岩（二长花岗岩）；4-花岗闪长岩；5-英云闪长岩；6*-石英碱性正长岩；6-碱性长石正长岩；7*-石英正长岩；7-正长岩；8*-石英二长岩；8-二长岩；9*-石英二长闪长岩、石英二长辉长岩；9-二长闪长岩、二长辉岩；10*-石英闪长岩、石英辉长岩、石英斜长岩；10-闪长岩、辉长岩、斜长岩

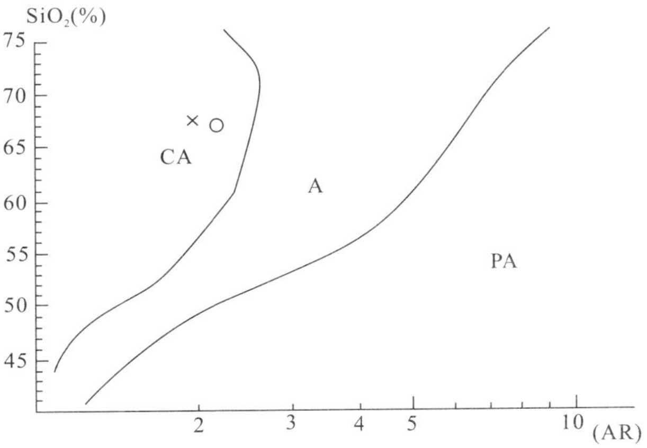

图 3-1-4 火成岩碱度率图解

(after J. B. Wright，1969)

CA-钙碱性；A-碱性；PA-过碱性

○-白头山；×-普若岗日

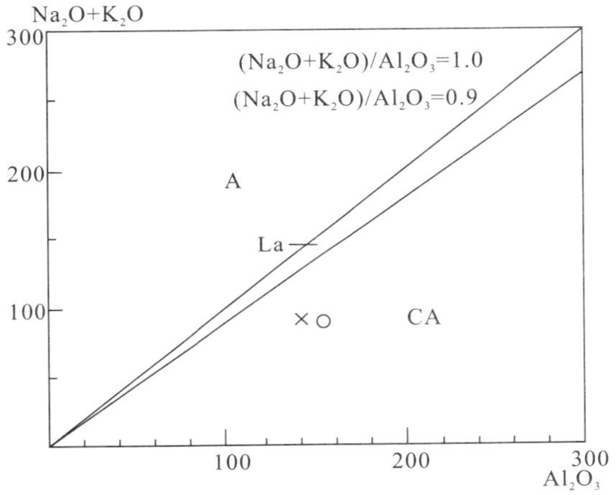

图 3-1-5 花岗岩碱性程度判别图解

(据洪大卫 1987 表改编)

A-碱性；La-偏碱性；CA-钙性

○-白头山；×-普若岗日

4. 微量元素特征

测区酸性侵入岩的微量元素含量见表 3-1-3，其特点是：

表 3-1-3 酸性侵入岩微量元素分析数据（$\times10^{-6}$）

样品	Cs	Rb	Sr	Ba	Ga	Nb	Ta	Zr	Hf	Th	V	Cr	Co	Ni	Be	Li	Sc	U
D7533GP1（白头山）	12.4	118	255	942	20.5	12.6	1.00	223	5.40	16.6	60.1	18.9	21.3	8.78	2.52	23.4	11.2	1.6
D4096GP1（普若岗日）	12.0	220	846	1 291	20.0	19.7	1.67	276	6.65	46.5	55.9	75.8	15.6	44.4	4.46	44.8	6.95	3.2
世界花岗岩（维氏，1962）	5	200	300	830	20	20	3.5	200	1	18	40	25	5	8	5.5	40	3	3.5

注：样品由中国地质科学院地质研究所分析测试。

（1）与世界花岗岩的微量元素丰度值（维氏，1962）比较，白头山花岗闪长岩富大离子亲石元素 Cs、Ba，而贫 Rb、Sr；放射性生热元素 Th、U 略低；非活动性元素 Zr、Hf 略高而 Nb、Ta、V 较低；

过渡族元素 Co、Ni 略高而 Cr 较低。

（2）白头山花岗闪长岩主要微量元素的比值蛛网图表现为右倾的锯齿状（图 3-1-6、图 3-1-7）。从图中可以看出，花岗岩大离子亲石元素 K、Rb、Ba、轻稀土元素 La 及放射性元素 Th 相对富集，而非活动性元素 Nb、P、过渡族元素 Ti 及稀土元素 Sm、Y、Yb 亏损，与正常大陆弧花岗岩微量元素配分型式类似，显示具造山花岗岩特点，且岩浆物质来源于上地壳。

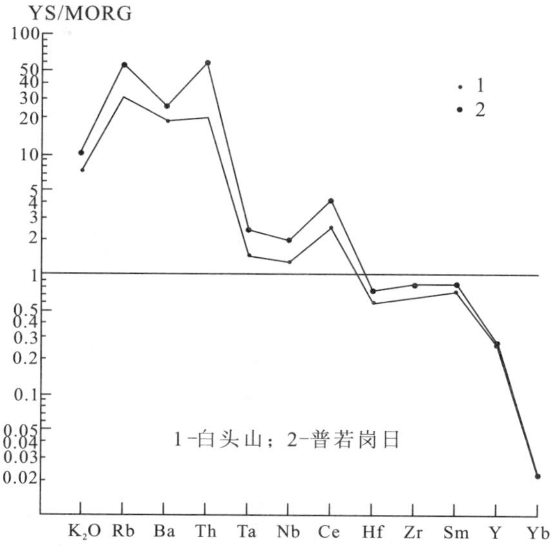

图 3-1-6　酸性侵入岩微量元素/洋脊花岗岩标准化配分模式

（after Pearce，1984）

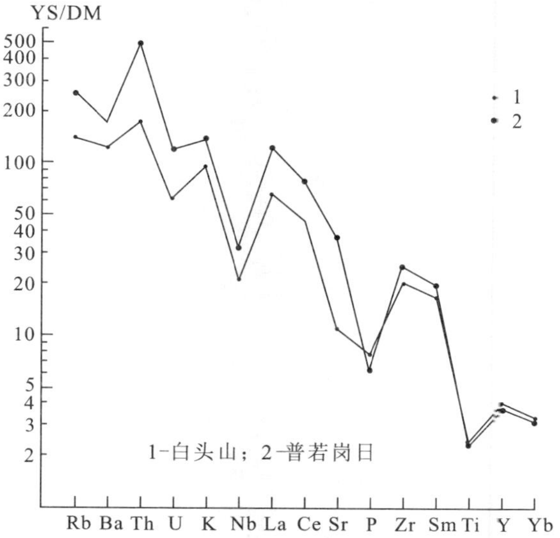

图 3-1-7　酸性侵入岩微量元素/原始地幔标准化配分模式

（after Wood，1979）

（3）有人用 Nb/V 等比值来确定侵入岩剥蚀深度，认为花岗岩体深部 Nb/V 比值为零点几，而在剥蚀较浅的岩体中可达 4～5 以上。本区白头山花岗岩的 Nb/V 为 0.15，说明剥蚀较深。

5. 稀土元素特征

测区酸性侵入岩稀土元素分析、计算值见表 3-1-4、表 3-1-5。

表 3-1-4　酸性侵入岩稀土元素分析结果

序号	样号	产地	岩石名称	原始数据（$\times10^{-6}$）														
				La	Ce	Pr	Nd	Sm	Eu	Gd	Tb	Dy	Ho	Er	Tm	Yb	Lu	Y
1	D7533XT1	白头山	花岗闪长岩	47.1	87.2	10.4	36.9	6.63	1.43	6.3	0.81	3.88	0.71	2.38	0.28	1.83	0.27	19.5
2	D4096XT1	普若岗日	二长花岗岩	87.6	148	15.9	51.7	7.56	1.62	8.28	0.82	3.39	0.62	2.29	0.25	1.73	0.25	18.5
3	世界花岗岩（维氏，1962）			60	100	12	46	9	1.5	9	2.5		2	4	0.3	4	1	34

注：样品由中国地质科学院地质研究所分析测试。

表 3-1-5　酸性侵入岩稀土元素配分值及特征参数

序号	配　分　值（岩石/Leedy 球粒陨石）															稀土配分类型及成因参数				
	La	Ce	Pr	Nd	Sm	Eu	Gd	Tb	Dy	Ho	Er	Tm	Yb	Lu	Y	ΣREE（$\times10^{-6}$）	LR/HR	δEu	$(La/Yb)_N$	$(Ce/Yb)_N$
1	124.6	89.34	76.47	51.54	28.83	16.51	20.26	13.75	9.95	8	9.33	7.27	7.43	6.98	19.5	225.64	11.51	0.67	16.77	12.02
2	231.75	151.64	116.91	72.21	32.87	18.71	26.62	13.92	8.69	6.98	8.98	6.49	6.95	6.46	18.5	348.51	17.72	0.63	33.35	21.82
3	158.73	102.46	88.4	64.25	39.13	17.32	28.94	42.44		22.52	15.69	7.79	16.06	25.84	34	285.3	10.02	0.51	9.38	6.38

（1）白头山花岗闪长岩稀土总量 $\Sigma REE=225.64\times10^{-6}$，略低于世界花岗岩的稀土元素丰度值（维氏，1962）。泰勒（S. R. Taylor，1979）指出，后太古生代上部地壳 $\Sigma REE=183\times10^{-6}$，而下部壳 $\Sigma REE=54\times10^{-6}$，由此看来，测区北部花岗闪长岩岩体的稀土含量接近于上地壳。

（2）白头山花岗闪长岩具 Eu 的弱负异常，$\delta Eu=0.67$，属于 Eu 轻微亏损。Gd 和 Er 具微弱正异常。

（3）白头山花岗闪长岩稀土配分模式为轻稀土富集的右倾型（图 3-1-8），LREE/HREE＝11.51。从 $Ce_N/Yb_N=12.02$、$La_N/Yb_N=16.77$ 的比值及配分曲线形态看，其轻、重稀土分馏较明显。

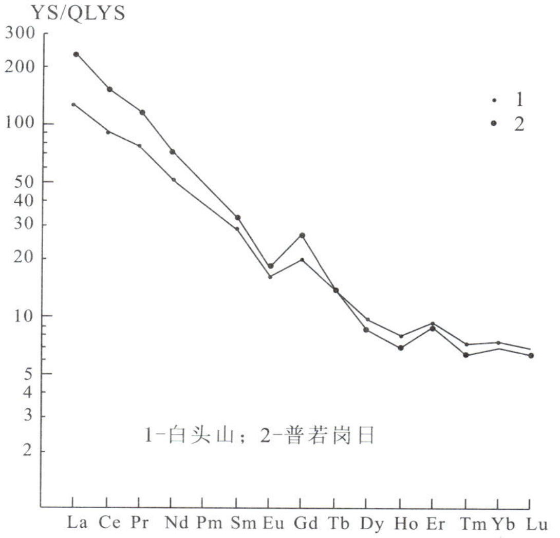

图 3-1-8　酸性侵入岩稀土元素/球粒陨石标准化配分模式

（after Coryell，1963）

（二）北羌塘构造岩浆岩带

1. 地质特征

该带酸性侵入岩见于测区南部普若岗日冰川东北缘。岩石类型为二长花岗岩，由 3 个大小不等的岩体组成。其中普若岗日岩体最大，出露面积近 50km²，其他两岩体较小。岩体呈岩株状侵入于上侏罗统海相沉积地层之中。

2. 岩石学特征

中细粒二长花岗岩：浅灰白色，中细粒花岗结构。岩石矿物主要由斜长石（35%）、碱性长石（33%）、石英（25%）及少量暗色矿物普通角闪石（3%）、黑云母（2%）等组成，并含锆石、磷灰石、磁铁矿等少量副矿物（1%）。其中斜长石相对较自形，主要为中长石，普遍显环带结构，具聚片双晶及轻微蚀变；碱性长石呈半自形，主要为条纹长石，呈不十分明显的显微条纹，条纹极不规则，具粘土化蚀变，常包裹并交代斜长石；石英呈他形粒状，分布充填于自形和半自形矿物之间，有明显交代熔蚀斜长石和钾长石现象。暗色矿物角闪石多与黑云母相伴，形态受长石限制，形成明显晚于浅色矿物；副矿物锆石、磷灰石自形，包于黑云母及长石中，磁铁矿半自形，总量约 1%。

3. 岩石化学特征

普若岗日二长花岗岩岩石化学成分、CIPW 标准矿物含量及有关岩石化学指数也列于表 3-1-1，表 3-1-2。其岩石化学成分具以下特征：

（1）普若岗日二长花岗岩 SiO_2 含量为 67.52%，与白头山花岗岩接近，表明两者岩石化学特征具一定相似性。二长花岗岩 SiO_2 及 Al_2O_3 含量均略低于中国酸性岩类相应平均值（70.40%，黎彤，1962），属酸性岩类；$(K_2O+Na_2O+CaO)>Al_2O_3>(K_2O+Na_2O)$（分子数），属 SiO_2 过饱和的正常系列岩类；其 CIPW 标准矿物组合主要为：Or+Ab+An+Q+Hy，少量 Mt、Ap、Il、Di，在深成岩 QAP 命名图解中（图 3-1-3）落入二长花岗岩区。

（2）普若岗日二长花岗岩里特曼指数 $\delta=1.99<3.3$，属钙碱性岩系。赖特碱度率 AR=2.32，在 SiO_2-AR 图上（图 3-1-4）落入钙碱性系列岩区。$(Na_2O+K_2O)/Al_2O_3$ 比值为 $0.64<0.9$，在 (Na_2O+K_2O)-Al_2O_3 图上（图 3-1-5），落入钙碱性岩区。分异指数 DI=73，固结指数 SI=18.39，表明岩浆分异程度及酸性程度均较高。

（3）二长花岗岩富钾、贫钠（$K_2O>Na_2O$），与北部白头山花岗岩（$Na_2O>K_2O$）相反，可能表明南、北两种酸性岩体所处的构造部位及形成环境不同，这与划分南、北两个构造岩浆岩带的实际情况基本吻合。

4. 微量元素特征

普若岗日二长花岗岩微量元素含量见表 3-1-3。

（1）与世界花岗岩的微量元素丰度值（维氏，1962）比较，普若岗日二长花岗岩明显富大离子亲石元素 Ba、Sr、Rb、Cs；放射性生热元素 Th 高而 U 略低；非活动性元素 Zr、Hf 高而 Nb、Ta、V 较低，与白头山花岗岩相近；过渡族元素 Cr、Co、Ni 均明显高。

（2）二长花岗岩主要微量元素的比值蛛网图与白头山花岗岩基本一致，仍为右倾的锯齿状（图 3-1-6、图 3-1-7），与正常大陆弧花岗岩的微量元素配分型式相似，显示"造山花岗岩"的特点，岩浆物质来源于上地壳。

（3）二长花岗岩 Nb/V 比值为 0.79，说明剥蚀仍较深，但相对白头山花岗岩剥蚀略浅。

5. 稀土元素特征

普若岗日二长花岗岩稀土元素分析、计算值见表 3-1-4、表 3-1-5。

（1）稀土总量 $\Sigma REE=348.51\times10^{-6}$，明显高于白头山花岗岩及世界花岗岩的稀土元素丰度值（维氏，1962），而与上地壳稀土元素含量接近。

（2）稀土配分模式与白头山花岗岩较一致，仍为轻稀土富集的右倾型（图 3-1-8）。LREE/HREE=17.72，$Ce_N/Yb_N=21.82$，$La_N/Yb_N=33.35$，轻重稀土分馏更明显。

（3）普若岗日二长花岗岩也具 Eu 的弱负异常，$\delta Eu=0.63$，属于 Eu 轻微亏损。Gd 及 Er 具微弱正异常。

6. 形成时代

普若岗日二长花岗岩岩石新鲜，矿物结晶程度较高，所采样品经宜昌地矿所测定，获得 K-Ar 同位素年龄值 40.2Ma，属始新世（E_2）。

（三）成因类型及形成环境探讨

对于花岗岩的成因类型，我国学者徐克勤教授（1965）最早分出陆壳改造型、壳幔同熔型及幔源分异型花岗岩。Chappell 等（1974）根据源岩性质划分为 I 型（火成岩重熔产物）和 S 型（沉积岩重熔产物）花岗岩。随后，Loiselle 等（1979）把花岗岩与构造环境结合起来，分为造山带 O 型花岗岩及非造山带 A 型花岗岩。Didier（1982）则进一步分为 C 型（壳型，包括 CI 及 CS 型）及 M 型（幔型及壳幔混合型）花岗岩。Pitcher（1983）等把花岗岩与板块构造联系起来，将花岗岩分为 4 种成因类型：①M 型（大洋岛弧斜长花岗岩）；②I 型，包括发育于活动大陆边缘的科迪勒拉型花岗岩（以英云闪长岩为主）及发育于造山运动晚期（碰撞后）隆起区的加里东型花岗岩（以花岗闪长岩—花岗岩为主）；③S 型（大陆板块碰撞带或克拉通地区韧性剪切带产物，多为铝过饱和的二云母花岗岩）；④A 型（非造山或造山后隆起区及裂谷带，主要为与张性断裂有关的碱性花岗岩）。Pearce（1984）则用微量-稀土元素 Rb、Y、Nb、Yb、Ta 定量判别花岗岩的构造环境，将花岗岩分为洋中脊花岗岩（ORG，与蛇绿岩套有关的小型岩体)、火山弧花岗岩(VAG,包括岛弧M型及活动陆缘I型(科迪勒拉型)、板内花岗岩(WPG,主要为大陆板内碱性及钙碱性花岗岩)、碰撞花岗岩(COLG,包括同碰撞S型花岗岩及碰撞后隆起区的I型花岗岩,均为钙碱性)。

测区南、北两种花岗质岩石在R_1—R_2图解上(图3-1-9),投入消减的活动大陆边缘花岗岩区;在区分I型、S型花岗岩的图3-1-10中,则投入S型花岗岩区;在ACF图解(图3-1-11)中,普若岗日二长花岗岩落入I型与S型过渡的花岗岩区,白头山花岗闪长岩投入S型花岗岩区。Loiselle等(1979)认为I、S型花岗岩均为造山带Orogen(O型)产物;而Pearce(1984)认为I型花岗岩属火山弧花岗岩,S型花岗岩则属于同碰撞花岗岩,由此表明测区花岗岩具有“与碰撞有关的造山带花岗岩”的一些特点。

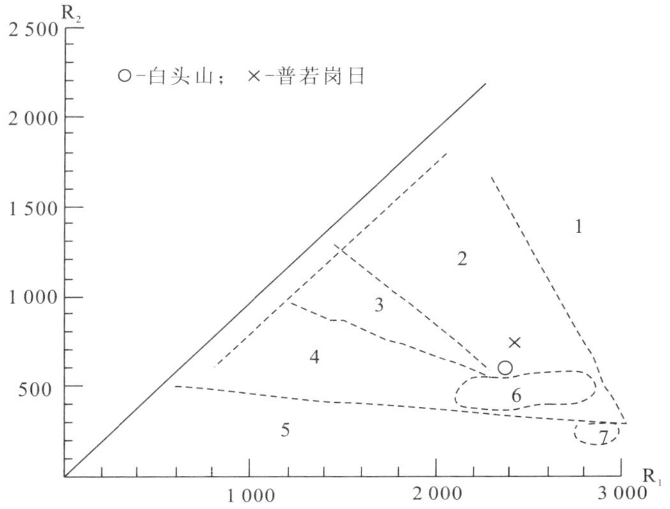

图3-1-9 主要花岗岩类岩石组合的示意性图解

(after Batchelor & Bowdden, 1985)

1-地幔分离;2-板块碰撞前的;3-碰撞后的抬升;4-造山晚期的;5-非造山的;6-同碰撞期的;7-造山期后的。
相当的岩石是:组1-拉斑玄武岩;组2-钙碱性岩石和奥长花岗岩;组3-高钾钙碱性岩石;组4-次碱性二长岩;
组5-碱性和过碱性岩石;组6-深熔二云母淡色花岗岩

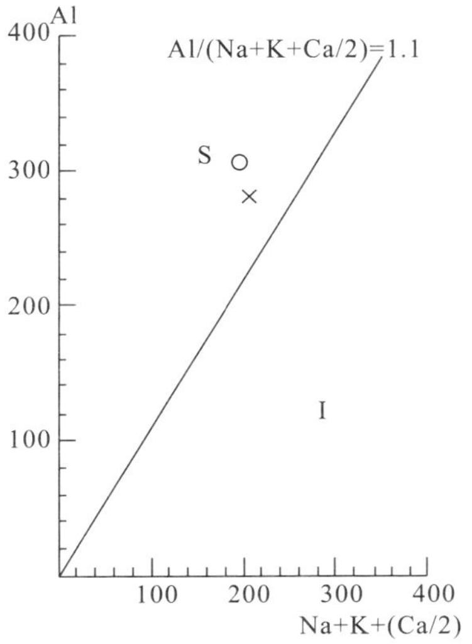

图3-1-10 S型、I型花岗岩成因类型判别图解

○-白头山;×-普若岗日

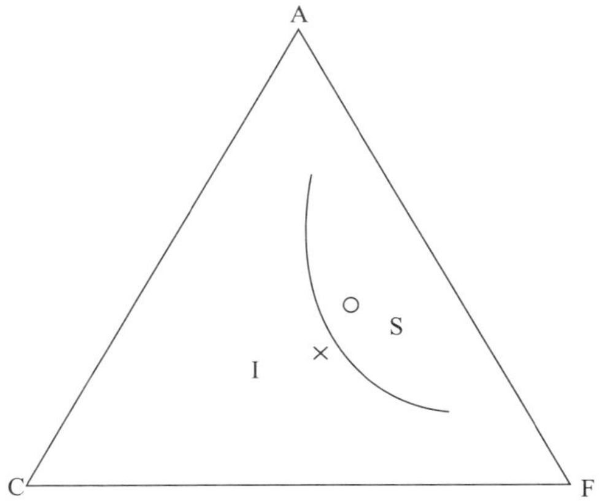

图3-1-11 S型、I型花岗岩判别图解

(仿中田节也,1979)

○-白头山;×-普若岗日

根据统计资料δEu和$(La/Yb)_N$对鉴别花岗岩的成因类型有重要意义:当δEu小于0.7,$(La/Yb)_N$值大于5时,为S型花岗岩;而I型花岗岩则相反(Cheppell and White,1974;袁峰等,2001)。

测区两个地区的花岗岩 δEu=(0.63～0.67)<0.7,$(La/Yb)_N$=(16.77～33.35)>5,都应属 S 型花岗岩。

利用微量元素进行构造环境判别，本区两种花岗岩分别投入同熔型花岗岩区（图 3-1-12）及火山弧-同碰撞花岗岩区（图 3-1-13、图 3-1-14）。

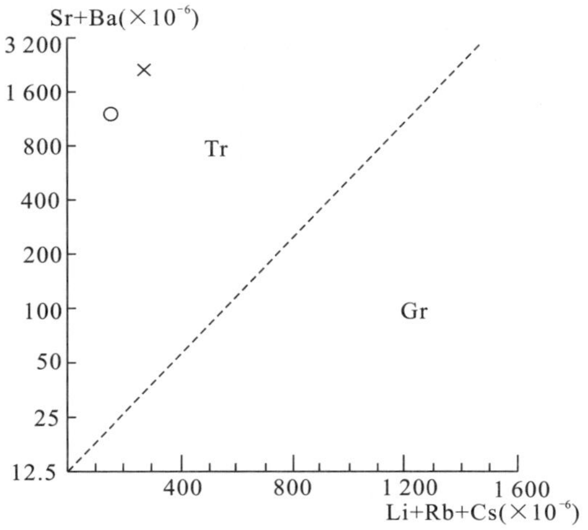

图 3-1-12　同熔型与改造型花岗岩判别图解

（仿刘英俊，1982）

Tr-同熔型花岗岩；Gr-改造型花岗岩。

○-白头山；×-普若岗日

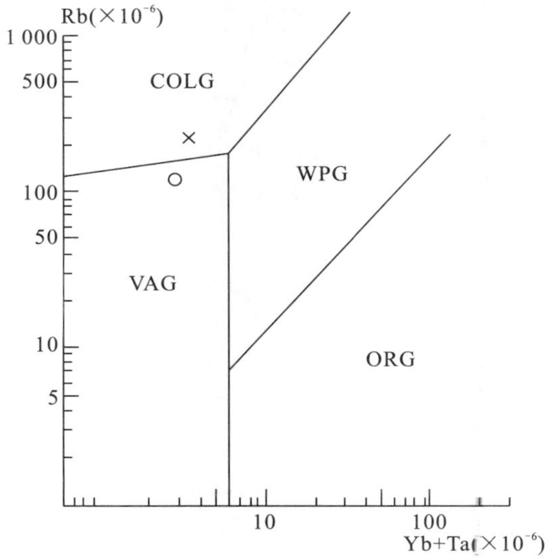

图 3-1-13　不同类型花岗岩的 Rb-Yb+Ta 图解

（after Pearce，1984）

ORG-洋脊花岗岩；WPG-板内花岗岩；

VAG-火山弧花岗岩；COLG-同碰撞花岗岩。

○-白头山；×-普若岗日

本区酸性侵入岩的特点是稀土元素总量较高、稀土分配模式为轻稀土富集的右倾型、具弱负铕异常、轻重稀土分馏均较明显，这与有明显负铕异常、轻稀土富集特点的标准壳源型（或重熔型）花岗岩较接近，反映本区酸性侵入岩具有壳源重熔型花岗岩的特点。

结合区域地质构造背景分析，测区南、北两种花岗质岩体的形成环境很可能与早期岛弧火山岩浆的进一步演化有关。该火山岩浆系由上地幔派生岩浆与地壳同熔或混染而成。在演化时序上，北侧白头山花岗闪长岩可能较南侧的普若岗日二长花岗岩体（E_2）形成更早，很可能是白垩纪侵位，属于晚三叠世末金沙江洋盆关闭之后弧—陆碰撞的产物，而普若岗日二长花岗岩则属于碰撞后陆内俯冲阶段岩浆演化的产物。故由北而南具同碰撞花岗岩→碰撞后花岗岩演化之势（图 3-1-15）。

南、北花岗岩成因类型及构造环境判别在一定程度上反映了测区两个岩浆岩带形成时所处的不同演化阶段和构造背景。

二、超浅成侵入岩

测区分布极少，仅见于图区西南向峰河西侧，属北羌塘构造岩浆岩带。主要有两种：闪长玢岩和正长斑岩。

1. 闪长玢岩

岩石呈灰绿色，具斑状结构，斑晶以斜长石为主，少量角闪石，斑晶大小在 0.5～1cm 间，自形—半自形。岩石中未见明显的蚀变现象及次生变化。侵入体与唢纳湖组（E_2s）膏灰岩呈侵入接触关系（图 3-1-16）。据此推断岩体形成时代下限为喜山晚期（N）。

2. 正长斑岩

岩石呈灰黑色，斑状结构，斑晶主要为钾长石，其大小可达 1cm×1.5cm。侵入体受控于 NW—SE 向断层，且侵入最新地层层位为唢纳湖组（图 3-1-17）。说明岩体侵位时间晚于唢纳湖组沉积时间，属

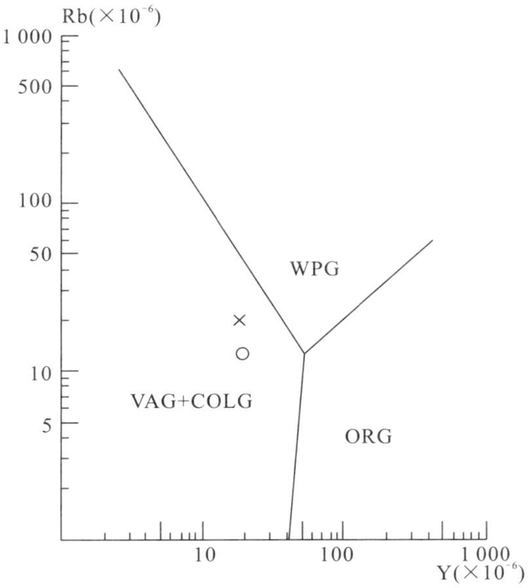

图 3-1-14 不同类型花岗岩 Rb－Y 图解

(after Pearce，1984)

ORG－洋脊花岗岩；WPG－板内花岗岩；

VAG－火山弧花岗岩；COLG－同碰撞花岗岩。

○－白头山；×－普若岗日

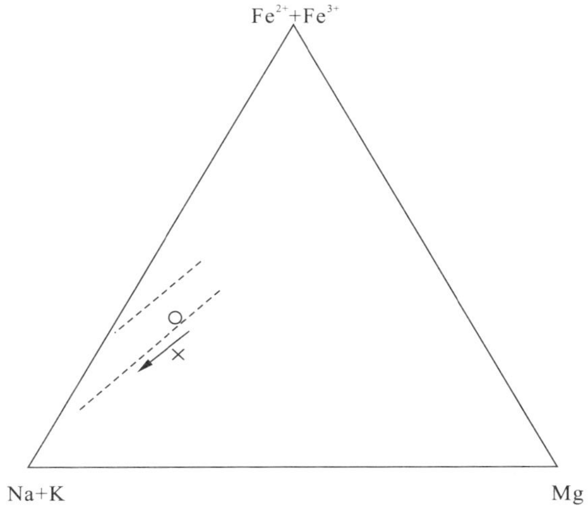

图 3-1-15 花岗岩演化趋势图

(仿高秉璋，1991)

虚线内的岩石为广西六万大山花岗岩；

箭头指示花岗岩浆的演化趋势

○－白头山；×－普若岗日

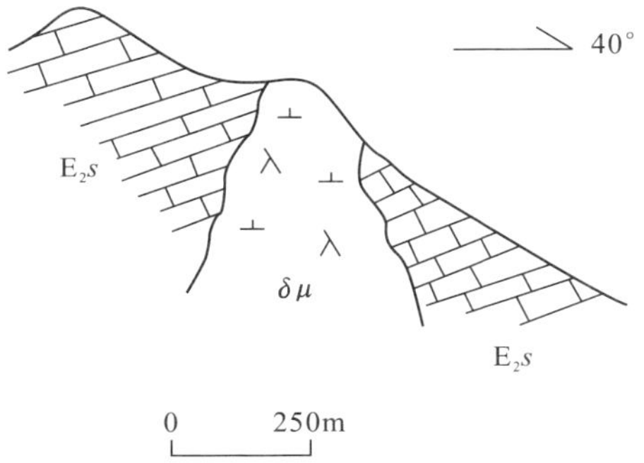

图 3-1-16 测区西部闪长玢岩（$\delta\mu$）与

唢呐湖组（E_2s）之侵入接触关系

(据大庆石油学院，1996)

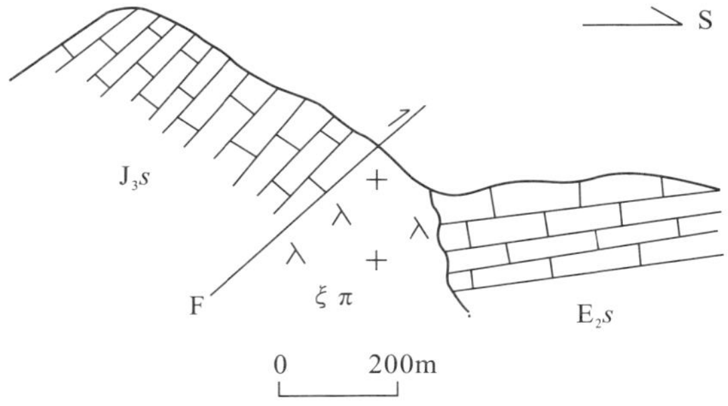

J_3s－索瓦组；F－逆冲断层

图 3-1-17 测区西部正长斑岩（$\xi\pi$）与

唢呐湖组（E_2s）之侵入接触关系

(据大庆石油学院 1996)

喜山晚期（N）形成。

三、超镁铁质岩

仅分布于若拉岗日构造岩浆岩带中，北羌塘构造岩浆岩带未见。

1. 地质特征

测区超镁铁质岩出露于图区北部岗盖日东侧，面积极小，不足 0.01km^2。主要岩石类型有碳酸盐化蛇纹岩、片理化蛇纹岩、蛇纹石化辉橄岩、蛇纹石化橄榄岩及蛇纹石化橄榄辉石岩等。这些岩石变形、变质强烈，呈岩片状或透镜状夹持于若拉岗日岩群变基性火山岩之中，周围均为断裂或片理化带围限，岩体内不见同化混染现象，围岩无烘烤蚀变，显示为异地就位、构造冷侵位的特点。其围岩——若拉岗日岩群基性火山岩多已变为绿帘阳起片岩、钠长绿泥石片岩、碳酸盐化玄武岩等，并夹有绢云母千枚岩、硅质岩、大理岩等碎片或块体，它们与超镁铁质岩总体构成一套无序的蛇绿混杂堆积。

2. 岩石学特征

测区超镁铁质岩几乎均已蛇纹石化，据岩矿鉴定成果，分别描述如下。

碳酸盐化蛇纹岩：灰绿色，粒状纤维状变晶结构或糜棱结构，条带状构造，原蛇纹岩经沸石化及碳酸盐化再次遭受动力作用而产生片理化或糜棱岩化，显示条带状构造。条带由纤维状蛇纹岩及沸石、碳酸盐碎斑等近平行排列而成，并分布有星散状铬尖晶石，偶含细粒金属矿物，均与条带一致定向排列。后期方解石脉穿切岩石。矿物成分主要为方解石（45%～30%）、沸石（20%～30%）、蛇纹石（20%～30%），少量铬尖晶石及金属矿物（可能为铬铁矿）。

片理化蛇纹岩：黄绿色，交代纤维状变晶结构，片状或条纹、条带状构造。原岩可能为橄榄岩，但已全部蛇纹石化，纤维状的蛇纹石平行排列，局部显皱纹，铬尖晶石不均匀分布。其中，金属矿物呈条纹状聚集在蛇纹石中，后期方解石脉结晶较粗大斜切条纹、条带，矿物成分主要为蛇纹石，少量铬尖晶石、方解石、滑石及金属矿物。

蛇纹石化辉石橄榄岩：灰黑—暗绿色，交代网状结构。原岩主要由辉石、橄榄石及少量纤维状的阳起石组成。其中前两者均已蛇纹石化，具其假象。蛇纹石沿辉石及橄榄石的粒边、解理及裂隙交代，形成网格状及纤维状，局部集中出现阳起石边界。铬尖晶石星散状分布于蛇纹石中，其他金属矿物呈星点状或聚集状分布于蛇纹石间，而显条纹状。由于岩石遭受挤压，矿物排列具一定方向性。矿物成分主要为蛇纹石，少量阳起石、方解石、石棉、铬尖晶石、滑石、绿泥石、金属矿物等。

蛇纹石化橄榄辉石岩：灰黑—暗绿色，交代网状结构，原岩主要由辉石组成，橄榄石相对较少，蛇纹石沿辉石及橄榄石的粒边、解理及裂纹向中心交代，形成网状，但保留了辉石及橄榄石的假象。前者呈方形、长方形及多边形，后者呈圆形及椭圆形。矿物成分主要为蛇纹石，少量方解石、磁铁矿及铬尖晶石等。

蛇纹石化橄榄岩：墨绿色，交代网状结构，片状或块状构造。原岩主要由橄榄石及少量辉石组成，蛇纹石沿橄榄石及少量辉石粒边、解理或裂隙交代，原矿物已被蛇纹石取代而形成网格状及纤维状。岩石受力挤压而产生两组裂隙，方解石充填其中，形成菱形网脉，其中一组脉相对发育，蛇纹石纤维也随之显示方向性。矿物成分主要为蛇纹石，少量铬尖晶石、方解石、滑石及金属矿物。

3. 岩石化学特征

由于测区超镁铁质岩面积极小，且遭受蛇纹石化蚀变，岩石类型较简单，因此仅选择其中两种较重要的岩石类型进行了岩石化学分析，其分析成果及计算值见表 3-1-6。

表 3-1-6 测区基性超基性岩岩石化学分析数据及相关计算值

序号	样号	产地	岩石名称	氧化物原始重量（%）												
				SiO_2	TiO_2	Al_2O_3	Fe_2O_3	FeO	MnO	MgO	CaO	Na_2O	K_2O	P_2O_5	Loss	Σ
1	DBP18GS2	冬布勒山	蛇纹石化辉橄岩	34.50	0.14	1.02	4.70	1.76	0.14	35.30	3.56	0.03	0.01	0.01	19.38	100.55
2	D4114GS1	岗盖日	蛇纹石化橄辉岩	49.72	0.02	0.72	4.26	1.12	0.06	19.08	1.24	0.06	0.04	0.01	23.64	99.97
3	D8050GS1	狮头山西	变辉长辉绿岩	41.92	2.49	10.24	6.63	4.01	0.15	9.18	14.24	2.82	0.82	0.45	6.49	99.45
4	STP33GS1	狮头山	变辉长岩	41.32	1.48	20.08	8.36	6.67	0.23	5.31	11.11	1.19	0.45	0.35	2.86	99.42

序号	CIPW 标准矿物（体积%）												镁铁比值	岩石类型参数（分子数）			固结指数	分异指数
	Ap	Il	Mt	Or	Ab	An	Di	Hy	Ol	Ne	Q	Σ	m/f	K_2O+Na_2O+CaO	Al_2O_3	K_2O+Na_2O	SI	DI
1	0.03	0.23	1.21	0.09	0.39	3.80	15.60	0.36	78.29	0.00	0.00	100.00	10.43	63.00	10.00	0.00	84.46	0.31
2	0.03	0.03	1.16	0.38	0.80	2.33	4.75	65.81	0.00	0.00	24.70	99.99	6.66	23.00	7.00	1.00	77.70	16.83
3	1.04	3.28	2.71	6.21	3.96	15.36	47.11	0.00	6.17	14.16	0.00	100.00	1.61	308.00	100.00	54.00	39.13	19.31
4	0.78	1.87	2.96	3.27	12.23	55.15	4.03	9.58	10.13	0.00	0.00	100.00	0.66	222.00	197.00	24.00	24.15	12.81

注：样品由成都地质矿产研究所实验测试中心测试；$m/f=Mg^{2+}/(Fe^{2+}+Fe^{3+}+Mn^{2+})$（原子数比值）。

表3-1-6中1号样（样品编号DBP18GS2）SiO_2=34.5%。属超基性岩，在Streckeisen（1973）的Ol-Opx-Cpx分类图解中（图3-1-18）投入易剥橄榄岩区。其m/f=10.43，位于6.5～14之间，属镁质超镁铁质岩。在Fe′-M-C图解（图3-1-19）及Mg/Fe′-（Fe′+Mg）/Si变异图解（图3-1-20）中投入镁质岩区，在Al_2O_3-SiO_2变异图（图3-1-21）中投入低铝质区，但接近贫铝质区。CIPW标准矿物组合主要为Ol+Di，少量An、Hy及Mt。

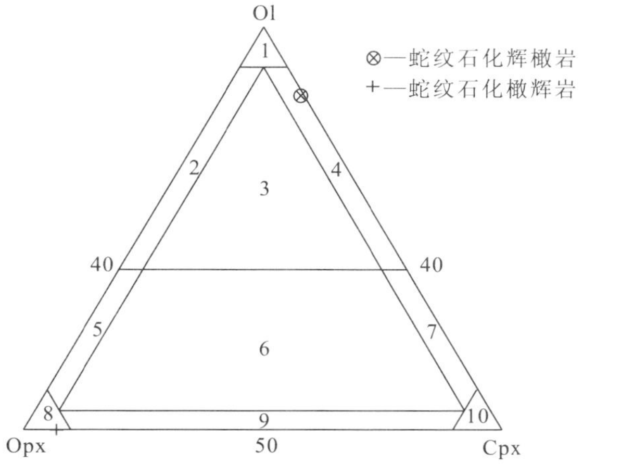

图3-1-18　超镁铁质岩分类命名图解

（after Streckeisen，1973）

Ol-橄榄石；Opx-斜方辉石；Cpx-单斜辉石

1-纯橄榄岩；2-斜方辉石橄榄岩；3-二辉橄榄岩；

4-易剥橄榄岩；5-橄榄斜方辉石岩；6-橄榄二辉岩；

7-橄榄单斜辉石岩；8-斜方辉石岩；9-二辉岩；10-单斜辉石岩

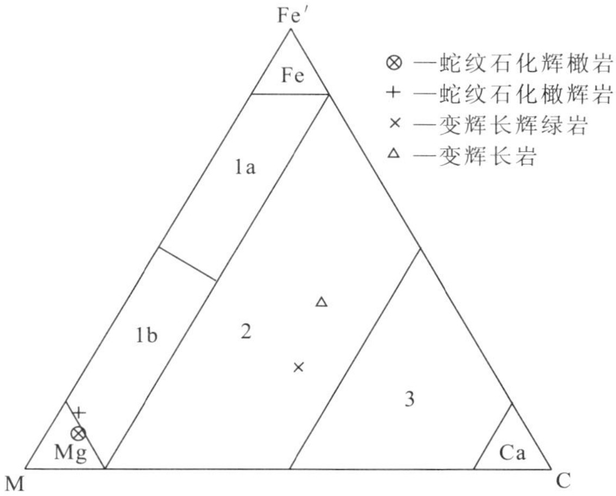

图3-1-19　超镁铁质岩铁、镁、钙划分图解

（仿张雯华、从柏林，1976）

Fe-铁质区；Ca-钙质区；Mg-镁质区

1-贫钙质区：1a-贫钙的铁镁质区；1b-贫钙的镁铁质区；

2-低钙质区；3-适度钙质区

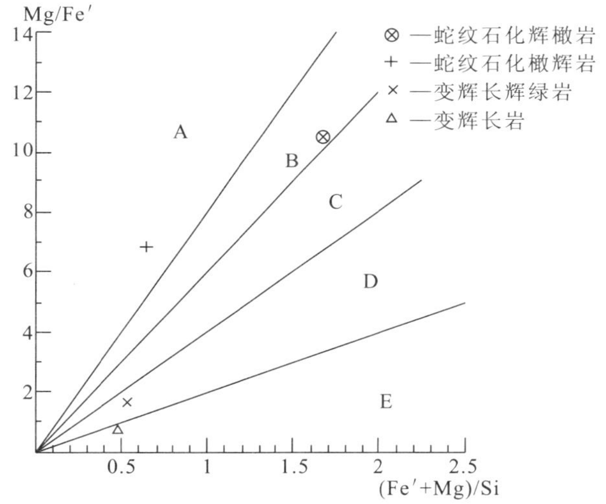

图3-1-20　（Mg/Fe′）-（Mg+Fe′）/Si变异图

（仿张雯华、从柏林，1976）

A-超镁质区；B-镁质区；C-镁铁质区；

D-铁镁质区；E-铁质区；1～4-样品序号

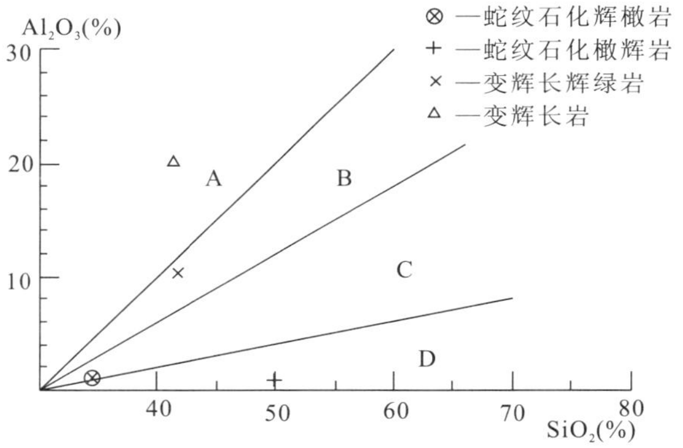

图3-1-21　Al_2O_3-SiO_2变异图

（仿张雯华、从柏林，1976）

A-高铝质区；B-铝质区；C-低铝质区；D-贫铝质区；

1～4-样品序号

表3-1-6中2号样（样品编号D4114GS1）SiO_2=49.72%，属基性岩，与其原岩成分中辉石含量较高有关。在Streekeisen（1973）图上（图3-1-18）投入斜方辉石岩区，m/f=6.66>6.5，仍属镁质超镁铁质岩。在Fe′-M-C图解（图3-1-19）中投入贫钙的镁铁质岩区，在Mg/Fe′-Fe′+Mg/Si变异图（图3-1-20）中则投入超镁质区，在Al_2O_3-SiO_2变异图（图3-1-21）中投入贫铝质区。2号样品在遭受强烈变形变质过程中可能有化学成分的带入及带出，与正常的橄辉岩及二辉岩对比，其化学分析成果中

CaO、TiO_2、MgO 等含量几乎低了一个数量级，致使在 CIPW 标准矿物计算中未出现 Ol，而 Q 含量则达 24.7%，矿物组合主要为 Hy+Q，少量 Di 及 An、Mt 等，呈现为 SiO_2过饱和的正长系列岩类。

4. 微量元素

上述两种超镁铁质岩微量元素分析结果及部分元素与原始地幔比值见表 3-1-7，微量元素比值蛛网图见图 3-1-22，其特点是：

表 3-1-7　测区超镁铁质岩微量元素分析结果（$\times10^{-6}$）及与原始地幔比值

序号	样品	Cs	Rb	Sr	Ba	Ga	Nb	Ta	Zr	Hf	Th	V	Cr	Co	Ni	Be	Li	Sc	U
1	DBP18GP2	20.6	1.43	68.8	26.1	0.94	0.50	0.04	17.0	0.35	0.25	16.1	1 159	74.4	2 063	0.05	41.9	5.99	0.050
2	D4114GP1	47.6	6.30	53.4	369	0.84	0.40	0.022	94.5	0.20	0.28	5.01	1 140	73.8	1 643	0.26	17.0	4.77	0.053
3	D8050GP1	3.39	18.5	1 372	484	18.4	56.2	3.59	240	5.01	5.03	147	562	48.4	206	1.42	31.0	25.9	0.92
4	STP33GP1	0.44	22.2	445	180	21.9	1.79	0.12	11.0	0.26	0.15	482	7.39	42.8	6.88	0.31	9.40	43.9	0.050
原始地幔（Wood，1979）		0.019	0.86	23.0	7.56		0.62	0.043	11.0	0.35	0.096								0.027
岩石/原始地幔	DBP18GP2	1 084.21	1.66	2.99	3.45		0.81	0.93	1.55	1.00	2.60								1.85
	D4114GP1	2 505.26	7.33	2.32	48.81		0.65	0.51	8.59	0.57	2.92								1.96
	D8050GP1	178.42	21.51	59.65	64.02		90.65	83.49	21.82	14.31	52.40								34.07
	STP33GP1	23.16	25.81	19.35	23.81		2.89	2.79	1.00	0.74	1.56								1.85

注：样品原始成果由中国地质科学院地质研究所分析测试。

（1）测区超镁铁质岩微量元素含量总体较低，与 Wood（1979）原始地幔岩相对比，Ta、Nb、Nd、Sm、Y、Yb 等明显亏损，Ba、La、Sr、Zr 呈正异常。

（2）两种超镁铁质岩的微量元素配分曲线较一致，表明两者具有同源性。一般认为 Nb 亏损是 N 型地幔岩的标志，因此本区超镁铁质岩很可能来自亏损的地幔。

（3）两种超镁铁质岩微量元素特征的相似性还反映了尽管其化学成分在遭受变质作用过程中可能有不同程度的带入、带出，但岩石的微量元素始终较稳定。

（4）对比两岩石，辉石橄榄岩具有相对高的 Rb、Ba，而 Zr 则明显低于橄榄辉石岩，表明岩浆分异演化具不均一性。

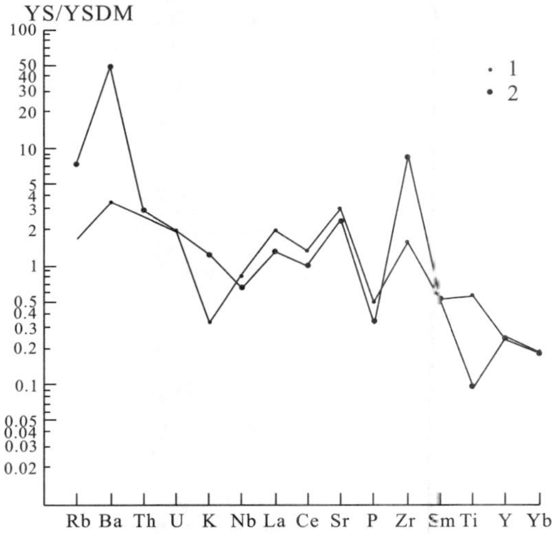

图 3-1-22　超镁铁质岩石微量元素模式图
(after Wood，1979)
1、2-样品序号

5. 稀土元素特征

上述两超镁铁质岩稀土元素分析结果及特征计算值见表 3-1-8，稀土配分曲线见图 3-1-23，其特点是：

表 3-1-8　测区超镁铁质岩稀土元素分析结果及特征计算值

样号	原　始　数　据（$\times10^{-6}$）														
	La	Ce	Pr	Nd	Sm	Eu	Gd	Tb	Dy	Ho	Er	Tm	Yb	Lu	Y
DBP18XT2	1.38	2.46	0.31	1.12	0.21	0.1	0.18	0.04	0.17	0.04	0.11	0.04	0.1	0.04	1.12
D4114XT1	0.94	1.86	0.22	0.85	0.2	0.14	0.17	0.04	0.19	0.04	0.11	0.04	0.1	0.04	1.19
D8050XT1	48.8	91.9	11.2	42.1	7.71	2.27	6.81	0.96	4.63	0.78	2.45	0.25	1.64	0.23	22.3
STP33XT1	2.51	5.81	0.93	4.6	1.21	0.62	1	0.21	1.28	0.26	0.77	0.1	0.62	0.1	7.03

续表 3-1-8

配分值（岩石/Leedy 球粒陨石）															稀土配分类型及成因参数					
La	Ce	Pr	Nd	Sm	Eu	Gd	Tb	Dy	Ho	Er	Tm	Yb	Lu	Y	ΣREE ($\times10^{-6}$)	LREE ($\times10^{-6}$)	HREE ($\times10^{-6}$)	LR/HR	δEu	δCe
3.65	2.52	2.28	1.56	0.91	1.15	0.58	0.68	0.44	0.45	0.43	1.04	0.4	1.03	1.12	7.42	5.58	0.72	7.75	1.54	0.85
2.49	1.91	1.62	1.19	0.87	1.62	0.55	0.68	0.49	0.45	0.43	1.04	0.4	1.03	1.19	6.13	4.21	0.73	5.77	2.28	0.93
129.1	94.16	82.35	58.8	33.52	26.21	21.9	16.3	11.87	8.78	9.61	6.49	6.59	5.94	22.3	244.03	203.98	17.75	11.49	0.95	0.89
6.64	5.95	6.84	6.42	5.26	7.16	3.22	3.57	3.28	2.93	3.02	2.6	2.49	2.58	7.03	27.05	15.68	4.34	3.61	1.69	0.88

注：样品原始数据由中国地质科学院地质研究所分析测试。

（1）测区超镁铁质岩的稀土总量 ΣREE＝$6.13\times10^{-6}\sim7.42\times10^{-6}$；LREE＝$4.21\times10^{-6}\sim5.58\times10^{-6}$，HREE＝$0.72\times10^{-6}\sim0.73\times10^{-6}$，LR/HR＝5.77～7.75。与球粒陨石（ΣREE＝2.562×10^{-6}）相对比，本区超镁铁质岩稀土总量，特别是轻稀土总量明显较高，而重稀土总体较低，反映了属亏损的地幔岩。其LREE的富集还与岩石自身强烈的蛇纹石化有关。

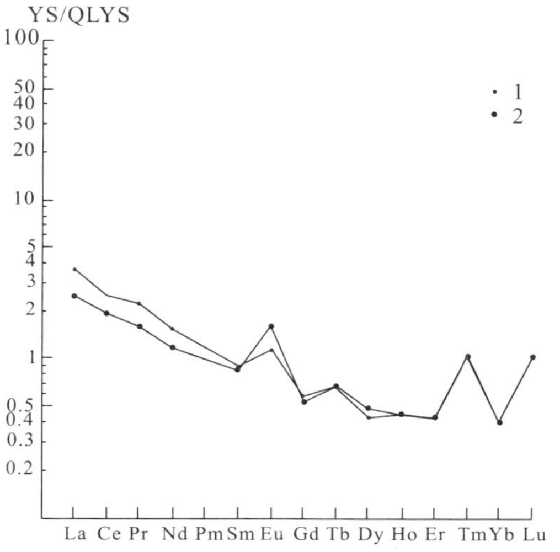

图 3-1-23　超镁铁质岩稀土元素/球粒陨石标准化模式图

（after Coryell，1963）

1、2-样品序号

（2）测区超镁铁质岩稀土配分曲线为轻稀土弱富集的右倾型。两种岩石稀土配分曲线吻合较好，与微量元素特征一致，显示具有同源性。与阿尔卑斯型橄榄岩轻稀土亏损的左倾型曲线明显不同，而类似 I 型超镁铁质岩（橄榄岩）包体中富橄榄石的橄榄岩的稀土配分型式，但本区超镁铁质岩部分重稀土元素分馏较明显，表明岩浆上侵过程中可能有地壳物质的循环加入或地幔交代作用的结果。

（3）测区超镁铁质岩的 δEu＝（1.54～2.28）＞1，铕具正异常，呈现铕富集型。一般认为铕的富集与岩浆中 Ca^{2+} 的大量存在有关，表明样品所代表的两种超镁铁质岩中应含有一定量的斜长石或单斜辉石组分，这与岩矿鉴定成果基本吻合。

（4）测区超镁铁质岩 δCe＝（0.85～0.93）＜1，铈具负异常，呈铈亏损型。表明岩石在变形变质条件下经历了较强的改造，这与其强烈蛇纹石化的事实相吻合。

6. 成因及构造背景探讨

综合地质、岩石、地球化学特征，现已查明本区超镁铁质岩来自亏损的地幔，其岩浆在原地上升过程中有地壳物质加入，成岩后再经构造冷侵位而异地就位，之后又遭受强烈的蚀变改造。本区超镁铁质岩的岩石和地球化学特征与藏东金沙江带中段超镁铁质岩—辉橄岩的特征相一致（青海区调队，1992），表明它们具有相同的产出背景，均属金沙江构造带物质组分的一部分。

第二节　脉　岩

区内脉岩较少，主要有两类。一类是分布于若拉岗日构造岩浆岩带中的基性岩墙，另一类是零散分布于北羌塘构造岩浆岩带中的少量基性岩脉。

1. 地质特征

主要见于狮头山南侧，有 3 条，岩石类型为变质辉长岩。侵位于三叠系若拉岗日岩群变质火山—沉积岩地层之中，与变基性火山岩关系密切，并遭受强烈的蚀变及糜棱岩化等改造。岩脉宽 5～10m，长数百米至 1km，近东西向延伸，地表破碎呈大小不等的碎块状。

2. 岩石学特征

岩石呈深灰绿色，具纤状变晶结构。矿物主要由斜长石（50%）、角闪石（30%）、辉石（15%）及少量石英（5%）等组成。拉长的石英、斜长石及纤维状、柱状角闪石定向排布组成似"片麻状"构造，辉石及粗大斜长石呈眼球状被角闪石等环绕，显示出"糜棱"状构造。矿物中粗粒斜长石多显示溶蚀状，中心为基性斜长石（有的蚀变为角闪石及绢云母），边部多为中酸性斜长石交代而显示净化边。辉石主要为单斜辉石；角闪石呈他形、半自形。石英多聚集呈齿状或港湾状，另有少量绿泥石、绿帘石、钛铁矿及铁质等组分。

3. 岩石化学及地球化学特征

测区狮头山南侧变质辉长岩的岩石化学及地球化学分析数据及计算参数分别列于表 3-1-6、表 3-1-7、表 3-1-8。测区变质辉长岩 SiO_2＝41.32%～41.92%＜45%，低于正常基性岩，似趋向于超基性岩，但 $CaO+NaO_2+K_2O$，Al_2O_3、Fe_2O_3、FeO、MnO 等明显高于本区超基性岩，而 MgO 则远低于本区超基性岩，除 SiO_2 外，其余氧化物含量基本与正常基性侵入岩接近，说明其仍属基性岩。SiO_2 过低，可能与基性岩遭受强烈变形、变质作用有关，即原岩在改造过程中有部分 SiO_2 游离析出。

CIPW 标准矿物计算显示基性岩属 SiO_2 低度不饱和的正常系列岩石类型（$CaO+Na_2O+K_2O>Al_2O_3>Na_2O+K_2O$），标准矿物组合主要为 Ab＋An＋Di＋Ol，少量 Il、Mt 和 Ap，偶有 Hy、Ne 等。岩石化学数据在 Streckeisen（1976）辉长岩分类命名图解中（图 3-2-1）投入辉石角闪辉长岩区；在 QAPF 图解中（图 3-2-2）投点位于二长辉长岩区。辉长岩 m/f＝0.66～1.61，属铁质基性岩，其分异指数 DI＝12.81～19.31 偏低，固结指数 *S*1＝24.15～39.13，基本正常，说明原始岩浆基性程度较大，分异程度较低，分异演化不够彻底。

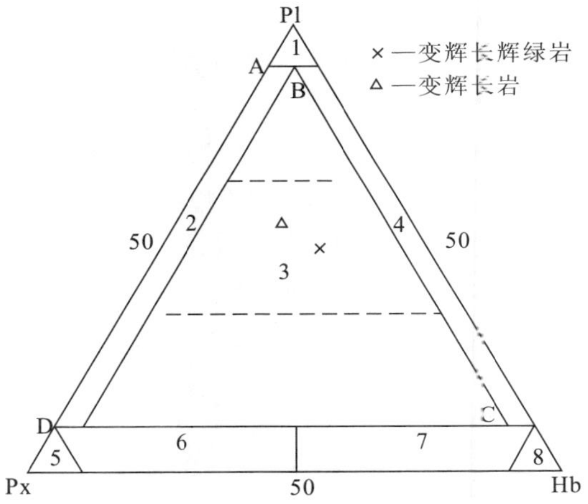

图 3-2-1　辉长岩分类命名图解

（after Streckeisen，1976）

Pl-斜长石；Px-辉石；Hb-角闪石

1-斜长岩；2-辉长岩、辉长苏长岩、苏长岩；3-辉石角闪辉长岩、辉石角闪辉长苏长岩、辉石角闪苏长岩；4-角闪辉长岩；5-含斜长石辉石岩；6-含斜长石角闪、辉石岩；7-含斜长石辉石角闪石岩；8-含斜长石角闪石岩；×、△-样品序号 3、4

微量元素数据（表 3-1-7）及其配分图解（图 3-2-3）显示基性岩微量元素总量依然偏低，且不同基性岩微量元素含量（3、4 号样）变化较大，其配分曲线存在明显差异，反映了测区基性岩与超基性岩存在成因上的联系，即均来自幔源岩浆，但分异演化具有不彻底性。稀土元素数据（表 3-1-8）显示测区变质辉长岩的稀土总量 ΣREE 变化较大（27.05～244.03），明显高于本区超基性岩，且 δEu＝0.95～1.69，δCe＝0.88～0.89。变辉长岩稀土配分曲线（图 3-2-4）呈轻稀土富集的右倾平坦型，Eu 显示与测区超基性岩相一致的正异常或无异常型，表明本区基性岩墙的形成可能与超基性岩的演化有一定的内在联系。

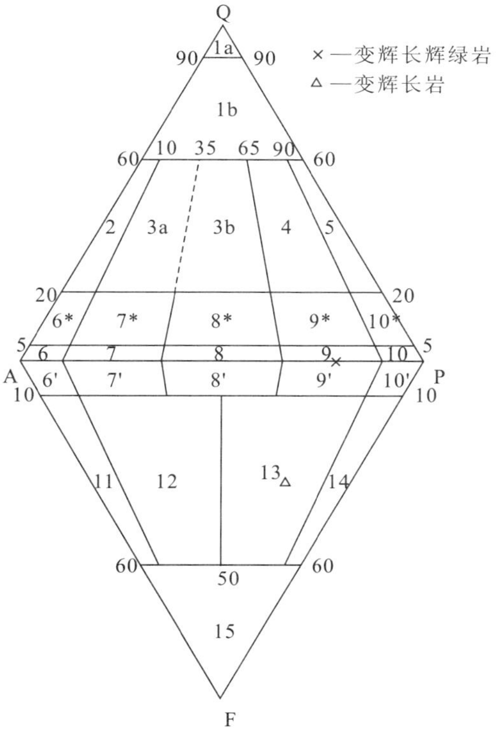

图 3-2-2　深成岩 Q-A-P-F 图解

(after Streckeisen, 1976)

Q-石英；A-碱性长石；P-斜长石；F-副长石

1a-硅英岩（英石岩）；1b-富石英花岗岩类；2-碱长花岗岩；3-花岗岩；3a-钾长花岗岩；3b-二长花岗岩；4-花岗闪长岩；5-英云闪长岩；6*-石英碱长正长岩；6-碱长正长岩；6′-含副长石碱长正长岩；7*-石英正长岩；7-正长岩；7′-含副长石正长岩；8*-石英二长岩；8-二长岩；8′-含副长石二长岩；9*-石英二长闪长岩、石英二长辉长岩；9-二长闪长岩、二长辉长岩；9′-含副长石二长闪长岩、含副长石二长辉长岩；10*-石英斜长岩、石英闪长岩、石英辉长岩；10-斜长岩、闪长岩、辉长岩；10′-含副长石斜长岩、含副长石闪长岩、含副长石辉长岩；11-副长石正长岩；12-副长石二长正长岩；13-副长石二长闪长岩、副长石二长辉长岩；14-副长石闪长岩、副长石辉长岩；15-副长石岩。×、△-样品序号 3、4

4. 构造环境判别

本区基性岩主量元素在（$FeO/MgO-TiO_2$）图解上（图 3-2-5）投入 OIB 和 IAT 区，在 $TiO_2-MnO-P_2O_5$ 图上（图 3-2-6）投入 OIA 和 IAT 区。利用微量元素的构造环境判别图解进行投影，在 Ti-Zr-Y 图上（图 3-2-7）投入 OFB 区，在 Hf/3-Th-Ta 图上（图 3-2-8）投入 C 区，而在 Th-Ta 图上（图 3-2-9）投入 MORB+WPB 区。综合判断表明本区基性岩形成于大洋板内洋岛环境，其岩浆来源与洋底玄武质岩浆的分异有关。

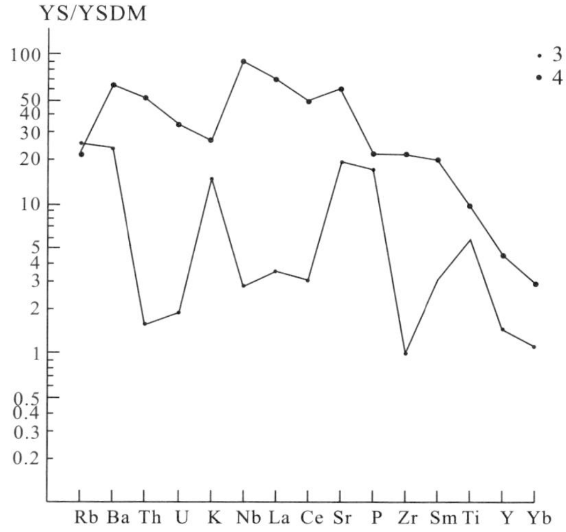

图 3-2-3　基性岩墙微量元素配分模式图

(after Wood, 1979)

3、4-样品序号

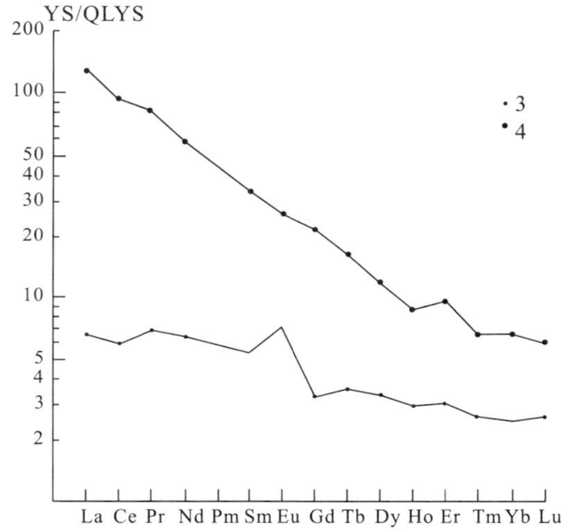

图 3-2-4　基性岩墙稀土元素/球粒陨石标准化模式图

(after Coryell, 1963)

3、4-样品序号

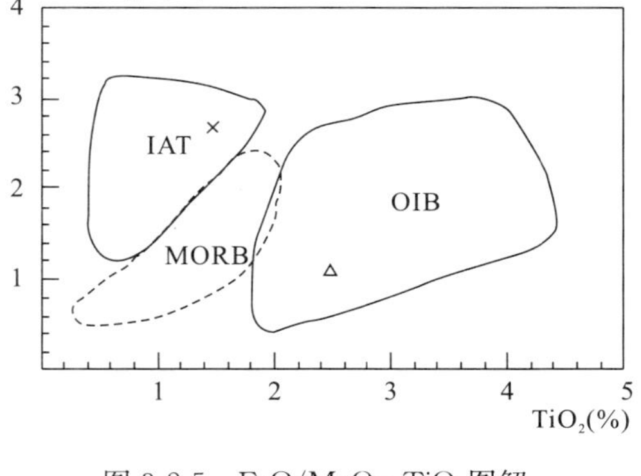

图 3-2-5　$FeO/MgO-TiO_2$ 图解

(after Glassily, 1974)

MORB-洋中脊拉斑玄武岩；OIB-洋岛拉斑玄武岩；IAT-岛弧拉斑玄武岩；×、△-样品序号 3、4

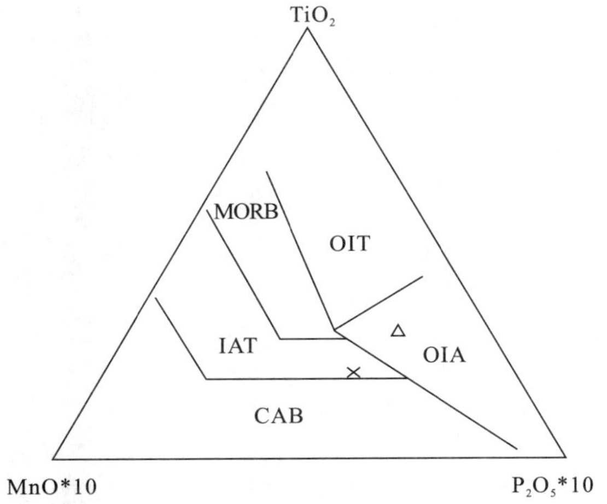

图 3-2-6　TiO_2－MnO－P_2O_5图解

（after Mullen，1983）

MORB-洋脊玄武岩；OIT-洋岛拉斑玄武岩；OIA-洋岛碱性玄武岩；IAT-岛弧拉斑玄武岩；CAB-钙碱性玄武岩（岛弧）；×、△-样品序号 3、4

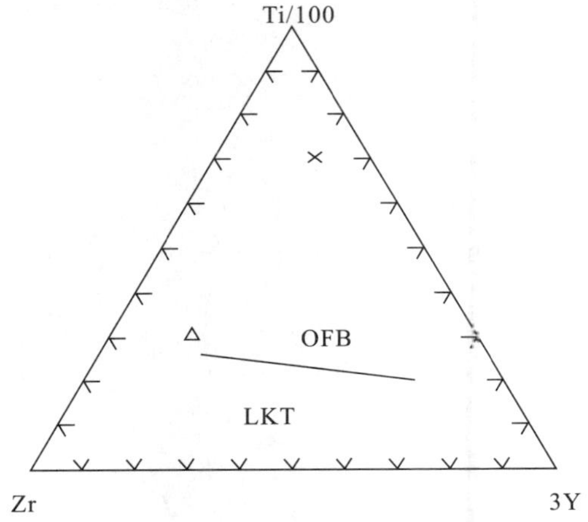

图 3-2-7　Ti/100－Zr－3Y 图解

（after Pearce & Cann，1973）

OFB-大洋玄武岩；LKT-岛弧拉斑玄武岩；×、△-样品序号 3、4

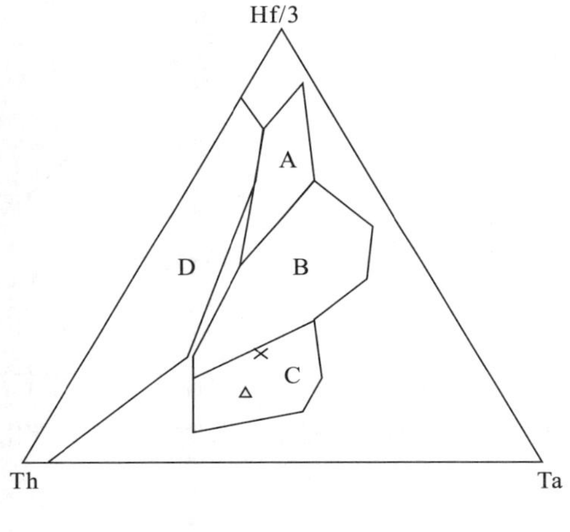

图 3-2-8　Hf/3－Th－Ta 图解

（after Wood，1980）

A-正常型洋脊拉斑玄武岩；B-异常型洋脊拉斑玄武岩和板内拉斑玄武岩及其分异产物；C-板内碱性玄武岩及其分异产物；D-板边岛弧玄武岩（破坏性板块边缘）及其分异产物；×、△-样品序号 3、4。B 区与 C 区分界的 Hf/Th 比为 2.5，没有被陆壳混染的板内碱性熔岩多在 C 区，少数在 B 区

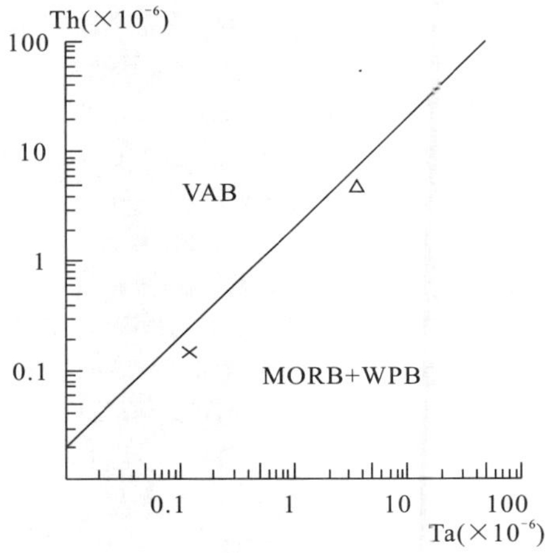

图 3-2-9　Th－Ta 图解

（after Pearce et al.，1980）

MORB-洋中脊玄武岩；WPB-板内玄武岩；VAB-火山岛弧玄武岩；×、△-样品序号 3、4

测区其他基性岩脉零星分布于北羌塘东温泉一带，数量极少，但有早、晚两期，岩石类型为辉绿（玢）岩，侵位地层主要为上侏罗统白龙冰河组（J_3b）。晚期辉绿岩侵入于早期辉绿玢岩中（图 3-2-10）。辉绿玢岩呈灰绿色，宽 5m，长约 30m，近南北走向，具片理化，产状：280°∠70°。辉绿岩为致密块状。

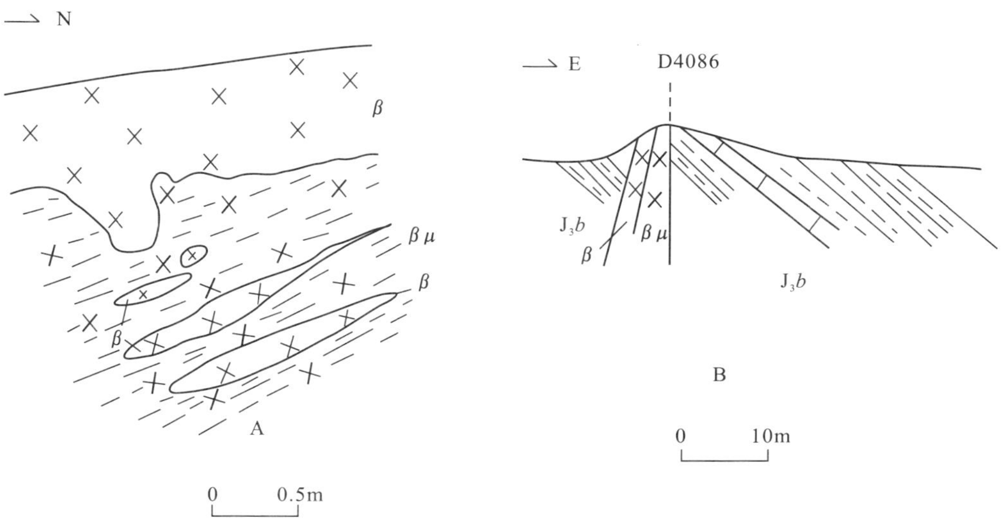

图 3-2-10　测区南部 D4086 点两期基性岩脉之产出关系

β-辉绿岩；βμ-辉绿玢岩；J_3b-白龙冰河组

A-平面图；B-剖面图

第三节　火山岩

测区火山岩主要赋存于上三叠统若拉岗日岩群、古近系鱼鳞山组及新近系石坪顶组中。测区火山活动以新生代陆相火山喷溢最为壮观。

一、若拉岗日岩群火山岩

主要分布于测区北部白头山—岗盖日—狮头山一线，出露面积约 100km²，赋存层位为上三叠统若拉岗日岩群。火山岩中熔岩与火山碎屑岩均有，且有不同程度的变质变形，在不同地段分别与大理岩、变质砂、板岩、硅质岩、变超基性岩等岩片或块体相伴产出，其间多为断层或韧性剪切带分割，具有构造混杂岩特征。

1. 地质特征

(1) 白头山地区晚三叠世火山岩分东、西两部分，总体呈南西西—北东东向展布，中间为第四系冲、洪积物掩盖（图 3-3-1A），出露总面积约 0.5km²。西侧主要由紫红色杏仁状玄武安山岩及灰绿色安山质火山角砾凝灰岩间互组成。东侧为灰绿色片理化变玄武岩夹灰白色大理岩及灰色砂板岩、绿片岩等组成。后期有花岗闪长岩岩株侵入。

(2) 岗盖日地区晚三叠世火山岩主要由灰绿色绿帘阳起石片岩及钠长绿泥石片岩组成，局部夹灰色绢云母千枚岩、变凝灰质砂岩、灰黑色蛇纹石化辉石橄榄岩、碳酸盐化蛇纹岩及硅质岩、大理岩等岩片，显示有蛇绿混杂岩组分（图 3-3-1B）。绿帘阳起片岩等原岩恢复为基性火山岩。岗盖日地区火山岩变质变形程度明显高于白头山及狮头山两地。

(3) 狮头山地区晚三叠世火山岩主要由灰绿色片理化碳酸盐化阳起石化变玄武岩、蚀变辉石玄武岩及含蓝闪石碳酸盐化变基性熔结凝灰岩、变火山角砾岩及大理岩块体等组成，局部见浅灰绿色条带状硅质岩残片及同期深灰绿色变辉长岩墙贯入。狮头山西南及东南约 10km 沟谷中还见少量类似岛弧区的紫红色蚀变安山岩及灰绿色安山质火山角砾凝灰岩、气孔杏仁状玄武岩等残存露头（图 3-3-1C）。

2. 岩石学特征

测区晚三叠世火山岩岩石类型复杂，且遭受了不同程度的变质变形改造，计有：杏仁状玄武安山

A

B

C

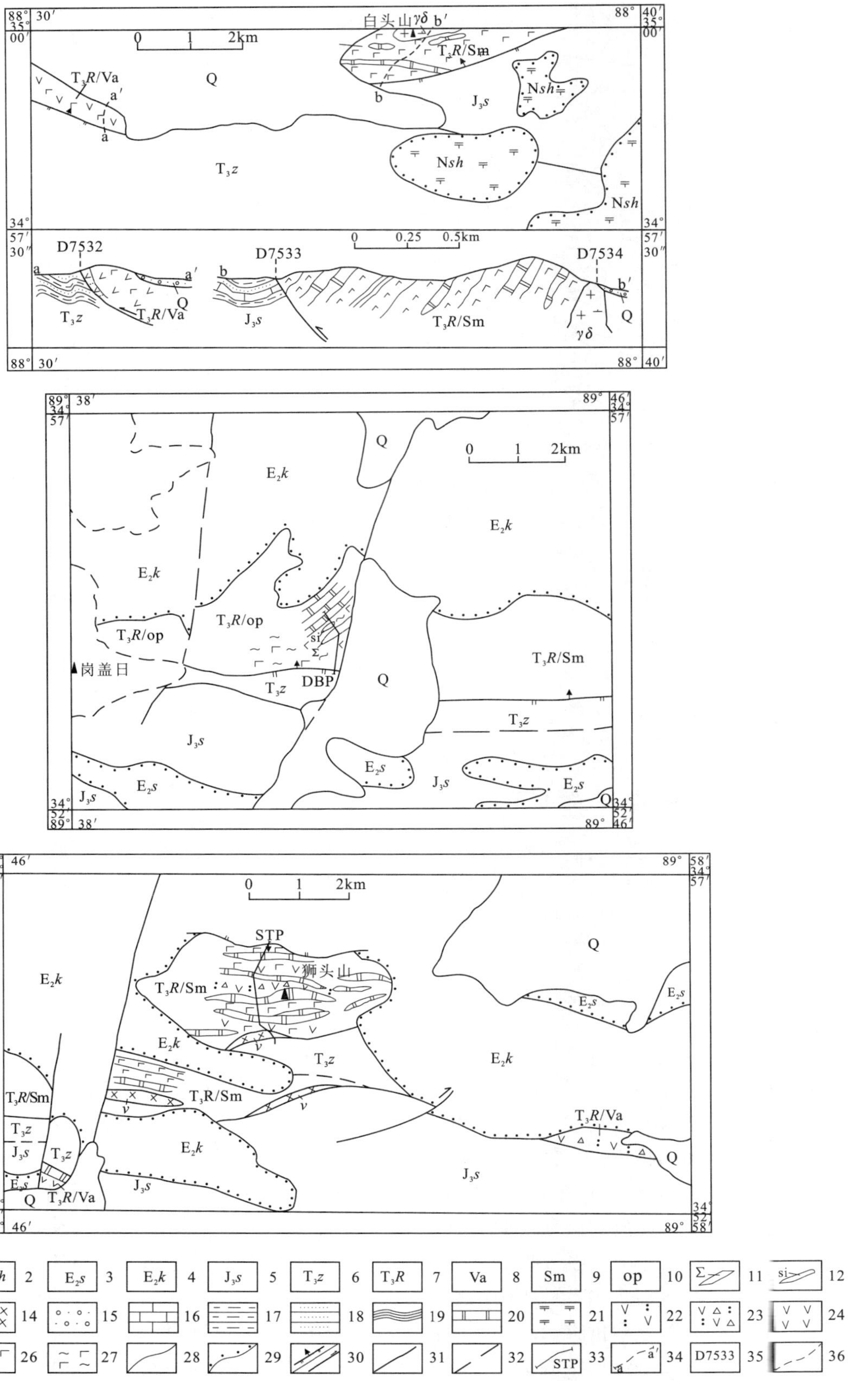

图 3-3-1　测区北部若拉岗日岩群地质简图

A-白头山地区；B-岗盖日地区；C-狮头山地区；1-第四系；2-石坪顶组；3-唢呐湖组；4-康托组；5-索瓦组；6-藏夏河组；7-若拉岗日岩群；8-火山弧岩片；9-洋岛火山岩；10-蛇绿混杂岩片；11-超基性岩岩片；12-硅质岩岩片；13-花岗闪长岩；14-变辉长岩；15-松散砂砾石；16-灰岩；17-泥质岩；18-砂岩；19-板岩；20-大理岩；21-粗安岩；22-安山质凝灰岩；23-安山质火山角砾凝灰岩；24-安山岩；25-玄武安山岩；26-玄武岩；27-变玄武岩、片岩；28-地质界线；29-不整合界线；30-逆断层；31-性质不明断层；32-推测断层；33-实测剖面位置及编号；34-路线剖面位置；35-地质点号；36-冰川界线岩、安山质火山角砾凝灰岩、绿帘阳起石片岩、钠长绿泥石片岩、变玄武岩、变基性熔结凝灰岩及变火山角砾岩等，主要为一套变质中基性火山岩系。

（1）紫红色蚀变安山岩

粒状鳞片状纤维状变晶变余多斑结构，杏仁状构造。斑晶为斜长石及具暗化边的暗色矿物组成，基质由脱玻化的玻璃质-隐晶质及部分细条状的斜长石和暗色针柱状矿物骸晶组成，呈交织状或半定向排列。斜长石具强烈的绢云母化、绿泥石化及绿帘石化，环带及双晶可见，少数斑晶中有极少量的石英析出，总含量约占60%；暗色矿物已全部蚀变，有的还保留暗化边，火山玻璃已脱玻化，两者总量小于40%；另有少量金属矿物，主要为磁铁矿等。

（2）灰绿色变火山角砾岩

变余凝灰结构、角砾状构造。岩石主要由蚀变基性火山角砾及凝灰质胶结物等组成。蚀变主要为绿泥石化、绿帘石化、阳起石化等。主要组分为单斜辉石（5%）、钠长石（20%～15%）、土状帘石＋绿帘石（10%）、绿泥石＋阳起石（25%～30%）、火山灰（35%～40%多为隐晶质集合体，有些变为绿泥石），钛铁矿、磁铁矿、榍石、方解石等少量（1%）。

（3）灰绿色气孔杏仁状变玄武岩

变余间粒结构、多斑结构，气孔杏仁状构造。岩石遭受强烈的绿泥石及帘石化，但仍可辨出原板柱状的斜长石格架间为粒状的辉石填充。斜长石几乎全被绿泥石及帘石交代（两者总计约75%），仅残余少量（＜10%），辉石（15%左右）也产生微弱的变化而变得模糊，但个别辉石斑晶极新鲜，在少数地方有石英（＜1%）析出，少量方解石（＜1%）沿裂隙呈脉状充填，气孔主要由纤维鳞片状、放射状绿泥石及葡萄石（＜1%）充填。

（4）灰绿色片理化碳酸盐化阳起石化变玄武岩

纤维状变晶变余斑状结构，平行构造。岩石主要由斑晶和基质两部分组成。斑晶为单斜辉石（＜5%），沿解理及裂纹被方解石交代。基质基本上变成纤维状阳起石（50%）、绿帘石（10%）及绿泥石（5%）等。阳起石显定向平行排列，纤维中可见蓝闪石（1%）。阳起石中还残留有大量骸晶钛铁矿（＜5%）、榍石（＜5%）、磁铁矿（1%）等。岩石孔隙及裂隙中均有钠长石（＜5%）和方解石（15%）充填交代。

（5）灰绿色绿帘阳起石片岩

粒状纤维状变晶结构或变余斑状结构，平行构造或变余杏仁构造。岩石主要由纤维状定向排列的阳起石（30%～50%）及细粒状绿帘石（15%～30%）等组成。绿帘石多呈单体，少部分呈集合体分布于阳起石纤维间；局部钠长石较多（5%～10%），分布于上述两种矿物间，也有呈脉状或充填于气孔中。铁泥质及土状帘石集合体（15%～20%）呈条纹条带，方向与平行构造一致。部分岩石中残留单斜辉石斑晶（＜5%），有时见少量绿泥石（5%）、变晶石英（＜5%）、葡萄石（＜5%）、钛铁矿、磁铁矿、榍石（＜5%）等。该类岩石中常见蓝闪石（＜1%）分布于纤维状阳起石中，有时见少量方解石（＜1%）呈脉状不均匀分布。

（6）灰绿色含蓝闪石变基性熔结凝灰岩

变余熔结凝灰结构。岩石主要由方解石（65%）、火山灰尘（15%）、绿泥石（10%）及少量钠长石、蓝闪石（5%）、次闪石、白云母、绿帘石、褐铁矿等组成。岩石遭受强烈的碳酸盐化，大部分火山岩屑已变为碳酸盐，残余部分大约可分三类，一为钠长石化叠加碳酸盐化，其中有纤维束状的蓝闪石分布；二为显微鳞片状、粒状、纤维状的绿泥石、绿帘石及蓝闪石杂乱集合体；三为鳞片状的绿泥石、纤维状的角闪石、蓝闪石以及星点状的铁矿物。胶结物为塑性玻璃及火山灰，呈焰状、皱纹状及流线状，显方向性排列，其中多气孔，玻璃质已脱玻化变为绿泥石，后被碳酸盐交代，气孔被碳酸盐充填，之后岩石受动力变质作用，碳酸盐矿物有碎裂现象，矿物多齿状镶嵌，双晶弯曲，波状消光。在胶结物条带中出现渐近变质矿物白云母、角闪石及蓝闪石，蓝闪石量虽不多，但广泛出现。

3. 岩石化学特征

测区晚三叠世变质火山岩的岩石化学分析数据及计算值见表3-3-1。表3-3-1中白头山两件玄武安山

岩样 SiO_2＝52.03%～53.42%，属偏中性的基性火山岩，而狮头山东变安山质火山角砾凝灰岩 SiO_2＝62.24%，属典型中性火山岩。其余样品 SiO_2 含量多在 45%左右，似属基性火山岩—超基性喷出岩。个别样品 SiO_2 含量小于 40%，可能反映本区变基性火山岩在遭受强烈变质过程中有部分 SiO_2 被交代逃逸。通过岩矿鉴定对比，可以看出凡 SiO_2 较低的样品均有较强的碳酸盐化等蚀变。CIPW 标准矿物组合复杂，主要为 Ab＋An＋Di，多数有 Or＋Hy＋Ol 等，均含少量 Ap＋Il，副矿物 Mt 较多。分析对比后可以看出晚三叠世变质火山岩具有以下岩石化学特征。

（1）在火山岩岩石化学分类的 TAS 图解（图 3-3-2）上，白头山西紫红色玄武安山岩（1、2 号样品）投入玄武粗安岩区。岗盖日地区的灰绿色绿帘阳起石片岩及钠长绿泥石片岩分别落入玄武岩区（10、11 号样）及副长石岩区（9 号样）；其中后者因岩石碳酸盐化强烈，造成 SiO_2 分析值偏低，而投入 F 区，实际上原岩 SiO_2 应略高，因此，该样仍由玄武岩变质而成。狮头山地区的变质火山岩多投于碧玄岩—碱玄岩区（8、12 号样）或接近于碧玄岩的玄武岩区（6 号样）及副长石岩区（7 号样）；其中该地 3、4 号样因成分特殊，碳酸盐化过于强烈，造成 SiO_2 分析值过低，而未能投入图中，但 Na_2O＋K_2O 的含量仍显示偏基性。狮头山 5 号样落入玄武岩区；狮头山东变安山质火山角砾凝灰岩（13 号样）则投入安山岩区。

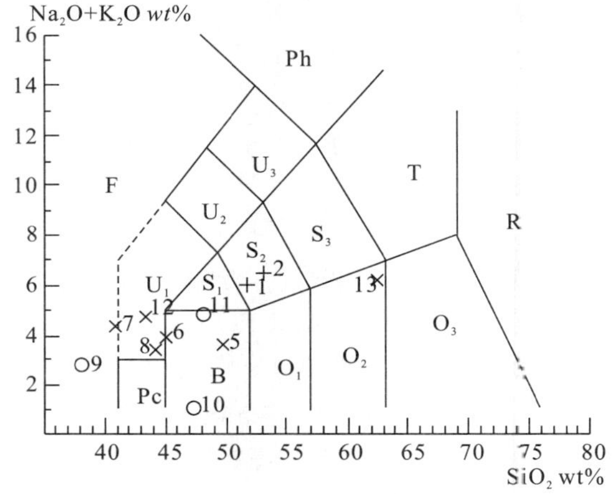

图 3-3-2　若拉岗日岩群变质火山岩 TAS 图解

（after Le Bas，1986）

F-副长石岩；Pc-苦橄玄武岩；B-玄武岩；O_1-玄武安山岩；O_2-安山岩；O_3-英安岩；S_1-粗面玄武岩；S_2-玄武粗安岩；S_3-粗安岩；T-粗面岩、粗面英安岩；R-流纹岩；U_1-碧玄岩、碱玄岩；U_2-响岩质碱玄岩；U_3-碱玄质响岩；Ph-响岩；○-岗盖日；＋-白头山；×-狮头山；图内 1～13 为样品序号

（图 3-3-3 至图 3-3-6 同）

（2）在区分火山岩系列的碱-二氧化硅图解（图 3-3-3）及 AFM 图解（图 3-3-4）中，白头山西紫红色玄武安山岩（1、2 号样品）落入碱性系列及钙碱性岩区；岗盖日地区的变质火山岩既有亚碱性系列（10 号样），又有碱性系列（9、11 号样），但在 AFM 图解上均落入拉斑玄武岩区；狮头山地区变质火山岩主要落入碱性系列及拉斑玄武岩区，个别落入亚碱性系列（5 号样）及钙碱性岩区（7、12 号样）；而狮头山东侧变安山质火山角砾凝灰岩（13 号样）则明显落入亚碱性系列的钙碱性岩区。

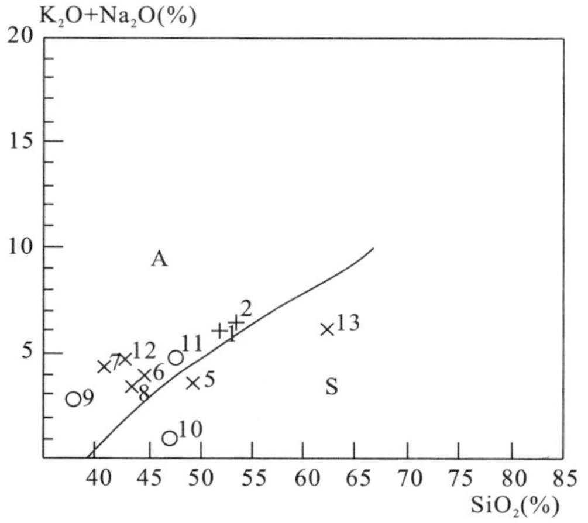

图 3-3-3　若拉岗日岩群变质火山岩碱-二氧化硅图解

（after T. N. Irvine 1971）

A-碱性区；S-亚碱性区；

○-岗盖日；＋-白头山；×-狮头山；图内 1～13 为样品序号

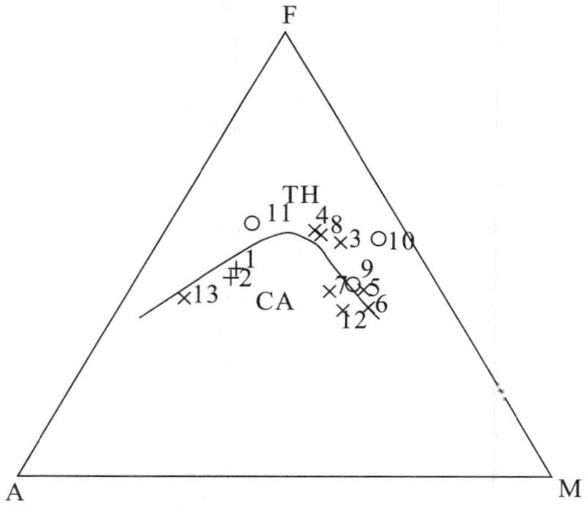

图 3-3-4　若拉岗日群变质火山岩 AFM 图解

（after T. N. Irvine 1971）

TH-拉斑玄武岩套；CA-钙-碱性岩套；

○-岗盖日；＋-白头山；×-狮头山；图内 1～13 为样品序号

（3）在区分火山岩钾钠类型的 An－Ab′－Or 图解（图 3-3-5）及 Na_2O-K_2O 图解（图 3-3-6）上，测区晚三叠世变质火山岩则基本投入钠质系列火山岩区，只有 3、4 号样品因原岩成分特殊及强烈变质，而产生 Na_2O、K_2O 成分的交代变化，在图 3-3-5 上未投入，而在图 3-3-6 上却投入高钾火山岩区，实际可能仍属钠质类型的火山岩。

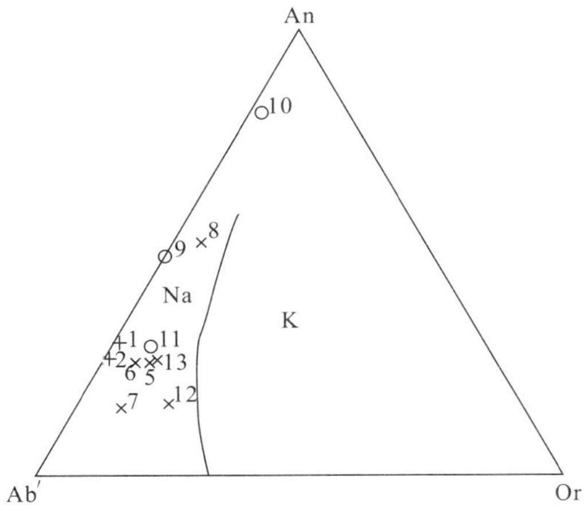

图 3-3-5　若拉岗日岩群变质火山岩 An－Ab′－Or 图解

（据 Irvine，1971）

Na－钠质系列火山岩；K－钾质系列火山岩

图内 1～13 为样品序号

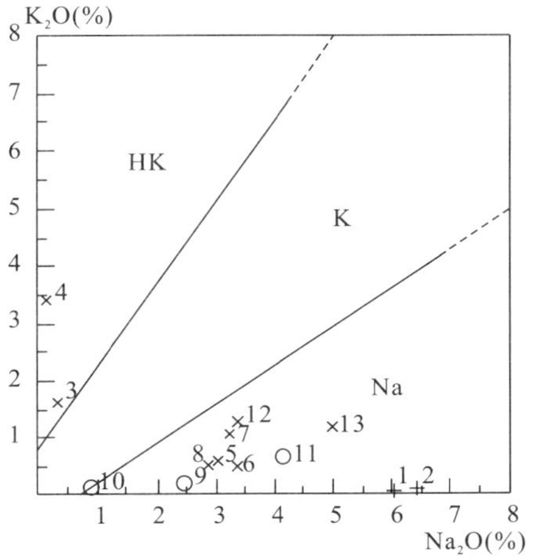

图 3-3-6　若拉岗日岩群变质火山岩钾钠质类型划分图解

（after E. A. K. Middlemost，1972）

HK－高钾类型；K－钾质类型；Na－钠质类型

图内 1～13 为样品序号

（4）综合对比测区晚三叠世变质火山岩的岩石化学特征，可以看出：白头山西侧紫红色安山岩及狮头山东变火山角砾凝灰岩具有岛弧火山岩的岩石类型及系列特征；而岗盖日地区的变质火山岩则具有洋脊玄武岩的一般特征；狮头山地区的变质火山岩总体与洋岛玄武岩的岩石类型及系列特征接近。三地变质火山岩所反映出的富钠质特征，则符合它们所产出的洋脊—洋岛—岛弧地质背景。

4. 地球化学特征

（1）稀土元素特征

测区晚三叠世变质火山岩稀土元素及其计算值见表 3-3-2，稀土元素配分见图 3-3-7A、B、C，从中可以看出：

1）白头山西紫红色玄武安山岩（1、2 号样）、岗盖日 11 号样品及狮头山东变安山质火山角砾岩（13 号样）稀土总量较高（$\Sigma REE=153.19\times10^{-6}\sim226.36\times10^{-6}$），稀土配分（图 3-3-7A）为轻稀土富集的右倾型，轻稀土分馏明显，重稀土分馏不明显，$(La/Lu)_N=4.44\sim10.34$，类似岛弧安山玄武岩的稀土配分特征。

2）岗盖日地区变质火山岩（9、10 号样品）稀土总量相对较低（$\Sigma REE=61.52\times10^{-6}\sim113.33\times10^{-6}$），稀土配分（图 3-3-7B）呈轻稀土弱富集的右倾平坦型，Eu 具弱的负异常，$(La/Yb)_N=2.10\sim5.03$，与过渡型（T 型）洋中脊玄武岩的稀土配分型式相似。

3）狮头山地区变质火山岩（3—8 号、12 号样品）稀土总量较岗盖日地区略高（$\Sigma REE=122.63\times10^{-6}\sim335.28\times10^{-6}$），稀土配分型式（图 3-3-7C）呈轻稀土强烈富集的右倾型，轻、重稀土分馏均较明显，Eu 不具异常。$(La/Yb)_N$ 及 $(Ce/Yb)_N$ 比值总体较高，类似于洋岛碱性玄武岩的稀土配分特征。

（2）微量元素特征

测区晚三叠世变火山岩微量元素值（表 3-3-3）及蛛网图（图 3-3-8A、B、C）可以看出：

1）白头山西紫红色玄武安山岩（1、2 号样）、岗盖日地区 11 号样及狮头山东变安山质火山角砾凝灰岩（13 号样）的微量元素分布呈右倾的不规则锯齿状，类似岛弧火山岩的微量元素曲线分配型式。它们均不同程度富集 Rb、Ba、Th、Ta、Nb、Ce、P、Zr、Hf、Sm，而亏损 Yb、Sc、Cr。其中，白头山的 1、2 号样还出现 K、Ti、Y 亏损，岗盖日 11 号样则富 K、Ti，而狮头山东的 13 号样虽富 K，

表 3-3-1　若拉岗日岩群变质火山岩主量元素分析数据及 BIPW 标准矿物计算值

				SiO_2	TiO_2	Al_2O_3	Fe_2O_3	FeO	MnO	MgO	CaO	Na_2O	K_2O	P_2O_5	烧失量	Σ
1	D7532 - C2	白头山西	变玄武安山岩	52.03	1.29	18.55	8.78	0	0.07	2.94	6.73	6.02	0.09	0.34	3.53	100.37
2	D7532GS2	白头山西	变玄武安山岩	53.42	1.18	18.14	7.85	0.59	0.072	3.05	5.54	6.40	0.11	0.44	3.63	100.42
3	STP1GS1	狮头山	变基性熔结凝灰岩	26.38	1.53	7.41	4.05	3.94	0.11	5.00	25.13	0.32	1.64	0.22	24.62	100.35
4	STP7GS1	狮头山	碳酸盐化阳起石化变玄武岩	30.02	3.79	12.16	9.21	2.98	0.12	5.67	16.99	0.14	3.42	0.92	14.35	99.77
5	STP11GS1	狮头山	变辉石玄武岩	49.40	1.97	9.49	3.82	6.66	0.16	10.60	8.10	3.03	0.60	0.24	5.54	99.61
6	STP13GS1	狮头山	碳酸盐化阳起石化变玄武岩	44.82	2.56	10.09	5.80	4.09	0.11	11.48	8.79	3.34	0.49	0.42	7.38	99.37
7	STP17GS1	狮头山	变辉石玄武岩	40.65	2.06	8.63	6.30	2.74	0.10	7.66	15.80	3.24	1.07	0.64	10.58	99.47
8	STP24GS1	狮头山	变玄武岩	43.80	2.57	17.01	6.73	4.93	0.16	6.01	10.81	2.87	0.51	0.32	3.85	99.57
9	DBP10GS1	岗盖日	钠长绿泥石片岩	37.96	0.67	12.28	3.49	4.32	0.24	7.19	14.55	2.49	0.23	0.087	15.8	99.31
10	DBP13GS1	岗盖日	绿帘阳起石片岩	46.98	1.22	15.51	5.53	4.00	0.15	6.86	14.94	0.87	0.14	0.24	2.90	99.34
11	D4113GS1	岗盖日	绿帘阳起石片岩	47.84	1.81	13.71	5.56	4.91	0.18	2.70	8.19	4.13	0.68	1.00	8.54	99.25
12	D8051GS1	狮头山西	变玄武岩	43.04	2.08	9.61	6.64	2.55	0.11	9.80	11.96	3.40	1.28	0.38	8.58	99.43
13	D9073GS1	狮头山东	变安山质火山角砾凝灰岩	62.24	0.87	16.06	4.32	1.07	0.076	1.36	4.30	4.97	1.18	0.26	3.06	99.77

表 3-3-2　若拉岗日岩群变质火山岩稀土元素分析结果及部分特征参数

样品	稀土元素原始数据 $w_B(\times10^{-6})$															特征参数				
序号	La	Ce	Pr	Nd	Sm	Eu	Gd	Tb	Dy	Ho	Er	Tm	Yb	Lu	Y	$\Sigma REE(\times10^{-6})$	δEu	$(La/Yb)_N$	$(Ce/Yb)_N$	$(La/Lu)_N$
1	38.79	75.66	8.89	32.23	5.80	1.76	5.40	0.74	4.44	0.89	2.44	0.36	2.33	0.40	20.75	200.87	0.95	10.94	8.26	9.95
2	40.40	82.20	10.10	38.10	7.04	1.86	6.68	0.95	4.83	0.95	3.10	0.38	2.57	0.40	26.80	226.36	0.82	10.36	8.16	10.34
3	41.40	65.70	8.40	31.40	5.49	1.62	4.96	0.69	3.27	0.56	1.72	0.17	1.13	0.15	16.80	183.46	0.94	24.12	14.83	28.23
4	66.50	127.00	15.60	59.50	11.30	3.28	9.66	1.35	6.13	1.01	3.08	0.30	1.91	0.26	28.40	335.28	0.94	22.94	16.96	26.18
5	22.90	47.80	6.24	25.10	5.59	1.69	4.69	0.82	4.39	0.77	2.29	0.26	1.70	0.23	21.60	146.07	0.99	8.87	7.17	10.20
6	37.40	71.80	8.93	34.40	6.22	1.95	5.35	0.72	3.30	0.54	1.73	0.17	1.13	0.15	15.20	188.99	1.02	21.79	16.20	25.50
7	27.60	51.90	6.97	27.80	5.52	1.62	4.42	0.67	3.16	0.54	1.60	0.17	1.04	0.15	15.50	148.66	0.98	17.47	12.72	18.82
8	18.30	37.10	5.01	21.50	4.96	1.68	4.12	0.73	4.03	0.73	2.15	0.25	1.63	0.24	20.20	122.63	1.11	7.39	5.80	7.81
9	6.28	13.10	1.78	7.92	2.15	0.70	1.86	0.45	3.01	0.64	2.06	0.29	1.97	0.31	19.00	61.52	1.05	2.10	1.70	2.07
10	16.50	32.00	4.17	17.10	3.96	1.31	3.39	0.69	4.13	0.81	2.47	0.32	2.16	0.32	24.00	113.33	1.08	5.03	3.78	5.28
11	36.90	72.00	9.14	35.20	6.67	2.78	6.16	0.97	5.22	1.02	3.38	0.41	2.79	0.43	30.00	213.07	1.32	8.72	6.59	8.79
12	38.00	69.90	8.62	32.20	5.89	1.78	5.18	0.70	3.20	0.55	1.71	0.18	1.15	0.16	15.40	184.62	0.97	21.76	15.5	24.34
13	21.70	42.20	5.55	22.80	5.38	1.41	4.52	0.91	5.48	1.12	3.58	0.49	3.25	0.50	34.30	153.19	0.86	4.40	3.31	4.44

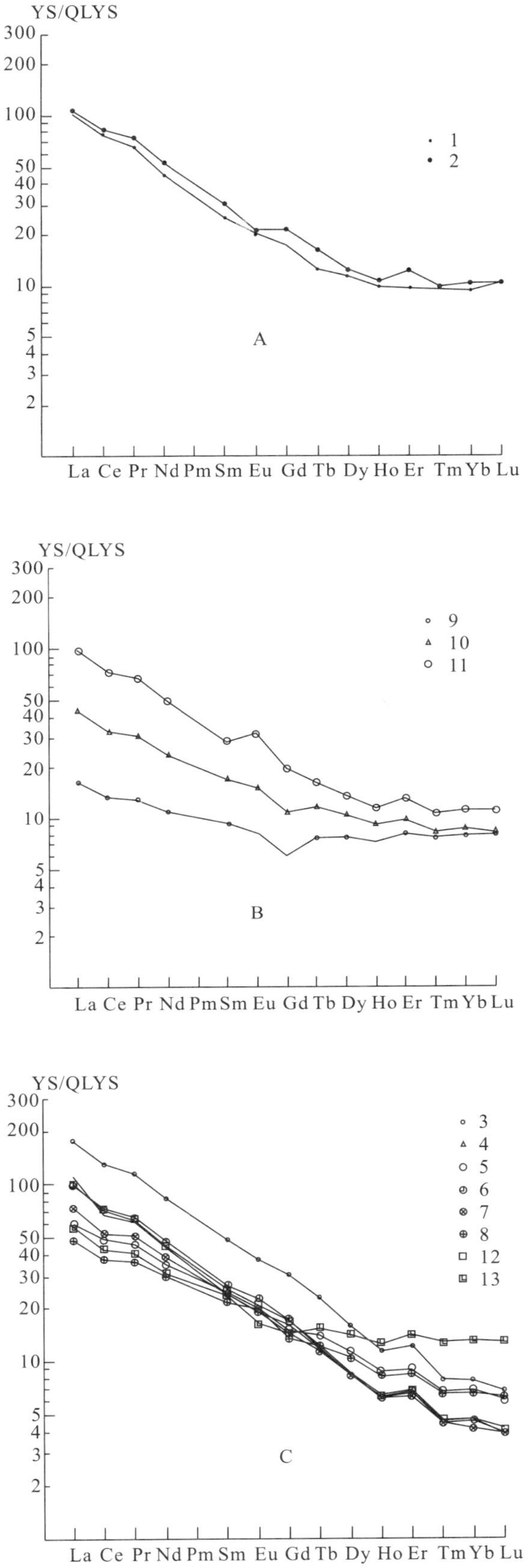

图 3-3-7 若拉岗日岩群变质火山岩稀土配分模式

(after Coryell，1963)

A-白头山；B-岗盖日；C-狮头山；图内 1—13-样品序号

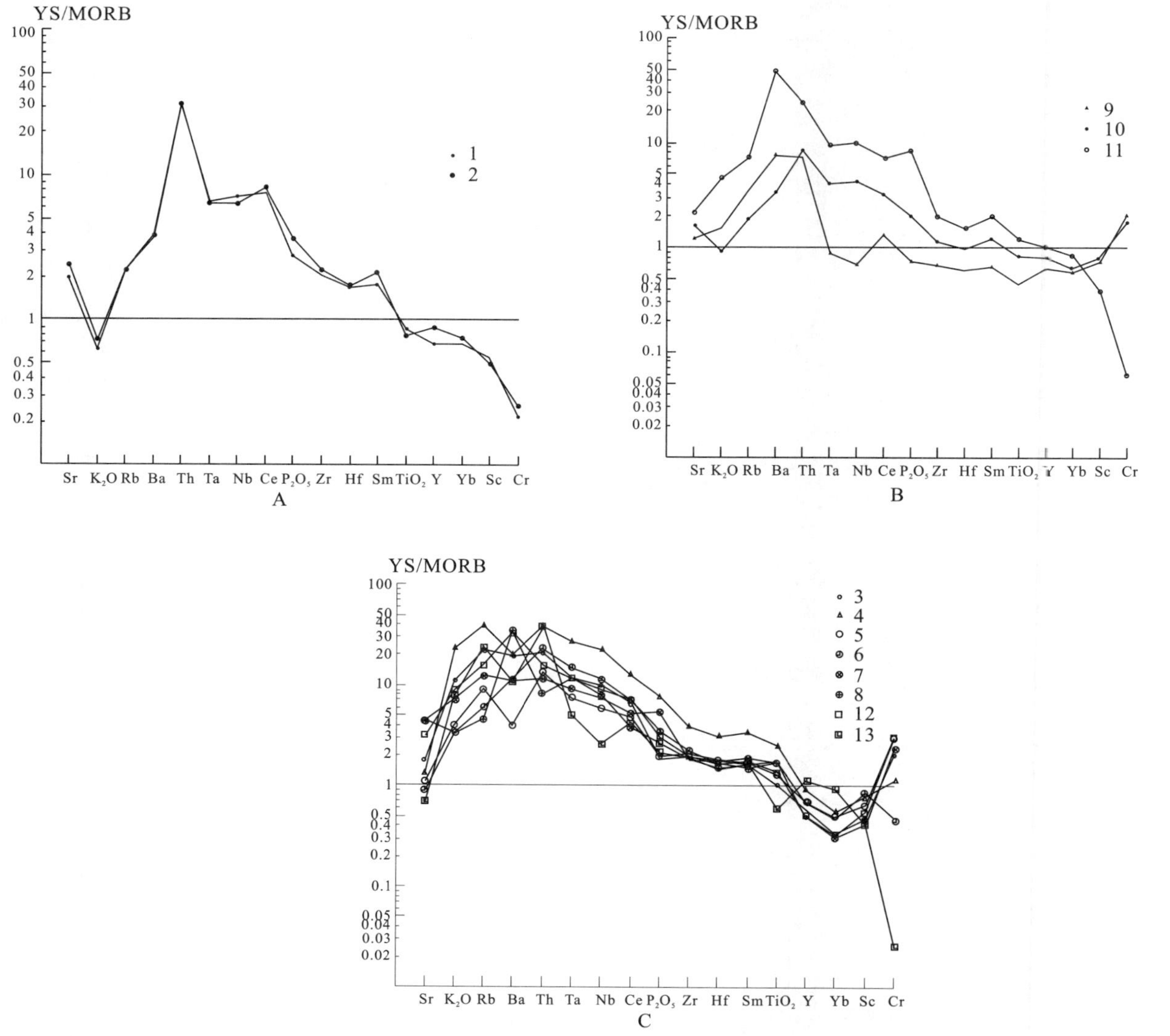

图 3-3-8　若拉岗日岩群变质火山岩稀土配分模式（after Pearce，1982）

A-白头山；B-岗盖日；C-狮头山；1～13-样品序号

表 3-3-3　若拉岗日岩群变质火山岩微量元素分析结果 w_B（$\times10^{-6}$）

样品序号	Rb	Sr	Ba	Nb	Ta	Zr	Hf	Th	Cr	Sc	U	K	Ti	P
1	4.40	241	74.1	24.8	1.18	185	4.07	6.14	54.2	22.2	0.96	780	7 714	1 471
2	4.42	290	77.0	22.5	1.16	201	4.14	6.26	63.9	21.2	0.78	913	7 073	1 920
3	43.4	214	382	34.9	2.20	171	3.55	4.21	516	19.0	0.60	13 614	9 171	960
4	77.0	157	396	78.8	4.93	358	7.46	7.73	287	31.5	0.79	28 391	23 718	4 015
5	18.3	135	78.9	20.5	1.36	187	4.40	2.73	744	25.7	0.54	4 981	11 808	1 047
6	11.9	107	231	40.4	2.67	203	4.28	4.61	758	21.8	0.81	4 068	15 345	1 833
7	24.8	525	223	26.1	1.65	169	3.59	2.35	594	16.7	0.50	8 883	12 348	2 793
8	9.11	531	692	27.9	2.13	168	4.16	1.63	118	34.6	0.40	4 234	15 405	1 397
9	7.04	144	150	2.37	0.16	60.4	1.46	1.43	509	29.5	0.27	1 909	4 016	380
10	3.68	194	66.2	14.7	0.74	103	2.37	1.67	437	31.3	0.30	1 162	7 313	1 047
11	14.10	259	935	34.2	1.73	179	3.66	4.83	15.30	15.6	0.71	5 645	10 849	4 364
12	31.80	380	653	32.2	2.13	181	3.91	3.21	782	21.9	0.66	10 626	12 468	1 658
13	47.00	82.60	210	9.26	0.89	170	4.26	7.39	6.57	16.8	1.22	9 796	5 215	1 135

注：1号样由中科院广州地化所分析测试，2～13号样由中国地质科学院地质研究所分析测试。其中K、Ti、P数据为据岩石主量元素分析所得氧化物含量计算求得的阳离子元素丰度（$\times10^{-6}$）。

但 Sr、Ti 亏损，Y 高于上两地样品；表现为不同岩浆系列岛弧火山岩的微量元素分布特征，分别具有偏拉斑及富钾两个端元方向的火山岩特点。其差异可能代表了它们受不同的岩浆源控制，这与其岩性特征及在空间上相距较远的实际情况较吻合。

2）岗盖日地区 9、10 号样品微量元素总量偏低，配分曲线呈现相对平坦的跳跃型式，Ba、Th、Cr 等明显富集，而 Hf、Yb、Ti 小量亏损，Rb、K、Zr、Sm 等总体较低或亏损，显示过渡型洋中脊火山岩的特点。

3）狮头山地区变质火山岩（3—8 号、12 号样品）明显富集强—中等不相容元素 K、Rb、Th、Ta、Nb、Ce、P、Zr、Hf、Sm 及弱不相容元素 Ti、过亲岩浆元素 Cr，而亏损 Y、Yb、Sc。其微量元素配分曲线呈现峰、坡、谷基本吻合一致的俯卧 S 型，特征与洋岛型火山岩的微量元素配分型式接近。

5. 构造环境判别

用晚三叠世变质火山岩主量与微量元素进行构造环境判别投影（图 3-3-9 至图 3-3-12），可以看出：

1）白头山西 1、2 号样品在区分玄武岩构造环境的 F1 - F2 图上（图 3-3-9）落入 CAB+LKT 区；在（FeO/MgO）- TiO_2 图上（图 3-3-10）落入 IAT 区；在 Ti/100 - Zr - Sr/2 图解（图 3-3-11）及 Hf/3 - Th - Ta 图解（图 3-3-12）上分别落入 B 区和 D 区；在 Ti - Zr - 3Y 图解（图 3-3-13）及 Ti - Cr 图解（图 3-3-14）上分别落入 LKT 区及 IAT 区；均显示属岛弧火山岩。

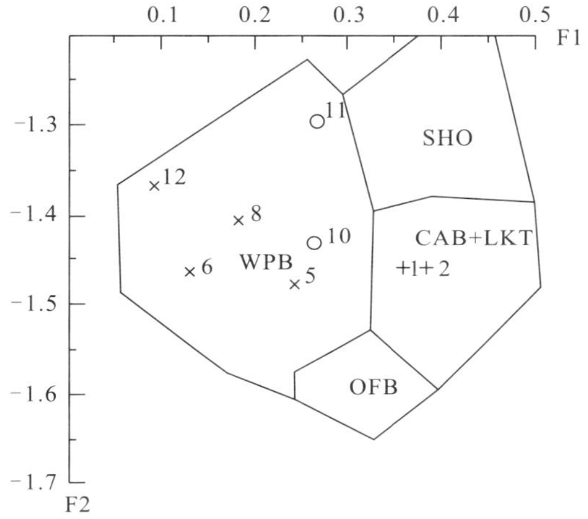

图 3-3-9 若拉岗日岩群火山岩 F1 - F2 判别图解
(after J. K. Pearce, 1976)
WPB-板块内玄武岩；OFB-大洋底玄武岩；
LKT-岛弧拉斑玄武岩；CAB-钙碱质玄武岩；SHO-钾玄岩；
○-岗盖日；+-白头山；×-狮头山；
图内 1～12 为样品序号

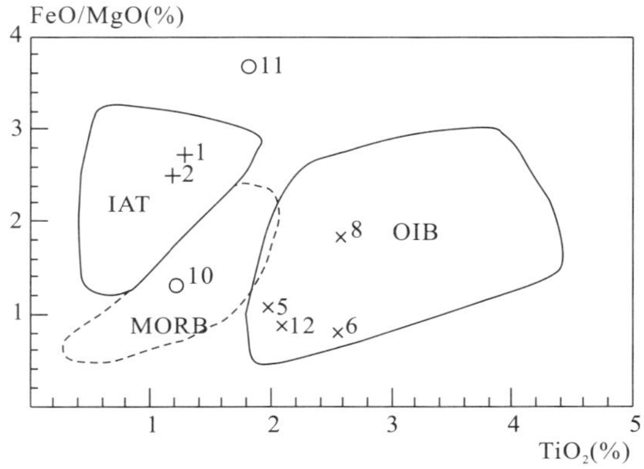

图 3-3-10 若拉岗日岩群变质火山岩
FeO/MgO - TiO_2 图解
(after Glassily, 1974)
MORB-洋中脊拉斑玄武岩；OIB-洋岛拉斑玄武岩；
IAT-岛弧拉斑玄武岩；
○-岗盖日；+-白头山；×-狮头山；
图内 1～12 为样品序号

2）岗盖日地区 10、11 号样在 F1 - F2 图上（图 3-3-9）落入 WPB 区，即板块内玄武岩区；在 FeO/MgO - TiO_2 图上（图 3-3-10）10 号样落入洋中脊火山岩区（MORB 区）；在 Ti/100 - Zr - Sr/2 图解上（图 3-3-11）两样落入 C 区，即洋脊火山岩区；而在 Hf/3 - Th - Ta 图解上（图 3-3-12），10 号样落入异常型洋脊火山岩区（B 区），11 号样落入 B、C 区附近，显示有陆壳物质的混染；在 Ti/100 - Zr - 3Y 图解（图 3-3-13）及 Ti - Cr 图解（图 3-3-14）上两样均落入 OFB 区；总体反映属洋脊火山岩。

3）代表狮头山变质火山岩的 5、6、8、12 号样品在图 3-3-9 中落入板内玄武岩区（WPB 区）；在图 3-3-10 中落入洋岛玄武岩区（OIB 区）；在图 3-3-11 中则分别落入 A、B、C 区边缘；在图 3-3-12 中主要落入 C 区（6、8、12 号样），5 号样落入 B 区，显示与附近洋脊演化可能有一定关系；在图 3-3-13、图 3-3-14 中则全部落入 OFB 区；总体反映属大洋板内洋岛火山岩。

综合地质特征、岩石组合、岩石化学和地球化学信息可以看出，测区晚三叠世变质火山岩组成复杂，具多种构造属性，其中既有洋脊型火山岩，又有洋岛型火山岩和典型岛弧火山岩，它们在测区北部

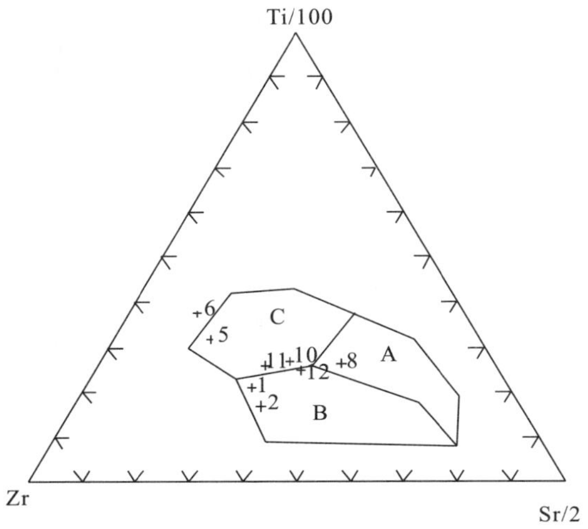

图 3-3-11　若拉岗日岩群变质火山岩 Ti/100－Zr－Sr/2 图解

(after Pearce & Cann, 1973)

A－岛弧拉斑玄武岩；B－钙碱性玄武岩（岛弧）；

C－洋脊拉斑玄武岩；

○－岗盖日；＋－白头山；×－狮头山；

图内 1～12 为样品序号

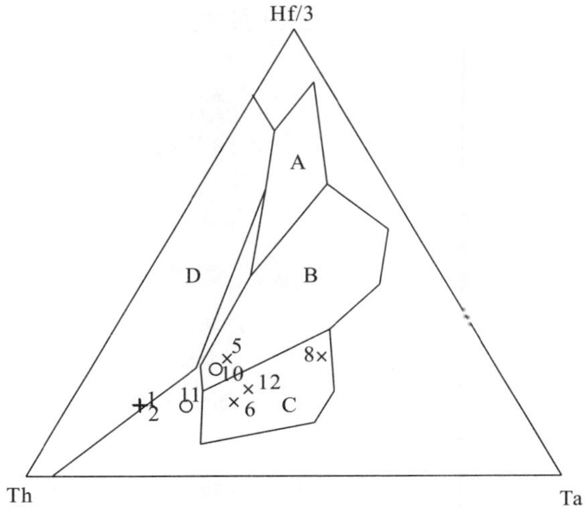

图 3-3-12　若拉岗日岩群变质火山岩 Hf/3－Th－Ta 图解

(after Wood, 1980)

○－岗盖日；＋－白头山；×－狮头山；

A－正常型洋脊拉斑玄武岩；B－异常型洋脊拉斑玄武岩和板内拉斑玄武岩及其分异产物；C－板内碱性玄武岩及其分异产物；D－板边岛弧玄武岩（破坏性板块边缘）及其分异产物；B 区与 C 区分界的 Hf/Th 比为 2.5，没有被陆壳混染的板内碱性熔岩多在 C 区，少数在 B 区。图内 1～12 为样品序号

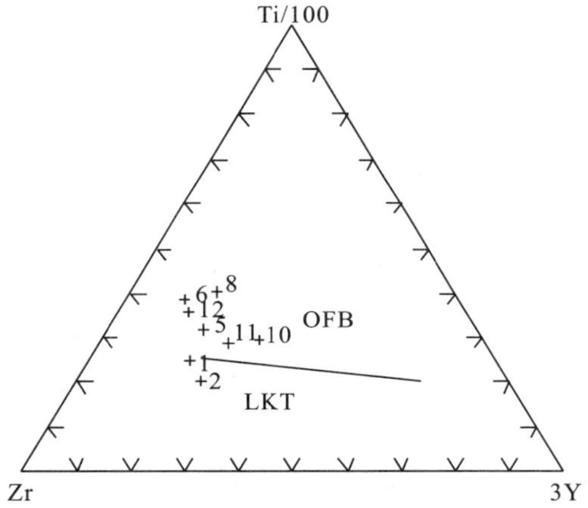

图 3-3-13　若拉岗日岩群变质火山岩 Ti/100－Zr－3Y 图解

(after Pearce & Cann, 1973)

OFB－大洋玄武岩；LKT－岛弧拉斑玄武岩；

图内 1～12 为样品序号

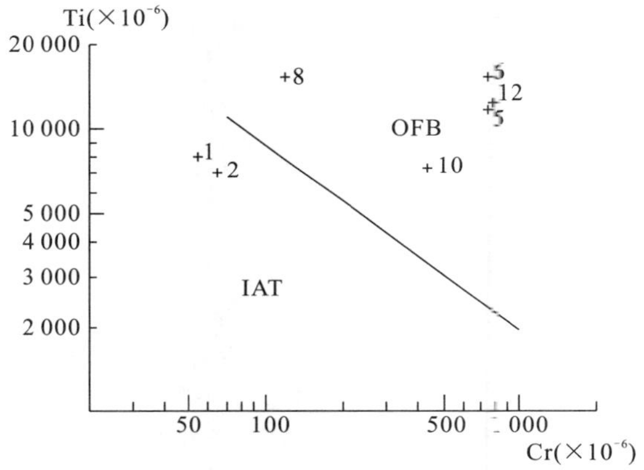

图 3-3-14　若拉岗日群变质火山岩 Ti－Cr 图解

(after Pearce, 1975)

OFB－洋底玄武岩；IAT－岛弧拉斑玄武岩；

图内 1～12 为样品序号

不同地段分别与硅质岩、超基性岩或大理岩等相伴，构成了白头山弧火山岩片、以洋脊型玄武岩为主夹硅质岩、超基性岩组成的岗盖日蛇绿混杂岩片及以洋岛型火山岩为主夹碳酸盐岩块的狮头山海山岩片，从而表明测区若拉岗日岩群为一套不同构造属性的火山岩与大理岩、硅质岩、超基性岩等相伴组成的构造混杂岩。

本次区调在狮头山采变玄武岩样（STP24GS1），获得 Ar－Ar 法同位素年龄 201±4Ma。综合若拉岗日岩群变质火山岩地质、岩石化学和地球化学等特征，本报告认为其形成时代为晚三叠世。

二、新生代火山岩

新生代火山岩发育是测区乃至整个羌塘地区一大特色。测区内新生代火山岩出露总面积约

2 300km²（图 3-1-1、图 3-3-1）；主要分布于强仁温杂日—跃进拉、多格错仁东南—东月湖—波涛湖、沙窝滩—恒梁湖—永波湖、多格错仁东—玉带山等地；多以大面积分布的熔岩被形式产出，部分呈熔岩台地、熔岩残丘或平顶山、桌状山、锥状火山等熔岩地貌。

新生代火山岩以喷溢相熔岩为主，爆发相火山碎屑岩极少；喷发方式主要为中心式溢流；喷发韵律不甚明显，多呈渐变过渡、重复出现的相变形式（图 3-3-15、图 3-3-16、图 3-3-17）；单个韵律厚几米至十几米。火山岩岩性总体为一套中酸性熔岩，基性组分及火山碎屑岩极少；岩石中气孔构造发育，并见熔渣状构造等，部分代表了原生流动特点。熔岩直接覆盖于高原夷平面之上，喷发不整合界线清楚（图 3-3-18 至图 3-3-22），下伏地层包括三叠系、侏罗系、侏罗系-白垩系、古近系等沉积岩系。

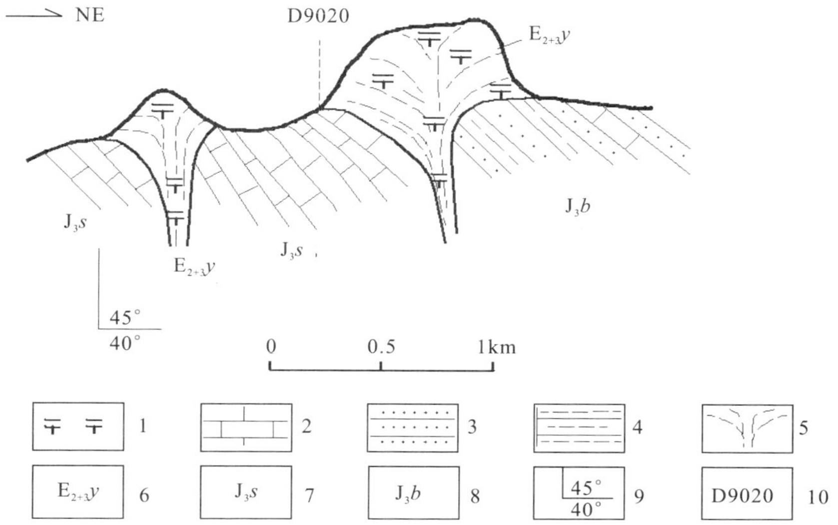

图 3-3-15　长水河西南鱼鳞山组火山岩产出状态及喷发特征

1-粗面岩；2-灰岩；3-砂岩；4-泥岩；5-喷发韵律；
6-鱼鳞山组；7-索瓦组；8-白龙冰河组；9-产状；10-地质点号

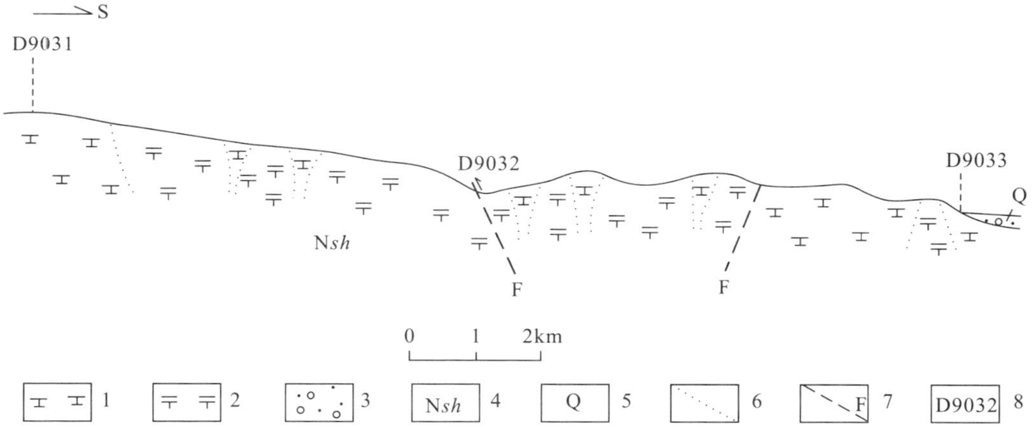

图 3-3-16　沙窝滩石坪顶组火山岩多中心喷发特征

1-粗面岩；2-粗安岩；3-砂砾石；4-石坪顶组；5-第四系；6-岩相界线；7-推测断层；8-地质点号

新生代火山岩在 ETM 遥感影像上呈蓝绿—蓝黑色主色调，见灰黑、暗灰绿、灰白及鲜红等色斑，表面粗糙，水系不甚发育，且分布无一定规律，大型熔岩被上小湖泊星罗棋布。新生代火山岩的影像特征使其与围岩接触界线清晰，在卫星遥感图像上容易识别，并能清楚地勾绘出其轮廓。

根据同位素测年资料（表 3-3-4），测区新生代火山岩在时间上可大致划分为两期。早期活动时间主要为 32.6～43.4Ma，古近纪始新世—渐新世火山岩统归为鱼鳞山组（$E_{2+3}y$）；晚期活动时间小于 10Ma，

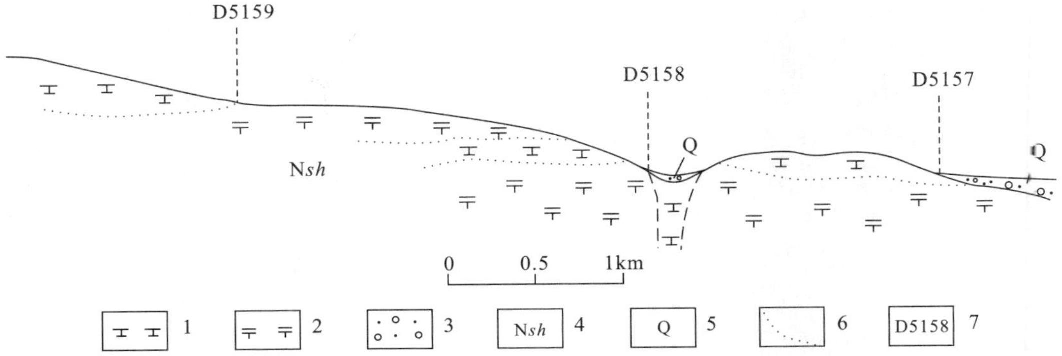

图 3-3-17　沙窝滩石坪顶组火山岩中心式喷发及其韵律特征

1-粗面岩；2-粗安岩；3-砂砾石；4-石坪顶组；5-第四系；6-岩相界线；7-地质点号

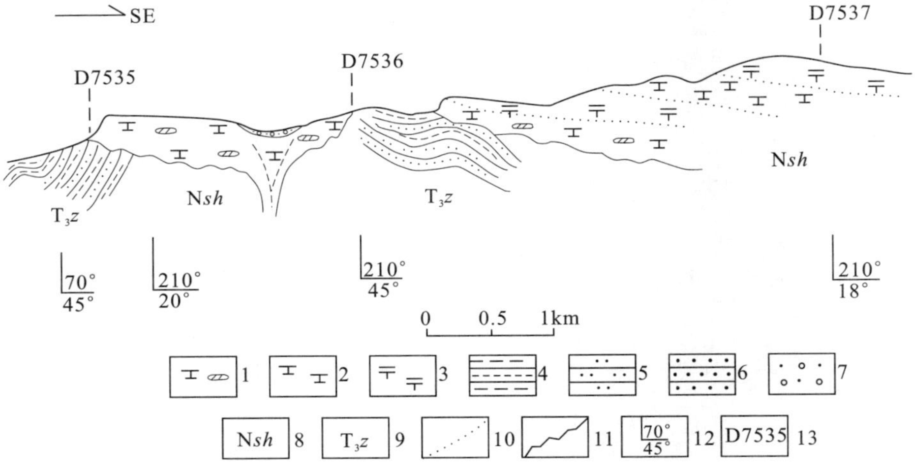

图 3-3-18　测区北部石坪顶组（N*sh*）火山岩喷发不整合于藏夏河组（T_3z）之上

1-气孔状粗面岩；2-粗面岩；3-粗安岩；4-泥岩；5-粉砂岩；6-砂岩；7-砂砾石；
8-石坪顶组；9-藏夏河组；10-岩相界线；11-喷发不整合界线；12-产状；13-地质点号

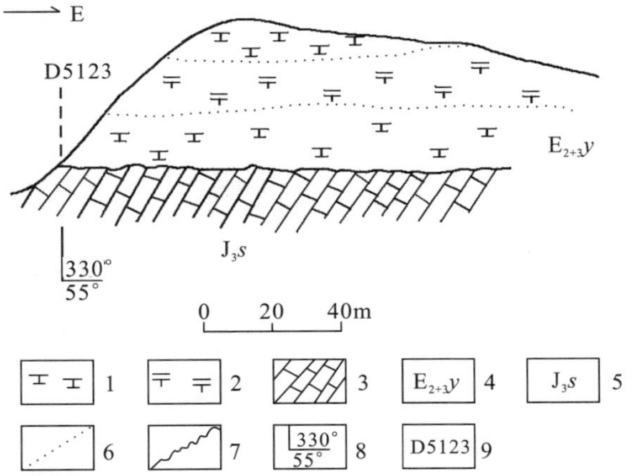

图 3-3-19　东月湖西北鱼鳞山组（$E_{2+3}y$）火山岩喷发不整合于索瓦组（J_3s）之上

1-粗面岩；2-粗安岩；3-灰岩；4-鱼鳞山组；
5-索瓦组；6-岩相界线；7-喷发不整合界线；
8-产状；9-地质点号

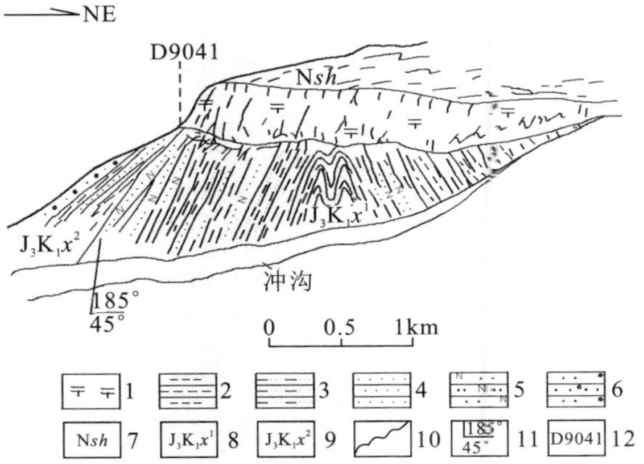

图 3-3-20　测区北部沙窝滩石坪顶组火山熔岩被喷发不整合于雪山组之上

1-粗安岩；2-泥岩；3-泥质细砂岩；4-砂岩；
5-长石砂岩；6-砂砾岩；7-石坪顶组；
8-雪山组一段；9-雪山组二段；10-喷发不整合界线；
11-产状；12-地质点号

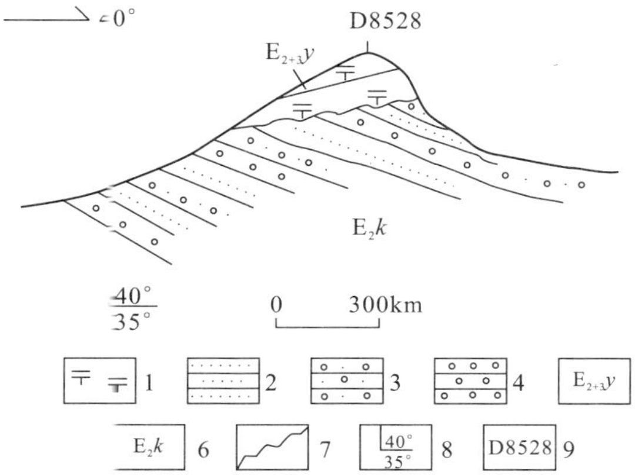

图 3-3-21 测区西南部鱼鳞山组（$E_{2+3}y$）火山岩喷发不整合于康托组 E_2k 之上

1-粗面岩；2-砂岩；3-砂砾岩；4-砾岩；5-鱼鳞山组；6-康托组；7-喷发不整合；8-产状；9-地质点号

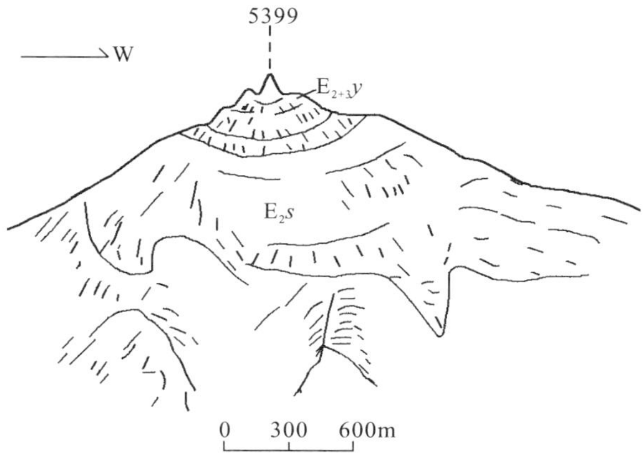

图 3-3-22 东温泉东 5399 高地鱼鳞山组（$E_{2+3}y$）火山锥及其与唢呐湖组（E_2s）喷发不整合接触关系

表 3-3-4 测区新生代火山岩同位素年龄数据

序号	样号	岩性	岩区	测试年龄（Ma）	测试方法	资料来源
1	D5099N1	辉石安山岩	玉带山玉泉河北	35.00	K－Ar	本项目（2005）
2	D7537N1	英安岩	沙窝滩北西	8.76		
3	D7548N1	玄武岩	洪玉泉北	41.60		
4	D7560N1	紫红色安山岩	洪玉泉南	38.10		
5	D7562N1	黑耀岩	洪玉泉南	7.33		
6	D7562N2	黑色浮岩	洪玉泉南	7.23		
7	D8556N3	流纹岩	圆湖东	32.60		
8	D9031N1	玄武岩	沙窝滩东北	7.31		
9	D9031N2	安山岩	沙窝滩东北	7.45		
10	D9115N1	玄武岩	波涛湖西	38.10		
11	D9 29 N1	安山岩	波涛湖北	37.10		
12	D9 31 N1	流纹岩	波涛湖北	37.90		
13	D9 39 N1	粗面岩	蓝云峰	38.20		
14		粗安岩	多格错仁	40.80		江汉石油学院内部资料（1995）
15		粗安岩	多格错仁	43.40		
16		粗安岩	永波湖	41.40		
17		粗面岩	多格错仁北	2.50～3.20	$^{40}Ar-^{39}Ar$	吴珍汉（2002）
18		粗安岩	跃进拉	43.00		本项目（2005）

注：本项目 1～13 号样品均由国土资源部中南矿产资源检测中心测试。

主要集中于 7.23～8.76Ma 之间，个别为 2.5～3.2Ma，属新近纪中新世—上新世，填图单位划归为石坪顶组（Nsh）。石坪顶组与鱼鳞山组之间的接触关系在洪玉泉河东南 15km 处明显地表现为喷发不整合接触（图 3-3-23）。

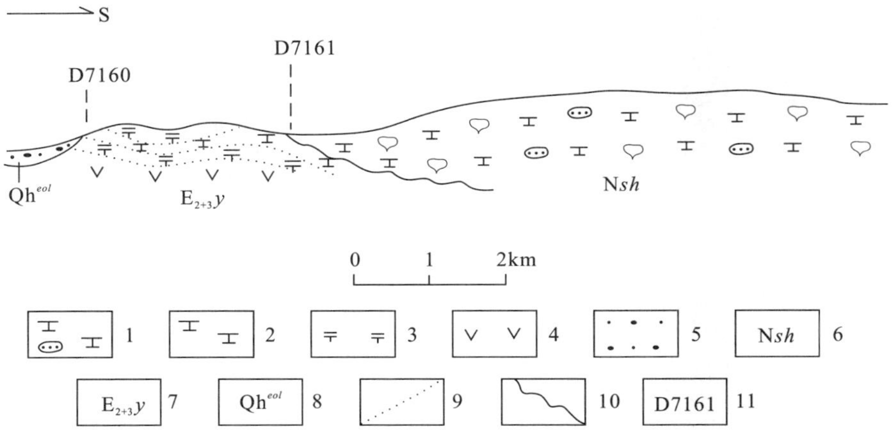

图 3-3-23　洪玉泉南新近纪火山岩喷发不整合于古近纪火山岩之上

1 -气孔杏仁状粗面岩；2 -粗面岩；3 -粗安岩；4 -安山岩；5 -砂砾石；6 -新近系石坪顶组；7 -古近系鱼鳞山组；8 -全新统风积堆积；9 -岩相界线；10 -喷发不整合界线；11 -地质点号

（一）古近纪火山岩

1. 地质特征

古近纪鱼鳞山组火山岩出露面积约 1 450km²，占测区新生代火山岩的 3/4（图 3-1-1），主要分布于向峰河中游、强仁温杂日、跃进拉、东月湖、甘桔湖、太平湖、波涛湖、多格错仁东、洪玉泉河沿岸、蓝云峰、月牙山东、红沙滩周边等地。根据其空间分布特征、岩石组合规律等，可大致划分为 3 个岩区。

（1）跃进拉岩区

主要包括向峰河中游、强仁温杂日—跃进口一带火山岩，总面积约 300km²。其中，前者为熔岩丘及熔岩台地；后者为中等规模的熔岩被，高低迭荡起伏，沟壑发育，厚 100～300m，南部延伸入吐错幅。该岩区火山岩喷发不整合于侏罗系布曲组、夏里组、索瓦组、白龙冰河组及古近系康托组和唢呐湖组之上。火山岩岩性主要为粗安岩和粗面岩，夹辉石安山岩及英安岩等，构成以喷溢相粗面质熔岩为主的喷发韵律。本项目在跃进拉北鱼鳞山组上段气孔状粗面安山岩中获得 43.0±0.9Ma（Ar - Ar 法）全岩同位素年龄值。1997 年成都环资所在开展 1∶10 万石油地质填图过程中，在跃进拉地区该套地层中共采获两组 K - Ar 同位素年龄值：32.6±0.8Ma 和 33.9±0.8Ma。因此，本项目将鱼鳞山组火山岩喷发时代厘定为始新世—渐新世。

（2）东月湖岩区

包括东月湖四周的甘桔湖、太平湖、波涛湖一带火山岩，主要呈大面积熔岩被及熔岩台地形式产出，见桌状山、熔岩残丘及火山锥等火山地貌，总面积约 1 000km²。熔岩被厚约 50～200m，表面相对开阔平缓，并分布较多小湖泊；熔岩台地多高出周围地层数十至百余米，又称熔岩高地，包括平顶山、桌状山等，其特点是顶部较平坦，周边陡峭，形如桌状；熔岩残丘及火山锥高几十至百余米。下伏地层主要为侏罗系索瓦组、白龙冰河组，局部喷发不整合于侏罗系—白垩系雪山组及古近系康托组、唢呐湖组之上。

该岩区火山岩岩石类型复杂多样，以深灰、灰黑色粗安岩、粗面岩为主，并有少量粗安岩、粗面玄武岩、玄武粗安岩、辉石安山岩、角闪安山岩、黑云母安山岩、安山质火山角砾熔岩等不均匀夹杂其间，显示喷发韵律组成相对复杂（图 3-3-24、图 3-3-25）。

经同位素年龄测定，洪玉泉河东南粗安岩及波涛湖西侧玄武粗安岩形成年龄均为 38.1Ma（表 3-3-4），东月湖北侧辉石安山岩形成年龄为 40.8～43.4Ma（K - Ar 法，江汉石油学院，1995）。

（3）玉带山岩区

主要指玉带山周边地区散布的一些较小的孤立火山岩体，包括多格错仁北东、红沙滩周边、洪玉泉

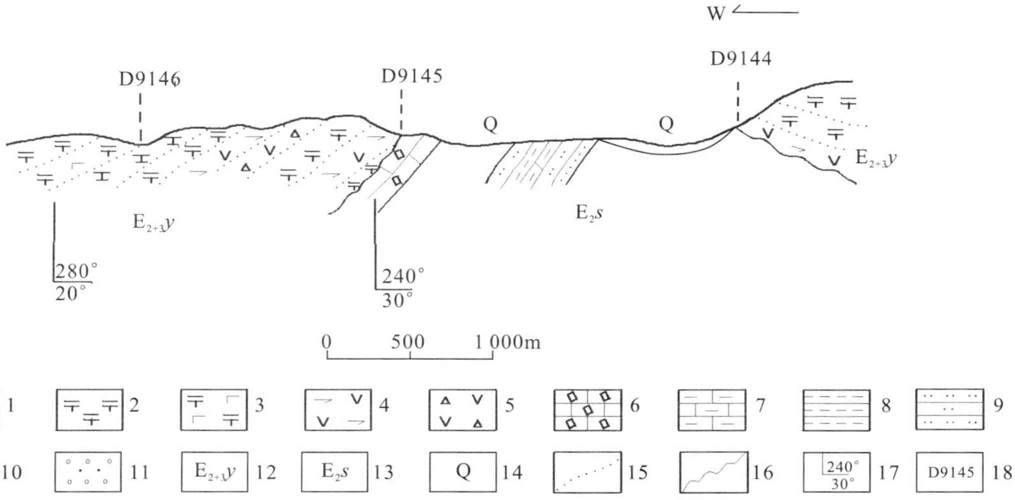

图 3-3-24　东月湖东南鱼鳞山组火山岩之产出状态及喷发韵律特征

1-粗面岩；2-粗安岩；3-玄武粗安岩；4-辉石安山岩；5-安山质火山角砾岩；6-膏灰岩；7-泥灰岩；8-泥岩；9-粉砂岩；10-砂岩；11-砂砾岩；12-鱼鳞山组；13-唢呐湖组；14-第四系；15-岩相界线；16-喷发不整合界线；17-产状；18-地质点号

河上游、蓝云峰、月牙山东等地分布的较小火山岩体。这些火山岩主要呈熔岩台地、熔岩残丘及火山锥形式产出（图 3-3-26、图 3-3-27），总面积约 150km²。其中，熔岩台地多呈顶部较平坦的平顶山、桌状山形状，四周陡立，高出围岩一百至几百米；熔岩残丘呈孤立的中、低山丘，出露面积一般几至几十平方千米，高数几至几百余米；火山锥大小高低不等，锥体较尖，坡度>50°，高几十至几百米。

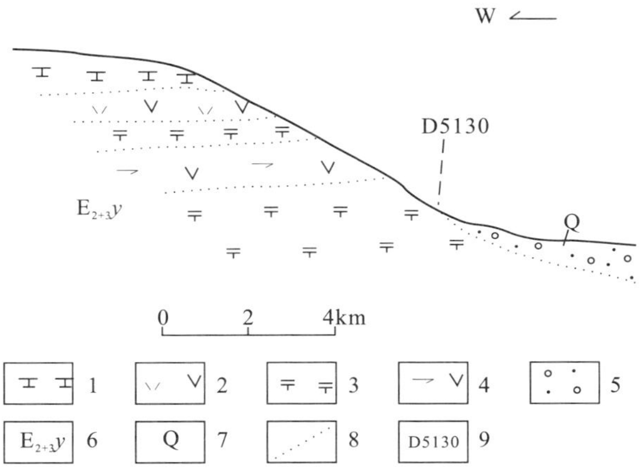

图 3-3-25　东月湖西南岸鱼鳞山组火山岩之喷发韵律特征

1-粗面岩；2-英安岩；3-粗安岩；4-辉石安山岩；5-砂砾石；6-鱼鳞山组；7-第四系；8-岩相界线；9-地质点号

玉带山岩区火山岩下伏地层主要为侏罗系白龙冰河组及侏罗系-白垩系雪山组，个别地段喷发不整合于侏罗系索瓦组及古近系康托组之上。

火山岩岩石类型较复杂，计有粗安岩、粗面岩、粗玄岩、辉石安山岩、角闪安山岩、英安岩、流纹岩等；单个火山岩体多呈单一岩性或 2～3 种岩石相伴出现，个别地段见英安质凝灰岩夹于其间，喷发韵律总体简单（图 3-3-28）。对不同岩石进行同位素年龄测定（表 3-3-4），所得结果略有一定差异：多格错仁北东辉石安山岩年龄为 41.60Ma，蓝云

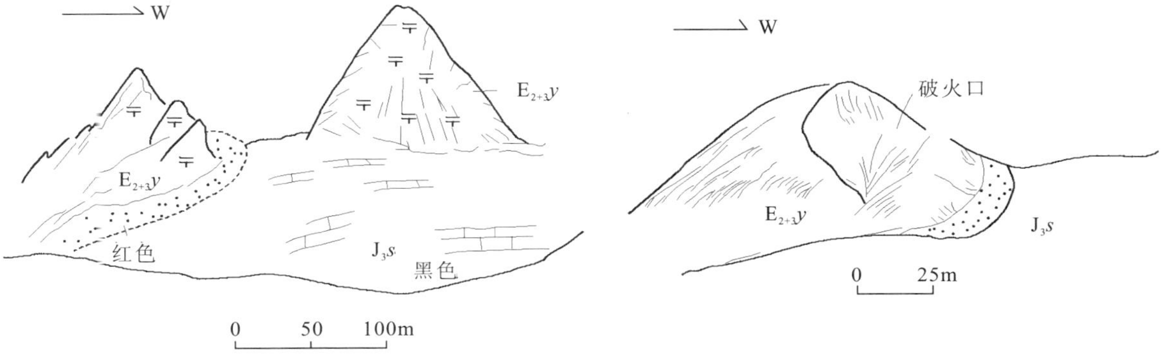

图 3-3-26　红沙滩鱼鳞山组（$E_{2+3}y$）火山岩锥状火山产出状态及火山机构特征

（右图为左图左半部的近景放大）

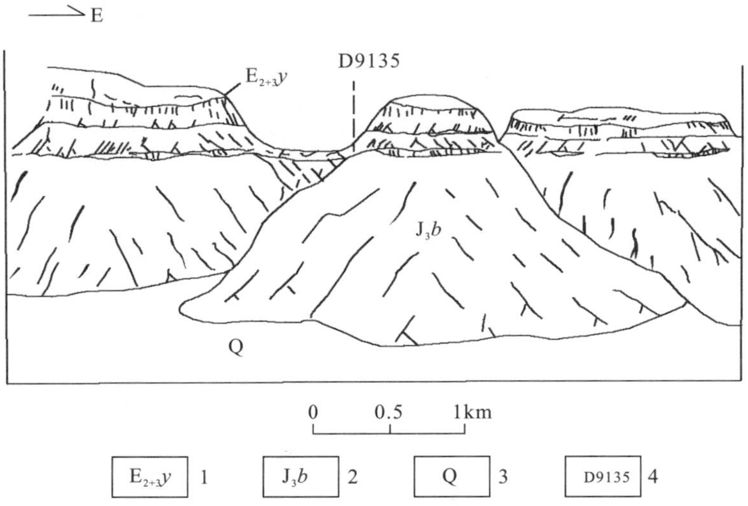

图 3-3-27　测区东部新生代火山岩熔岩台地景观
（$E_{2+3}y$ 喷发不整合于 J_3b 之上）
1-鱼鳞山组；2-白龙冰河组；3-第四系；4-地质点号

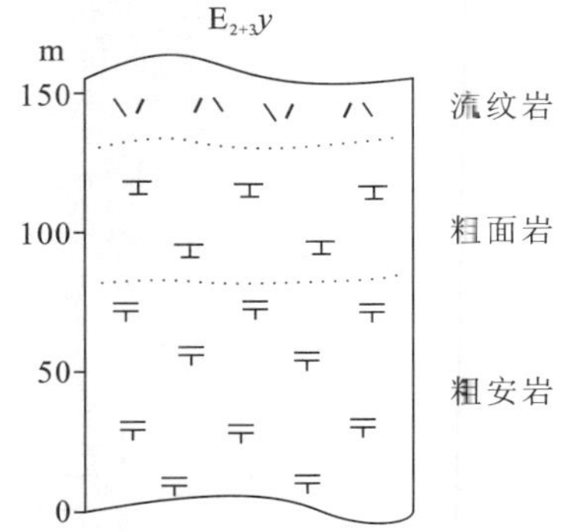

图 3-3-28　玉带山东南鱼鳞山组（$E_{2+3}y$）火山岩喷发韵律示意

峰粗安岩为 38.20Ma，月牙山东流纹岩为 37.90Ma，月牙山东及洪玉泉河上游粗面岩为 37.10～35.00Ma，红沙滩西（园湖东）英安岩及英安质凝灰岩年龄为 32.60～32.80Ma；火山岩的年龄值似乎在一定程度上反映了岩浆演化、喷发及火山岩形成的顺序。

2. 岩石学特征

测区新生代火山岩致密、隐晶，野外难辨其矿物组分与定名。镜下鉴定中，占火山熔岩主体的基质矿物仍显细小，并含较多玻璃质，因此室内定名时，多定为玄武岩或安山玄武岩等。利用 Le Maitre（1989）全碱—二氧化硅化学成分分类图解（TAS 图）进行岩石分类命名时，大多数样品投入粗安岩及粗面岩区，仅少数投入安山岩及英安岩区，个别投入粗玄岩、玄武粗安岩或流纹岩区，显示测区新生代火山岩主要为一套以粗面质岩类为主的中酸性熔岩［图 3-3-29（A）、图 3-3-29（B）、图 3-3-29（C）］。根据国际地科联（IUGS）火成岩分类学委会推荐（1989）：熔岩在测不到实际矿物含量时，宜采用 TAS 图解进行分类命名。由于决定火山熔岩分类命名的主要因素并非是占其少数的斑晶或可见矿物，而是占其大部分的基质或不可见矿物组分，因此，本报告在对新生代火山岩进行最终分类定名时多采用岩石化学投影名称。现结合岩矿鉴定成果综合描述如下。

（1）粗面玄武岩

黑—灰黑色，气孔状及块状构造；镜下呈似粗面结构、斑状结构，条纹、条带状构造等。斑晶为半自形—自形的辉石，基质主要由细条柱状半定向排列的斜长石及少量分布其间的帘石集合体组成。帘石集合体中见结晶不完整的纤维状角闪石及辉石、磁铁矿微粒等呈星点状分布。偶见褐铁矿细脉或黑色微小的尘点呈条纹、条带状分布。气孔多不规则，有的被方解石等不完全充填。矿物组成中，基性斜长石占 55%～65%；辉石（多为单斜辉石）占 10%～25%；土状帘石约占 10%～25%；角闪石、磁铁矿或褐铁矿、方解石等总计不足 5%。

（2）玄武粗安岩

斑状结构、交织结构，杏仁状构造。斑晶主要由辉石组成，基质主要由细条柱状斜长石及其间充填的玻璃质、纤维状角闪石及土状帘石、方解石等组成。

中基性斜长石：占 60%左右，个别大斑晶略显环带结构，小斑晶表面具麻点，边部有净化反应边。单斜辉石：占 5%～20%，多具角闪石暗化边。玻璃质：约占 5%～15%，多已脱玻化为隐晶质或被沸石等取代。土状帘石：5%～15%，呈集合体状。方解石、磁铁矿、绿帘石等<5%。

（3）粗安岩

斑状或玻基斑状结构，基质呈交织结构或似粗面结构，块状构造。斑晶主要由具环带或卡钠复合双

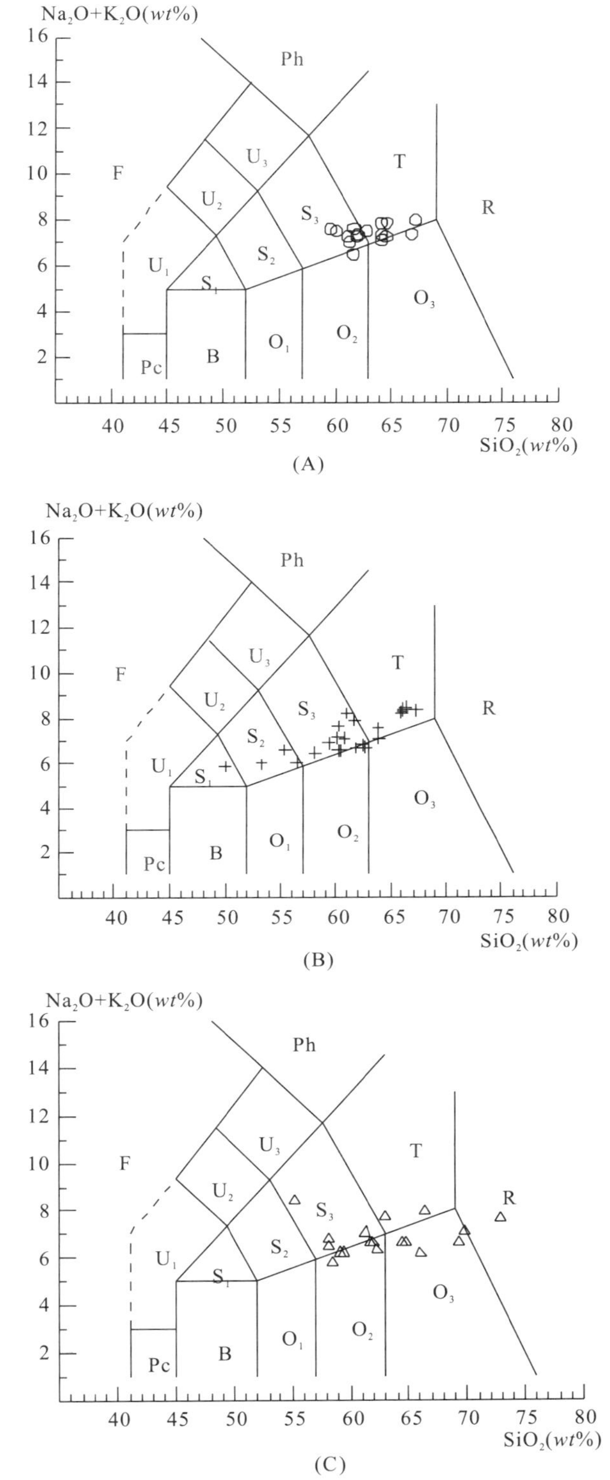

图 3-3-29　测区古近纪火山岩 TAS 图解

(after Le Bas，1986)

F-副长石岩；Pc-苦橄玄武岩；B-玄武岩；O_1-玄武安山岩；O_2-安山岩；O_3-英安岩；S_1-粗面玄武岩；S_2-玄武粗安岩；S_3-粗安岩；T-粗面岩、粗面英安岩；R-流纹岩；U_1-碧玄岩、碱玄岩；U_2-响岩质碱玄岩；U_3-碱玄质响岩；Ph-响岩；

(A)-跃进拉岩区；(B)-东月湖岩区；(C)-玉带山外围

晶的麻点状或似文象斜长石及辉石组成，斑晶大小不等。基质主要由微细粒斜长石或玻璃质及其中稀散分布的细针柱状长石、角闪石及辉石等组成。少数孔隙中充填有胶状方解石、板状沸石等，并见少量磁铁矿、赤铁矿或褐铁矿等星散分布。

中基性斜长石：40%～60%；玻璃质：20%～45%；角闪石＋辉石：5%～15%；磁铁矿＋方解石＋沸石等：＜5%。

（4）粗面岩

斑状结构，基质具粗面结构，部分为交织结构，块状构造。斑晶主要由麻点状斜长石及辉石、角闪石等组成，基质为隐晶质或为细条状微晶斜长石及粒间土状帘石类矿物组成。岩石具弱沸石化、碳酸盐化，不少气孔中充填沸石，基质中部分暗色矿物及微晶斜长石被沸石交代，碳酸盐呈微晶状交代土状帘石，有的呈胶环状充填在气孔中并包裹沸石。斜长石：主要为中长石，具麻点状或假文象状，部分具环带结构及卡氏双晶，含量50%～60%。单斜辉石：半自形—自形，个别晶粒具暗化边，含量＜5%。角闪石：半自形—自形，多呈暗化边，或被磁铁矿、碳酸盐矿物等交代，形成假像，含量5%～10%。土状帘石类：多数为土状；少数已结晶，呈粒状或柱状；含量20%～30%。沸石、方解石、磁铁矿、黑云母等＜5%。

（5）辉石安山岩

岩石可分为斑晶（15%～20%）和基质（80%～85%）两部分，呈斑状结构，块状、气孔状构造；镜下呈斑状结构，基质具交织结构或玻晶交织结构，斑晶主要由中长石和普通辉石组成。斜长石斑晶呈自形宽板状外形，聚片双晶不明显，环带构造发育，无明显蚀变；普通辉石具自形至半自形粒状外形，大小不等，一般无明显蚀变，个别边部可见透闪石交代。基质中斜长石呈雏晶板条状外形，杂乱分布在中性玻璃中，一般无明显蚀变，在斜长石板条间有少量辉石、角闪石或土状帘石、黑云母、金属矿物（磁铁矿、褐铁矿）等零星分布，并有较多圆状或次圆状、不规则状气孔，充填物少，主要为石英或沸石等。矿物组分中，中性斜长石占55%～65%；辉石：（主要为单斜辉石，部分岩石为斜方辉石）5%～15%；角闪石、土状帘石、隐晶质或玻璃质等总计20%～30%，其他次要组分＜5%。

（6）英安岩

斑状结构，基质具变余交织结构，块状构造。岩石主要由石英（＜5%）、中长石（65%）、黑云母（10%）、普通角闪石（10%）和暗色金属矿物（2%）等组成。斑晶主要为石英和普通角闪石。石英呈他形柱状体，具溶蚀外形和爆炸裂纹，零星分布于岩石中；角闪石呈自形长柱状，具假像外形，且全为方解石取代。基质由中长石和角闪石、黑云母等构成。中长石呈自形长板状和宽板状外形，具环带构造，中部钠黝帘石化显著，杂乱无规则分布；斜长石板条间分布着角闪石和黑云母微晶；黑云母微晶蚀变不明显，而部分角闪石颗粒则碳酸盐化显著；金属矿物微粒不均匀零星分布于基质中。

（7）流纹岩

灰白色-乳白色，斑状结构，块状、流纹状构造。岩石主要由石英（55%～60%）、钠长石（20%）、黑云母（＜5%）及隐晶质集合体（15%～20%）等组成，分斑晶和基质两部分。斑晶主要为少量石英、斜长石及黑云母，基质主要为球粒状石英。球粒中嵌有柱状钠长石及不规则状聚集的隐晶质集合体，显示微嵌晶结构；而具微嵌晶结构的石英球粒组成花斑结构；石英球粒之间分布少量黑云母。

3. 岩石化学特征

测区古近纪火山岩岩石化学分析数据、CIPW标准矿物计算值及有关化学参数见表3-3-5、表3-3-6，从表中可以看出：

1）古近纪火山岩SiO_2含量变化范围较宽，为52.92%～72.70%，但多数集中在55%～67%之间，以中酸性岩类为主。

2）Al_2O_3含量较高，且变化不大，其值为13.74%～16.63%。

3）火山岩全碱含量（Al）为5.77%～8.45%，显示富碱特征；大部分样品K_2O/Na_2O≥1，显示主要属钾质类型；K_2O的含量峰值介于3%～5%之间，高于正常钙碱性系列火山岩，而与岛弧区钙碱性系列火山岩（Morrison，1980）接近，表现出较高的K_2O含量。

表 3-3-5　测区古近纪火山岩化学分析数据一览表

序号	样号	产地		岩石名称	氧化物原始重量（%）												
					SiO_2	TiO_2	Al_2O_3	Fe_2O_3	FeO	MnO	MgO	CaO	Na_2O	K_2O	P_2O_5	烧失	Σ
1	5079-1	跃进拉岩区	跃进拉	英安岩	64.22	0.70	14.51	4.40		0.06	3.66	3.63	2.62	4.45	0.09	1.72	100.04
2	5083-1			英安岩	66.73	0.63	14.96	3.84		0.05	2.35	3.08	3.00	4.38	0.09	0.71	99.82
3	508[illegible]			粗面岩	64.40	0.66	15.47	4.15		0.06	3.05	3.88	3.09	4.25	0.12	1.16	100.29
4	5087-1			粗安岩	61.18	0.84	15.23	5.30		0.07	4.23	4.47	2.83	4.42	0.11	1.30	99.97
5	9013-1		向峰河源头	粗安岩	62.00	0.79	15.30	5.04		0.11	4.18	4.46	2.86	4.41	0.07	0.81	100.03
6	9013-2			粗安岩	61.30	0.78	15.09	5.00		0.07	4.20	4.45	2.48	4.54	0.09	2.03	100.03
7	9013-3			粗安岩	61.97	0.78	15.22	5.12		0.07	4.16	4.41	2.85	4.47	0.08	0.81	99.92
8	9013-6			粗安岩	63.12	0.78	15.83	4.93		0.06	3.30	4.20	3.43	4.10	0.10	0.58	100.43
9	9013-8			粗安岩	61.39	0.85	15.62	5.20		0.08	3.52	4.52	3.28	4.31	0.25	0.37	99.39
10	9020-1		向峰河上游北	粗面岩	64.81	0.60	14.92	4.46		0.06	2.46	3.48	2.64	4.65	0.25	2.10	100.42
11	9020-3			粗面岩	66.82	0.63	15.74	3.74		0.02	0.63	2.73	3.39	4.55	0.17	0.98	99.40
12	9020-4			粗安岩	59.23	0.91	14.50	5.57		0.07	4.88	5.52	2.81	4.71	0.37	0.96	99.52
13	9020-6			粗安岩	60.13	0.92	14.67	5.45		0.10	4.34	5.80	2.89	4.63	0.45	0.70	100.05
14	GS239		跃进拉北东	安山岩	61.91	0.77	13.98	2.40	2.27	0.10	4.54	6.23	2.65	3.84	0.24	1.39	100.32
15	GS2310			粗面岩	64.01	0.78	15.99	2.55	1.06	0.05	1.60	3.85	3.57	4.29	0.36	1.80	99.90
16	GS2311			粗面岩	64.63	0.63	14.33	1.75	1.90	0.04	2.75	4.06	3.18	4.70	0.24	1.70	99.91
17	5124-1	东月湖岩区	东月湖北东	角砾岩	66.12	1.18	14.51	4.94		0.06	1.06	2.45	3.20	5.08	0.03	1.62	100.24
18	5125-1			粗面岩	66.05	1.15	14.52	5.13		0.06	1.00	2.41	3.17	5.14	0.02	1.39	100.03
19	5126-1			粗面岩	67.25	1.16	14.72	4.63		0.05	0.92	2.32	3.26	5.09	0.03	0.45	99.86
20	5127-1			粗面岩	66.25	1.15	14.44	5.04		0.06	1.01	2.36	3.18	5.26	0.03	1.43	100.21
21	5128-1			粗面岩	66.21	1.15	14.46	4.72		0.06	1.01	2.40	3.22	5.23	0.02	1.73	100.21
22	5131-1			粗安岩	62.17	0.83	16.06	5.20		0.08	3.36	4.43	3.50	3.29	0.05	0.62	99.61
23	5132-1			粗面岩	64.17	0.69	16.03	4.73		0.03	1.99	4.36	4.49	3.12	0.04	0.85	100.48
24	5133-2		东月湖东温河	粗面岩	66.21	1.13	14.42	4.58		0.06	0.99	2.32	3.17	5.31	0.02	1.65	99.85
25	5135-1			粗安岩	60.42	0.87	15.90	5.68		0.21	3.38	5.48	3.44	3.13	0.07	1.34	99.91
26	5136-1			粗安岩	60.43	0.86	15.98	5.77		0.18	3.77	5.55	3.48	3.13	0.15	1.09	100.38
27	5138			安山岩	62.90	0.84	15.89	5.67		0.09	2.78	4.51	3.44	3.29	0.14	0.84	100.41
28	5144-1			粗面岩	63.89	0.60	15.31	4.29		0.07	3.51	4.21	3.58	3.51	0.16	0.81	99.92
29	D9146GS1		东温泉东	粗安岩	55.33	0.99	15.85	6.74		0.08	5.87	6.44	3.33	3.28	0.26	1.68	99.84
39	D7560GS1		洪玉泉河南	粗安岩	59.86	0.74	15.97	4.75	0.14	0.07	3.96	5.58	3.75	3.37	0.30	1.08	99.57
40	D9115GS1		波涛湖西岸	玄武粗安岩	52.92	0.82	13.74	4.21	0.74	0.06	2.18	10.88	3.00	2.95	0.36	7.50	99.36
41	D4109-GS1	玉带山岩区	红沙滩北	安山岩	62.52	0.74	15.56	4.62		0.07	3.20	4.80	3.17	3.14	0.20	2.41	100.43
42	D4112-GS2			英安岩	69.54	0.42	16.34	1.94		0.02	1.05	1.83	3.26	3.41	0.05	2.56	100.41
43	D6409-GS2		多格错仁北东	粗安岩	59.32	1.08	16.63	7.32		0.07	2.74	5.76	3.79	2.40	0.04	1.17	100.32
44	D9063GS1			橄榄粗安岩	57.68	0.96	14.94	3.21	2.50	0.07	5.32	6.60	3.56	2.86	0.40	1.22	99.32
45	D9063-GS2			橄榄粗安岩	58.29	0.80	16.10	6.05		0.08	5.19	6.08	3.18	2.59	0.20	1.20	99.75
46	D9063-GS3			辉石安山岩	59.57	0.83	16.22	5.64		0.08	4.88	6.00	3.47	2.72	0.13	0.74	100.26
47	D6099GS1		洪玉泉河北	粗面岩	62.60	0.44	14.68	3.23	0.20	0.07	2.71	5.25	3.53	4.14	0.22	2.24	99.31
52	D7548GS1			辉石安山岩	61.70	0.79	15.44	2.99	2.12	0.10	4.04	4.99	3.49	3.12	0.40	0.38	99.56
53	D7548GS2			辉石安山岩	61.70	0.76	15.79	4.27	0.92	0.08	2.98	4.92	3.37	3.24	0.30	1.64	99.97
54	D8556GS2		园湖东	英安岩	64.44	0.60	15.22	2.46	1.66	0.07	3.77	4.13	3.56	3.04	0.21	0.26	99.42
55	D8556GS3			英安岩	66.20	0.60	15.89	2.72	0.45	0.03	1.74	3.26	3.26	2.92	0.21	3.05	100.33
56	D9129GS1		兰丽河北	粗面岩	65.94	0.41	14.73	3.33	0.16	0.04	1.56	3.98	4.07	3.81	0.16	1.22	99.41
57	D9131GS1			流纹岩	72.70	0.14	14.08	1.13	0.15	0.01	0.36	1.24	2.74	4.86	0.03	2.36	99.79
58	D9139GS1		蓝云峰	粗安岩	57.98	0.86	14.50	4.35	0.33	0.08	3.52	7.98	3.52	3.19	0.51	3.02	99.84

注：样品顺序号第 1—13、17—28 为本区调与中科院广州地化所合作采集，广州地化所分析测试；第 14—16 引自 1∶100 万改则幅区调；第 29、41—43、45—46 为本区调采集，广州地矿所分析测试，第 39—40、44、47、52—58 号样为本区调采集，成都地质矿产研究所分析测试。

表 3-3-6　测区古近纪火山岩 CIPW 标准矿物计算值及有关化学参数

样品序号	CIPW 标准矿物(w_B%)										全碱含量	碱类特征指数	里特曼指数	赖特碱度率	久野固结指数	桑汤-塔特尔分异指数	含镁特征指数
	Ap	Il	Mt	Or	Ab	An	Di	Hy	Q	Σ	Al	K_2O/Na_2O	δ	AR	SI	DI	$Mg^{\#}$
1	0.17	1.33	2.99	26.30	22.17	14.69	2.21	9.19	19.02	98.07	7.07	1.70	2.36	2.28	24.21	67	0.45
2	0.20	1.20	2.71	25.88	25.39	14.50	0.20	6.57	22.45	99.10	7.37	1.46	2.28	2.38	17.37	74	0.38
3	0.26	1.25	2.84	25.06	26.06	15.73	2.19	7.54	17.69	98.62	7.34	1.38	2.53	2.22	20.97	69	0.42
4	0.24	1.60	3.54	26.12	23.95	15.80	4.52	9.85	12.80	98.42	7.25	1.56	2.89	2.16	25.21	63	0.44
5	0.15	1.50	3.39	26.06	24.20	15.86	4.59	9.68	13.48	98.91	7.28	1.54	2.78	2.17	25.35	64	0.45
6	0.20	1.48	3.31	26.83	20.99	16.63	3.87	10.06	14.32	97.69	7.02	1.83	2.70	2.12	25.85	62	0.46
7	0.17	1.48	3.45	26.42	24.12	15.56	4.61	9.60	13.51	98.92	7.32	1.57	2.82	2.19	25.06	64	0.45
8	0.22	1.48	3.36	24.11	28.94	15.60	3.59	7.69	14.18	99.17	7.53	1.19	2.83	2.21	20.96	67	0.40
9	0.55	1.61	3.57	25.59	27.92	15.26	4.62	7.93	12.29	99.34	7.59	1.31	3.10	2.21	21.59	66	0.40
10	0.55	1.14	3.06	27.36	22.25	15.07	0.50	7.07	20.68	97.68	7.28	1.76	2.45	2.31	17.26	70	0.35
11	0.37	1.20	2.74	27.07	28.85	12.59	0.00	2.13	23.23	98.84	7.94	1.34	2.63	2.51	5.16	79	0.14
12	0.81	1.75	3.73	28.01	23.86	13.07	9.68	9.14	8.69	98.74	7.52	1.68	3.46	2.20	27.15	61	0.47
13	0.98	1.73	3.64	27.30	24.37	13.43	9.98	7.57	10.00	99.00	7.51	1.60	3.29	2.16	25.12	62	0.44
14	0.52	1.46	3.16	22.63	22.34	14.87	11.47	7.50	14.65	98.60	6.49	1.45	2.24	1.95	28.95	60	0.49
15	0.79	1.48	2.62	25.35	30.21	14.99	1.57	3.74	17.37	98.12	7.86	1.20	2.93	2.31	12.24	73	0.31
16	0.52	1.20	2.54	27.78	26.91	10.97	6.13	5.03	17.20	98.28	7.88	1.48	2.86	2.50	19.26	72	0.43
17	0.07	2.24	3.60	29.96	26.99	10.19	1.36	2.16	21.57	98.14	8.28	1.59	2.97	2.91	7.44	79	0.18
18	0.04	2.18	3.74	30.38	26.82	10.21	1.24	2.21	21.54	98.36	8.31	1.62	3.00	2.93	6.93	79	0.16
19	0.07	2.20	3.38	30.14	27.59	10.52	0.63	2.00	22.77	99.33	8.35	1.56	2.87	2.92	6.61	81	0.17
20	0.04	2.17	3.70	31.03	26.82	9.58	1.58	2.00	21.41	98.33	8.44	1.65	3.07	3.02	6.98	79	0.17
21	0.04	2.18	3.47	30.85	27.16	9.55	1.75	1.77	21.27	98.04	8.45	1.63	3.08	3.01	7.14	79	0.18
22	0.11	1.60	3.45	19.56	29.79	18.44	2.65	8.66	14.87	99.13	6.80	0.94	2.40	1.99	21.91	64	0.39
23	0.09	1.29	3.26	18.32	37.82	14.33	5.51	3.45	14.84	98.91	7.61	0.69	2.75	2.19	13.89	71	0.30
24	0.04	2.15	3.38	31.38	26.82	9.49	1.49	1.82	21.54	98.11	8.48	1.68	3.08	3.05	7.05	80	0.18
25	0.15	1.65	3.65	18.56	29.11	18.70	6.43	7.48	12.61	98.34	6.57	0.91	2.48	1.89	21.65	60	0.37
26	0.33	1.63	3.68	18.38	29.28	18.72	6.18	8.55	11.83	98.58	6.60	0.90	2.51	1.88	23.38	59	0.40
27	0.31	1.60	3.73	19.38	29.02	18.11	2.71	7.35	16.67	98.88	6.73	0.96	2.29	1.99	18.31	65	0.33
28	0.35	1.14	2.91	20.74	30.29	15.37	3.61	8.31	16.24	98.96	7.08	0.98	2.40	2.14	23.62	67	0.45
29	0.57	1.88	4.13	19.38	28.18	18.67	9.35	12.83	2.93	97.92	6.60	0.99	3.52	1.84	30.56	50	0.47
30	0.72	1.52	3.16	19.68	31.99	15.93	8.28	6.40	10.99	98.67	7.09	0.88	2.84	2.00	23.23	63	0.43

续表 3-3-6

样品序号	CIPW 标准矿物($w_B\%$)										全碱含量	碱类特征指数	里特曼指数	赖特碱度率	久野固结指数	桑汤-塔特尔分异指数	含镁特征指数
	Ap	Il	Mt	Or	Ab	An	Di	Hy	Q	Σ	Al	K_2O/Na_2O	δ	AR	SI	DI	$Mg^{\#}$
31	1.22	2.56	2.96	24.41	29.87	10.10	12.59	0.99	12.29	96.99	7.66	1.17	3.40	2.26	12.52	67	0.26
32	1.09	2.75	2.19	27.83	29.87	7.84	12.96	1.07	11.68	97.28	8.26	1.33	3.77	2.51	11.26	69	0.25
33	1.33	2.79	2.57	27.60	27.42	10.79	8.52	2.69	14.35	98.06	7.89	1.44	3.35	2.38	10.90	69	0.23
34	0.42	1.41	2.29	19.62	30.46	14.25	14.65	5.75	8.44	97.29	6.88	0.92	2.93	1.95	24.69	59	0.45
35	0.46	1.77	3.48	18.32	28.52	15.85	12.71	7.71	8.50	97.32	6.50	0.92	2.77	1.87	26.47	55	0.43
36	0.68	1.50	3.03	16.78	21.39	14.34	30.81	0.00	0.00	92.23	5.88	0.93	4.95	1.61	30.12	41	0.48
37	0.52	2.13	4.44	15.72	28.77	17.48	14.18	6.81	7.39	97.44	6.06	0.78	2.73	1.75	24.72	52	0.38
38	0.66	1.56	3.29	18.67	29.87	15.78	8.14	2.86	16.37	97.20	6.69	0.90	2.38	1.96	15.36	65	0.30
39	0.66	1.41	3.23	19.97	31.90	16.86	7.24	8.03	9.37	98.67	7.12	0.90	2.99	1.99	24.81	61	0.45
40	0.79	1.58	2.93	17.55	25.55	15.41	15.71	0.00	7.36	92.22	5.95	0.98	3.50	1.64	16.64	50	0.31
41	0.44	1.39	2.96	18.50	26.74	18.84	2.94	8.02	17.54	97.37	6.31	0.99	2.05	1.90	22.66	63	0.41
42	0.11	0.80	1.35	20.03	27.42	8.74	0.00	2.85	32.00	97.37	6.66	1.05	1.67	2.16	10.93	79	0.35
43	0.09	2.05	4.54	14.18	31.99	21.18	5.72	6.70	12.00	98.45	6.19	0.63	2.37	1.77	16.84	58	0.27
44	0.87	1.84	3.76	17.02	30.29	16.46	11.20	10.15	7.11	98.70	6.42	0.80	2.77	1.85	30.51	54	0.48
45	0.44	1.52	3.67	15.36	26.91	22.09	5.55	12.90	10.00	98.44	5.77	0.82	2.17	1.70	30.52	52	0.46
46	0.28	1.58	3.51	16.01	29.28	20.59	6.58	11.08	10.03	98.94	6.19	0.78	2.32	1.77	29.17	55	0.46
47	0.48	0.84	2.41	24.64	30.04	12.08	10.18	3.03	13.89	97.59	7.67	1.17	2.98	2.25	19.64	69	0.44
48	0.70	0.99	2.48	21.33	29.02	15.36	7.60	4.73	13.96	96.17	7.02	1.05	2.72	2.04	21.14	64	0.44
49	3.30	2.43	4.42	35.28	20.65	5.96	17.84	6.31	2.08	98.27	8.34	2.45	5.81	2.42	26.26	58	0.45
50	0.31	0.87	0.96	22.63	27.75	9.05	0.00	2.02	30.95	98.11	7.09	1.17	1.89	2.27	8.64	81	0.36
51	0.72	1.08	3.02	20.51	26.91	22.77	0.00	3.52	20.94	99.70	6.57	1.09	2.06	1.84	7.10	68	0.16
52	0.87	1.50	3.51	18.50	29.70	17.32	4.10	9.92	14.12	99.54	6.61	0.89	2.32	1.96	25.65	62	0.44
53	0.66	1.44	3.44	19.15	28.52	18.39	3.39	7.58	15.61	98.18	6.61	0.96	2.33	1.94	20.16	63	0.36
54	0.46	1.14	2.90	18.08	30.29	16.67	2.12	9.76	18.25	99.67	6.60	0.85	2.02	2.04	26.01	67	0.48
55	0.46	1.14	2.13	17.20	27.50	14.89	0.00	5.04	26.59	96.84	6.18	0.90	1.65	1.95	15.66	71	0.35
56	0.35	0.78	2.54	22.63	34.61	10.77	6.47	1.73	18.73	98.61	7.88	0.94	2.69	2.45	12.08	76	0.31
57	0.07	0.27	0.97	28.78	23.27	5.98	0.00	1.16	34.98	97.60	7.60	1.77	1.95	2.97	3.89	87	0.22
58	1.11	1.63	2.99	18.91	29.87	14.32	17.65	1.90	8.37	96.75	6.71	0.91	3.01	1.85	23.61	57	0.43

注：$Al=Na_2O+K_2O$；$Mg^{\#}=MgO/(MgO+Fe_2O_3+FeO)$；第 1—13、17—28 号样为本区调与中科院广州地化所合作采集，广州地化所分析测试；第 14—16、30—38、48—51 号样引自 1∶100 万改则幅区调；第 29、41—43、45—46 号样为本区调采集，广州地矿所分析测试，第 39—40、44、47、52—58 号样为本区调采集，成都地质矿产研究所分析测试。

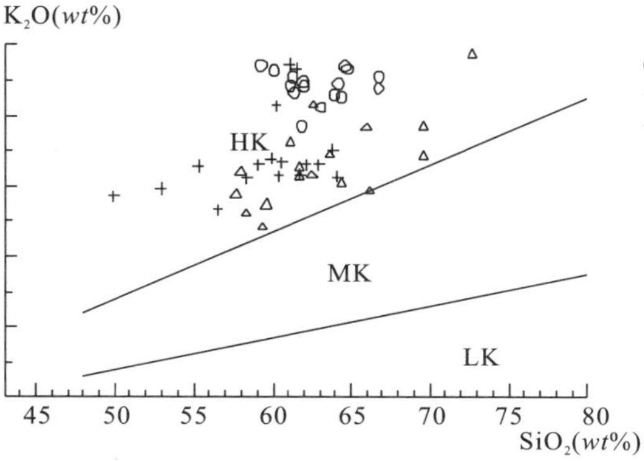

图 3-3-30　测区古近纪火山岩 K_2O-SiO_2 变异图

(after Le Maitre, 1988)

HK-高钾岩系；MK-中钾岩系；LK-低钾岩系；

1-跃进拉岩区；2-东月湖岩区；3-玉带山外围

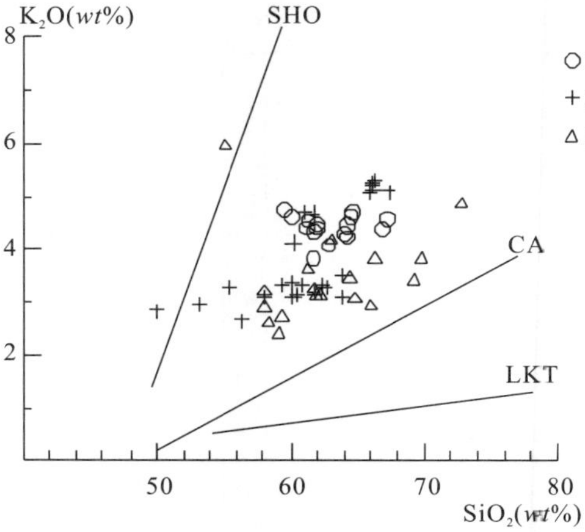

图 3-3-31　测区古近纪火山岩 K_2O-SiO_2 图解

(仿莫宣学等，1993)

LKT-直线附近为低钾拉斑系列；CA-直线附近为钙碱性系列；SHO-直线附近为钾玄岩系列；1-跃进拉岩区；2-东月湖岩区；3-玉带山外围

4）在 K_2O-SiO_2 图解（图 3-3-30、图 3-3-31）中，几乎均落入高钾岩系及钙碱性岩区，显示为一套高钾钙碱性系列火山岩组合，个别岩石还具钾玄岩的特点，总体与 3）的分析认识一致。

5）反映岩石碱性强度的里特曼指数（δ）介于 1.65～3.52 之间，集中分布于 1.8～3.3 之间，赖特碱度率（AR）1.61～3.05，其图解（图 3-3-32）显示主体属钙碱性岩系。

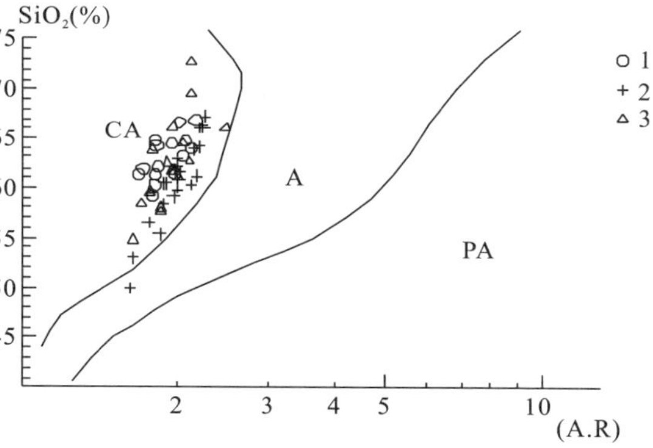

图 3-3-32　古近纪火山岩碱度率图解

(after J. B. Wright, 1969)

CA-钙碱性；A-碱性；PA-过碱性；

1-跃进拉岩区；2-东月湖岩区；3-玉带山外围

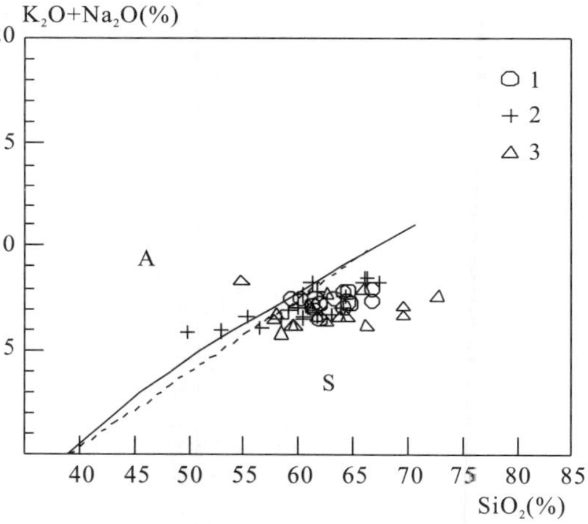

图 3-3-33　古近纪火山岩碱-二氧化硅图解

(after T. N. Irvine et al., 1971)

A-碱性区；S-亚碱性区；

1-跃进拉岩区；2-东月湖岩区；3-玉带山外围

6）利用火山岩 $SiO_2-(K_2O+Na_2O)$ 相关图解（图 3-3-33）投影，投影点主要位于亚碱性岩区；在 AFM 图解（图 3-3-34）上，则全部落入钙碱性系列岩区，不存在拉斑玄武系列及富 Fe 的趋势，反映了原始岩浆主元素的相似性及岩浆分异差别较小的特点。

7）指示岩浆分异结晶程度的分异指数（DI）集中于 41～87 之间，固结指数（SI）位于 3.89～30.56，显示以中性岩为主，总体经历了较彻底的分异演化，分异程度达中等—较高。

4. 微量元素特征

测区古近纪火山岩主要岩石类型微量元素分析数据见表 3-3-7，微量元素比值蛛网图见图 3-3-35A、图 3-3-35B、图 3-3-35C。本区古近纪火山岩均富集大离子亲石元素（LIL）K、Rb、Sr、Ba、Th。相对于原始地幔，强不相容元素 Rb、Ba、Th、U、K 富集程度高达 100～400 倍；其次为中等不相容元素 La、Ce、Sr、Nb、P、Zr、Hf、Sm，富集程度介于 1～150 倍之间，呈跳跃变化，波动较大；弱不相容元素 Y、Yb、Ti 富集程度较低，一般仅相当于原始地幔的 1～5 倍。各地火山岩微量元素曲线具有一定的相似性，即均为右倾的锯齿型；高场强元素（HFS）Ta、Nb、P 及过渡族元素（TE）Sc、Ti 等相对于其他亲石元素呈明显负异常，出现 Th、La（或 Ce）、Zr 3 个峰值区和 Nb、P、Ti 3 个亏损槽，反映了岩浆成因和源区性质的共性。

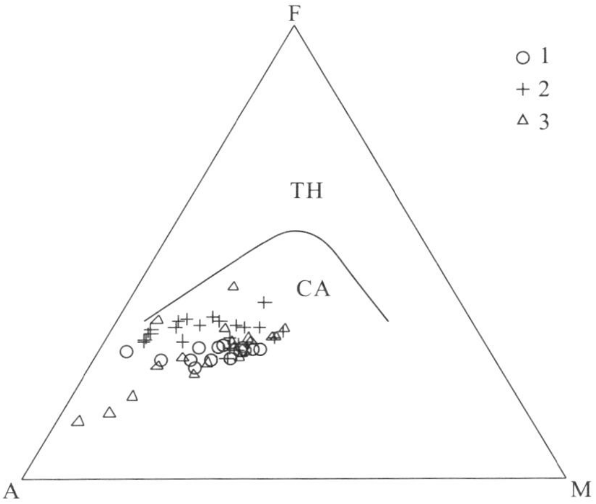

图 3-3-34　古近纪火山岩的 AFM 图解

（after T. N. Irvine, 1971）

TH -拉斑玄武岩套；CA -钙-碱性岩套；1 -跃进拉岩区；2 -东月湖岩区；3 -玉带山外围

尽管如此，测区古近纪火山岩 3 个岩区之间的微量元素仍有一定差异：

1）跃进拉岩区火山岩样品微量元素配分曲线近乎一致，右倾程度较大，显示强烈富集 LIL；其强不相容元素富集程度达原始地幔的 150～350 倍，中等不相容元素富集程度跃动于原始地幔的 3.5～100 倍之间，弱不相容元素富集程度仅有原始地幔的 1～3 倍。

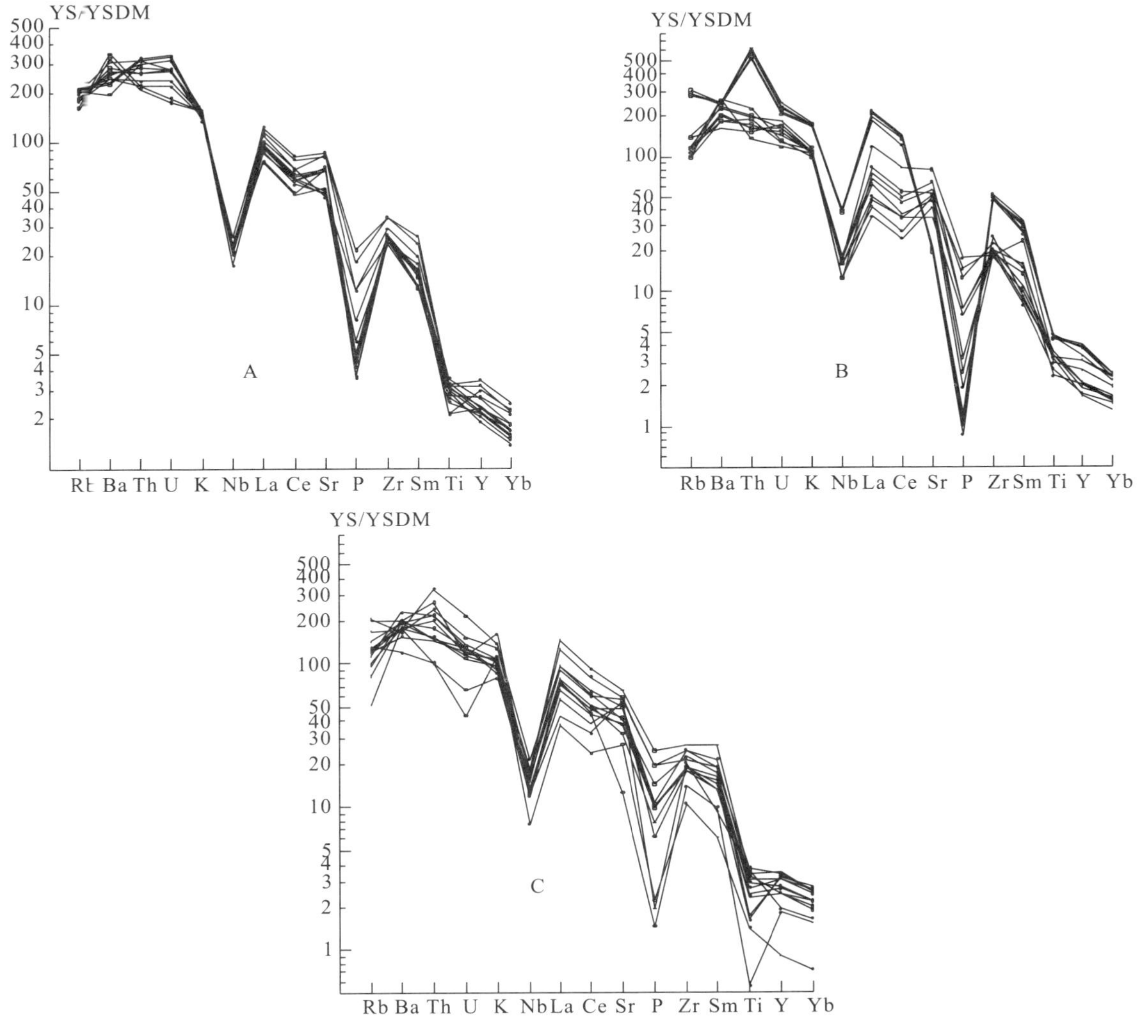

图 3-3-35　古近纪火山岩微量元素配分模式

（after Wood, 1979）

A -跃进拉岩区；B -东月湖岩区；C -玉带山外围

表 3-3-7　古近纪火山岩微量元素分析数据($\times 10^{-6}$)

序号	样号	Cs	Rb	Sr	Ba	Ga	Nb	Ta	Zr	Hf	Th	V	Cr	Co	Ni	Sc	U	K*	Ti	P*
1	5079-1	7.65	181	1 095	1 844	18.90	12.70	0.977	282	6.54	22.70	78.60	151	14.60	73.60	8.34	6.33	36 925	4 252	371
2	5083-1	4.90	184	1 204	1 727	18.90	14.00	1.18	270	6.44	31.10	63.40	109	10.60	47.50	5.77	9.14	36 327	3 867	402
3	5084	5.36	154	1 121	1 847	19.40	10.80	0.744	258	6.02	21.50	70.90	116	12.50	55.30	5.73	5.93	35 298	4 057	537
4	5087-1	7.47	160	1 540	1 955	18.90	14.30	1.11	295	6.77	28.30	83.40	170	17.50	89.40	7.84	8.50	36 701	4 983	458
5	9013-1	6.22	159	1 601	2 153	19.30	12.70	0.921	271	6.33	25.40	85.30	162	16.80	94.50	8.43	7.27	36 643	4 776	323
6	9013-2	6.49	171	1 571	2 023	19.00	13.10	0.954	277	6.36	27.50	83.60	167	17.10	89.80	8.31	7.57	37 697	4 755	410
7	9013-3	6.47	158	1 538	2 035	18.40	12.80	0.931	276	6.41	25.50	83.10	177	16.10	90.10	8.44	7.35	37 083	4 547	332
8	9013-6	4.33	153	1 584	2 062	18.80	13.10	0.951	283	6.28	25.20	66.10	141	13.80	76.00	6.60	7.54	33 995	4 476	428
9	9013-8	5.58	174	1 853	2 343	20.80	16.20	1.19	319	7.61	30.20	69.20	155	18.40	74.90	9.44	8.95	35 738	5 327	1 095
10	9020-1	11.30	176	1 056	1 484	18.30	13.60	1.17	265	5.86	28.50	64.20	77.80	10.20	32.60	8.78	8.56	38 569	3 240	1 095
11	9020-3	7.31	180	1 153	1 709	19.50	14.30	1.31	289	6.45	30.40	58.60	55.20	7.30	38.20	7.55	7.48	37 772	3 305	724
12	9020-4	3.92	137	1 929	2 482	18.20	12.60	0.735	374	8.07	20.20	106	230	19.10	149	13.80	4.70	39 133	4 890	1 628
13	9020-6	11.00	142	2 000	2 635	19.50	12.70	0.764	373	8.43	21.20	109	228	20.10	137	13.70	5.02	38 411	4 965	1 951
17	5124-1	2.96	247	487	1 808	23.60	24.80	1.11	560	13.10	50.70	53.70	8.40	6.11	4.82	6.12	5.58	42 163	7 185	113
18	5125-1	3.07	243	474	1 847	23.50	23.40	1.07	538	12.90	51.50	48.50	8.62	6.08	4.96	6.16	5.52	42 661	6 918	96
19	5126-1	2.52	236	474	1 862	23.80	24.20	1.13	513	12.70	51.20	53.10	15.00	6.18	5.49	5.39	5.79	42 288	6 828	109
20	5127-1	3.26	250	442	1 842	23.90	23.30	1.08	567	14.00	57.50	48.80	10.00	5.68	4.72	5.67	6.22	43 657	6 736	109
21	5128-1	3.22	265	462	1 841	24.50	23.90	1.07	508	12.50	55.90	50.90	9.19	5.49	4.41	5.94	6.09	43 450	6 838	92
22	5131-1	2.88	100	1 073	1 757	19.90	10.60	0.652	273	5.86	19.10	81.20	116	16.50	67.30	9.40	4.38	27 337	4 857	227
23	5132-1	3.49	98.50	959	1 968	18.80	7.78	0.501	206	5.09	13.10	79.70	121	11.50	59.30	10.20	3.13	25 884	3 999	175
24	5133-2	3.29	265	444	1 848	24.60	24.80	1.17	512	13.10	59.80	49.10	5.37	5.49	2.93	5.82	6.66	44 056	6 828	79
25	5135-1	1.41	92.10	1 145	1 512	18.60	9.58	0.632	217	5.19	15.80	118	217	25.60	86.10	13.40	4.34	26 017	4 980	292

续表 3-3-7

序号	样号	Cs	Rb	Sr	Ba	Ga	Nb	Ta	Zr	Hf	Th	V	Cr	Co	Ni	Sc	U	K*	Ti	P*
26	5136-1	2.79	99.40	1 191	1 563	19.70	9.81	0.650	221	5.20	15.20	120	239	25.90	111	14.00	4.14	25 942	5 400	672
27	5138	4.82	119	702	1 315	20.10	7.01	0.557	195	4.69	14.30	82.50	91.80	18.80	34.70	7.97	4.53	27 320	5 011	598
28	5144-1	2.78	122	1 495	1 705	18.90	7.53	0.499	205	4.99	18.60	68.50	168	16.20	114	7.07	4.92	29 122	3 594	681
29	D9146-GS1	7.60	83.30	1 295	1 350	17.30	11.30	0.665	245	5.11	16.70	124	251	23.20	124	16.60	3.91	27 196	4 955	1 126
39	D7560GP1	3.88	99.10	1 212	1 391	19.60	10.60	0.68	222	5.10	18.10	62.50	167	19.10	92.80	10.30	3.43	27 976	4 436*	1 309
40	D9115GP1	8.80	85.20	1 821	1 998	17.20	10.10	0.59	201	4.60	21.50	90.20	190	15.40	98.50	14.50	3.53	24 489	4 915*	1 571
41	D4109-GS1	11.70	104	867	1 166	17.40	8.36	0.554	203	4.44	13.80	92.10	145	14.70	78.40	12.20	3.22	26 067	3 693	886
42	D4112-GS2	34.40	112	625	896	19.00	4.69	0.389	116	3.06	9.85	32.40	65.50	5.99	40.80	2.79	1.18	28 283	2 147	201
43	D6409-GS2	0.728	44.30	1 259	1 339	19.10	7.62	0.513	223	5.10	9.50	67.00	139	17.60	73.60	14.30	1.79	19 948	5 489	175
44	D9063GP1	3.29	85.70	1 301	1 338	18.00	10.90	0.68	236	5.07	14.60	96.20	198	26.30	122	14.30	3.08	23 742	5 754*	1 746
45	D9063-GS2	2.39	70.30	1 120	1 473	18.40	7.29	0.507	208	4.68	14.20	125	217	22.70	126	16.90	3.50	21 517	4 126	873
46	D9063-GS3	1.92	83.20	1 223	1 537	19.90	7.91	0.517	196	4.55	14.20	122	267	20.80	118	16.60	3.45	22 572	4 989	554
47	D6099GP1	2.91	145	1 144	1 325	17.90	13.30	0.85	272	6.32	32.20	50.50	105	12.00	60.00	8.73	5.83	34 368	2 637*	960
52	D7548GP1	3.55	107	1 357	1 471	20.70	11.40	0.66	272	5.96	20.60	87.60	130	23.40	84.70	12.30	3.46	25 901	4 735*	1 746
53	D7548GP2	4.09	109	945	1 354	19.50	9.44	0.57	245	5.35	19.30	91.20	107	18.60	64.00	12.50	3.15	26 897	4 556*	1 309
54	D8556GP2	5.72	122	970	1 458	21.20	7.61	0.53	197	4.61	17.10	82.50	135	19.10	76.20	11.00	3.43	25 236	3 596*	916
55	D8556GP3	4.76	102	861	1 337	19.50	7.39	0.52	209	4.74	14.90	83.30	159	11.70	80.70	10.10	2.93	24 240	3 596*	916
56	D9129GP1	2.57	179	752	1 253	22.00	10.00	0.79	209	5.24	23.10	51.10	67.20	11.60	46.60	9.04	4.08	31 629	2 458*	698
57	D9131GP1	5.64	173	288	1 519	18.80	7.91	0.69	153	4.13	25.80	8.91	4.21	4.33	1.92	2.71	3.11	40 345	839*	131
58	D9139GP1	3.15	96.00	1 502	1 730	18.50	11.30	0.70	296	6.62	21.10	58.10	117	16.30	70.50	8.16	3.65	26 482	5 155*	2 226
42个样平均值		5.51	144	1 124	1 690	19.80	12.60	0.796	287	6.70	25.40	76.20	129	14.90	69.10	9.59	5.06	32 311	3 619	722

注：第 1—13、17—29、41—43、45—46 号样品为中科院广州地化所测试，第 39—40、44、47、52—58 号样品由中国地质科学院地质研究所测试，第 14—16、30—38、48—51 号样品无测试结果；带* 的元素数据为据岩石主量元素分析结果计算求得的阳离子元素丰度（$\times 10^{-6}$）。

2）东月湖岩区火山岩：微量元素配分曲线显示为2～3“组”曲线组合而成，似具一定的演化分异特点，与该区火山岩种类相对繁杂的性质似较吻合；配分曲线右倾明显，个别元素富集程度的变化范围较大；其强不相容元素富集程度变化于原始地幔的100～600倍之间，中等不相容元素富集程度跃动于原始地幔的1～300倍之间，弱不相容元素富集程度为原始地幔1.5～5倍。

3）玉带山外围火山岩：大部分微量元素变化接近一致，仅个别元素出现跳跃或不一致；其强不相容元素的富集程度为原始地幔的50～300倍，中等不相容元素富集程度变化于原始地幔的1.5～150倍之间，弱不相容元素富集程度介于原始地幔的1.5～3.5倍之间，个别低于1倍。

一般认为，不相容元素的富集程度不仅与岩浆演化的机理有关，更与其源区物质组成密切相关。不相容元素在原始岩浆分离结晶时易保存在残余熔体中，由弱不相容元素到强不相容元素，其进入残余岩浆熔体的能力呈由小到大变化，原始岩浆在上升过程中，随地壳物质的加入，其强不相容元素的富集程度将增大。本区古近纪火山岩微量元素配分相一致的特点不仅反映了其形成背景具有相似的源区性质，其富集不相容元素的上述特点更反映了岩浆物质及其演化过程中有较多的地壳组分加入，微量元素配分及岩浆演化情况显示与岛弧岩浆的特点相类似。而部分微量元素的比值与大陆地壳更接近（表3-3-8），也说明本区火山岩浆有一定比例的大陆地壳成分。

表3-3-8　古近纪火山岩几种微量元素比值

样号	Zr/Nb	La/Nb	Ba/Nb	Ba/Th	Rb/Nb	Th/Nb	Th/La	Ba/La
1	22.18	4.86	144.86	81.09	14.22	1.79	0.37	29.80
2	19.28	3.78	123.18	55.51	13.12	2.22	0.59	32.61
3	23.94	5.75	171.50	86.03	14.27	1.99	0.35	29.81
4	20.68	4.73	136.93	69.02	11.23	1.98	0.42	28.93
5	21.34	5.43	169.76	84.75	12.52	2.00	0.37	31.25
6	21.10	5.29	154.28	73.63	13.01	2.10	0.40	29.14
7	21.62	5.09	159.46	79.92	12.37	2.00	0.39	31.34
8	21.59	4.16	157.26	81.72	11.64	1.92	0.46	37.84
9	19.75	5.13	144.89	77.68	10.77	1.87	0.36	28.23
10	19.49	5.80	109.10	52.04	12.95	2.10	0.36	18.81
11	20.14	4.73	119.17	56.16	12.52	2.12	0.45	25.21
12	29.66	5.75	196.82	122.74	10.88	1.60	0.28	34.23
13	29.51	6.89	208.28	124.40	11.24	1.67	0.24	30.25
17	22.57	5.53	72.84	35.69	9.94	2.04	0.37	13.17
18	22.94	6.16	78.81	35.89	10.36	2.20	0.36	12.78
19	21.22	5.31	77.01	36.37	9.76	2.12	0.40	14.50
20	24.28	6.46	78.92	32.02	10.72	2.46	0.38	12.22
21	21.30	6.08	77.17	32.95	11.09	2.34	0.39	12.69
22	25.73	4.14	165.75	92.08	9.46	1.80	0.44	40.07
23	26.53	3.23	253.05	150.67	12.67	1.68	0.52	78.30
24	20.62	6.04	74.44	30.90	10.66	2.41	0.40	12.33
25	22.61	3.11	157.77	95.88	9.61	1.65	0.53	50.69
26	22.56	3.66	159.42	102.92	10.13	1.55	0.42	43.52
27	25.64	4.43	159.77	84.92	15.65	1.88	0.42	36.07
28	27.30	6.97	226.58	91.47	16.19	2.48	0.36	32.51
29	21.64	4.19	119.38	80.80	7.36	1.48	0.35	28.46
39	20.94	5.56	131.23	76.85	9.35	1.71	0.31	23.62
40	19.90	8.25	197.82	92.93	8.44	2.13	0.26	23.99

续表 3-3-8

样号	Zr/Nb	La/Nb	Ba/Nb	Ba/Th	Rb/Nb	Th/Nb	Th/La	Ba/La
41	24.30	5.64	139.50	84.42	12.38	1.65	0.29	24.75
42	24.80	5.66	190.92	90.99	23.95	2.10	0.37	33.73
43	29.34	4.01	175.89	140.94	5.81	1.25	0.31	43.86
44	21.65	5.81	122.75	91.64	7.86	1.34	0.23	21.14
45	28.59	6.99	202.11	103.43	9.64	1.95	0.28	28.92
46	24.81	5.05	194.20	108.52	10.51	1.79	0.35	38.48
47	20.45	5.12	99.62	41.15	10.90	2.42	0.47	19.46
52	23.86	7.81	129.04	71.41	9.39	1.81	0.23	16.53
53	25.95	7.08	143.43	70.16	11.55	2.04	0.29	20.27
54	25.89	7.27	191.59	85.26	16.03	2.25	0.31	26.37
55	28.28	7.01	180.92	89.73	13.80	2.02	0.29	25.81
56	20.90	5.48	125.30	54.24	17.90	2.31	0.42	22.86
57	19.34	6.83	192.04	58.88	21.87	3.26	0.48	28.13
58	26.19	9.20	153.10	81.99	8.50	1.87	0.20	16.63
42个样平均	23.34	5.61	149.19	78.33	11.96	1.98	0.37	28.32
原始地幔	14.80	0.94	9.00	77.00	0.91	0.117	0.125	9.60
大陆地壳	16.20	2.20	54.00	124.00	4.70	0.44	0.204	25.00
N-MORB	30.00	1.07	1.70～8.00	60.00	0.36	0.025～0.071	0.067	4.00
E-MORB			4.90～8.50			0.06～0.08		
HIMU OIB	3.20～5.00	0.66～0.77	4.90～6.90	49～77	0.35～0.38	0.078～0.101	0.107～0.133	6.80～8.70
EMI OIB	4.20～11.50	0.86～1.19	11.40～17.80	103～154	0.88～1.17	0.105～0.122	0.107～0.128	13.20～16.90
EMII OIB	4.50～7.30	0.89～1.09	7.30～13.30	67～84	0.59～0.85	0.111～0.157	0.122～0.163	8.30～11.30

注：N-MORB：N型大洋中脊玄武岩；E-MORB：E型大洋中脊玄武岩；HIMU OIB：洋岛玄武岩；EMI OIB：富集I型洋岛玄武岩；EMII OIB：富集II型洋岛玄武岩；数据据Rollision，1993。

5. 稀土元素特征

测区古近纪火山岩稀土元素分析结果及特征参数见表3-3-9、表3-3-10。由表可以看出：

1）古近纪火山岩主要岩石类型稀土总量 $\Sigma REE = 103.55\times10^{-6} \sim 594.71\times10^{-6}$，平均 286.96×10^{-6}，是青藏高原碰撞前火山岩（冈底斯岛弧安山岩）的1.2～7.3倍左右，而与北侧青海高原新生代碰撞后火山岩（粗安岩）较为接近。

2）测区古近纪火山岩LR/HR＝15～37.02，平均23.67；$(La/Yb)_N = 21.74\sim73.94$，平均41.84；$(Ce/Yb)_N = 14.34\sim51.98$，平均28.5；$\delta Eu = 0.59\sim1.48$，平均0.95。

3）稀土配分曲线（图3-3-36A、图3-3-36B、图3-3-36C）均呈轻稀土强烈富集的右倾型，轻稀土部分斜率陡，重稀土部分相对平缓，显示轻稀土分馏程度高于重稀土。

4）与青藏高原碰撞前的冈底斯岛弧安山岩相对比，本区古近纪火山岩稀土元素的几个特征参数分别高出1～5倍左右，而配分曲线与青海高原新生代火山岩相接近（图3-3-37），总体显示板内火山岩的稀土配分特征。

表 3-3-9　古近纪火山岩稀土元素分析数据

序号	样号	产地	岩石名称	原始数据(×10⁻⁶)														
				La	Ce	Pr	Nd	Sm	Eu	Gd	Tb	Dy	Ho	Er	Tm	Yb	Lu	Y
1	Jan—79	跃进拉	英安岩	61.89	109.90	12.25	41.37	5.93	1.43	3.38	0.54	2.68	0.50	1.32	0.19	1.17	0.19	13.23
2	Jan—83	跃进拉	英安岩	52.96	90.27	9.64	33.57	4.95	1.60	2.79	0.44	2.20	0.39	1.06	0.15	0.93	0.15	10.56
3	5084	跃进拉	粗面岩	61.96	103.50	10.28	34.30	4.83	1.27	2.81	0.43	2.03	0.37	0.94	0.12	0.81	0.12	9.88
4	Jan—87	跃进拉	粗安岩	67.58	116.30	12.83	42.73	6.02	1.65	3.27	0.48	2.34	0.41	1.06	0.14	0.92	0.14	11.20
5	Jan—13	向峰河源头	粗安岩	68.88	110.40	11.99	41.53	5.86	1.52	3.09	0.45	2.23	0.40	1.04	0.14	0.86	0.13	10.62
6	Feb—13	向峰河源头	粗安岩	69.41	120.90	13.60	46.64	6.29	1.60	3.58	0.50	2.45	0.43	1.11	0.15	0.93	0.15	11.54
7	Mar—13	向峰河源头	粗安岩	64.92	111.30	12.09	41.64	5.76	1.57	3.04	0.46	2.22	0.40	1.05	0.14	0.84	0.14	10.54
8	Jun—13	向峰河源头	粗安岩	54.49	93.05	10.30	35.59	5.02	1.62	2.81	0.41	1.96	0.36	0.89	0.12	0.76	0.13	9.24
9	Aug—13	向峰河源头	粗安岩	83.00	148.40	16.23	56.24	7.55	2.00	4.22	0.60	2.79	0.48	1.25	0.16	1.02	0.16	12.86
10	Jan—20	向峰河上游北山	粗面岩	78.89	128.80	14.02	46.93	6.77	1.43	3.86	0.60	2.81	0.49	1.26	0.19	1.25	0.20	14.58
11	Mar—20	向峰河上游北山	粗面岩	67.78	112.00	12.15	40.17	5.61	1.52	3.29	0.49	2.36	0.43	1.05	0.16	1.01	0.16	11.45
12	Apr—20	向峰河上游北山	粗安岩	72.50	130.60	15.93	58.94	8.99	2.25	4.91	0.67	3.12	0.52	1.38	0.19	1.22	0.19	15.51
13	Jun—20	向峰河上游北山	粗安岩	87.11	156.50	19.06	69.57	10.01	2.30	5.30	0.75	3.50	0.61	1.53	0.21	1.37	0.21	16.58
17	Jan—24	东月湖北东	安山质角砾熔岩	137.30	249.70	25.58	80.54	10.61	1.84	5.81	0.80	3.80	0.64	1.55	0.21	1.34	0.19	18.43
18	Jan—25	东月湖北东	粗面岩	144.50	262.30	27.33	85.86	11.55	1.85	5.82	0.83	3.86	0.64	1.56	0.22	1.29	0.20	18.20
19	Jan—26	东月湖北东	粗面岩	128.40	227.50	23.76	74.07	9.98	1.97	5.86	0.73	3.54	0.59	1.46	0.19	1.20	0.18	16.01
20	Jan—27	东月湖北东	粗面岩	150.70	271.20	29.62	94.48	12.50	1.90	6.26	0.90	4.10	0.68	1.69	0.22	1.37	0.20	18.88
21	Jan—28	东月湖北东	粗面岩	145.00	263.60	28.83	91.17	12.10	1.91	6.04	0.88	4.07	0.67	1.60	0.21	1.32	0.19	19.32
22	Jan—31	东月湖北东	粗安岩	43.85	69.74	7.25	24.29	3.46	1.38	2.06	0.32	1.66	0.31	0.80	0.12	0.73	0.12	8.07
23	Jan—32	东月湖北东	粗面岩	25.13	45.76	4.75	17.19	3.01	1.02	2.04	0.32	1.74	0.34	0.88	0.13	0.81	0.13	8.47
24	Feb—33	东月湖—东温河	粗面岩	149.80	269.90	27.79	86.09	11.33	1.89	5.99	0.84	3.97	0.68	1.62	0.22	1.36	0.19	18.02
25	Jan—35	东月湖—东温河	粗安岩	29.83	51.64	5.42	20.25	3.26	1.34	2.26	0.36	1.94	0.37	0.96	0.14	0.90	0.15	9.38

续表 3-3-9

序号	样号	产地	岩石名称	原始数据(×10⁻⁶) La	Ce	Pr	Nd	Sm	Eu	Gd	Tb	Dy	Ho	Er	Tm	Yb	Lu	Y
26	Jan－36	东月湖—东温河	粗安岩	35.02	66.22	7.00	26.57	4.09	1.31	2.60	0.41	2.15	0.41	1.07	0.15	0.92	0.15	10.25
27	5138	东月湖—东温河	安山岩	33.69	65.15	6.70	23.87	3.79	1.19	2.65	0.39	2.09	0.38	0.99	0.15	0.88	0.14	10.26
28	Jan－44	东月湖—东温河	粗面岩	52.44	94.27	10.17	35.51	5.14	1.39	2.70	0.40	2.03	0.38	0.99	0.14	0.85	0.14	9.78
29	D9146－GS1	东温泉东	玄武粗安岩	47.44	85.78	9.86	36.41	5.70	1.64	3.76	0.57	2.93	0.53	1.34	0.19	1.28	0.21	14.90
39	D7560XT1	洪玉泉河南	粗安岩	58.90	104.00	11.70	41.00	6.02	1.72	6.06	0.61	2.47	0.44	1.59	0.15	1.09	0.16	12.60
40	D9115XT1	波涛湖西岸	玄武粗安岩	83.30	155.00	18.30	65.00	8.90	2.62	8.60	0.78	2.96	0.51	2.11	0.19	1.31	0.19	14.90
41	D4109－GS1	红沙滩	安山岩	47.11	84.65	9.58	33.71	5.07	1.35	3.29	0.50	2.49	0.46	1.16	0.18	1.21	0.18	13.07
42	D4112－GS2	红沙滩北	英安岩	26.56	45.06	4.83	16.20	2.35	0.63	1.34	0.20	0.95	0.16	0.40	0.06	0.39	0.07	4.34
43	D6409－GS2	多格错仁北东	粗安岩	30.54	62.29	5.68	20.72	3.56	1.37	2.45	0.37	1.93	0.35	0.89	0.14	0.90	0.15	9.34
44	D9063XT1	多格错仁东北	橄榄粗安岩	63.30	113.00	13.40	47.30	7.35	2.04	6.79	0.76	3.17	0.56	2.00	0.20	1.39	0.20	16.50
45	D9063－GS2	多格错仁东北	橄榄粗安岩	50.93	92.81	10.57	38.31	6.19	1.78	3.89	0.60	2.94	0.55	1.38	0.21	1.43	0.24	15.12
46	D9063－GS3	多格错仁东北	辉石安山岩	39.93	72.60	8.37	30.45	5.04	1.75	3.46	0.46	2.53	0.47	1.21	0.18	1.18	0.19	12.15
47	D6099XT1	洪玉泉河北	粗面岩	68.10	122.00	13.90	47.10	7.11	1.91	7.23	0.72	2.92	0.53	1.95	0.21	1.49	0.22	15.50
52	D7548XT1	洪玉泉河北	辉石安山岩	89.00	154.00	17.30	58.90	8.31	2.19	8.38	0.81	3.03	0.54	2.05	0.20	1.34	0.19	15.30
53	D7548XT2	洪玉泉河北	辉石安山岩	66.80	119.00	13.20	44.70	6.63	1.82	6.76	0.68	2.66	0.47	1.80	0.17	1.20	0.17	13.60
54	D8556XT2	圆湖东	英安岩	55.30	98.30	10.90	37.80	5.92	1.67	5.81	0.59	2.43	0.41	1.49	0.15	1.03	0.14	12.10
55	D8556XT3	圆湖东	英安岩	51.80	90.90	10.20	35.10	5.59	1.46	5.54	0.55	2.32	0.41	1.49	0.16	1.09	0.16	11.90
56	D9129XT1	兰丽河北	粗面岩	54.80	96.40	10.50	35.90	5.57	1.43	5.86	0.63	2.83	0.53	1.90	0.23	1.45	0.21	16.00
57	D9131XT1	兰丽河北	流纹岩	54.00	87.30	8.85	27.20	3.80	0.95	4.15	0.40	1.57	0.28	1.08	0.12	0.84	0.13	8.77
58	D9139XT1	蓝云峰	粗安岩	104.00	174.00	21.40	73.40	10.30	2.76	10.10	0.96	3.47	0.57	2.30	0.20	1.39	0.20	16.80
42 个样平均				26.52	47.21	5.30	18.46	2.77	0.79	2.41	0.27	1.19	0.21	0.69	0.08	0.54	0.08	6.03
文献		冈底斯	安山岩	15.70	32.40	3.15	17.80	4.30	1.16	3.74	0.35	3.18	0.52	1.79	0.23	1.39	0.19	

注:稀土样与微量元素分析样的测试单位相同。

表 3-3-10　古近纪火山岩稀土元素配分值及特征参数

样品序号	配　分　值(岩石/Leedy 球粒陨石)															特征参数				
	La	Ce	Pr	Nd	Sm	Eu	Gd	Tb	Dy	Ho	Er	Tm	Yb	Lu	Y	ΣREE	LR/HR	δEu	(La/Yb)$_N$	(Ce/Yb)$_N$
1	163.73	112.60	90.07	57.78	25.79	16.52	10.88	9.10	6.88	5.60	5.16	4.81	4.71	4.78	13.23	255.96	23.37	0.90	34.76	23.91
2	140.11	92.49	70.91	46.89	21.50	18.48	8.98	7.42	5.65	4.40	4.16	3.82	3.75	3.77	10.56	211.66	23.80	1.21	37.36	24.66
3	163.92	106.05	75.59	47.91	21.01	14.62	9.03	7.22	5.20	4.13	3.69	3.19	3.26	3.20	9.88	233.65	28.34	0.97	50.28	32.53
4	178.78	119.16	94.34	59.68	26.18	19.10	10.53	8.15	5.99	4.61	4.15	3.71	3.70	3.57	11.20	267.07	28.22	1.04	48.32	32.21
5	182.22	113.11	88.16	58.00	25.48	17.59	9.92	7.69	5.71	4.49	4.07	3.56	3.47	3.41	10.62	259.14	28.82	0.99	52.51	32.60
6	183.62	123.87	100.00	65.14	27.33	18.45	11.50	8.56	6.27	4.85	4.35	3.79	3.73	3.77	11.54	279.26	27.82	0.95	49.23	33.21
7	171.75	114.04	88.90	58.16	25.04	18.11	9.79	7.81	5.70	4.49	4.13	3.61	3.39	3.51	10.54	256.12	28.59	1.04	50.66	33.64
8	144.15	95.34	75.74	49.71	21.81	18.70	9.02	6.96	5.02	4.03	3.50	3.17	3.06	3.23	9.24	216.74	26.93	1.21	47.11	31.16
9	219.58	152.05	119.34	78.55	32.84	23.09	13.57	10.20	7.16	5.37	4.91	4.05	4.10	4.08	12.86	336.96	29.35	1.00	53.56	37.09
10	208.70	131.97	103.09	65.54	29.43	16.54	12.42	10.22	7.20	5.53	4.96	4.94	5.03	5.06	14.58	302.09	25.95	0.79	41.49	26.24
11	179.31	114.75	89.34	56.10	24.40	17.49	10.57	8.27	6.06	4.79	4.12	4.03	4.04	4.11	11.45	259.61	26.78	1.00	44.38	28.40
12	191.80	133.81	117.13	82.32	39.08	26.00	15.79	11.38	8.00	5.90	5.43	5.01	4.90	5.01	15.51	316.94	23.67	0.95	39.14	27.31
13	230.45	160.35	140.15	97.16	43.52	26.52	17.03	12.72	8.97	6.81	6.00	5.38	5.51	5.37	16.58	374.59	25.59	0.88	41.82	29.10
17	363.23	255.84	188.09	112.49	46.13	21.22	18.68	13.58	9.74	7.15	6.09	5.45	5.37	4.96	18.43	538.33	35.27	0.65	67.64	47.64
18	382.28	268.75	200.96	119.92	50.22	21.37	18.72	14.16	9.89	7.20	6.11	5.64	5.17	5.06	18.20	566.00	37.02	0.62	73.94	51.98
19	339.68	233.09	174.71	103.45	43.40	22.71	18.85	12.46	9.07	6.60	5.73	5.04	4.82	4.55	16.01	495.44	33.87	0.73	70.47	48.36
20	398.68	277.87	217.79	131.96	54.35	21.99	20.14	15.35	10.50	7.67	6.64	5.71	5.51	5.09	18.88	594.71	36.33	0.59	72.36	50.43
21	383.60	270.08	211.99	127.33	52.61	22.03	19.43	14.94	10.43	7.58	6.29	5.53	5.32	4.96	19.32	576.92	36.19	0.61	72.11	50.77
22	116.01	71.45	53.34	33.92	15.05	15.98	6.61	5.37	4.26	3.46	3.15	3.06	2.92	3.07	8.07	164.16	24.55	1.48	39.73	24.47
23	66.48	46.89	34.91	24.01	13.07	11.76	6.56	5.37	4.46	3.81	3.46	3.40	3.27	3.44	8.47	111.71	15.14	1.20	20.33	14.34
24	396.30	276.54	204.34	120.24	49.26	21.85	19.25	14.31	10.17	7.64	6.35	5.82	5.46	5.01	18.02	579.69	36.77	0.64	72.58	50.65
25	78.92	52.91	39.84	28.28	14.19	15.51	7.26	6.15	4.96	4.18	3.75	3.74	3.63	3.80	9.38	128.20	15.78	1.45	21.74	14.58

续表 3-3-10

样品序号	配 分 值(岩石/Leedy 球粒陨石)															特征参数				
	La	Ce	Pr	Nd	Sm	Eu	Gd	Tb	Dy	Ho	Er	Tm	Yb	Lu	Y	ΣREE	LR/HR	δEu	$(La/Yb)_N$	$(Ce/Yb)_N$
26	95.03	67.85	53.81	37.11	17.78	17.38	8.37	6.93	5.51	4.65	4.18	3.79	3.69	3.93	10.25	159.73	18.03	1.33	25.75	18.39
27	89.13	66.75	49.26	33.34	16.46	13.73	8.50	6.57	5.35	4.32	3.89	3.77	3.53	3.67	10.26	152.30	17.55	1.10	25.25	18.91
28	138.73	96.59	74.78	49.59	22.34	16.03	8.67	6.83	5.19	4.26	3.89	3.58	3.41	3.62	9.78	216.31	26.10	1.03	40.68	28.33
29	125.50	87.89	72.47	50.85	24.77	18.98	12.07	9.64	7.52	5.92	5.24	4.91	5.15	5.43	14.90	212.52	17.30	1.03	24.37	17.07
39	155.82	106.56	86.03	57.26	26.17	19.86	19.49	10.36	6.33	4.95	6.24	3.90	4.38	4.13	12.60	248.51	17.77	0.87	35.58	24.33
40	220.37	158.81	134.56	90.78	38.70	30.25	27.65	13.24	7.59	5.74	8.27	4.94	5.26	4.91	14.90	364.67	20.01	0.91	41.90	30.19
41	124.63	86.73	70.40	47.08	22.04	15.54	10.57	8.51	6.39	5.14	4.53	4.62	4.86	4.68	13.07	203.99	19.17	0.95	25.64	17.85
42	70.26	46.17	35.49	22.63	10.21	7.30	4.32	3.46	2.43	1.77	1.57	1.64	1.57	1.83	4.34	103.55	26.73	1.00	44.75	29.41
43	80.79	63.82	41.76	28.94	15.49	15.81	7.88	6.26	4.94	3.89	3.50	3.61	3.63	3.77	9.34	140.68	17.31	1.35	22.26	17.58
44	167.46	115.78	98.53	66.06	31.96	23.56	21.83	12.90	8.13	6.31	7.84	5.19	5.58	5.17	16.50	277.96	16.35	0.88	30.01	20.75
45	134.74	95.09	77.72	53.51	26.91	20.50	12.52	10.17	7.54	6.15	5.43	5.53	5.74	6.23	15.12	226.95	17.83	1.04	23.47	16.57
46	105.63	74.39	61.52	42.53	21.89	20.23	11.12	7.81	6.49	5.30	4.74	4.75	4.73	4.83	12.15	179.96	16.35	1.23	22.33	15.73
47	180.16	125.00	102.21	65.78	30.91	22.06	23.25	12.22	7.49	5.97	7.65	5.45	5.98	5.68	15.50	290.89	17.03	0.81	30.13	20.90
52	235.45	157.79	127.21	82.26	36.13	25.29	26.95	13.75	7.77	6.08	8.04	5.19	5.38	4.91	15.30	361.54	19.93	0.80	43.76	29.33
53	176.72	121.93	97.06	62.43	28.83	21.02	21.74	11.54	6.82	5.29	7.06	4.42	4.82	4.39	13.60	279.66	18.13	0.83	36.66	25.30
54	146.30	100.72	80.15	52.79	25.74	19.28	18.68	10.02	6.23	4.62	5.84	3.90	4.14	3.62	12.10	234.04	17.42	0.87	35.34	24.33
55	137.04	93.14	75.00	49.02	24.3	16.86	17.81	9.34	5.95	4.62	5.84	4.16	4.38	4.13	11.90	218.67	16.64	0.80	31.29	21.26
56	144.97	98.77	77.21	50.14	24.22	16.51	18.84	10.70	7.26	5.97	7.45	5.97	5.82	5.43	16.00	234.24	15.00	0.77	24.91	16.97
57	142.86	89.45	65.07	37.99	16.52	10.97	13.34	6.79	4.03	3.15	4.24	3.12	3.37	3.36	8.77	199.44	21.25	0.73	42.39	26.54
58	275.13	178.28	157.35	102.51	44.78	31.87	32.48	16.30	8.90	6.42	9.02	5.19	5.58	5.17	16.80	421.85	20.11	0.83	49.31	31.95

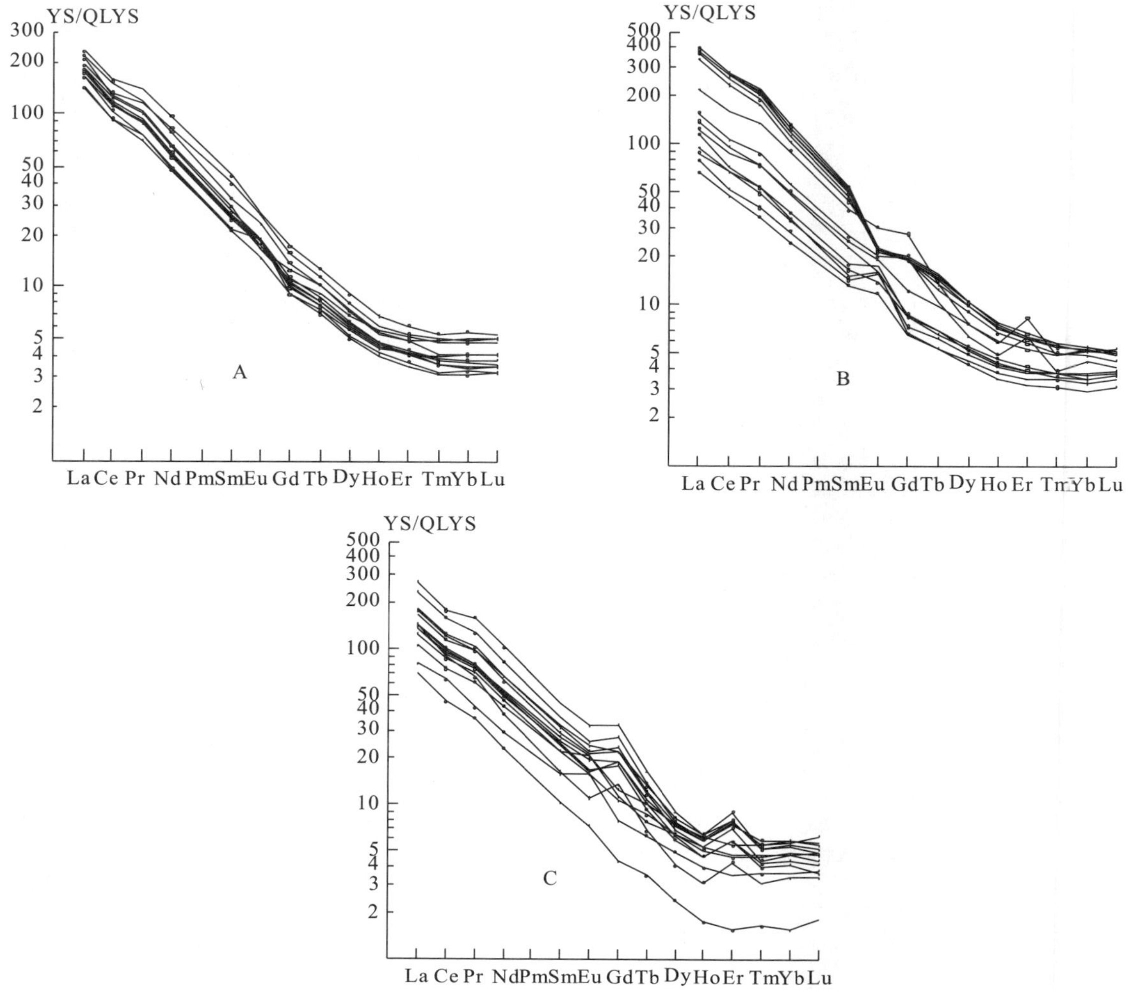

图 3-3-36　古近纪火山岩稀土配分模式图

(after Coryell，1963)

A-跃进拉岩区；B-东月湖岩区；C-玉带山外围

测区内部，各岩区古近纪火山岩稀土配分模式相对比，却有如下一些微弱差异：跃进拉岩区各类火山岩稀土配分曲线均较光滑，一致性较好，除个别样品有 Eu 的微弱正异常外，基本无 Eu 的明显异常，显示其稀土组分较一致，具相同的源区性质及演化特点；东月湖岩区火山岩稀土配分曲线基本由 2～3 种曲线型式组合而成；一部分样品有明显的负 Eu 异常，而另一部分样品则具 Eu 的正异常；个别样品 Eu 异常不明显，却具 Gd、Er 的正异常；稀土总量及分配曲线的变化范围相对较宽，可能指示岩浆结晶分异有一定的序次，而混入大陆组分的程度不同；玉带山外围火山岩稀土分配曲线变化介于上两岩区稀土模式之间，Eu 异常不明显，大部分样品具 Ce 的微弱负异常及 Gd、Er 的正异常。其中红沙滩北部英安岩(42 号样品)在所有火山岩样品中稀土总量最低，

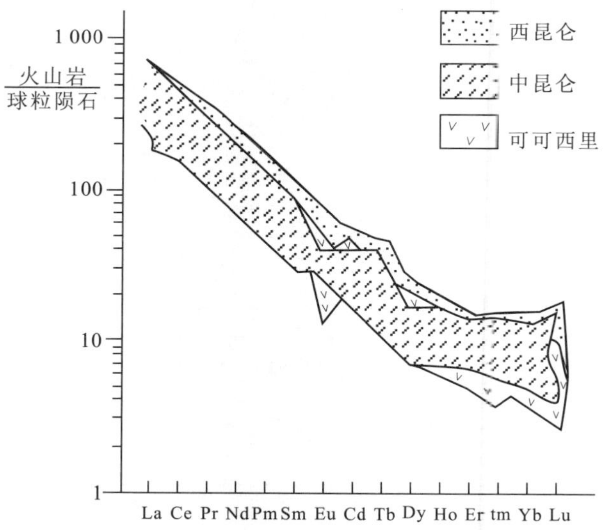

图 3-3-37　青海高原新生代火山岩稀土配分曲线

(据邓万明，1998)

曲线单列于所有配分曲线之下，可能与距离若拉岗日构造带较近而残留了较多幔源组分有关。

6. 形成构造环境判别

用古近纪火山岩主量元素进行构造环境判别投影，在 TiO_2 - Al_2O_3 - K_2O 图解（图 3-3-38）上，几乎全部落入岛弧造山带火山岩区；在里特曼—戈蒂里的 logτ - logσ 图解（图 3-3-39）上绝大多数样品落入造山带火山岩区，而在勒夫勒改进后的 log（σ_{25} * 100）图解（图 3-3-40）中则全部落入偏碱性的火山岩区，综合反映属岛弧造山带火山岩演化而来的偏碱性火山岩。微量元素构造环境判别，显示属火山弧—大陆板内区（图 3-3-41、图 3-3-42）；Th/Ta 比值均大于 4，Ta/Hf 比值 0.08～0.20（表 3-3-11），介于大陆板内和俯冲带及岛弧岩系之间，说明区内新生代火山岩具有板内性质。利用 Pearce 等（1984）（Y＋Nb）- Rb 图解（图 3-3-43）进行投影，具有类似的判别结果，从而表明测区古近纪火山岩是在古岛弧背景基础上经陆内演化而成的，很可能是金沙江构造带南侧消亡了的岛弧火山岩经陆内俯冲，深部重熔演化而成。

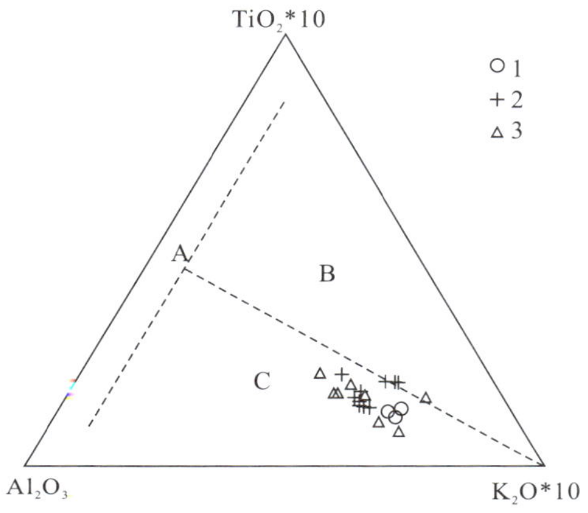

图 3-3-38 大洋火山岩和大陆火山岩的判别图解
（仿赵崇贺，1989）
A-大洋玄武岩区；B-大陆裂谷型玄武岩、安山岩区；
C-岛弧造山带玄武岩、安山岩区；
1-跃进拉岩区；2-东月湖岩区；3-玉带山外围

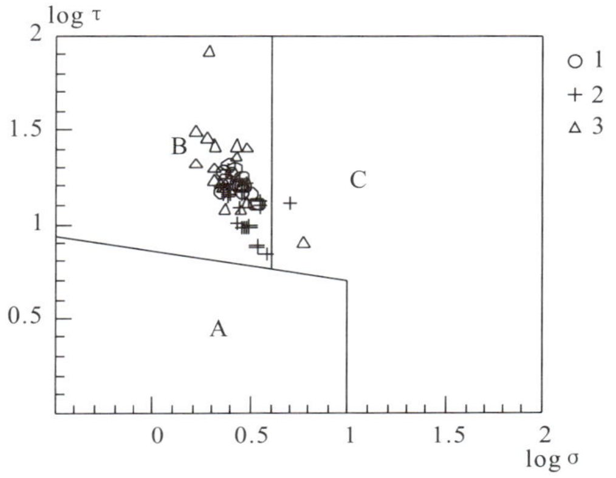

图 3-3-39 里特曼-戈蒂里火山岩环境判别图解
（after A. Rittmann，1973）
A-非造山带火山岩；B-造山带火山岩；
C-为 A、B 区派生的碱性、偏碱性火山岩；
1-跃进拉岩区；2-东月湖岩区；3-玉带山外围

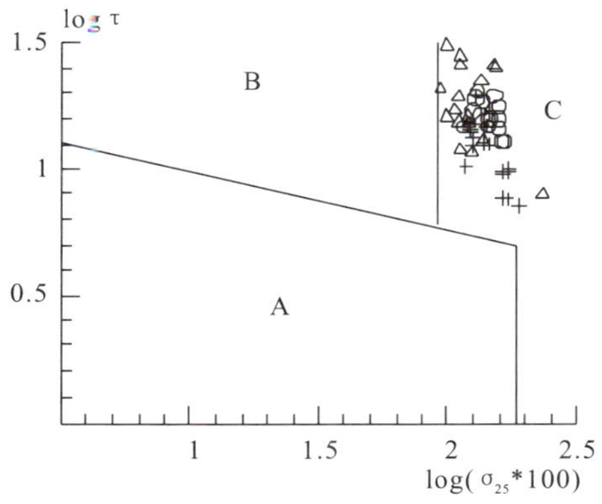

图 3-3-40 勒夫勒的火山岩环境判别图解
（after H. K. Loffler，1979）
A-非造山带火山岩；B-造山带火山岩；
C-为 A、B 区派生的碱性、偏碱性火山岩；
1-跃进拉岩区；2-东月湖岩区；3-玉带山外围

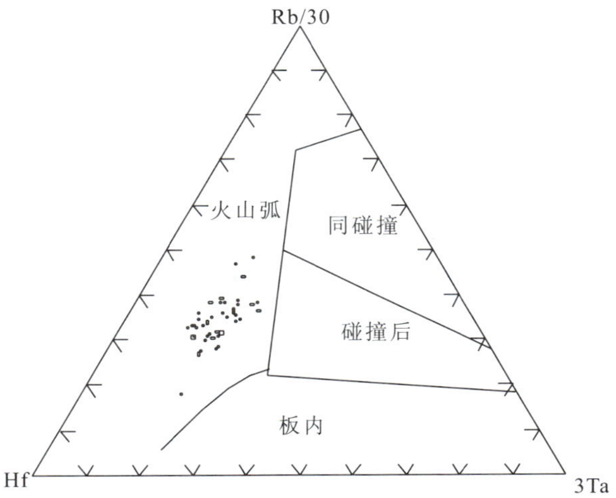

图 3-3-41 不同构造环境岩浆岩的
Rb/30 - Hf - 3Ta 判别图
（after Harris et al，1986）

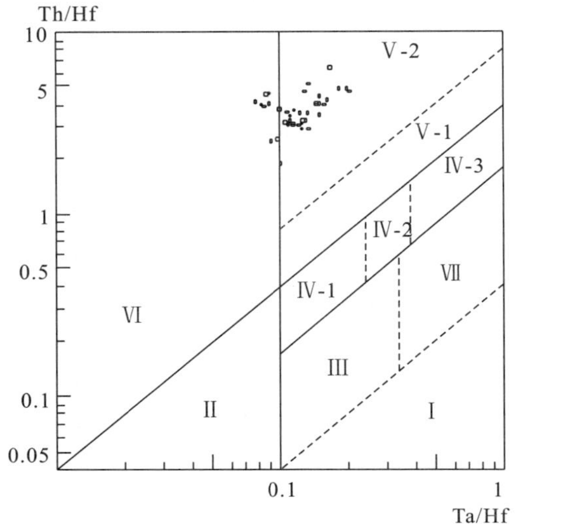

图 3-3-42　火山岩构造环境的 Th/Hf—Ta/Hf 判别图

（据张成江、汪云亮，1996）

Ⅰ-亏损地幔区；Ⅱ-正常大洋中脊玄武岩（N-MORB）区；Ⅲ-大洋板内拉斑玄武岩、洋岛玄武岩及过渡型和富集型大洋中脊玄武岩区；Ⅳ-分离的大陆板块边缘（裂谷区）；Ⅴ-陆板内（Ⅴ-1-大陆板内地幔区；Ⅴ-2-大陆板内地壳区）；Ⅵ-俯冲带及岛弧区；Ⅶ-地幔羽流（热点）区

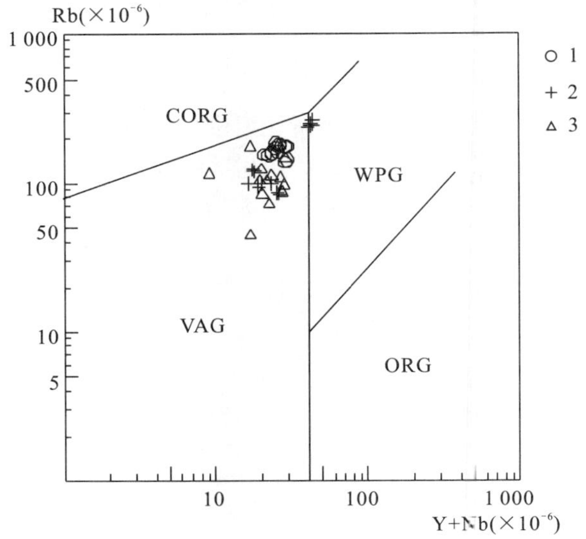

图 3-3-43　古近纪火山岩（Y+Nb）-Rb 环境判别图解

（after Pearce，1984）

CORG-同碰撞岩浆区；VAG-火山弧岩浆区；WPG-板内岩浆区；ORG-洋脊岩浆区；1-跃进拉岩区；2-东月湖岩区；3-玉带山外围

表 3-3-11　典型构造环境玄武岩系 w（Th）/w（Ta）和 w（Ta）/w（Hf）值

成因类型		w（Th）/w（Ta）	w（Ta）/w（Hf）
大洋中脊玄武岩系	N-MORB	<4	<0.1
	T-MORB	<1.8	0.1～0.3
	E-MORB	<1.8	0.1～0.3
大洋板内及洋岛玄武岩		<1.8	0.1～0.3
大陆边缘（裂谷）玄武岩		1.8～4	>0.1
大陆板内地幔玄武岩系		>4	>0.1
俯冲带有岛弧玄武岩系		>4	<0.1
地幔热柱玄武岩系		0.4～4	>0.3
测区古近纪火山岩（42个样平均）		>4	0.08～0.20

（据张成江等，1999）

（二）新近纪石坪顶组火山岩

1. 地质特征

石坪顶组火山岩出露面积约 880km²，占测区新生代火山岩的 1∶4，主要分布于沙窝滩—恒梁湖—永波湖一带，在洪玉泉河东南也有少量分布（图 3-1-1 或 1∶25 万地质图）。

沙窝滩地区火山岩呈大面积熔岩被形式产出，厚约几十至几百米。岩性主要为粗安岩及黑色粗面岩，呈喷溢相粗面质熔岩为主（图 3-3-17）。火山岩形成年龄为 2.5～8.76Ma（表 3-3-4），喷发不整合于上三叠统藏夏河组、侏罗系索瓦组、白龙冰河组、上侏罗统-下白垩统雪山组及古近系康托组之上。

洪玉泉河南侧新近纪火山岩多呈高大孤立的锥状山体，顶峰高出地面约 750m，坡度 10°～30°，北缓南陡。坡面几乎全被黑色气孔状粗面岩所覆盖，为中心式喷发的锥状火山（图 3-3-44）。火山岩形成年龄为 7.23～7.33Ma（表 3-3-4），喷发不整合于上侏罗统白龙冰河组及古近系鱼鳞山组火山岩之上（图 3-3-23）。

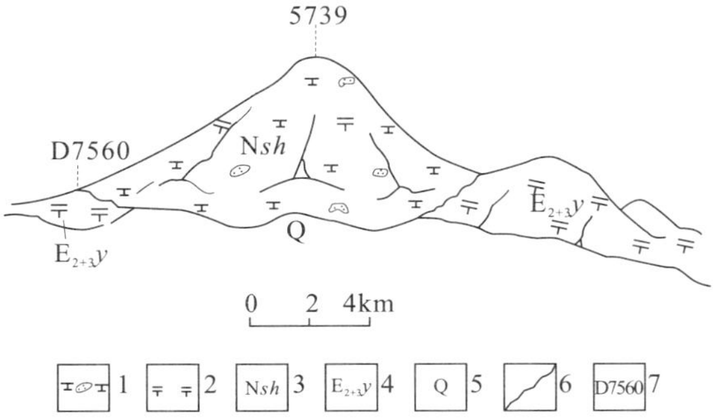

图 3-3-44 洪玉泉河南 5739 高地石坪顶组火山岩产出状态及喷发不整合于鱼鳞山组火山岩之上

1-气孔状粗面岩；2-粗安岩；3-石坪顶组；4-鱼鳞山组；5-第四系；6-喷发不整合界线；7-地质点号

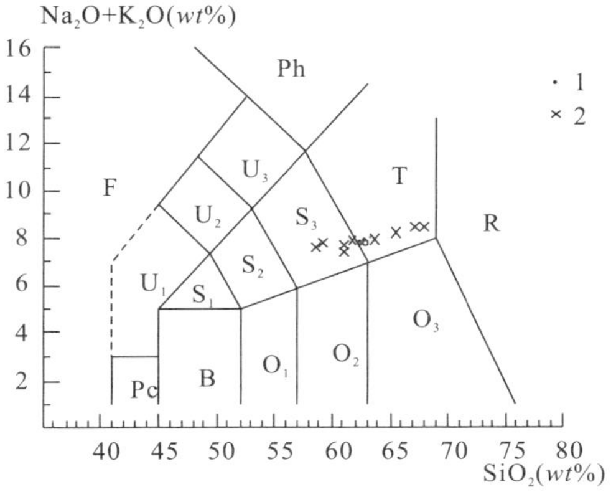

图 3-3-45 测区新近纪火山岩 TAS 图解

(after Le Bas，1986)

F-副长石岩；Pc-苦橄玄武岩；B-玄武岩；O_1-玄武安山岩；O_2-安山岩；O_3-英安岩；S_1-粗面玄武岩；S_2-玄武粗安岩；S_3-粗安岩；T-粗面岩、粗面英安岩；R-流纹岩；U_1-碧玄岩、碱玄岩；U_2-响岩质碱玄岩；U_3-碱玄质响岩；Ph-响岩；1-洪玉泉河南；2-沙窝滩

2. 岩石学特征

石坪顶组火山岩较鱼鳞山组火山岩更致密、隐晶，多呈玻璃质。利用 TAS 图解进行分类命名，样品主要投入粗面岩及粗安岩区（图 3-3-45）。

（1）玻质粗面岩

黑色隐晶致密，气孔杏仁状构造及块状构造。镜下为玻基斑状结构或玻晶交织结构，气孔状及杏仁状构造。岩石主要由斜长石（40%～60%）、角闪石＋玻璃质（35%～65%）及辉石（<5%～15%）等组成。条柱状斜长石呈交织状分布于玻璃质及微小的隐晶质间，个别较大的具环带结构的斜长石及半自形—自形辉石构造斑晶，部分基质中见针状角闪石，偶见少量磷灰石及磁铁矿星散分布，见少量杏仁为方解石及沸石充填物。岩石新鲜，未遭受蚀变。

（2）粗安岩

斑状结构或玻基斑状结构，基质为玻基交织结构或交织结构，块状构造，偶见气孔杏仁状构造。岩石主要由斜长石（35%～70%）、辉石（5%～20%）、角闪石＋玻璃质＋土状帘石（20%～40%）及金属矿物等（5%）组成。

斑晶主要为斜长石及辉石，斜长石斑晶主要为中长石，基性斜长石少量，多呈聚斑状，有的表面呈麻点状，部分有溶蚀或净化边，单体斑晶多具环带结构，但环少，卡钠复合双晶普遍，偶见贯穿双晶。辉石主要为单斜辉石，多呈半自形斑晶出现，个别晶体包裹基质生长发育不完全，似残斑状。

基质主要由针柱状斜长石及其间纤维状角闪石、土状帘石等组成；或由隐晶质玻璃及其中交织状分布的针柱状斜长石及角闪石等组成。角闪石一般发育不完全，且多与土状帘石混在一起，与玻璃质等难以区分统计。金属矿物主要为半自形，磁铁矿星散状分布于基质中，偶见磷灰石呈自形晶或包体形式存在。方解石充填部分气孔或裂隙，较少。

（3）安山质凝灰熔岩

岩石主要由火焰状、条纹状定向排列的含火山灰尘的塑性岩屑组成，其中含晶屑、塑性玻屑及富铁的塑性岩屑。晶屑主要为中性斜长石，大的表面呈麻点状，含量 5%～10%，具净化边，少量晶屑为斜方辉石，具暗化边。铁质呈尘点状分布在富铁的塑性岩屑中。岩石含大量气孔，并被挤压拉长成扁豆体，具相同的方向性，气孔中充填碳酸盐矿物方解石及沸石。部分岩石含较多火山泥球，泥球呈浑圆形，外壳被褐铁矿浸染，内部主要由玻璃质及火山灰尘组成，有的含磁铁矿或赤铁矿细粒及斜长石斑晶等，具玻基斑状结构，胶结泥球的主体岩石为具玻基斑状结构及杏仁状构造的粗安质成分，主要为斜长石、暗化长柱状角闪石、少量辉石斑晶及针柱状强烈铁矿化呈角架状分布的角闪石及充填其中的玻璃质基质组成。

3. 岩石化学特征

新近纪火山岩岩石化学分析数据、CIPW 标准矿物计算值及有关参数见表 3-3-12。从表 3-3-12 中可以看出，新近纪火山岩 SiO_2＝58.34％～68.05％，属中偏酸性岩类，与古近纪火山岩基本相近，但无基性及 SiO_2＞70％的酸性岩石；Al_2O_3 含量也较高，集中于 14.20％～15.64％之间；火山岩全碱含量（Al）为 7.36％～8.45％，仍显示富碱；所有样品 K_2O＞Na_2O，属钾质类型。在 SiO_2－K_2O 图解中（图 3-3-46、图 3-3-47），落于高钾钙碱性岩区；里特曼指数（δ）介于 2.85～3.72 之间，略高于古近纪火山岩；赖特碱度率（AR）集中于 2.21～2.97 之间，其图解（图 3-3-48）显示属钙碱性岩区，但比古近纪火山岩更靠近碱性岩界线；在火山岩 SiO_2－K_2O＋Na_2O 图解上（图 3-3-49），主要落入亚碱性区，AFM 图解上（图 3-3-50）也基本落入钙碱性岩区。指示岩浆分异结晶程度的分异指数（DI）及固结指数（SI）

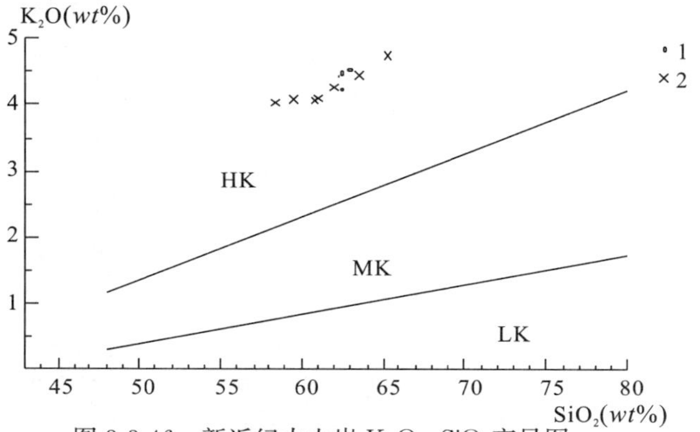

图 3-3-46　新近纪火山岩 K_2O－SiO_2 变异图

（after Le Maitre，1988）

HK－高钾岩系；MK－中钾岩系；LK－低钾岩系；

1－洪玉泉河南；2－沙窝滩

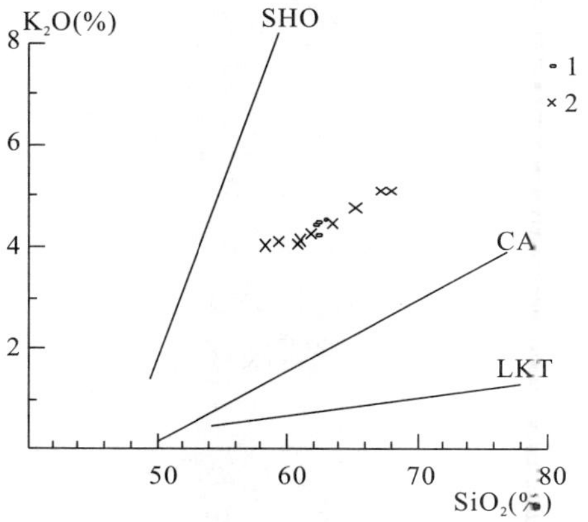

图 3-3-47　新近纪火山岩 K_2O－SiO_2 图解

（仿莫宣学等，1993）

LKT－直线附近为低钾拉斑系列；CA－直线附近为钙碱性系列；SHO－直线附近为钾玄岩系列；

1－洪玉泉河南；2－沙窝滩

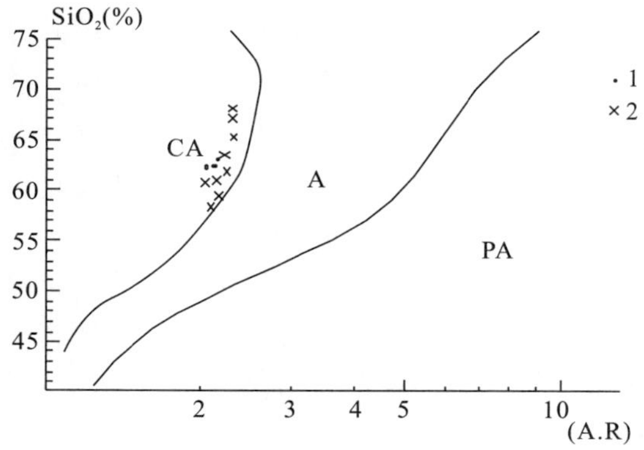

图 3-3-48　新近纪火山岩碱度率图解

（after J. B. Wright，1969）

CA－钙碱性；A－碱性；PA－过碱性；

1－洪玉泉河南；2－沙窝滩

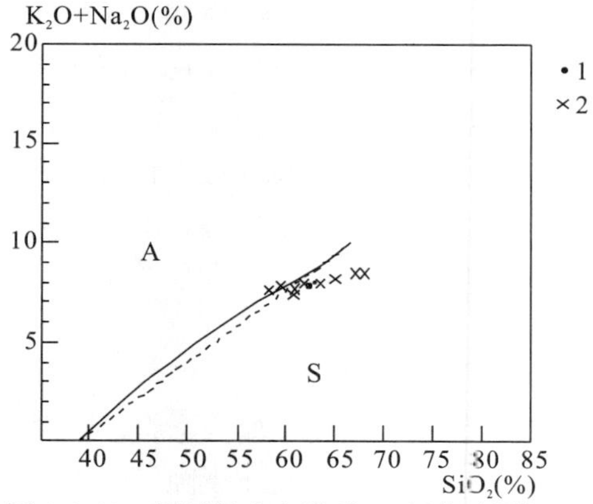

图 3-3-49　新近纪火山岩碱-二氧化硅图解

（after T. N. Irvine et al.，1971）

A－碱性区；S－亚碱性区；

1－洪玉泉河南；2－沙窝滩

表 3-3-12 新近纪火山岩岩石化学分析结果、CIPW 标准矿物计算值及有关参数

序号	样号	产地	岩石名称	SiO_2	TiO_2	Al_2O_3	Fe_2O_3	FeO	MnO	MgO	CaO	Na_2O	K_2O	P_2O_5	烧失量	Σ(%)
1	D5160 - GS1	沙窝滩	粗面岩	67.14	1.24	14.97	4.71	0.00	0.05	0.94	2.04	3.36	5.08	0.02	0.36	99.91
2	D7535C1	沙窝滩北西	粗面岩	68.05	1.25	15.16	4.67	0.00	0.05	0.87	1.99	3.38	5.08	0.02	0.00	100.51
3	D7537 - C1	沙窝滩北西	粗安岩	61.92	1.78	15.64	6.82	0.00	0.09	2.41	3.35	3.65	4.26	0.03	0.31	100.24
4	D7537GS1	沙窝滩北西	粗安岩	59.44	1.64	15.55	5.14	1.45	0.08	2.39	4.58	3.72	4.09	0.68	1.48	100.24
5	D9031GS1	沙窝滩东北	粗安岩	60.80	1.50	15.31	3.32	2.54	0.09	2.34	4.04	3.30	4.06	0.68	1.68	99.66
6	D9032 - GS1	沙窝滩东北	粗面岩	63.55	1.83	15.50	6.03	0.00	0.07	0.99	2.83	3.50	4.45	0.17	0.89	99.81
7	D9032GS2	沙窝滩东北	粗安岩	60.96	1.84	15.04	4.51	1.70	0.05	1.42	4.46	3.57	4.11	0.78	1.19	99.63
8	D9032 - GS3	沙窝滩东北	粗面岩	65.23	1.44	14.92	5.37	0.00	0.06	1.36	2.41	3.45	4.75	0.03	0.48	99.48
9	D9032GS5	沙窝滩东北	粗安质凝灰岩	58.34	1.60	14.20	5.56	0.30	0.07	1.81	5.90	3.54	4.04	1.14	2.98	99.48
10	GS2463	洪玉泉河南	粗面岩	62.48	1.38	14.60	1.60	3.44	0.08	1.50	4.68	3.50	4.23	0.58	1.26	99.33
11	D7561GS1	洪玉泉河南	粗面岩	62.46	1.40	14.72	3.05	2.23	0.07	1.46	4.35	3.42	4.48	0.54	1.29	99.47
12	D7562GS1	洪玉泉河南	粗面岩	63.00	1.44	15.27	3.26	2.28	0.08	1.52	3.51	3.44	4.54	0.58	0.57	99.49
13	D7562GS2	洪玉泉河南	粗面岩	62.28	1.40	14.80	2.89	2.36	0.08	1.51	4.51	3.34	4.44	0.57	1.68	99.86

序号	CIPW 标准矿物(w_B%)										全碱含量	碱特征指数	里特曼指数	赖特碱度率	固结指数	分异指数	镁特征指数
	Ap	Il	Mt	Or	Ab	An	Di	Hy	Q	Σ	Al	K_2O/Na_2O	δ	AR	SI	DI	$Mg^{\#}$
1	0.04	2.36	3.24	30.08	28.43	10.00	0.00	2.34	22.45	99.41	8.44	1.51	2.95	2.97	6.66	81	0.17
2	0.04	2.37	3.08	30.02	28.60	9.76	0.00	2.17	23.44	100.28	8.45	1.50	2.85	2.94	6.21	82	0.16
3	0.07	3.36	4.70	25.12	30.80	13.67	2.14	5.41	14.07	99.34	7.91	1.17	3.32	2.43	14.04	70	0.26
4	1.49	3.12	4.54	24.11	31.39	13.62	3.99	4.87	11.21	98.34	7.81	1.10	3.72	2.27	14.21	67	0.27
5	1.49	2.87	4.13	24.05	28.01	15.03	0.84	6.25	15.59	98.26	7.36	1.23	3.02	2.23	15.05	68	0.29
6	0.37	3.50	3.89	26.30	29.62	13.09	0.00	2.47	19.15	98.81	7.94	1.27	3.06	2.53	6.61	75	0.14
7	1.70	3.51	4.38	24.41	30.29	12.93	3.68	2.03	15.74	98.67	7.68	1.15	3.27	2.30	9.30	70	0.19
8	0.07	2.75	3.82	28.19	29.36	11.26	0.44	3.18	20.11	99.24	8.20	1.38	3.01	2.80	9.07	78	0.20
9	2.51	3.06	3.93	23.99	30.12	10.97	9.21	0.74	12.17	96.70	7.58	1.14	3.71	2.21	11.87	66	0.24
10	1.27	2.64	2.33	25.17	29.79	11.73	6.76	3.32	15.72	98.73	7.73	1.21	3.04	2.34	10.52	71	0.23
11	1.18	2.68	3.89	26.59	29.11	11.65	5.39	1.48	16.70	98.67	7.90	1.31	3.19	2.41	9.99	72	0.22
12	1.27	2.75	4.10	26.95	29.28	12.88	0.96	3.73	17.46	99.38	7.98	1.32	3.17	2.48	10.12	74	0.22
13	1.25	2.66	3.81	26.30	28.26	12.30	5.33	1.68	16.69	98.28	7.78	1.33	3.13	2.35	10.38	71	0.22

注:第 1—3、6、8 号样品为本区调采集,中科院广州地化所分析测试,第 4—5、7、9、11—13 号样品为本区调采集,成都地质矿产研究所分析测试,第 10 号样引自 1∶100 万改则幅区调。

分别介于 66～82 及 6.21～15.05 之间，表明演化分异程度略高于古近纪火山岩；CIPW 标准矿物组合主要为：Or＋Ab＋An＋Q，含 Hy＋Il＋Mt＋(Di)，部分 Ap 含量＞1%，个别含 Di，多数属 SiO_2过饱和的正常系列岩类，少数为 SiO_2过饱和的铝过饱和岩类。与古近纪火山岩相比，新近纪火山岩岩石化学主体特征与其相近，但更偏碱性，岩石类型趋于均一，分异演化程度更彻底。

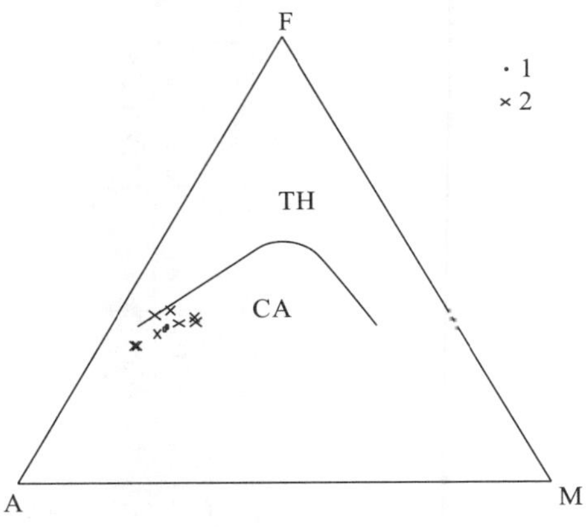

图 3-3-50　新近纪火山岩 AFM 图解

(after T. N. Irvine，1971)

TH-拉斑玄武岩套；CA-钙-碱性岩套；

1-洪玉泉河南；2-沙窝滩

4. 微量元素特征

新近纪火山岩微量元素分析数据见表 3-3-13，其比值蛛网图见图 3-3-51。可以看出，新近纪火山岩仍然富集大离子亲石元素（LIL）K、Rb、Sr、Ba、Th；相对于原始地幔，强不相容元素 Rb、Ba、Th、U、K 富集程度高达 150～300 倍，中等不相容元素 La、Ce、Sr、Nb、P、Zr、Hf、Sm 富集程度波动于 1～100 倍之间，部分样品 La、Ce 可达 200～300 倍以上，弱不相容元素 Y、Yb、Ti 富集程度仅有原始地幔的 1.5～5 倍。微量元素曲线总体与古近纪火山岩特征相似，呈右倾的锯齿型，高场强元素（HFS）Ta、Nb 及部分岩石 P 负异常明显，而另一部分样品 P 及过渡族元素（TE）Sc、Ti 异常不显著，Th、La、Zr 主要呈正异常，P 之后的中等不相容元素 P、Sm 及弱不相容元素 Y、Yb 组合成两组曲线形式，表明微量元素在新近纪火山岩中的分配不甚均匀，与原始岩浆中含较多的陆壳组分有关。

5. 稀土元素特征

新近纪火山岩稀土元素分析结果及特征参数见表 3-3-14。由表可以看出，新近纪火山岩稀土总量（ΣREE）主要介于 185.96×10^{-6}～672.81×10^{-6}之间，个别高达 $1\,079.76\times10^{-6}$，平均 507.81×10^{-6}，总体较古近纪火山岩高；其 LR/HR＝17.54～34.16，平均 22.57，与古近纪火山岩接近；但 $(La/Yb)_N$＝34.72～77.76，平均 56.61，$(Ce/Yb)_N$＝20.92～43.18，平均 33.65，均高于古近纪火山岩，表明新近纪火山岩稀土富集程度及轻、重稀土分馏程度均较古近纪火山岩高。

新近纪火山岩稀土配分曲线（图 3-3-52），总体均呈轻稀土强烈富集的右倾型，但可明显分为三组。

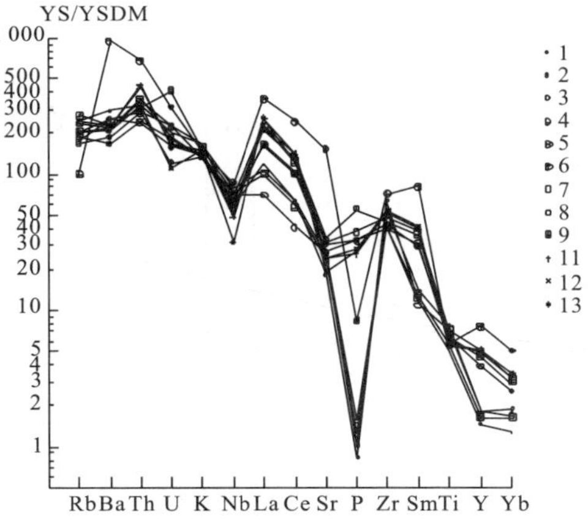

图 3-3-51　新近纪火山岩微量元素配分模式

(after Wood，1979)

1—9 为沙窝滩样品序号；

11—13 为洪玉泉河南样品序号

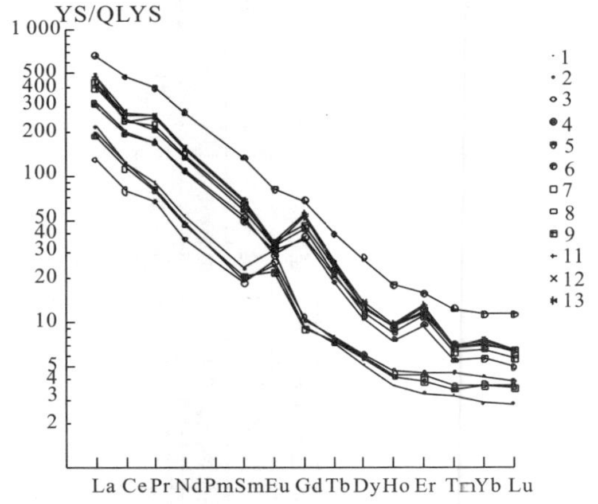

图 3-3-52　新近纪火山岩稀土配分模式图

(after Coryell，1963)

A-跃进拉岩区；B-东月湖岩区；C-玉寺山外围

1～9 为沙窝滩样品序号；11～13 为洪玉泉河南样品序号

表 3-3-13　新近纪火山岩微量元素分析数据（$\times 10^{-6}$）

序号	样号	Rb	Sr	Ba	Ga	Nb	Ta	Zr	Hf	Th
1	D5160－GS1	210	420	2 226	23.3	35.4	1.62	692	16	30.8
2	D7535C1	179	586	1 978	22.3	49.3	2.59	599	13.6	27.6
3	D7537－C1	151	602	1 918	21.1	44.1	2.34	454	10.6	23.1
4	D7537GP1	146	706	1 420	22.0	35.8	1.87	458	9.88	27.1
5	D9031GP1	165	609	1 259	22.8	40.5	2.42	434	9.35	23.3
6	D9032－GS1	85.1	3 489	7 227	16.3	52.8	2.21	778	16.8	65.3
7	D9032GP2	202	725	1 650	26.7	43.1	2.32	541	12.7	33.7
8	D9032－GS3	234.7	530.5	1 691.4	22.56	45.31	2.818	452.2	10.63	29.8
9	D9032GP5	178	763	1 628	23.5	38.8	2.20	494	10.6	32.7
11	D7561GP1	213	569	1 734	25.4	29.5	1.21	566	15.3	42.8
12	D7562GP1	209	548	1 744	25.0	31.8	1.45	569	15.4	41.2
13	D7562GP2	176	444	1 595	21.2	19.5	0.46	588	15.4	30.2

序号	样号	V	Cr	Co	Ni	Sc	U	K*	Ti	P*
1	D5160－GS1	74	45.9	5.34	8.38	5.03	5.58	42 188	7 869	74
2	D7535C1	87.4	23.3	10.2	10.9	16.3	6.13	42 130	11 712	92
3	D7537－C1	88.7	34.9	12.2	14.3	16.7	4.28	35 389	11 144	140
4	D7537GP1	81.3	31.6	13.9	17.2	8.4	3.27	33 953	9 830*	2 968
5	D9031GP1	86.7	37.4	13.9	13.9	9.66	4.78	33 704	8 991*	2 968
6	D9032－GS1	163	234	23.5	87.8	23.7	8.39	36 908	8 598	755
7	D9032GP2	88.5	23.3	11.3	10.6	9.05	5.07	34 119	11 029*	3 404
8	D9032－GS3	57.1	12.27	8.232	6.806	7.51	10.98	39 415	8 631	113
9	D9032GP5	72.4	18.7	11.6	12.1	6.68	6.09	33 538	9 591*	4 975
11	D7561GP1	66.5	14.2	8.95	6.24	7.63	4.30	37 191	8 392*	2 357
12	D7562GP1	63.4	17.6	12.6	6.59	7.34	4.41	37 689	8 631*	2 531
13	D7562GP2	56.8	14.7	9.24	6.00	6.28	2.96	36 859	8 392*	2 488

注：样品序号同岩石化学分析样，其中第 10 号样无微量元素测试成果，带 * 的元素数据为据岩石主量元素分析结果计算求得的阳离子元素丰度（$\times 10^{-6}$）。

表 3-3-14　测区新近纪火山岩稀土元素分析结果及特征参数

序号	样号	产地	岩石名称	原始数据(×10⁻⁶)														
				La	Ce	Pr	Nd	Sm	Eu	Gd	Tb	Dy	Ho	Er	Tm	Yb	Lu	Y
1	D5160－GS1	沙窝滩	粗面岩	82.30	118.00	11.10	34.66	4.51	2.11	2.92	0.416	1.99	0.325	0.821	0.121	0.696	0.107	7.05
2	D7535C1	沙窝滩北西	粗面岩	74.392 5	119.10	12.05	38.04	5.306	2.677	3.153	0.468	2.372	0.424	1.142	0.174	1.057	0.153	8.784
3	D7537－C1	沙窝滩北西	粗安岩	49.476	76.97	9.015	26.49	4.244	2.241	3.368	0.45	2.332	0.391	1.105	0.143	0.939	0.143	8.652
4	D7537GS1	沙窝滩北西	粗安岩	119.00	192.00	23.00	76.30	11.30	2.70	11.40	1.10	4.25	0.67	2.44	0.21	1.41	0.19	19.00
5	D9031GS1	沙窝滩东北	粗安岩	115.00	190.00	23.00	77.80	11.90	2.49	11.80	1.23	4.86	0.82	2.90	0.27	1.82	0.25	23.90
6	D9032－GS1	沙窝滩东北	粗面岩	253.47	459.40	54.23	193.90	30.75	7.033	21.11	2.345	10.72	1.596	4.014	0.47	2.80	0.435	37.49
7	D9032GS2	沙窝滩东北	粗安岩	162.00	230.00	30.30	100.00	14.40	3.05	14.30	1.36	5.21	0.84	3.06	0.26	1.76	0.24	24.20
8	D9032－GS3	沙窝滩东北	粗面岩	70.539	109.10	10.79	33.26	4.781	1.905	2.776	0.433	2.225	0.375	1.009	0.132	0.912	0.138	8.103
9	D9032GS5	沙窝滩东北	粗安质凝灰岩	149.00	240.00	28.50	95.60	13.60	2.80	13.60	1.27	4.69	0.76	2.82	0.24	1.62	0.22	22.30
11	D7561GS1	洪玉泉河南	粗面岩	181.00	230.00	34.00	111.00	15.10	2.82	16.10	1.44	5.17	0.83	3.21	0.26	1.74	0.25	24.20
12	D7562GS1	洪玉泉河南	粗面岩	164.00	261.00	34.70	112.00	15.30	2.87	16.60	1.48	5.20	0.85	3.32	0.27	1.82	0.25	24.50
13	D7562GS2	洪玉泉河南	粗面岩	183.00	266.00	35.30	114.00	15.70	3.06	17.10	1.53	5.37	0.86	3.38	0.26	1.90	0.25	25.10

序号	配分值(岩石/Leedy 球粒陨石)															稀土配分类型及成因参数				
	La	Ce	Pr	Nd	Sm	Eu	Gd	Tb	Dy	Ho	Er	Tm	Yb	Lu	Y	∑REE(×10⁻⁶)	LR/HR	δEu	$(La/Yb)_N$	$(Ce/Yb)_N$
1	217.72	120.90	81.62	48.41	19.61	24.36	9.39	7.06	5.10	3.66	3.22	3.14	2.80	2.76	7.05	267.13	34.16	1.68	77.76	43.18
2	196.81	122.03	88.60	53.13	23.07	30.91	10.14	7.95	6.08	4.77	4.48	4.52	4.24	3.95	8.78	269.29	28.13	1.86	46.42	28.78
3	130.89	78.86	66.29	37.00	18.45	25.88	10.83	7.64	5.98	4.40	4.33	3.71	3.77	3.70	8.65	185.96	18.99	1.77	34.72	20.92
4	314.81	196.72	169.12	106.56	49.13	31.18	36.66	18.68	10.90	7.55	9.57	5.45	5.66	4.91	19.00	464.97	19.58	0.73	55.62	34.76
5	304.23	194.67	169.12	108.66	51.74	28.75	37.94	20.88	12.46	9.23	11.37	7.01	7.31	6.46	23.9	468.04	17.54	0.64	41.62	26.63
6	670.56	470.70	398.75	270.81	133.70	81.21	67.88	39.81	27.49	17.97	15.74	12.21	11.24	11.24	37.49	1 079.76	22.97	0.81	59.66	41.88
7	428.57	235.66	222.79	139.66	62.61	35.22	45.98	23.09	13.36	9.46	12.00	6.75	7.07	6.20	24.20	590.98	19.97	0.65	60.62	33.33
8	186.61	111.78	79.34	46.45	20.79	22	8.93	7.35	5.71	4.22	3.96	3.43	3.66	3.57	8.10	246.48	28.8	1.48	50.99	30.54
9	394.18	245.90	209.56	133.52	59.13	32.33	43.73	21.56	12.03	8.56	11.06	6.23	6.51	5.68	22.30	577.02	21	0.63	60.55	37.77
11	478.84	235.66	250	155.03	65.65	32.50	51.77	24.45	13.26	9.35	12.59	6.75	6.99	6.46	24.20	627.12	19.79	0.55	68.5	33.71
12	433.86	267.42	255.15	156.42	66.52	33.14	53.38	25.13	13.33	9.57	13.02	7.01	7.31	6.46	24.50	644.16	19.8	0.55	59.35	36.58
13	484.13	272.54	259.56	159.22	68.26	35.33	54.98	25.98	13.77	9.68	13.25	6.75	7.63	6.46	25.10	672.81	20.13	0.57	63.45	35.72

一组为稀土总量较高，无明显 Eu、Ce、Gd、Er 异常的简单倾斜线；二组具 Ce 的微负异常及负 Eu 异常、正 Gd、Er 异常及弱 Yb 异常，显示轻、重稀土分馏程度均较高；三组具 Eu 正异常，其他元素异常不明显，轻稀土分馏程度高于重稀土，三种曲线形式的存在表明稀土元素在火山岩中的分配不甚均匀，也显示原始岩浆中含更多的陆壳成分。

6. 形成环境判别

新近纪火山岩的主量元素在区分大洋和大陆火山岩的 $TiO_2*10-Al_2O_3-K_2O*10$ 图解上（图 3-3-53），主要落入大陆裂谷火山岩区，部分似跨入岛弧造山带火山岩区；在里特曼—戈蒂里的 $\log\tau-\log\sigma$ 图解上（图 3-3-54）均落入造山带火山岩区，而在勒夫勒改进后的 $\log\tau-\log(\sigma_{25}\times100)$ 图解（图 3-3-55）上则落入偏碱性火山岩区，综合反映属陆内造山带火山岩演化而来的偏碱性火山岩。

微量元素构造环境判别，仍显示属火山弧—大陆板内地壳区（图 3-3-56、图 3-3-57）；但与古近纪火山岩相比，本期火山岩偏向于大陆板内地幔区，可能表明由拉张所导致的岩浆来自加厚的地壳，同时造成岩浆演化中微量元素分布及稀土配分的不均匀性。

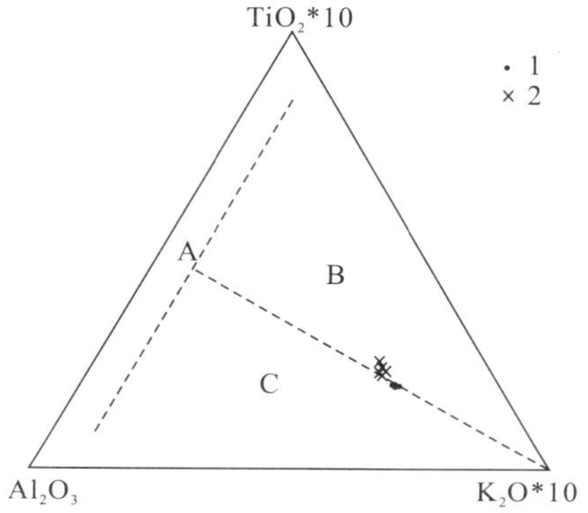

图 3-3-53　大洋火山岩和大陆火山岩的判别图解
（仿赵崇贺，1989）
A-大洋玄武岩区；B-大陆裂谷型玄武岩、安山岩区；
C-岛弧造山带玄武岩、安山岩区；
1-洪玉泉河南；2-沙窝滩

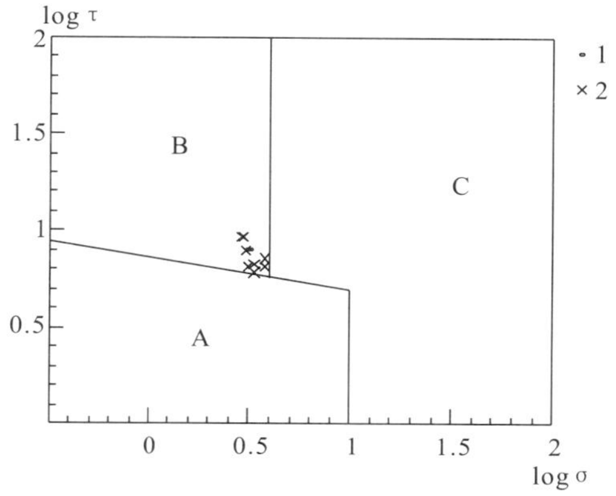

图 3-3-54　里特曼—戈蒂里图解
（after A. Rittmann，1973）
A-非造山带火山岩；B-造山带火山岩；
C-为 A、B 区派生的碱性、偏碱性火山岩；
1-洪玉泉河南；2-沙窝滩

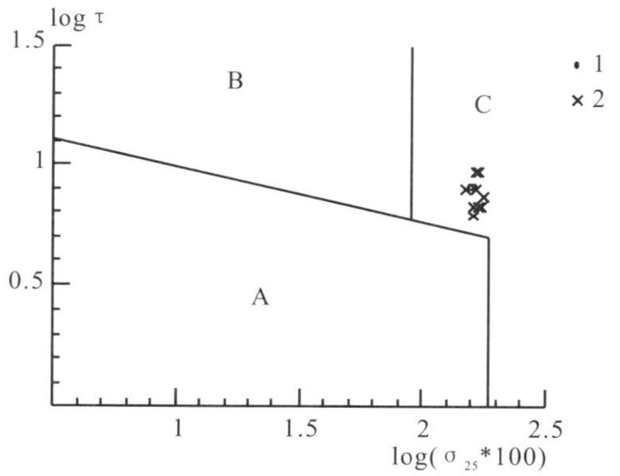

图 3-3-55　勒夫勒图解
（after H. K. Loffler，1979）
A-非造山带火山岩；B-造山带火山岩；
C-为 A、B 区派生的碱性、偏碱性火山岩；
1-洪玉泉河南；2-沙窝滩

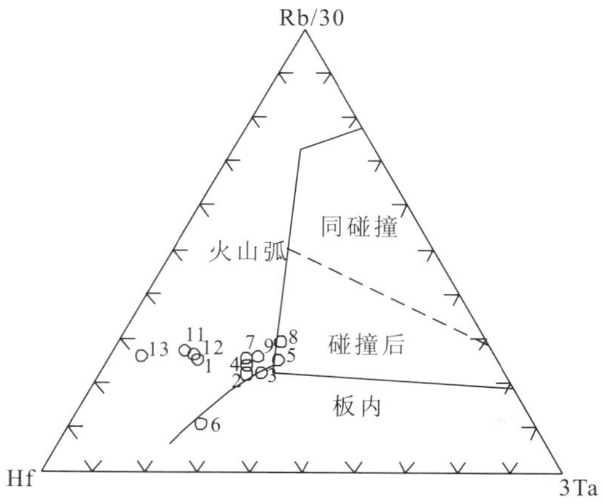

图 3-3-56　不同构造环境岩浆岩的 Rb/30 - Hf - 3Ta 判别图
（after Harris et al，1986）
1～13-样品序号

总体看，本期火山岩显示一定的拉张环境。与三叠纪白头山西等地岛弧火山岩及古近纪火山岩联系起来考虑，测区火山岩演化环境似乎表明：三叠纪之后，原“中生代”大量岛弧火山岩可能存在一个陆内继续俯冲消亡的过程；进入新生代，经壳—幔深熔混合演化，再喷溢而形成具岛弧火山岩特点的古近纪陆内造山带火山岩；之后，至新近纪，测区进入一个区域上相对拉张的环境，出现具陆内裂谷特点的火山岩。

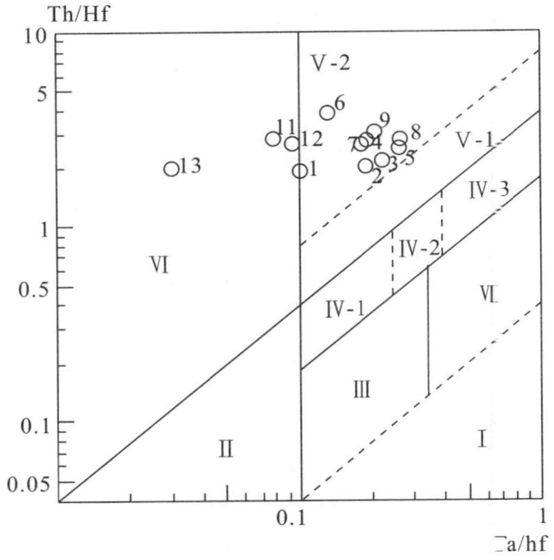

图 3-3-57　大地构造环境 Th/Hf－Ta/Hf 判别图

（据张成江、汪云亮，1996）

Ⅰ-亏损地幔区；Ⅱ-正常大洋中脊玄武岩（N－MORB）区；Ⅲ-大洋板内拉斑玄武岩、洋岛玄武岩及过渡型和富集型大洋中脊玄武岩区；Ⅳ-分离的大陆板块边缘（裂谷区）；Ⅴ-陆板内（Ⅴ－1-大陆板内地幔区；Ⅴ－2-大陆板内地壳区）；Ⅵ-俯冲带及岛弧区；Ⅶ-地幔羽流（热点）区；1～13-样品序号

（三）新生代火山岩时空演化

新生代火山岩的形成年龄表明，古近纪火山岩主要分布于测区中南部和东部；新近纪火山岩则主要分布于测区北部沙窝滩一带，中部洪玉泉河南有少量出露，显示出从早到晚两期火山活动有自南向北迁移演化的趋势。

各地火山岩的年龄数据（表 3-3-4）及韵律特征似乎表明，古近纪火山岩形成演化的顺序大致为辉石安山岩→粗安岩→粗面岩，而新近纪火山岩的形成顺序为粗安岩→粗面岩。

测区新生代火山岩的上述时空分布规律和演化特点符合区域上有关藏北新生代火山岩自南向北从羌塘高钾钙碱性系列向可可西里—中昆仑钾玄岩到西昆仑—玉门钾玄岩系列演变迁移的总体特征（迟效国等，1999；刘焱等，2001）。

（四）新生代火山岩的成因及与高原隆升的关系

对于藏北高原新生代火山岩的成因研究，认为高原北部新生代火山岩是新生代以来高原岩石圈缩短、加厚及快速拆沉等岩石圈构造演化的必然结果，其喷发机制与碰撞后发生的走滑、拉张断裂有密切关系（邓万明，1996；Miller et al.，1999）。火山岩成因类型包括来自加厚的陆壳底部及“壳—幔混合层”，或直接来源于软流圈顶部地幔岩的局部熔融（莫宣学，2003），并提出了板内地幔柱、板内初始裂谷、板内俯冲等理论和模式来解释其成因机制（李才等，1989；邓万明，1998）。

伊海生等（2004）综合前人研究成果认为：高原岩石圈的缩短加厚、地幔拆沉、软流圈上涌、富集地幔部分熔融、高原隆升等一系列事件是一个有机而连续的动力学过程，高原的形成和演化在时空上具有“阶段性、差异性、不均一性和整体性”的特征，其动力源主要来自印度—澳大利亚板块持续向北漂移挤压，同时受周边塔里木、杨子和中朝等几个刚性地体的阻挡，产生向高原内不均匀的俯冲和挤压，并受到深部热力驱动的综合效应（邓万明，1998；钟大赉，1996；丁林等，1999）。

测区新生代火山岩岩石化学特征表明，其主要属高钾钙碱性系列火山岩，岩浆演化过程中不同程度地混入陆壳组分，显示壳—幔混合作用的结果。

火山岩的形成环境判别表明，新生代火山岩既具板内火山岩的特征，又有弧火山岩的特征，体现了陆—陆碰撞后岩浆活动的“滞后效应”（莫宣学等，2001）。本书认为，新生代火山岩主体是由古岛弧造山带火山岩演化而来的偏碱性火山岩，它很可能是金沙江构造带南侧消亡了的三叠纪岛弧火山岩，经陆内俯冲、深部重熔演化而来。即金沙江构造带闭合之后，高原内部仍发生着剧烈的陆内俯冲消减作用，随着这一过程的加强和继续，早期的岛弧造山带火山岩不断消减、灭亡，从而在金沙江构造带西段的南侧，仅见零星少量的三叠纪岛弧火山岩残片，代之而起的是新生代陆壳重熔而产生的大面积高钾钙碱性中酸性火山岩的喷发溢流。陆内俯冲作用及新生代火山岩的大量形成，促使高原不断隆升和加厚。

（五）藏北高原可能存在埃达克岩

埃达克岩（Adakite）最早由 kay. R. M.（1978）发现于美国阿留申群岛 Adak 岛上，1990 年由 Defant 和 Drummond 正式命名、提出，很快被国际地学界所接受。国内研究起步较晚，2000 年始有报道。Adakite 的原义是指形成于特定地质环境（新生代岛弧地区，由≤25Ma 年轻而热的俯冲大洋板片熔融而成），具有特定地球化学性质的一套中酸性火成岩组合，不指某一种具体岩石。其地球化学标志是：$SiO_2 \geqslant 56\%$，高铝（$Al_2O_3 \geqslant 15\%$），低镁（$MgO < 3\%$），贫 Y 和 Yb（$Y \leqslant 18 \times 10^{-6}$，$Yb \leqslant 1.9 \times 10^{-6}$），Sr 含量高（$> 400 \times 10^{-6}$），LREE 富集，无 Eu 异常（或具微弱负 Eu 异常）。$^{87}Sr/^{86}Sr < 0.704$，ε_{Nd}通常>0；主要矿物组合是斜长石和角闪石。

国内对于埃达克岩的定义存在不同的认识，许多人认为埃达克岩作为岩石，应当有岩石学和矿物学标志，然而埃达克岩本身是根据地球化学特征提出来的，并不具特定岩相学标志，也不代表具体岩石。许多人还认为：应遵循埃达克岩来源于俯冲板片熔融的定义，而不应把埃达克岩扩展到克拉通地区。实际上，埃达克岩从一开始就与构造环境挂上了钩，但随着研究范围的扩大和深入，那种把岩石定名与环境捆绑在一起的作法已不可取，任何一种岩石都不可能只对应于一种构造环境，埃达克岩也不只形成在岛弧环境，国外就有来源于岛弧、下地壳熔融、玄武岩底侵或与壳幔岩浆混合及 AFC（地壳岩石的溶融分离、结晶及混染）模式有关等几种不同认识（张旗等，2002，2003，2004）。目前，全球各地已发现具有埃达克岩特征的不同时代岩石，最新如 1990 年喷发的菲律宾皮纳图博火山，最老为太古代的 TTG 岩系。研究表明，许多埃达克岩具有不同的特征，来自不同的源岩，产于不同的环境，具有不同的成因，而显示出多样性的特点，并已鉴别出典型埃达克岩、高镁埃达克岩、TTG 岩系、高钾钙碱性埃达克岩、高钾和镁的埃达克岩及钾质埃达克岩 6 种类型（表 3-3-15）。

表 3-3-15　不同类型埃达克岩的对比（张旗等，2004）

类	名称	简称	主要地球化学特征	原岩	成　因	产出环境
1	典型的埃达克岩	Adakite	$SiO_2>56\%$、$Al_2O_3>15\%$、$MgO<3\%$、$K_2O/Na_2O<0.5$、$Sr>400\times10^{-6}$、$Yb<1.9\times10^{-6}$、$Y<18\times10^{-6}$、无明显负铕异常	低 K 拉斑玄武岩，MORB	高温高压条件下玄武质岩石部分熔融形成的，残留相为榴辉岩	主要产于板块消减带，也见于大陆内部
2	高镁埃达克岩	HMA	$MgO<6\%$、$Mg^{\#}>0.5$、富 Cr 和 Ni	低 K 拉斑玄武岩，MORB	埃达克质岩浆与地幔楔混合的产物	板块消减带环境
3	TTG 岩套	TTG	富 Si 贫 Mg，$Mg^{\#}<0.5$	低 K 拉斑玄武岩	高温高压条件下玄武质岩石部分熔融形成的，残留相为榴辉岩	富 Mg TTG 可能与板块消减作用有关
4	高钾钙碱性埃达克岩	HKCAA	$K_2O/Na_2O<1$ 或$=1$，$Mg^{\#}<0.5$	富 K 基性或中酸性岩	高温高压条件下基性或中酸性岩部分熔融形成的，残留相为榴辉岩或角闪榴辉岩	大陆内部，来自加厚下地壳的底部
5	高钾和镁的埃达克岩	HKMA	$K_2O/Na_2O<1$ 或$=1$，$Mg^{\#}>0.5$	富 K 基性岩	富 K 埃达克质岩浆与地幔混合形成的残留相为榴辉岩	大陆内部，可能来自拆沉的下地壳
6	钾质埃达克岩	SKA	$K_2O/Na_2O=1$ 或>1，$Mg^{\#}<0.5$	富 K 基性岩	高温高压和富水条件下玄武质岩石部分熔融形成的，残留相为榴辉岩	大陆内部，来自加厚下地壳的底部

注：$Mg^{\#}=MgO/(MgO+FeO+Fe_2O_3)$。

正如董申葆院士（2004）指出的那样："任何一个重要的岩浆岩的命名在实际应用中都会经过曲折和反复，有些被淘汰，有些经过实践验证后保留，但亦非其原文所定义。埃达克岩目前正经历这一反复过程。"

无论怎样，20 世纪 90 年代，埃达克岩的提出，不仅拓宽了人们对岛弧岩浆系列的认识，而且，对于岩浆岩的成因来源、深度、地壳加厚机制、下地壳演化以及成矿作用的认识都具有重要启示意义。当前，埃达克的研究已成为国际地球动力学领域的前缘课题，被认为具有很强的挑战性。对其进行深入研究和讨论不仅对提升中国大陆动力学研究水平具有重要意义，而且对开拓找矿工作的新思路具有潜在经济价值。

据统计，世界上较多的 Au、Ag、Cu、Mo 低温热液型和斑岩型矿床与埃达克岩有关；中国长江中下游 Au、Fe、Cu、Mo 等矿床、胶东 Au 矿以及冀北辽南一带的 Au、Mo 矿床等，它们的围岩—火成岩大多为埃达克岩。

青藏高原与斑岩铜矿有关的著名的冈底斯岩浆岩带及玉龙铜多金属矿带均被认为有埃达克岩存在。藏北羌塘地区的新生代火山岩已引起人们的注意（赖绍聪等，2002；张旗等，2004），而且代表北羌塘新生代火山岩的赤布张错地区已报道有埃达克岩存在（魏居奇等，2005）。随着“新一轮国土资源大调查”中比例尺区调项目工作的结束，会有更多的研究者关注这一地区的埃达克岩研究。本报告根据图区新生代火山岩岩石化学及地球化学资料与埃达克岩特征进行对比后，进一步指出藏北高原可能存在埃达克岩。

测区，古近纪火山岩绝大多数样品 $SiO_2>56\%$，平均 62.18%；铝较高，集中于 14%～16.7%之间，平均 15.12%。MgO 多数<3%，无>6%者，平均 2.96%，$Mg^{\#}$ 全部<0.5，平均 0.36；K_2O/Na_2O 集中于 1 左右，但平均>1，为 1.22。Y 绝大部分<18×10^{-6}，平均 12.99×10^{-6}，Yb 全部<1.9×10^{-6}，平均 1.1×10^{-6}；Sr 含量高，基本全部>400×10^{-6}，平均 $1\ 124.4\times10^{-6}$（表 3-3-7）；LREE 强烈富集，无 Eu 异常或具微弱 Eu 异常（图 3-3-36）。新近纪火山岩 SiO_2 全部>56%，平均 62.74%；Al_2O_3 集中于 15%左右，平均 15.05%；MgO 全部<3%，平均 1.58%，$Mg^{\#}$ 均<0.5，平均 0.21；K_2O/Na_2O 均大于 1，平均 1.28；Y 相对较高，多数>18×10^{-6}，平均 19.44×10^{-6}，Yb 则绝大多数<1.9×10^{-6}，平均 1.54×10^{-6}；Sr 全部>400×10^{-6}，平均 832.56×10^{-6}（表 3-3-13）；LREE 富集，Eu 具微弱正异常或负异常（图 3-3-52）。

与表 3-3-15 所列埃达克岩特征相对比，可以看出，本区两期新生代火山岩大部分地球化学指标均与典型埃达克岩一致，显示区内很可能有埃达克岩存在。结合岩石系列特征及地质环境判别，本书认为，图区古近系火山岩具高钾钙碱性埃达克岩之特征，而新近纪火山岩则更类似于钾质埃达克岩。其岩浆来自大陆内部加厚的下地壳底部，可能与陆—陆碰撞后因陆内俯冲导致高温高压条件下地壳底部的部分熔融有关。

第四章　变质岩与变质作用

测区变质岩发育较差，零星出露于白头山—狮头山一带上三叠统若拉岗日岩群分布区，岩石仅发生轻微—低级变质。由于恶劣的自然地理条件，前人对测区变质岩的研究程度低，涉及范围小。西藏区调队进行的1∶100万改则幅区域地质调查工作（1979—1986），对测区内变质岩进行了一定程度的研究，将测区变质岩划属大横山—黑熊山变质地带。

第一节　变质作用类型、变质作用时期和变质单元的划分

一、变质作用类型的划分

本报告主要依据《变质岩区1∶5万区域地质填图方法指南》（房立民等，1991）和《中国变质作用及其地壳演化的关系》（董申保等，1986）对变质作用类型划分的方案，将测区变质作用划分为区域变质作用和动力变质作用。区域变质作用类型的划分对比方案列于表4-1-1。

表4-1-1　区域变质作用类型的划分对照表

<table>
<tr><td colspan="2">董申保等，1986</td><td>房立民等，1991</td><td>本文</td></tr>
<tr><td></td><td></td><td>动力变质作用</td><td>动力变质作用</td></tr>
<tr><td rowspan="2">埋深变质作用</td><td>浊沸石相和葡萄石—绿纤石相型</td><td>埋深变质作用</td><td rowspan="2"></td></tr>
<tr><td>蓝闪石—硬柱石相型</td><td rowspan="2">俯冲带变质作用</td></tr>
<tr><td rowspan="3">区域低温动力变质作用</td><td>蓝闪绿片岩相型</td><td rowspan="3">区域低温动力变质作用</td></tr>
<tr><td>低绿片岩相（千枚岩）型</td><td rowspan="2">区域低温动力变质作用</td></tr>
<tr><td>绿片岩相型</td></tr>
</table>

区域低温动力变质作用：发生于低温和强应力地质环境中，它以应力作用为主，重结晶作用较弱为特征。形成的岩石一般都有发育的定向组构，如各种板岩、千枚岩以及片岩及片理化（劈理化）岩石等，片理与同期构造运动的构造线方向一致。常常形成单一的变质相，但各期变质相可以相互叠加。

动力变质作用：是由定向压力引起的变质作用，主要使岩石变形、压裂、破碎，或伴有一定的重结晶作用。变质的温度通常较低，定向压力主要来自构造运动，常呈狭窄的带状展布并与脆、韧性断裂关系密切。根据产生的构造变形可分为两种类型：韧性糜棱岩型动力变质作用和脆性碎裂岩型动力变质作用。

二、变质岩同位素年龄及变质作用构造背景

对狮头山若拉岗日岩群变基性火山岩同位素年龄值为201Ma（Ar－Ar法）。这样，把若拉岗日岩群初步确定为三叠纪晚—末期变质岩，是由古特提斯海封闭引起的碰撞作用而发生，变质作用时期为印支末期。

三、变质单元划分

在变质岩区，不同的变质作用类型在时间上和空间上的分布可以形成不同的变质地质单元。变质地

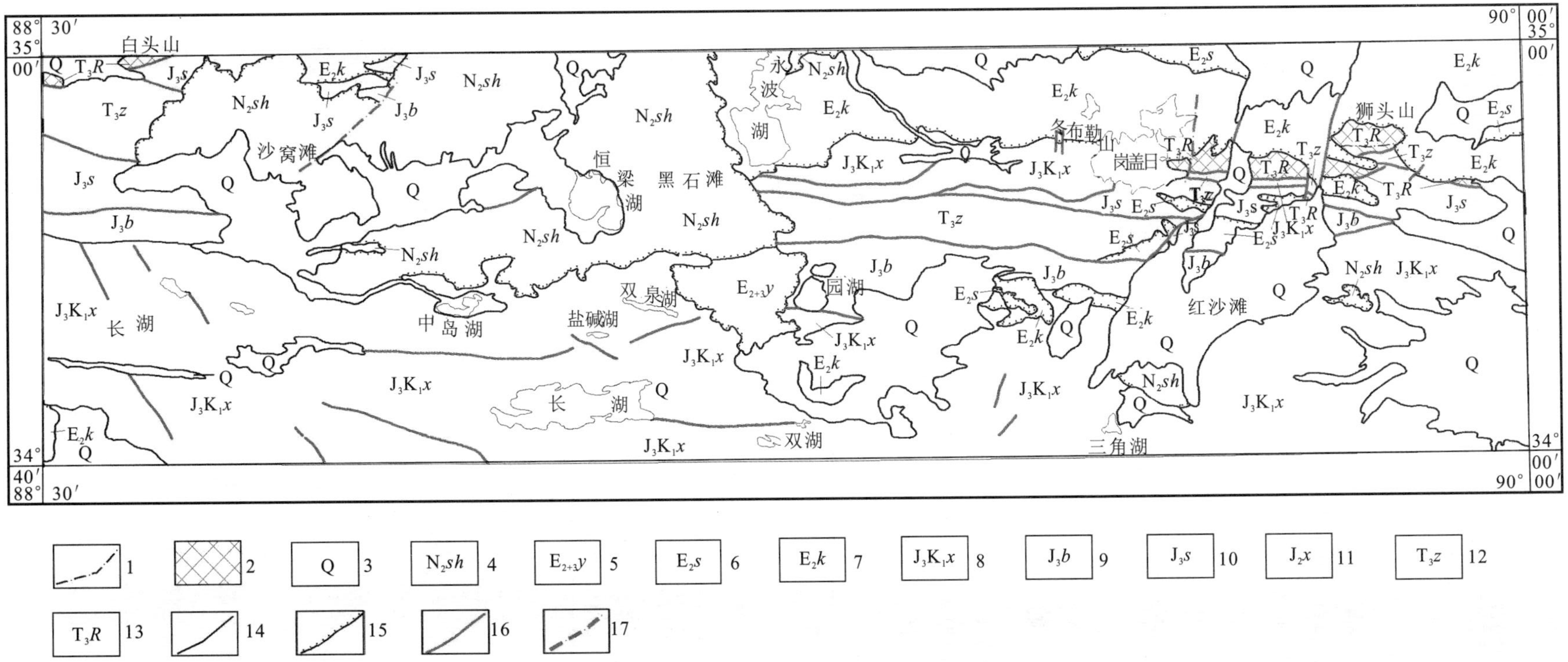

图 4-1-1 多格错仁幅北部地区变质地质图

1-变质相带；2-绿片岩相；3-第四系；4-石坪顶组；5-鱼鳞山组；6-锁呐湖组；7-康托组；8-下白垩统-上侏罗统雪山组；9-上侏罗统白龙冰河组；10-上侏罗统索瓦组；11-中侏罗统夏里组；12-上三叠统藏夏河组；13-上三叠统若拉岗日岩群；14-地质界线；15-角度不整合界线；16-断层；17-遥感解译断层

质单元可以反映一个地区变质作用的形成演化特点。参考《西藏自治区区域地质志》、《1∶100 万改则幅区域地质调查报告》，将测区区域变质岩划属一个变质地区、一个变质地带、一个变质岩带（图 4-1-1）。其主要地质特征见表 4-1-2。

表 4-1-2　测区变质单元划分及主要地质特征

变质单元	变质地区	金沙江—可可西里变质地区
	变质地带	若拉岗日变质地带
	变质岩带	白头山—狮头山变质岩带
变质作用类型		区域低温动力变质作用
变质作用分布范围		白头山—冬布勒山—狮头山
变质作用时期		印支末期
变质地（岩）层		若拉岗日岩群
变质岩石类型		变质岩屑砂岩、板岩、千枚岩、大理岩、变玄武岩、变凝灰岩、变熔结凝灰岩、片岩等
变质相及温压条件		绿片岩相，低温高压
原岩建造		复理石、碳酸盐岩、火山岩、超基性岩
构造背景及变质机制		金沙江洋盆向南消减，洋岛、岛弧带构造推覆

第二节　区域低温动力变质作用

区域低温动力变质作用，受变质岩系为若拉岗日岩群，变质作用时期为印支末期。该期变质作用变质特征明显，变质岩石保存完好。其变质岩石呈近东西方向展布，范围覆盖整个白头山—狮头山变质岩带。变质岩石类型主要有：变质岩屑砂岩、板岩、千枚岩、大理岩、变玄武岩、变凝灰岩、变熔结凝灰岩、片岩等。

一、主要变质岩石类型及特征

以变质岩石的矿物成分、含量及结构、构造等基本特征为基础，根据《变质岩岩石的分类和命名方案》GB/T17412.3－1998，测区区域低温动力变质作用形成的变质岩石可以划分为如下 5 类。

（一）轻微变质岩类

岩石为经受轻微或低级的变质作用，原岩地质产状、岩石共生组合、矿物成分以及结构、构造仍然保留或可明显辨认的变质岩石。岩石类型见有：变质岩屑砂岩、变玄武岩、变含蓝闪石玄武岩、变凝灰岩、变岩屑凝灰岩、变熔结凝灰岩、变含蓝闪石熔结凝灰岩、变辉长岩。

变质岩屑砂岩　灰褐、灰绿色，变余岩屑砂状结构，条纹条带状构造。碎屑成分有石英（15%～20%）、斜长石（5%～10%）、白云母（少）、内碎屑（微晶方解石 25%）及变质岩（30%～35%），粒度一般 0.04～0.25mm，磨圆差—中等，分选性差—较好。碎屑有压扁拉长现象，有的略显扁豆状，沿长轴定向排列，石英、长石常见波状消光。杂基成分为铁泥质，呈条纹条带状平行排列，局部变为微粒石英集合体和白云母、绢云母、绿泥石等新生矿物，后者显定向性分布特征。胶结物为孔隙式、接触式胶结，部分胶结物重结晶为方解石、白云石等。

变玄武岩　岩石类型主要有变玄武岩、变辉石玄武岩、变辉石橄榄玄武岩、变含钛铁矿玄武岩。灰绿色，变余斑状结构，粒状、纤维状、鳞片状变晶结构。斑晶含量一般 10%以下，成分常为辉石，少见橄榄石。辉石斑晶常被压扁拉长显方向性排列，并被绿泥石、阳起石或方解石、沸石交代。橄榄石斑晶常被沸石、透闪石等交代。基质由隐晶质组成，有时可见板条状的斜长石和辉石，常被钠长石、绿帘石、绿泥石及阳起石或沸石等矿物交代，以致鳞片状、纤维状的变质矿物围绕斑晶排列，形成条纹条带状构造、眼球状构造。杏仁体含量小于10%，多为方解石、绿泥石，少数为沸石，形成变余杏仁状构造。钛铁矿呈骸晶状均匀分布其中，且多沿边部白钛矿化，不少地方已变成榍石。由于广泛的碳酸盐化，使岩石形成残余的条纹条带状构造，方解石沿裂隙呈脉状充填。矿物成分主要有：绿泥石（0～40%）、阳起石（0～50%）、绿帘石（0～35%）、透闪石（0～25%）、沸石（0～30%）、钛铁矿（0～25%）、土状帘石（0～20%）、钠长石（0～20%）、方解石（0～55%），以及少量的白云母、角闪石、磁铁矿、榍石。

变含蓝闪石玄武岩　灰绿色，变余斑状结构，基质隐晶质结构，偶见交织结构。斑晶多为辉石，常被绿泥石、阳起石或方解石、沸石交代。基质由隐晶质组成，有时可见板条状的斜长石和辉石，常被钠长石、绿帘石、绿泥石及阳起石或沸石等矿物交代。钛铁矿呈骸晶状均匀分布其中，且多沿边部白钛矿化，不少地方已变成榍石。矿物成分主要有：绿泥石（0～40%）、阳起石（0～50%）、绿帘石（0～35%）、透闪石（0～25%）、沸石（0～30%）、钛铁矿（0～25%）、土状帘石（0～20%）、钠长石（0～20%）、方解石（0～55%）、蓝闪石（0～5%），以及少量的白云母、绿纤石、磁铁矿、榍石。

变辉长岩　灰绿色，变余辉长结构。变质矿物为钠长石、绿泥石、绿帘石、方柱石、绢云母。

变火山角砾岩　灰绿色，变余火山角砾结构，变余斑杂状构造。矿物成分有：方解石（40%）、钠长石（30%）、石英（10%）、铁质及火山灰（20%）。岩石遭受强烈的碳酸盐化和钠长石化，角砾中残留的火山灰可见残留的条纹条带构造。

变凝灰岩　岩石类型主要有变凝灰岩、变岩屑凝灰岩、变晶屑玻屑凝灰岩。灰绿色，变余凝灰结构、变余岩屑凝灰结构、变余晶屑玻屑凝灰结构。以玻屑及火山灰为主，辉石晶屑及基性火山岩屑少量。玻屑形态多样，有焰状、弧面多角状及皱纹状。岩石遭受区域变质作用，鳞片状、纤维状变质的矿物定向排列，形成条纹条带状构造。主要矿物成分有：阳起石、透闪石及绿泥石（0～50%）、钠长石（5%～30%）、土状帘石（0～25%）、沸石（0～35%）、方解石（5%～30%），以及少量白云母、蓝闪石、磁铁矿、榍石等。

变熔结凝灰岩　岩石类型主要有变熔结凝灰岩、变含蓝闪石熔结凝灰岩。灰绿色，变余熔结凝灰结构，变余假流纹构造。岩石以岩屑及玻屑为主，火山尘（10%～15%），晶屑少量。大部分岩屑已碳酸盐化，残余部分为钠长石、绿泥石、蓝闪石，显定向性排列构成条纹条带状构造。蓝闪石量虽不多，但广泛出现。自形黄铁矿出现在个别条带中，钛铁矿较广泛出现，但量少并多已变为白钛矿。气孔多被石英及方解石充填，构成变余气孔构造。碳酸盐矿物多齿状镶嵌，双晶弯曲，波状消光。主要矿物成分有方解石（65%）、绿泥石（10%）、蓝闪石（5%），以及少量的钠长石、绿帘石、透闪石、白云母、石英、黄铁矿、钛铁矿、褐铁矿等。

变岩屑凝灰岩　灰绿色，变余岩屑凝灰结构。岩屑普遍被鳞片状、纤维状变晶的绿泥石、阳起石交代，部分岩屑含辉石斑晶，辉石被蓝闪石交代。主要矿物成分有阳起石、绿泥石、钠长石（65%），土状帘石、磁铁矿、榍石（15%），方解石（15%），以及少量单斜辉石、蓝闪石等。

变含蓝闪石熔结凝灰岩　灰绿色，变余熔结凝灰结构、粒状鳞片变晶结构。岩石遭受后期碳酸盐化，其残余部分仍可辨认，为显微鳞片状、粒状、纤维状的绿泥石、绿帘石、蓝闪石杂乱集合体及星点状的铁矿物。蓝闪石量虽不多，但广泛出现。胶结物塑性玻璃已脱玻化变为绿泥石，气孔多被碳酸盐充填。之后岩石受动力变质作用，碳酸盐矿物有碎裂现象，多齿状镶嵌，双晶弯曲，波状消光。主要矿物成分有：方解石（65%）、绿泥石（10%）、蓝闪石（5%），以及少量的钠长石、绿帘石、透闪石、白云母、石英、黄铁矿、钛铁矿、褐铁矿等。

（二）板岩类

板岩　岩石类型主要有粘土板岩、粉砂质板岩、砂板岩。变余泥质结构、变余粉砂质结构、变余砂质结构，板状构造。岩石矿物成分主要为隐晶质的粘土，含少量细小的不均匀分布的石英、绢云母、绿泥石等变质矿物。

（三）千枚岩类

千枚岩　岩石类型主要有绢云母千枚岩、钙质千枚岩。显微鳞片变晶结构、显微鳞片粒状变晶结构，千枚状构造。绢云母千枚岩，岩石层面上具丝绢光泽，绢云母、绿泥石定向排列，片理之上析出石英、长石。变质矿物主要有绢云母，其次有绿泥石、石英、长石。

（四）片岩类

阳起片岩 岩石类型主要有阳起片岩、绿帘阳起片岩、钠长阳起片岩、钠长绿帘阳起片岩。粒状、柱状、鳞片状、纤维状变晶结构。主要矿物成分有：阳起石（40%～65%）、绿帘石（0～40%）、钠长石（10%～40%）、沸石（5%～10%）、石英（0～10%）、方解石（0～15%）、绿泥石（0～5%），土状帘石及铁泥质（0～10%），角闪石、蓝闪石少量。鳞片状、纤维状矿物及铁泥质定向排列，其间分布有钠长石、石英等粒状矿物，钠长石、石英波状消光并多被压扁拉长形成小透镜体或小扁豆状，微显方向性，构成片状构造。

绿帘阳起片岩 灰绿色，粒状、放射状、柱状变晶结构。岩石主要由放射状、柱状的阳起石和他形粒状的绿帘石杂乱分布组成，局部有少量的钠长石分布于上述矿物粒间。钛铁矿星散分布，多已白钛矿化，有的已变成榍石。黄铁矿、葡萄石及方解石呈脉状分布。主要矿物成分有：阳起石（50%）、绿帘石（40%）、钛铁矿（5%），钠长石、黄铁矿、葡萄石、方解石少量。

钠长绿泥片岩 粒状、鳞片状变晶结构，片状构造。主要矿物成分有：绿泥石（30%）、钠长石（15%～20%）、方解石（50%），少量绿帘石、土状帘石、钛铁矿、褐铁矿。绿泥石鳞片定向排列形成条带，其间分布有钠长石、土状帘石、绿帘石，钠长石具波状消光，微显方向性。碳酸盐沿条带强弱不等地进行交代。

含铬尖晶石蛇纹片岩 纤维状变晶结构、交代网状结构，片状构造。原岩主要由辉石、橄榄岩组成，均已蛇纹石化。纤维状蛇纹石显方向性排列，局部显皱纹。铬尖晶石呈星散状，其他金属矿物呈星散状或聚集状分布于蛇纹石中。岩石裂隙发育，其间可见方解石、阳起石、绿泥石、石棉、滑石脉充填。矿物成分以蛇纹石为主，阳起石（5%～10%）、方解石（5%～20%）为次，铬尖晶石、滑石、石棉、绿泥石、金属矿物少量。

滑镁片岩 粒状、鳞片状变晶结构，片状构造。岩石主要由似柳叶状聚集的菱镁矿（50%）、鳞片状的滑石（30%）及粒状的方解石（20%）组成，还有少量的金属矿物，铬尖晶石数粒。可见铬尖晶石碎裂并有方解石充填，其余金属矿物沿碎裂带分布。

（五）大理岩类

方解石大理岩 灰、灰白色，不等粒变晶结构，条纹条带状构造。岩石基本由方解石组成，方解石被压扁拉长并显方向性排列，粗粒的方解石双晶弯曲，具波状消光；细粒方解石常呈不规则的带状分布，明显为应力产生。缝合线较发育，其方向与条带排列方向一致，缝中为泥铁质物充填。钠长石极少，包于方解石中。

白云石方解石大理岩 灰、灰白色，不等粒变晶结构，条纹条带状构造、块状构造。岩石主要由方解石（70%）、白云石（30%）组成，白云石中混有铁泥质，形态多显半自形—自形；方解石广泛交代白云石，致使混有铁泥质的白云石形成不规则的残留体。钠长石星散分布其中。

二、变质岩系的原岩恢复及建造特征

（一）变质岩系的地质产状和岩石共生组合特点

若拉岗日岩群变质岩系为一系列近东西向展布的构造岩片组合。各岩片按岩性可划分为蛇绿混杂岩岩片、火山弧岩片、硅质岩岩片、大理岩岩片、糜棱岩岩片及片岩岩片等，其间为断层或韧性剪切带。总体无序、局部有序的构造地层体，具有构造混杂岩的特征。变质程度属绿片岩相。

在狮头山一带，主要为一套浅变质的中基性岛弧型火山岩呈夹层与砂泥质复理石、大理岩交互组合的岩体多次重复产出，出露宽度大于2 000m，其火山喷发—沉积韵律明显，基本保留着原始沉积构造特征。该变质岩系具有明显的成层特征，岩系沿走向延伸较为稳定，厚度变化不大。不同岩类的自然共生组合常作韵律性交替变化和重复产出，而且在不同层段又以某种组合为主。因此，从宏观上观察，显示这一类岩石具有旋回性变化特征。

在岗盖日一带，有蛇绿混杂岩岩片产出，岩片变形强烈，韧性剪切糜棱岩带明显。该岩片出露宽度大于400m，出露不全，这可能是由于强烈构造解体、大面积第三系（古近系＋新近系）、第四系掩盖之故。

（二）变质岩系的原始沉积标志

测区若拉岗日岩群火山弧岩片中的变质岩，由于岩石变质程度低，岩石中保留了许多原岩特征。总体来说，其变质岩石组合成层性良好，岩石中变余层理、变余碎屑结构、变余斑状结构、变余凝灰结构、变余杏仁构造发育，指示原岩为火山—沉积成因。板岩类、部分千枚岩类、大理岩类都以层状产出，片理面与成分层基本平行，它们常与变质岩屑砂岩、变质硅质岩等典型沉积岩以薄厚不同的层有规律地组合在一起，在不同地段重复出现，构成具有韵律性的分布特征，指示同沉积特征。此外，在大理岩中除方解石以外还含有细粒砂状石英或粉砂状石英，局部可见石英呈细条带平行层面分布。大理岩层面见有不完整的残留波痕构造以及变余灰岩砾石，这些都显示原岩为沉积成因。因此，结合岩石的岩石化学和地球化学特征，可以基本恢复其原岩分别为砂岩、泥页岩、玄武岩类、凝灰岩、灰岩类。

对于片岩岩片、蛇绿混杂岩岩片中的变质岩，如各种绿片岩、蛇纹片岩、滑镁片岩，原岩的地质产状、共生组合、岩石成分、结构构造等保留较少。镜下观察，这类岩石常具有变余斑状结构，变余杏仁构造、变余气孔构造等火山岩组构，以及原岩的主要组成成分（辉石、橄榄石），结合岩石副矿物组合和标型特征以及岩石化学和地球化学特征，仍可基本恢复片岩类岩石原岩分别为基性、超基性火成岩类（图4-2-1、图4-2-2、图4-2-3）。

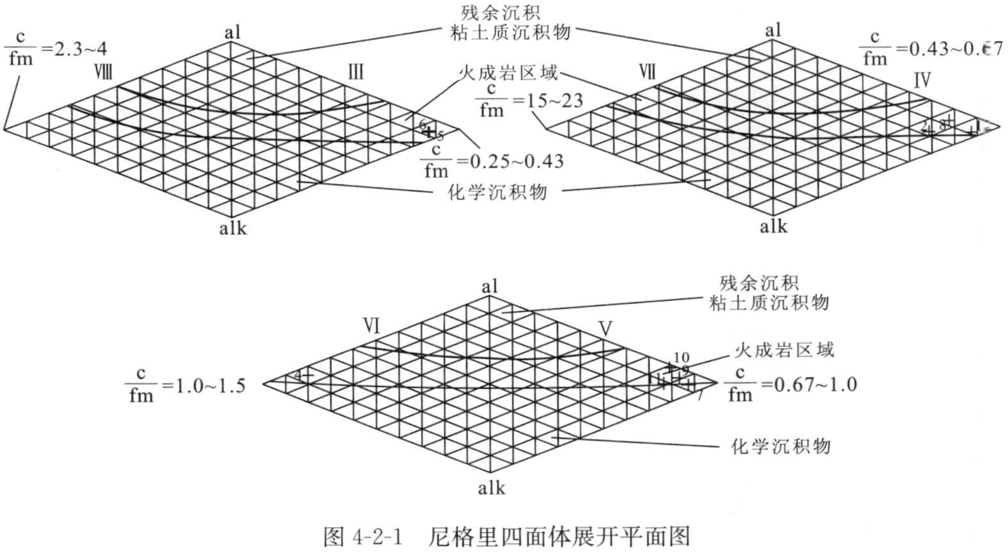

图4-2-1　尼格里四面体展开平面图

（三）岩石化学特征

本次区调工作对岗盖日变质岩带代表性地段的变质岩共采集了16个样品，岩石化学成分及其特征参数参见表3-3-1、表3-3-2。

1. 轻微变质岩类

由表3-3-1可知，测区变熔结凝灰岩的化学成分：SiO_2（26.38%），Al_2O_3（7.41%），Fe_2O_3＋FeO（7.99%），CaO（25.13%），MgO（5.00%）；变玄武岩的化学成分：SiO_2（30.02%～53.42%），Al_2O_3（7.41%～20.48%），Fe_2O_3＋FeO（8.44%～12.19%），CaO（5.54%～16.99%），MgO（3.05%～11.48%）；变辉长岩的化学成分：SiO_2（43.80%），Al_2O_3（17.01%），Fe_2O_3＋FeO

(11.66%)，CaO (10.81%)，MgO (6.01%)。岩石的碱金属一般 $K_2O<Na_2O$。符合正变质岩的化学成分特征。根据岩石的尼格里值参数，D7532GS2 变玄武岩属碱过饱和系列，其余变质岩均属正常系列。根据岩石的硅饱和系数，仅 DBP13GS1 变玄武岩属硅饱和型，其余岩石均属硅不饱和型。

轻微变质岩类的化学成分在尼格里四面体展开平面图上（图 4-2-1），投点大部分落在火成岩区，极个别落在区外。变玄武岩在变质岩原岩恢复方法图（图 4-2-2）中投点，除个别落在 A 区外，其余均落在 B 区（火山岩区）。在变质岩的 mg－k 图解（图 4-2-3）上，轻微变质岩类投点大部分落在Ⅰ区（细碧岩-角斑岩区），个别落在区外。

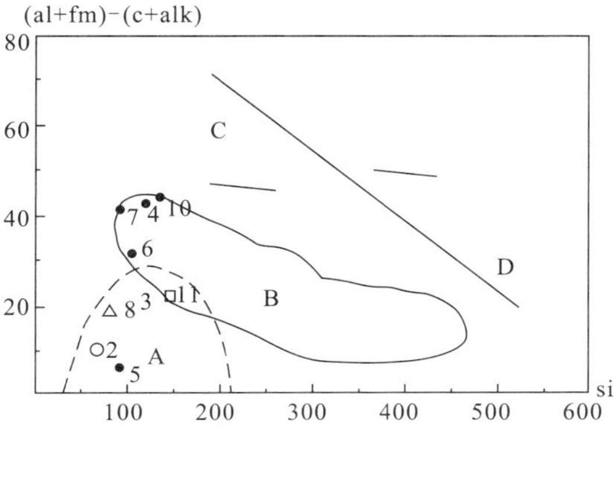

图 4-2-2　变质岩原岩恢复方法

(after Symoner，1965)

A-钙质沉积物；B-火山岩；C-厚层泥岩；D-砂岩；
○-砂质板岩；●-变玄武岩；△-变辉石玄武岩；□-片岩

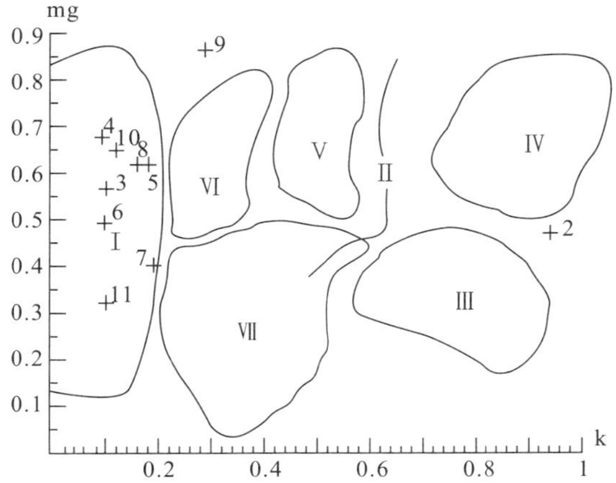

图 4-2-3　变质岩的 mg－k 图解

(仿长春地质学院，1980)

Ⅰ-细碧岩-角斑岩区；Ⅱ-白云泥灰岩区；
Ⅲ-粘土岩区；Ⅳ-富钾火山岩区；Ⅴ-未定区；
Ⅵ-玄武岩区；Ⅶ-英安质凝灰岩区

2. 片岩类

本区绿片岩类的化学成分：SiO_2 (41.92%～47.84%)，AlO_3 (9.61%～13.71%)，FeO_3+FeO (9.19%～10.64%)，CaO (8.19%～14.94%)，MgO (2.7%～9.18%)，岩石的碱金属中 $K_2O<Na_2O$ (表 3-3-1)。基本符合正变质岩的化学成分特征。根据岩石的尼格里值参数 $alk+c\geqslant al>alk$ 和铝饱和系数 $t<0$，岩石属正常系列。根据岩石的硅饱和系数 qz，仅 D4113GS1 绿帘绿泥片岩属硅饱和型，其余样品属硅不饱和型。

本区镁质片岩类的化学成分：SiO_2 (34.5%～49.72%)，AlO_3 (0.72%～12.28%)，FeO_3+FeO (5.38%～7.81%)，CaO (1.24%～14.55%)，MgO (7.19%～35.3%)，岩石的碱金属中 $K_2O<Na_2O$ (参见表 3-3-1)。基本符合正变质岩的化学成分特征，根据岩石的尼格里值参数 $alk+c\geqslant al>alk$ 和铝饱和系数 $t<0$，岩石属正常系列。根据岩石的硅饱和系数 qz，D4114GS1 蛇纹片岩属硅过饱和型，DBP18GS2 蛇纹片岩属硅饱和型。

片岩类岩石的化学成分在尼格里四面体展开平面图（图 4-2-1）上，投点大部分落在火成岩区，极个别落在区外。在变质岩原岩恢复方法图（图 4-2-2）中投点，除个别落在 A 区外，其余均落在 B 区（火山岩区）。在变质岩的 mg－k 图解（图 4-2-3）上，投点大部分落在Ⅰ区（细碧岩-角斑岩区），个别落在区外。

（四）岩石稀土元素特征

测区主要变质岩石的稀土元素分析结果参见表 3-3-2。其中变玄武岩类、片岩类的岩石地球化学特征分述如下。

1. 变玄武岩类

岩石的稀土总量∑REE113.33～335.28μg/g，含量较高，极差较大。LR/HR5.25～12.28，轻稀土分馏较强。$(La/Yb)_N$5.03～22.94，表明轻重稀土分馏程度较高。在稀土模式图（图4-2-4）上，曲线向右倾斜，具有轻稀土富集，重稀土亏损的特点。此外，该类岩石具有较好的相关性。

2. 片岩类

绿片岩类岩石的稀土总量∑REE184.62～244.03μg/g，含量较高，极差小。LR/HR7.93～12.19，轻稀土分馏较强。$(La/Yb)_N$8.72～21.76，表明轻重稀土分馏程度较高。在稀土模式图（图4-2-5）上，曲线向右倾斜，具有轻稀土富集，重稀土亏损的特点。此外，该类岩石具有较好的相关性。

镁质片岩类岩石的稀土总量∑REE6.17～7.46μg/g，含量低，极差小。LR/HR5.47～7.34，轻稀土分馏较强。$(La/Yb)_N$6.23～9.13，表明轻重稀土分馏程度较低。

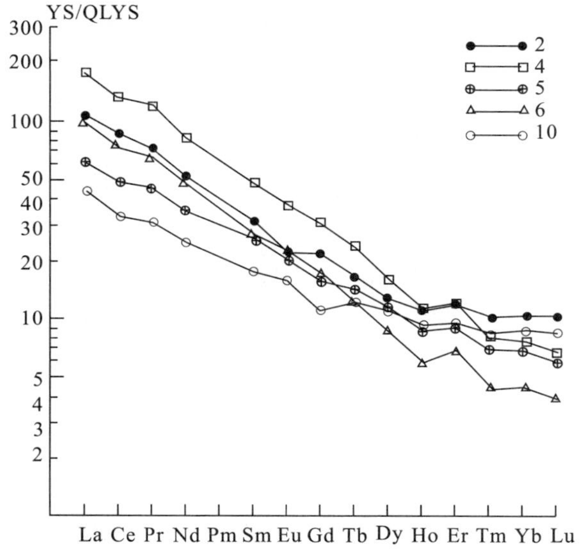

图4-2-4　绿片岩类稀土模式图

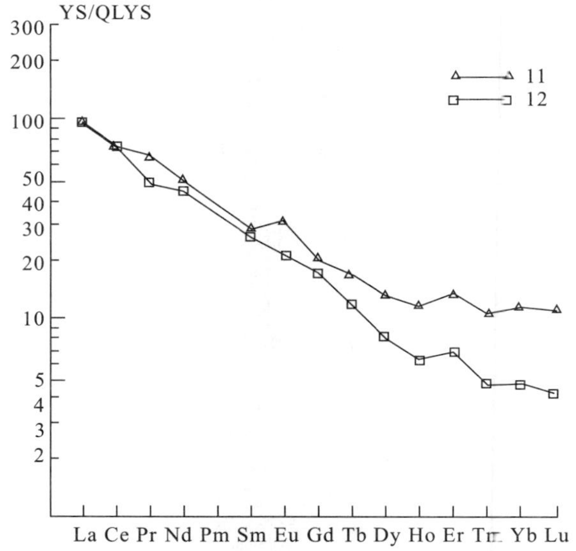

图4-2-5　镁质片岩类稀土模式图

三、变质矿物及变质相

（一）变质矿物

测区若拉岗日岩群变质岩系经历了区域低温动力变质作用，根据宏观和镜下岩石薄片的特征，其变质岩石的主要变质矿物及其特征叙述如下：

白云母　主要见于变质岩屑砂岩、变玄武岩、变凝灰岩，常与石英、绢云母共生。白云母大小不等，片径一般0.04～0.25mm。一般为变质岩屑砂岩杂基、胶结物重结晶形成，含量少，呈半自形—鳞片状产出，沿区域性片理、面理稀疏状分布，显方向性；少数为交代变玄武岩斑晶形成。

绢云母　主要见于变质岩屑砂岩、板岩、变玄武岩、变凝灰岩，常与石英、白云母共生。绢云母含量小于5%，一般为变质岩屑砂岩杂基、胶结物重结晶形成，细微鳞片状，方向性排列；少数为交代变玄武岩斑晶形成。

石英　主要见于变质岩屑砂岩、变玄武岩、变熔结凝灰岩、阳起片岩、绿帘阳起片岩，常与白云母、绢云母共生。石英含量较少，一般为变质岩屑砂岩杂基、胶结物重结晶形成，微粒状集合体。片岩中的石英，多具波状消光。

绿泥石　普遍出现于变质火成岩中，常与钠长石、绿帘石、阳起石共生。绿色，呈鳞片状集合体，显方向性排列，常构成条纹条带。含量变化范围较大，一般10%～30%。

钠长石 普遍出现于变基性火成岩中，常与绿泥石、绿帘石、阳起石共生。灰白色，粒状、柱状，多具波状消光，柱状钠长石微显方向性。含量变化范围较大，一般10%～30%。

阳起石 普遍出现于变基性火成岩中，常与绿泥石、绿帘石、钠长石共生。在阳起片岩、绿帘阳起片岩中大量（40%～65%）出现。绿色、灰绿色，呈纤维状、放射状集合体或长柱状，显定向排列。

绿帘石 普遍出现于变基性火成岩中，常与绿泥石、阳起石、钠长石共生。绿色，集合体呈粒状、放射状或块状。含量变化范围较大（少至40%）。

蓝闪石 灰蓝色、深蓝色，呈纤维状、放射状集合体。主要见于变基性火成岩中，与角闪石、绿泥石、绿帘石共生。蓝闪石量虽不多，但广泛出现。

（二）变质带及变质相

根据地质调查和室内系统的岩石薄片鉴定，以及1∶100万改则幅区域地质调查报告，测区若拉岗日岩群变质岩石可划分出如下变质带。

绢云母-白云母带 主要变质岩石有变质岩屑砂岩、板岩等。典型矿物共生组合有：石英—白云母—绢云母等。其指示矿物为白云母、绢云母。

绿泥石带 该带岩石类型主要有变质岩屑砂岩、变玄武岩、变凝灰岩。典型矿物共生组合有：绿泥石—白云母—绢云母—石英；绿泥石—钠长石—石英。其指示矿物为绿泥石。

绿帘石带 该带岩石类型主要有变质岩屑砂岩、阳起片岩、变玄武岩、变凝灰岩。典型矿物共生组合有：绿泥石—绿帘石—钠长石。其指示矿物为绿泥石。

阳起石带 该带发育，其岩石类型主要有阳起片岩、绿帘阳起片岩、变玄武岩、变凝灰岩。典型矿物共生组合有：阳起石—绿帘石—钠长石；阳起石—绿泥石—绿帘石—钠长石；阳起石—透闪石—绿帘石—钠长石。其指示矿物为阳起石。

从上述变质带的矿物组合及特征性指示矿物看，测区区域变质大致处于低温动力变质环境，属绿片岩相。

四、变质作用的叠加

测区区域低温动力变质作用，可能是由印支末期金沙江洋盆向南消减，洋岛、岛弧带和弧后盆地的构造推覆作用引起的。从而形成明显的近东西向面理构造，鳞片状等新生变质矿物定向排列，辉石等斑晶常被压扁拉长显方向性，方解石双晶弯曲，波状消光等变形变质特征。变质程度达绿片岩相，变质相系为高压型。

在冬布勒山、狮头山一带，若拉岗日岩群中零星保存有含蓝闪石的变质岩（含蓝闪石熔结凝灰岩、变岩屑凝灰岩、变玄武岩、阳起片岩等），岩石基本无变形的特征，蓝闪石含量虽不多（一般小于5%），但在其岩石中广泛出现。其典型矿物共生组合为蓝闪石—阳起石—绿泥石—钠长石。说明，在区域低温动力变质作用之前，若拉岗日岩群可能曾遭受过蓝闪绿片岩相的变质作用。

第三节 动力变质作用及韧性剪切带

测区动力变质作用较强烈，主要表现为动力变质岩石、韧性剪切糜棱岩带较发育并与不同阶段、不同层次的构造断裂密切相伴。该变质作用的受变质岩系主要见于若拉岗日—狮头山构造混杂岩带，主要形成于印支末期及以后，并叠加于早期的区域变质之上。其动力变质岩主要出露于白头山、冬布勒山、狮头山一带，可称为白头山—狮头山动力变质带。由于大面积新生界掩盖，该动力变质带常出露不全，但总体呈近东西向分布，其展布方向与区域构造线方向基本一致。

根据动力变质作用类型和《变质岩岩石的分类和命名方案》GB/T17412.3—1998，将测区动力变质岩石划分为碎裂岩和糜棱岩两大系列。

一、韧性糜棱岩型动力变质作用

韧性糜棱岩型动力变质作用，是原岩在较高温度和剪切应力作用下，发生的韧性变形作用、重结晶作用和压熔作用。所形成的动力变质岩石——糜棱岩类，岩石粒度强烈减小，具有明显的定向构造，细碎物质显示特征的流动构造，变质矿物具有各种应变现象和变形结构，常见绢云母、绿泥石等新生矿物。

（一）糜棱岩类岩石类型

糜棱岩多见于测区若拉岗日（岩）群分布区的区域性断裂带中，总体上呈近东西向窄条带状展布，与区域构造线方向基本一致，以糜棱岩化岩和糜棱岩发育为特征。

1. 糜棱岩化岩石

岩石中出现的糜棱基质<10%，并且有少量重结晶片状矿物。岩石具显微糜棱结构，宏观上可见岩石具条纹状、弱片理化等定向组构，可见弱塑性流变构造。岩石原岩结构、构造保持较明显。镜下可见少量石英和绢云母、绿泥石、白云母等新生矿物，石英具波状消光，后者显定向排列。这类岩石主要分布于剪切带最外侧或者分布在弱应变域中，主要岩石类型为糜棱岩化辉长岩。

糜棱岩化辉长岩 糜棱岩化结构，条带状构造。矿物成分主要为斜长石（40%～50%）、辉石（30%）、角闪石（15%）、石英（5%～10%）、绿帘石少量。碎细的石英、斜长石及其间纤维柱状角闪石定向排列组成条带，沿碎斑的辉石及粗粒斜长石分布。岩石裂缝中有他形绿帘石充填。

2. 糜棱岩

岩石中糜棱基质含量在50%～90%之间，宏观上可见岩石定向组构发育，镜下以具典型的糜棱结构为特点。主要岩石类型有：辉长质糜棱岩、蛇纹石方沸石方解石糜棱岩、基性糜棱岩。

辉长质糜棱岩 糜棱结构，眼球状构造。矿物成分主要为斜长石（45%）、辉石（15%）、角闪石（25%～30%）、石英（5%～10%）、绿帘石少量。碎细拉长的石英、斜长石及纤维柱状角闪石定向排列组成条带，碎斑辉石及斜长石呈眼球状被围绕其中。斜长石似溶蚀状，边部较浑圆，常有钠长石净化边，中心部分不同程度地蚀变成角闪石及绢云母。石英多集中分布，具波状消光。

蛇纹石方沸石钙质糜棱岩 糜棱结构，条带状构造。蛇纹岩经沸石化及碳酸盐化并遭受动力作用，产生糜棱岩化。沸石及碳酸盐常构成碎斑，并且碎裂呈大致平行的条带，碎细基质蛇纹石纤维呈残余条带，金属矿物亦聚集呈条带，铬尖晶石星散分布，后期方解石脉穿切岩石中。矿物成分主要为方解石（45%）、方沸石（20%～30%）、蛇纹石（20%），少量铬尖晶石及金属矿物。

基性糜棱岩 糜棱结构、显微粒状鳞片变晶结构，原岩遭受强烈的破碎，仅个别残屑可见到玄武结构。片理化构造、显微褶曲构造、豆荚状团块构造。变质矿物有钠长石、阳起石、纤闪石、绿泥石、滑石、方解石、绢云母等。

（二）变质变形特征

在若拉岗日岩群变质岩系中，发育着一系列近东西向的韧性剪切带，这些韧性剪切带平行或近平行展布，各韧性剪切带总体表现出逆冲推覆的特点，主剪切面（断裂面）倾向北，剖面上表现为一系列逆冲断层。使若拉岗日岩群变质岩系形成了现今各构造岩片相互堆叠、总体无序局部有序的局面。

岩系中较刚性夹层（如大理岩、变砂岩）被剪切错断为不同规模和形态的岩块（或透镜体），岩块内变形较弱，可见小型破裂面、节理、裂隙等；其较软弱夹层（泥岩等）则发生强烈变形，形成密集流劈理、片理或各类型小尺度褶皱，并发生不同程度的糜棱岩化作用，其中以基性、超基性火成岩尤为强烈。其总体特征是作用方式上以韧性位错滑移为主，分异作用次要。但岩石有时可出现变质分异作用形成的条带状糜棱岩，使岩石不仅形成糜棱面理，而且还出现糜棱条带构造。岩石中新生矿物多为绢云母、白云母、绿泥石、绿帘石及石英、方解石等，且矿物成分、构造变形明显。砂岩中石英颗粒有次生加大、波状消光现象；碳酸盐岩中方解石结晶次生加大，并压扁拉长定向排列，双晶弯曲、波状消光；基性、超基性岩多表现为塑性变形，出现糜棱结构、残斑结构等，其中的新生片状矿物（绿泥石、蛇纹石等）定向排列形成片理构造围绕残斑分布，可见朔性流动构造及显微褶皱；部分矿物粒化分异成条带平行聚集分布，或由于剪切作用发生旋转形成眼球等。韧性剪切带属中—浅部构造相，变质程度为高绿片岩相，变质期次应与区域低温动力变质作用同时。

二、脆性碎裂岩型动力变质作用

脆性碎裂岩型动力变质作用，是原岩在脆性状态下，岩石和矿物发生不同程度的裂隙化及角砾化或者发生压碎及粒化作用。所形成的动力变质岩石——碎裂岩类，以压碎脆性变形为主，无或略具定向分布，无或很少有重结晶作用。

（一）碎裂岩类岩石类型

碎裂岩主要分布于测区区域性断裂带边缘，一般规模不大，呈狭条带状断续延伸。根据《变质岩岩石的分类和命名方案》GB/T17412.3—1998，测区主要的碎裂岩岩石类型有：

1. 压碎角砾岩

这类岩石主要沿断裂破碎带分布。岩石具角砾状结构，斑杂状构造或块状构造。角砾呈尖棱角状，成分因所处围岩而异，角砾大小不等，一般在 0.1cm 以上，大者可达数十厘米，角砾含量在 20%～60%，常为砂质、硅质、钙质等胶结。主要岩石类型有：凝灰质压碎角砾岩。

凝灰质压碎角砾岩　角砾状结构。角砾主要由焰状、皱纹状、条纹条带状具假流动构造的火山灰及氧化铁组成，已强烈碳酸盐化，被后期碳酸盐胶结。

2. 碎裂岩

这类岩石分布较广，常见于大型断裂带中。在野外露头上见该类岩石破碎、裂隙发育，有的已被方解石、石英脉充填胶结。镜下观察，岩石中石英碎裂现象明显，岩石具碎裂结构、块状构造。主要岩石类型为碎裂硅质岩。

碎裂硅质岩　碎裂结构。岩石未裂开部分为石英、玉髓，裂开部分被方解石、石英及沸石呈脉状、网脉状充填，铁泥质少量，呈条纹条带状分布。

（二）变质变形特征

脆性碎裂岩型动力变质作用在测区浅层次脆性断裂中广泛分布，规模大小不一。所形成的碎裂岩有变形程度差异较大、变质程度不高的特征。部分岩石内对应力作用敏感的矿物如石英、长石、方解石等有波状消光，晶体弯曲，碎块边缘碎粒化等变形特征；岩石胶结物或碎粉物多为原岩析出物或钙泥化，结构疏松，局部的粉碎物发生重结晶形成绢云母、绿泥石、石英、方解石、高岭土等矿物，属浅部构造相，变质程度为低绿片岩相。

第四节　变质变形序列及演化

一、变质变形序列

变质作用是一个与构造作用、岩浆作用极为密切的动态演化过程，构造作用、岩浆作用控制变质作用，变质作用反映构造、岩浆作用环境，它们之间互为存在和鉴别。

变质变形序列就是变质变形相在时间上演变叠加的顺序。分析各变质变形的空间分布及彼此间的叠加、改造与控制关系和大地构造演化背景的不同，初步确定了它们之间的生成顺序，建立了测区构造变质变形序列（表 4-4-1）。通过对沉积作用、岩浆作用和变质作用的综合分析，进而确立了测区的各个地质事件。

表 4-4-1　测区构造变质变形序列简表

演化阶段	时代	序列	变形变质特征	地壳运动	构造事件	沉积事件	岩浆事件	变质事件
高原隆升	Q—J	D_2	基本未变质或局部低绿片岩相变质，变形以应力错碎作用为主	喜马拉雅运动	表层褶皱、冲断推覆、伸展走滑	走滑拉分盆地、山间断陷盆地沉积	碱性高钾火山喷发	碎裂岩型动力变质
碰撞造山				燕山运动	挤压褶皱造山	磨拉石沉积		
					可可西里冲断带逆冲作用		钙碱性酸性火山喷发	
挤压汇聚	T_3	D_1	绿片岩相变质变形产生明显面理构造，斑晶、矿物常被压扁拉长显方向性，并伴随一系列近东西向的脆韧性剪切带，带内岩石主要产生韧性错位滑移。变质程度为高绿片岩相	印支运动	金沙江洋盆向南消减，洋岛、岛弧岩片向南构造推覆	岛弧盆体系和弧后前陆盆地沉积	中酸性火山、基性火山喷发作用	区域低温动力变质，糜棱岩型动力变质

二、变质地质事件和变质变形演化阶段的划分

根据有关变质岩系的变质作用特征，结合变质地质事件，可以初步确定测区的变质变形作用演化大体经历了印支期和燕山—喜山期两个阶段。

（一）印支期变质变形作用阶段

该期变质变形作用主要为区域低温动力变质作用、韧性糜棱岩型动力变质作用。

印支末期古特提斯洋消减，引起构造推覆作用，而形成近东西向的片理和劈理，并发生区域低温动力变质作用，变质程度达绿片岩相，可能为高压型变质相系。同时，相伴形成一系列近东西向的脆韧性剪切带，带内岩石主要产生韧性位错滑移，次为分异作用。变质程度为高绿片岩相。

（二）燕山—喜山期变质变形作用阶段

该期变质变形作用为脆性碎裂岩型动力变质作用。表现为浅层次脆性断裂广泛分布，变质程度为低绿片岩相。

第五章 构 造

第一节 大地构造位置及构造单元划分

一、大地构造位置

根据潘桂棠、丁俊等（2005），李才等（1995）对青藏高原及邻区构造单元划分方案，测区属东特提斯构造域中的泛华夏大陆晚古生代—中生代羌塘-三江构造区。测区位于青藏高原腹地，南界为班公湖-怒江板块缝合带，北界为拉竹龙-金沙江板块缝合带，中部是东西向展布的龙木错-双湖板块缝合带。以龙木错-双湖板块缝合带为界分为南羌塘陆块和北羌塘陆块。测区大地构造位置属于北羌塘陆块，北侧紧邻拉竹龙-金沙江缝合带（图 5-1-1）。

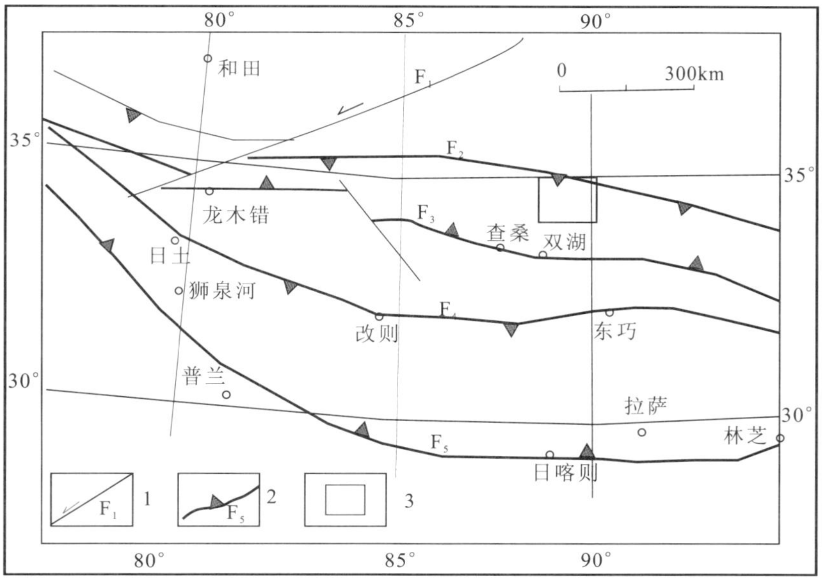

图 5-1-1 测区大地构造位置图

1-走滑断层及编号；2-缝合带及编号；3-测区范围；F_1-阿尔金走滑断层；F_2-拉竹龙-金沙江缝合带；F_3-龙木错-双湖缝合带；F_4-班公-怒江缝合带；F_5-雅鲁藏布江缝合带

二、区域地球物理场及深部构造特征

（一）重力异常特征

青藏高原为全国最低重力负异常。在中国布格重力异常图上显示出高原轮廓基本上被$-350\times10^{-5}\sim-400\times10^{-5}m/s^2$布格异常等值线所包围。南北边缘均为陡变的重力异常梯度带，高原内部重力值变化较小。高原内部重力最低，重力值达$-540\times10^{-5}\sim-550\times10^{-5}m/s^2$。

总体上呈东西向分布的条带结构，自北向南分别由格尔木密集带、羌塘复杂重力低带、尼玛-安多重力密集带、改则-那曲重力高带、冈底斯-念青唐古拉重力低带、喜马拉雅密集带组成。这些东西向分布的深部重力异常条带主要反映了高原新生代的大型断块构造。其中出现南北向线性正异常、密集带、异常限制带等形式的错断带将东西向条带切成块状。该南北向的异常可能属横向伸展系，为一组根基较深、正在发展中的活动构造体系和断裂带。

另该地区的次级异常与地形、壳内低阻层负相关，即重力高对应低地及壳内低阻层浅埋区，重力低对应高地及壳内低阻层深埋区。如普若岗日重力低大体由$-530\times10^{-5}m/s^{-2}$圈出（图 5-1-2），它对应5 000～5 400m 高地，对应壳内低阻层深埋区顶深达 40km。而绒马南北向重力高对应 5 000～4 600m 南北向低地，有江爱藏布等河湖分布。

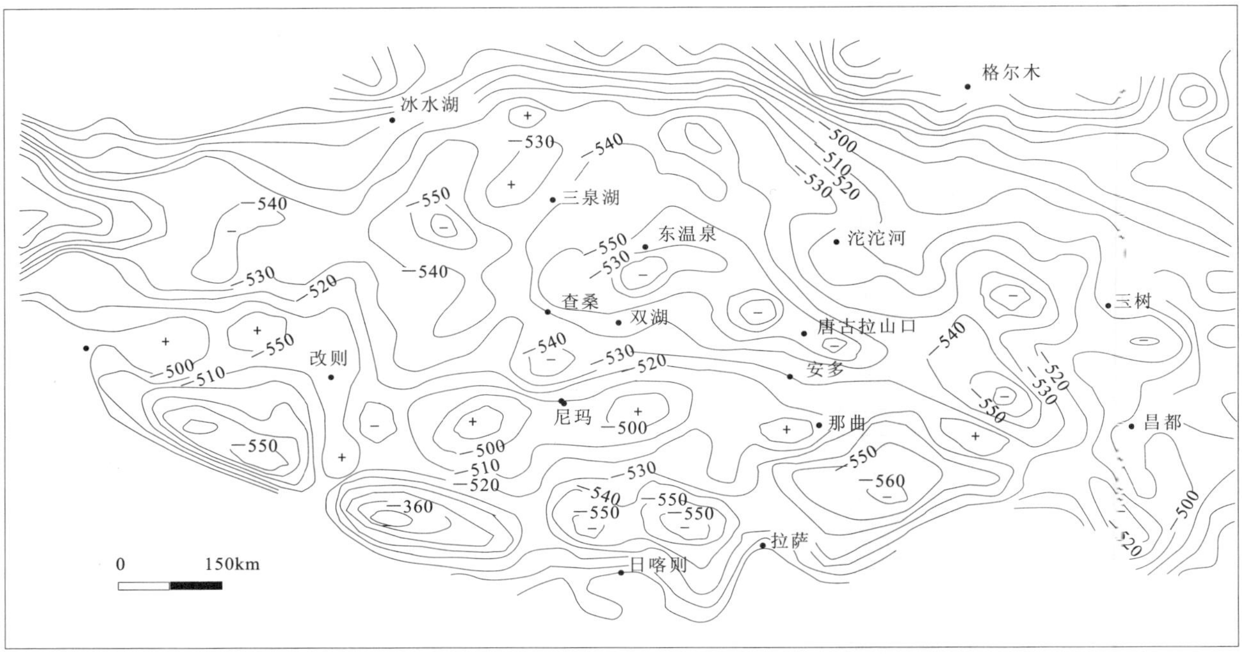

图 5-1-2　青藏高原深部重力异常图（赵政璋，2001）

测区基本处于布格重力异常的低负值区域，习称羌塘复杂重力低带。沿马尔盖茶卡、雪环湖、冬不勒山一线有一条近东西向的重力梯级带将区域重力场分为南北两部分，这一位置恰与区内划分出的若拉岗日混杂岩带的南界线大致吻合。北部重力场显示出为北西西走向，布格重力异常等值线较稀，常出现若干孤立的重力高、低异常区；南部重力场布格重力等值线较密，梯度大，重力异常带多呈带状分布，呈现近东西走向，重力高、低异常转换带的线性特征尤为突出，常与断裂带重合。

布格重力异常是由上地壳、上地幔物质密度分布不均匀而产生的，是历史上发生的各地质构造作用结果的综合反映，但主要是现代大地构造和岩石圈构造的反映。据研究，青藏高原深部重力场、莫霍面起伏与地表槽地、线性盆地、伸展体系、碱性火山岩、高地温区相符。反映了高原深部地幔物质正处于活动阶段（赵政璋，2001）。

（二）航磁异常特征

青藏高原以其低弱的区域磁场背景与其北部的塔里木地块、阿拉善地块、东部的扬子陆块及南部的印度次大陆所展现的强度较大的宽缓正磁异常形成了鲜明的对比，显示了青藏高原与周缘地块不同的磁性及地质构造特征。羌塘地区磁场特征表现为区域性平缓降低磁异常带上叠加不同方向的团块状局部磁异常，强度一般为 60～200nT，推测该区平稳的负磁场是弱磁性基底岩石的反映，局部磁异常主要由区内不同时代花岗岩类岩石和火山岩引起。中部基底埋深较浅，一般为 0.5～2km；北部和南部较深，一般为 3～7km。在高原低弱的区域磁场背景上分布几条近东西向的磁异常带，测区内磁异常以马尔盖茶卡、雪环湖、冬不勒山一线以及龙尾错湖、多格错仁湖东、冬不勒山一线磁异常突变接触带为界分割为

3个不同的次级构造单元（图 5-1-3）。即北侧的青蛙湖—雪环湖中等变化强磁场；西侧的吐波错—白滩湖平缓弱磁场区；东南侧的普若冈日—各拉丹东剧烈变化复杂磁场区。

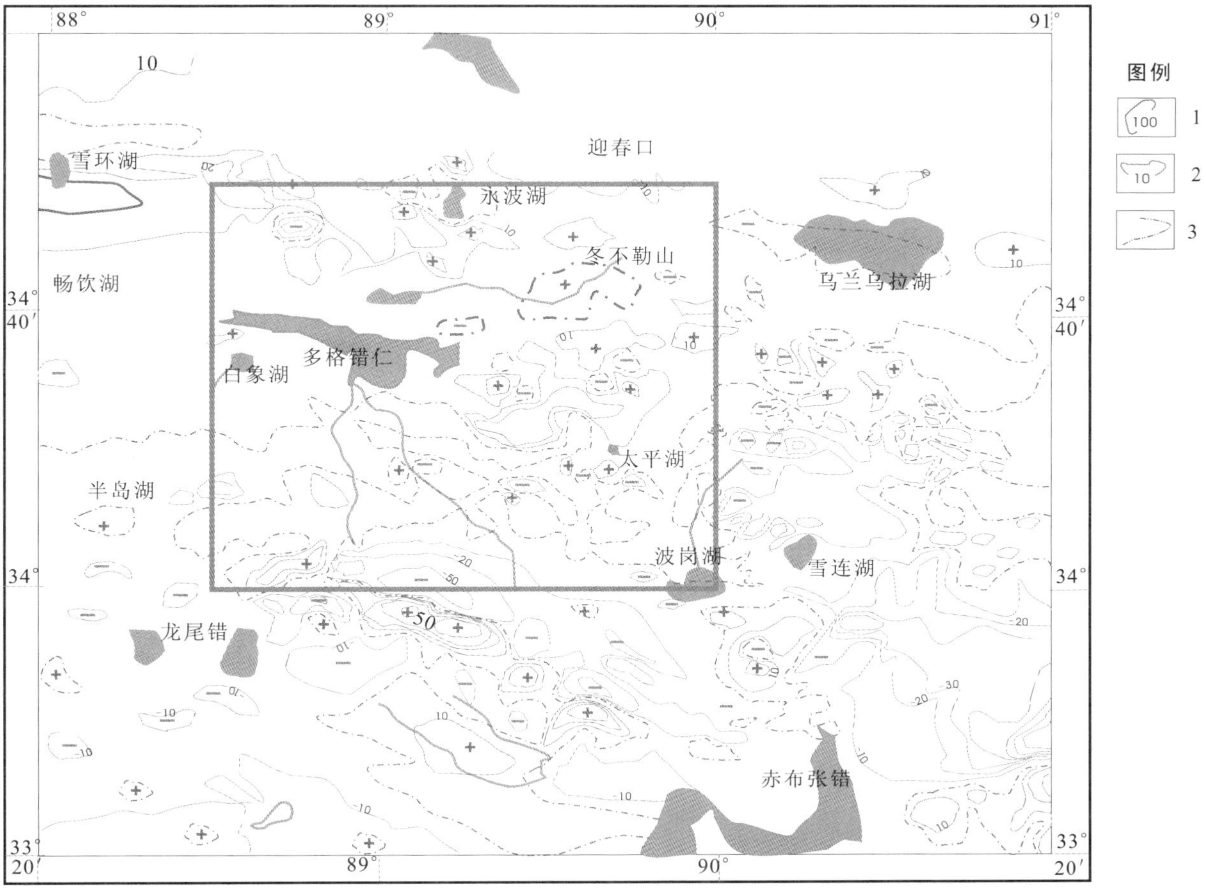

图 5-1-3 1∶25 万多格错仁幅航磁 ΔT 平面等值线图（汪忠民，2001）

1-正磁场；2-负磁场；3-零值

1. 青蛙湖—雪环湖中等变化强磁场区

该区位于盆地最北部长蛇岭、青蛙湖、飞马滩、雪环湖、永波湖、迎春口一带。其南部以鲜明的东西向梯度带与其南部的弱磁场区分开，该梯度带向上延拓 20km 后仍有反映。区内分布有多条东西向异常带，规模大的有两条，一条位于上述边界梯度带的内侧，长约 640km，宽 25～30km；另一带位于北部永来梁—红泥河的北缘，区内长约 300km，宽 10～15km。两条异常强度一般 15～40nT，但前者异常峰形相对圆滑，仅在冬不勒山一带有急剧跳跃的杂乱异常叠加。东经 87°30′以西，后者及两带之间的地段磁场有 5～10nT 的跳跃变化，向上延拓到 2km 时便消失。而两梯度带在上延 10km 后仍十分清晰，到上延 20km 时才基本消失，但磁场的东西向展布特征仍十分突出。

2. 吐波错—白滩湖平缓弱磁场区

该区位于盆地中部石峰山、吐波错、白滩湖、多格错仁一带，面积约 2.3 万 km^2。区域磁场背景为 −5～5nT。中部亚克错—琵琶湖—饮龙湖一带为长约 120km，宽 15km 的北西向升高异常带，异常强度 5～20nT，向上延拓展至 5km 后仍有显示。以该带为界，将该磁场区分为东西两个分区。东部区形似三角形，其北侧和东南侧分别以鲜明的梯度带和变异异常带与邻区相接，其再向上延拓 20km 仍很清晰，区内以东西向弱背景场为主，局部叠加有 5～15nT 的低幅异常，如凌云山—长湖一带的近东西向升高带，向上延拓 1km 仍很清晰，上延 5km 后，基本消失；西部分区场值从南向北单调缓慢升高，水平梯度 0.5～1.0nT/km，局部叠加有少量低幅跳跃异常。

3. 普若岗日—各拉丹东剧烈变化复杂磁场区

该区位于盆地中东部普若岗日、太平湖、祖尔肯乌拉山、各拉丹东一带。区内磁场变化剧烈，形态各异，但又具有明显的分区、分带性。东温河—赤布张湖复杂磁场分区位于西部，区内磁场以弱背景场上叠加了复杂磁异常和线性强磁异常带为特征。复杂磁异常经上延大部分迅速消失，上延 5km 时，仅在跃进口、东月湖及燕子湖以东还有不同程度的显示。线性强磁异常带主要有两条：①北西向的普诺岗日—赤布张湖异常带，长 90km，宽 15km 左右，由断续分布的 6 个突出的等轴状或短轴状异常组成，剖面图上显示为单峰线性异常，强度为－60～110nT 左右，向上延拓 10km 后仍有显示；②北西西向的东湖—吐错平稳变化异常带，长 180km，宽 10～25km，异常多为单峰且开阔匀称，强度为 5～25nT，上延 5km 后，异常更清晰，中部上延 20km 后仍有反映。

综上所述，区内磁场具有明显的分区和分带性，总体以东西或近东西向展布为主，其次为北东向和北西向，随着向上延拓高度的增加，此特征越显著。

（三）区域地壳结构特点

1994—1997 年，中国石油天然气总公司青藏项目经理部在羌塘地区开展了以油气勘探为目的的综合地球物理普查工作，在羌塘地区部署了 12 条大地电磁测深剖面（MT）（图 5-1-4），对于认识羌塘地区的地壳结构、揭示高原腹地的隆升机制会带来启示（鲁兵，2003）。

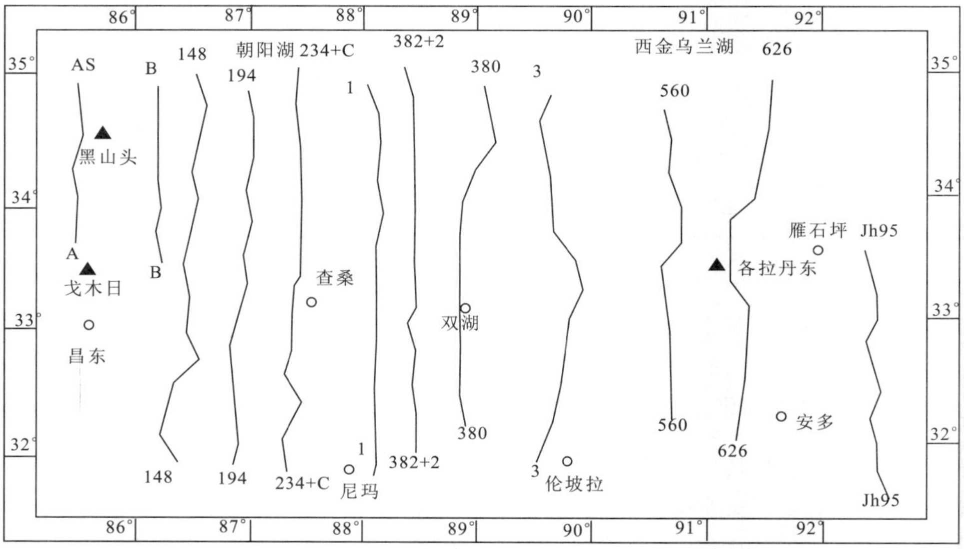

图 5-1-4　羌塘地区大地电剖面位置图

基底结构特点主要表现在电性结构上，在北羌塘地区，无论西、中、东部 MT 剖面，均发育有壳内低阻层和极低阻异常柱，造成基底的明显不完整性，部分地段似曾存在壳下拆沉块体，发育有层位较高、MT 反演可探测得到的壳幔混合层。综合 MT 剖面显示出北羌塘下地壳的壳下部分熔融特点较为明显。

据相关研究所成果（赵政璋等，2001），羌塘地区地壳电性结构有以下特征：

第一电性层（相当于 Q、N 地层）分布局限，电阻率变化较大，在 10～200Ω·m 左右。

第二电性层（相当于 J 地层）电阻率一般在 10～50Ω·m 左右。

第三电性层（相当于 T_3地层）电阻率一般在 65～100Ω·m 左右。

第四电性层（相当于 T_2～P 地层）电阻率一般在 150～200Ω·m 左右。

第五电性层（相当于火山岩、变质岩）为高阻标志层，电阻率一般在 250Ω·m 以上。北羌塘的高阻层较薄，厚度均匀，平均在 20km 左右，电阻率值偏低。

第六电性层为地壳上部低阻层，电阻率一般在10～40Ω·m左右。顶面埋深在10～45km之间变化，起伏较大，普遍存在。厚度平均20km左右。在有的剖面上其较平缓（图2、3线），有的剖面起伏较大（560线）。其在北羌塘平缓，厚度均匀，埋藏较浅在海拔－20km以上，面积较开阔。平面上多呈北西西走向，和地面侏罗系断裂、构造走向吻合。低阻层顶面形态以东西分块为主。自东到西由大面积坳—隆—坳—隆—坳5大区块构成。分界线多呈南北走向和重力、航磁资料解释的隐伏大断裂位置贴近，这套低阻层的另一特点是在一些部位直接与深部地幔物质呈柱形式相通。断面上多以"△"块状体出现。有的呈巨大的蘑菇体从－100km深度上升直逼地表（图5-1-5）。

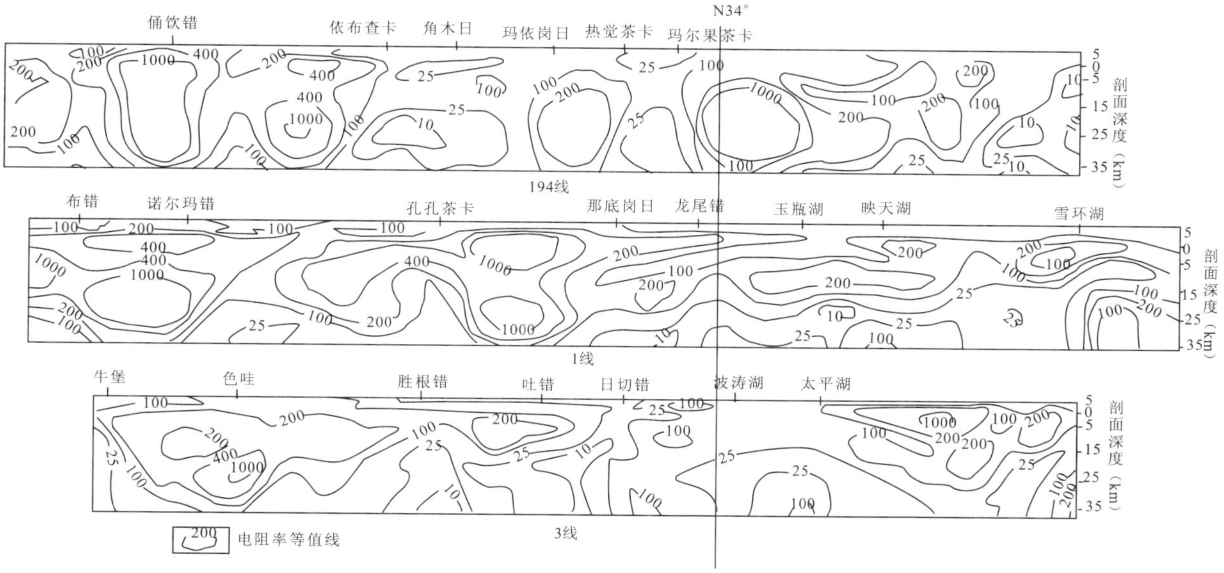

图5-1-5 194、1、3线大地电磁测深一维连续介质反演剖面图（赵政璋，2001）

羌塘地区大面积存在壳内低阻层，起伏较大，具有大起大落楔块状结构；低阻层顶面形态总体上和基底高阻层形态呈镜像关系：基底坳陷区低阻层上隆；基底隆起区低阻层下坳。低阻层和地形起伏也有呈镜像关系，在北羌塘地区和南部尼玛—伦坡拉公路沿线地区较为明显。证明它是壳内最重要的均衡调节面，壳内低阻层是壳内脆弱活动带，分布受南北向隐伏断裂制约，和基底高阻层呈镜像关系。说明近代地壳活动继承了中新生代构造大格局。

三、构造单元划分

根据测区基底和盖层地质体的沉积建造、火山建造、岩浆建造、变质建造和构造形迹组合特征的综合分析，其中着重考虑测区北侧的金沙江洋盆关闭形成的一套以若拉岗日岩群为代表的岛弧型火山-沉积建造和藏夏河组复理石建造的构造属性，并结合区域构造背景、地球物理探测结果进行构造单元划分。将北羌塘陆块和若拉岗日构造混杂岩带作为二级构造单元。再据不同构造阶级的沉积作用、岩浆活动、变质作用和构造活动及运动学、动力学机制的表现又在北羌塘陆块内划分次级构造单元。测区共划分出2个二级构造单元、2个三级构造单元和3个四级构造单元（表5-1-1、图5-1-6）。

表5-1-1 多格错仁幅次级构造单元划分表

二级构造单元	三级构造单元	四级构造单元	代号
若拉岗日构造混杂岩带 Ⅰ			
北羌塘陆块Ⅱ	羌塘北缘冲断带 $Ⅱ_1$		
	多格错仁断褶区 $Ⅱ_2$	长湖-玉带山断褶带	$Ⅱ_{2-1}$
		多格错仁-波涛湖断褶带	$Ⅱ_{2-2}$
		白滩湖-长水河断褶带	$Ⅱ_{2-3}$

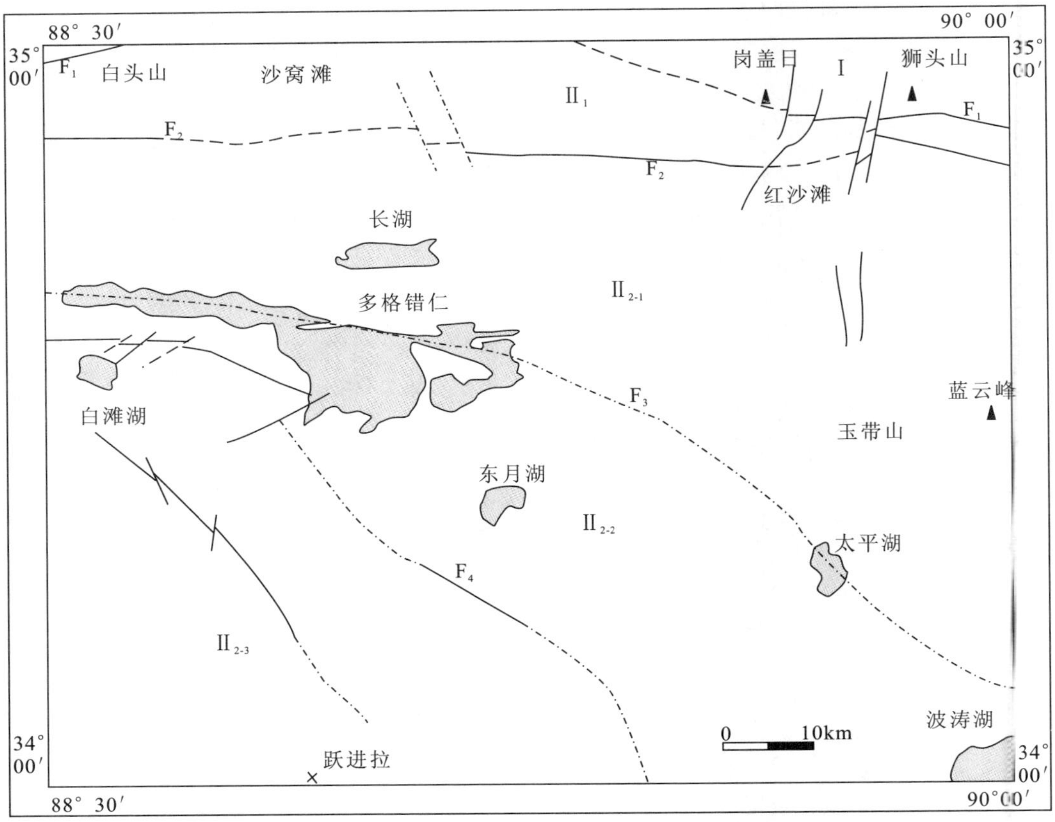

图 5-1-6　多格错仁幅次级构造单元分区示意图

Ⅰ-若拉岗日构造混杂岩带；Ⅱ-北羌塘陆块；$Ⅱ_1$-羌塘北缘冲断带；$Ⅱ_2$-多格错仁断褶区；
$Ⅱ_{2-1}$-长湖-玉带山断褶带；$Ⅱ_{2-2}$-多格错仁-波涛湖断褶带；$Ⅱ_{2-3}$-白滩湖-长水河断褶带

第二节　各次级构造单元地质构造特征

测区构造较复杂，褶皱和断裂均较发育（图 5-2-1），构造线方向总体近东西—南东向。各构造单元具有自己的构造形迹特征及变形组合样式（图 5-2-2）。

一、若拉岗日构造混杂岩带

（一）概述

本构造带位于测区北部边缘，白头山-狮头山断裂（F_1）以北，区域上隶属拉竹龙-金沙江构造带。该带主要沿白头山—岗盖日—狮头山一线近东西向展布，宽 5～15km，混杂岩零星出露，断续长约 150km，多数地段被古近系红层和第四系堆积物掩盖。该构造单元主体位于测区北部图外。组成该带的地层是上三叠统若拉岗日岩群。岩群主要为一套不同构造成因属性的变质中基性火山岩与大理岩、硅质岩、超基性岩等岩块相伴产生的构造混杂岩系。空间上，该混杂岩系不同构造属性的变质火山岩（绿片岩）在不同地段分别与硅质岩、超基性岩、大理岩等相伴，构成了白头山地区以岛弧火山岩为主的弧火山岩片（图 3-3-1A），在岗盖日以洋脊型变玄武岩为主夹杂硅质岩、绿片岩、超基性岩等而共同组成的蛇绿混杂岩片（图 3-3-1B），在狮头山以洋岛型火山岩为主夹杂碳酸盐岩块体的大洋海山（即洋岛）岩片（图 3-3-1C）。3 种岩体在空间上不相连续，其间多被后期南北向断裂错断或被新生代盖层掩盖而分隔。它们的物质组成及变形变质特征存在明显差异。

图5-2-1 测区主要构造形迹分布图

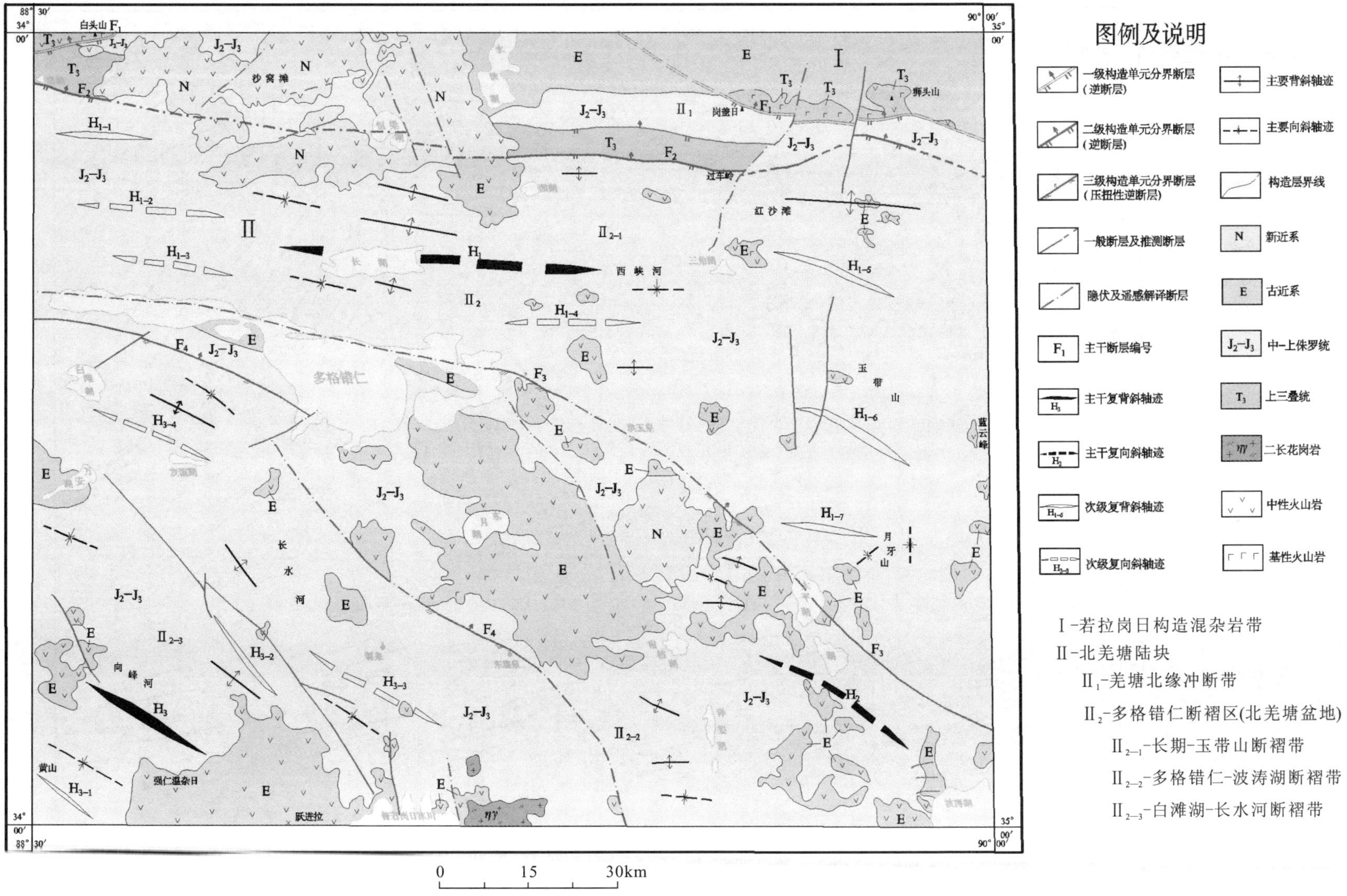

图5-2-2 测区构造纲要图

（1）白头山岛弧火山岩片岩性以变玄武安山岩为代表，主要为一套碱性钠质系列的岛弧相钙碱性火山岩类。狮头山西南少量的变安山岩及狮头山东侧少量变安山质火山角砾凝灰岩也属此类。该类火山岩变质程度相对较弱，主要见绿泥石、绿帘石、葡萄石等变质矿物，变质程度只达低绿片岩相，变形不强，成层性不明显。残存地表露头以断夹块及构造透镜体等形式出现，与周围地层多以逆断层为界。

（2）狮头山大洋海山岩片岩石类型相对复杂，包括变基性凝灰岩、火山角砾岩、变玄武岩及大理岩等。火山岩主要属碱性钠质系列的拉斑玄武岩类，构造环境判别主要投入大洋板内及洋岛玄武岩区，变质矿物组合为阳起石＋绿帘石＋绿泥石等，并出现高压变质矿物蓝闪石等（前人还发现有硬玉，本次区调未见），反映变质程度及变质作用强度较白头山岛弧火山岩片高，变质相达绿帘—角闪岩相。大理岩多呈破碎的巨大块体，它们有时夹于火山岩中，呈透镜状；有时呈厚大顶盖状“飘浮”于火山岩之上，似岛礁，显示为构造破坏了的大洋海山景观。白头山主峰地区也有此类岩片分布。本岩片内部主要发育韧脆性小断层、片理及韧性剪切形成的糜棱岩化等构造形迹，变质火山岩中多数矿物定向排列。

（3）岗盖日蛇绿混杂岩片主要由晚三叠世基性火山岩变质而成的各种绿帘阳起片岩、钠长绿泥石片岩、绢云母千枚岩与变凝灰质砂岩、变质超基性岩、硅质岩等相互堆叠而成（图 5-2-3）。其中绿片岩原岩恢复属碱性玄武岩，构造环境判别具过渡型洋脊玄武岩的特点。超基性岩强烈蛇纹石化，并在原地上升侵位时混有地壳物质，成岩后经构造作用裂解、迁移，并异地就位，在这一过程中原岩遭受强烈蚀变改造，其地质、岩石、地球化学特征显示与藏东金沙江中段超镁铁质岩——辉橄岩特征（青海区调队，1992）相一致，表明它们具有相同的构造属性和产出背景，应属拉竹龙-金沙江构造带的一部分。另外，在狮头山一带，还产有数条变辉长岩墙，构造环境判别属大洋板内，并与洋底玄武岩分异有关。总体看，这些岩石分别代表了某蛇绿岩套的不同组分，属于区域上某蛇绿岩的残片，并表明该区北部曾出现过晚三叠世洋壳，洋盆消减之后，残留了本区以岗盖日为代表的蛇绿构造混杂岩片。岩片内，由不同岩类构成更小级别的小岩片，小岩片之间以韧脆性断层为分割面而相互叠置产出（图 5-2-3）。小岩片内部构造主要表现为韧性剪切变形形成的透入性面理—强片理化及糜棱岩化。岩石变质变形程度在 3 类岩片中最强。

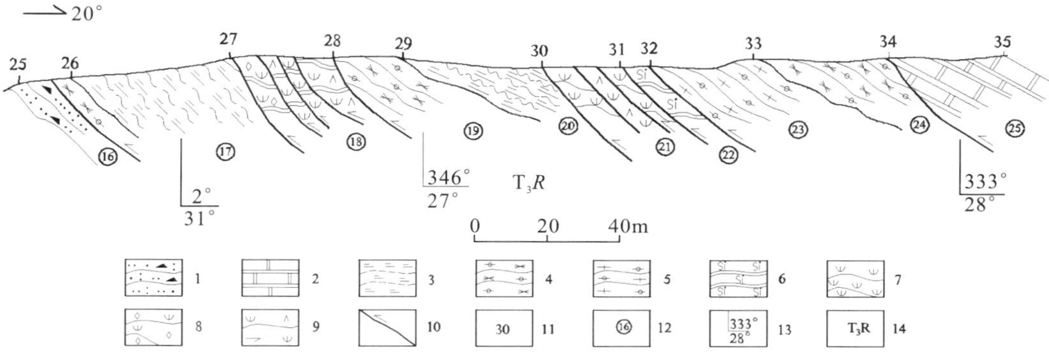

图 5-2-3 岗盖日蛇绿混杂岩片内不同岩性小岩片叠置关系及其间韧性断层产出状态剖面图

1-变凝灰质岩屑砂岩；2-大理岩；3-绢云母千枚岩；4-绿帘阳起片岩；5-绿帘透闪石片岩；6-硅质岩；7-蛇纹岩；8-碳酸盐化蛇纹岩；9-蛇纹石化辉石橄榄岩；10-韧脆性断层；11-剖面导线号；12-分层号；13-产状；14-若拉岗日岩群

（二）主要构造形迹

1. 片理

为本构造带常见构造形迹，主要发育于岗盖日及狮头山等地的绿片岩、变基性火山岩及超基性岩中。属于与区域动力变质作用有关的透入性面理构造，全面置换了原生面理——S_0面。宏观露头表现为岩层呈片状定向展布或裂开（图 5-2-4），微观构造呈现矿物强烈定向排布（图 5-2-5）。野外片理产状变化于(2°～35°)∠(31°～65°)及(330°～353°)∠(26°～29°)之间，主要呈现北倾。

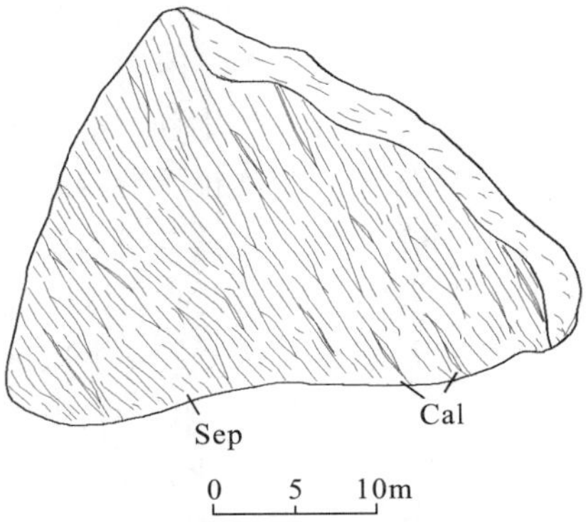

图 5-2-4 碳酸盐化蛇纹岩之强片理化构造

Sep-蛇纹石；Cal-方解石

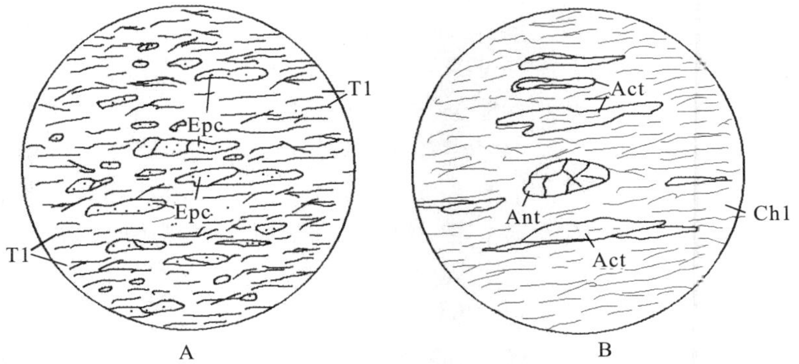

图 5-2-5 显微片理构造（单偏光 5×10）

A-绿帘透闪石片岩；B-沸石化绿帘阳起片岩

Epc-绿帘石；Tl-透闪石；Chl-绿泥石；Act-阳起石；Anl-方沸石

2. 糜棱岩化构造

仅在镜下部分岩石中见到，如：岗盖日地区的部分钠长绿帘阳起石片岩及碳酸盐化蛇纹岩等。前者见钠长石被压扁拉长成条带状或眼球状、透镜状等，而阳起石呈纤维状绕其而行，并显拖拉褶皱（图 5-2-6A）；后者岩石经方沸石化及碳酸盐化后再遭受糜棱岩化，见方沸石及碳酸盐矿物构造的碎斑，残余纤维状蛇纹石绕其而行，定向排列（图 5-2-6B）。糜棱岩化构造的存在说明部分岩石形变已具韧性特征。

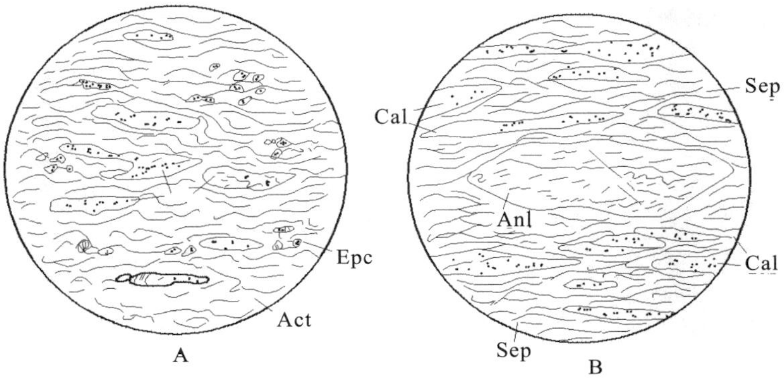

图 5-2-6 靡棱岩化构造（单偏光 5×10）

A-钠长绿帘阳起片岩；B-糜棱岩化沸石化碳酸盐化蛇纹岩

Epc-绿帘石；Act-阳起石；Sep-蛇纹石；Cal-方解石；Anl-方沸石

3. 韧脆性断层

主要见于岗盖日及狮头山等地，构成超基性岩、硅质岩、大理岩与变质片岩、变质火山岩之间的分界断层（图 5-2-3）。露头中有时看不到岩片间的明显错动，仅见断层两侧的岩性及产出状态等截然不同，而且伴随大量片理及糜棱岩化等构造形迹，反映经历了韧性剪切变形，局部又见其切断部分片理，而表现出一定的脆性特点，故将这种断层定为韧脆性断层，其产状与片理总体产状基本一致，均为北倾。

（三）边界断裂

控制若拉岗日构造混杂岩带北界的边界断裂远离图外。图内主要见其南界断裂，命名为：若拉岗日-狮头山断裂（F_1）。

F_1为测区两个二级构造单元，即：若拉岗日构造混杂岩带与北羌塘陆块间的分界断裂。其自西向东，由北东东向绕经图外，转为北西西向，再进入图内，大致沿白头山—冬布勒山一线延伸，总体呈近东西向弧形弯曲的线状，多数地段被古近系红层或第四系所掩盖，ETM 卫片影像特征较清楚，图内断续长约 70km。

断层两侧地层特征及构造变形样式迥然不同。断层北侧属区域上金沙江构造带的组成部分，为含变质火山岩系，且具构造混杂特征的上三叠统若拉岗日岩群，断层之南为广阔的北羌塘陆块中、新生界展布区。其中，紧邻断层南侧是羌塘北缘冲断带，由呈断片状分布的上三叠统、侏罗系—白垩系沉积地层相互叠置构成。

断层破碎带宽大于 100m，带内见两侧岩层的碎裂岩、劈理，还见网状方解石或石英细脉充填，并见中酸性小岩体沿断裂带贯入（图 5-2-7），局部岩层发育牵引褶曲等构造（图 5-2-8），显示主断层面北倾，产状上陡下缓，呈由北向南推的逆冲断层（图 5-2-9）。

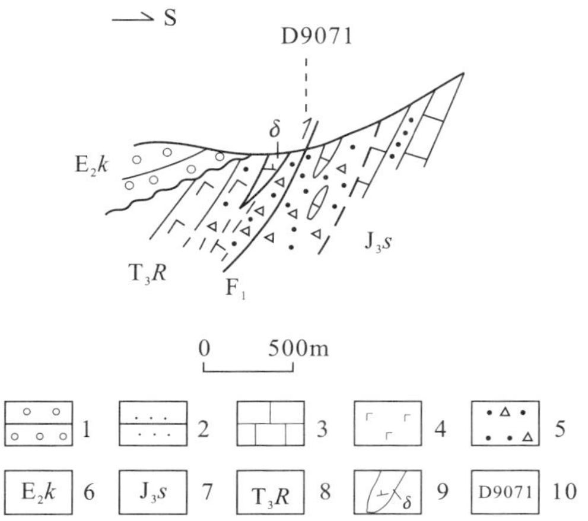

图 5-2-7　狮头山东若拉岗日构造带南边界断裂（F_1）特征

1-砾岩；2-砂岩；3-灰岩；4-变基性火山岩；5-断层角砾岩；6-康托组；7-索瓦组；8-若拉岗日岩群；9-闪长岩透镜体；10-地质点号

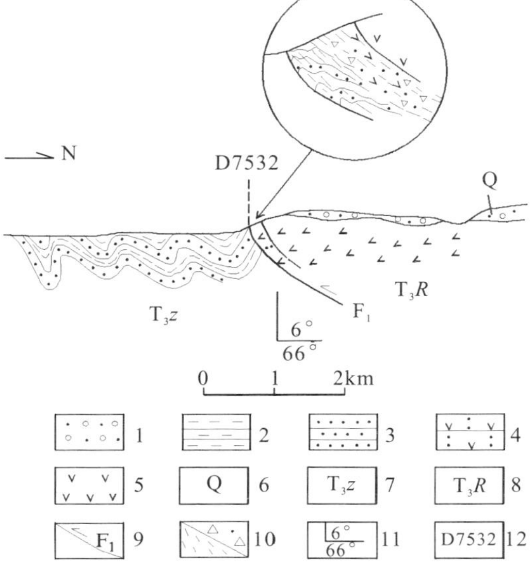

图 5-2-8　白头山西南 F_1 边界断裂产出状态及下盘地层牵引褶曲

1-砂砾石；2-泥岩；3-砂岩；4-安山质凝灰岩；5-安山岩；6-第四系；7-藏夏河组；8-若拉岗日岩群；9-逆断层及编号；10-劈理及断层角砾；11-产状；12-地质点号

由于该断层控制的最老地层为上三叠统，而切穿的最新地层为上侏罗统—下白垩统，之后多被新生代地层所掩盖，因此，推断其主要活动时期应为晚三叠世—早白垩世。新生代时，该断层有继承性活动。

（四）盖层构造

图区若拉岗日构造混杂岩带北部，被大面积分布的古近系红层（康托组、唢呐湖组）角度不整合掩盖，红层内仅见简单开阔褶皱或单斜构造形迹，变形微弱，局部被前述南北向及北东向活动断层所切断。

1. 褶皱

见于狮头山东古近系康托组中，褶皱形态为一简单向斜（图 5-2-10）。褶曲地层岩性单一，主要为紫灰色厚层—块状半胶结砾岩。向斜北翼陡、南翼缓，呈现北翼窄，而南翼出露较宽的不对称斜歪褶皱型式，两翼产状分别为 170°∠50°、340°∠25°，北翼被古近系唢呐湖组不整合掩盖，南翼不整合覆盖于若拉岗日岩群之上。

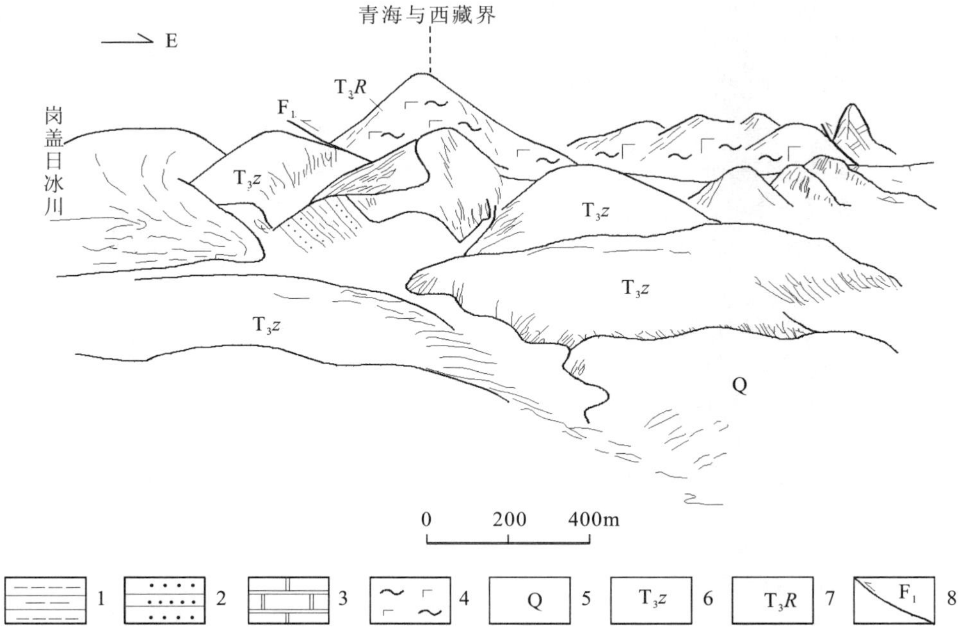

图 5-2-9　若拉岗日岩混杂岩带与北羌塘陆块之间边界断层景观

（岗盖日地区，自南向北望）

1-泥岩；2-砂岩；3-大理岩；4-变基性火山岩；5-第四系；
6-藏夏河组；7-若拉岗日岩群；8-逆冲断层及编号

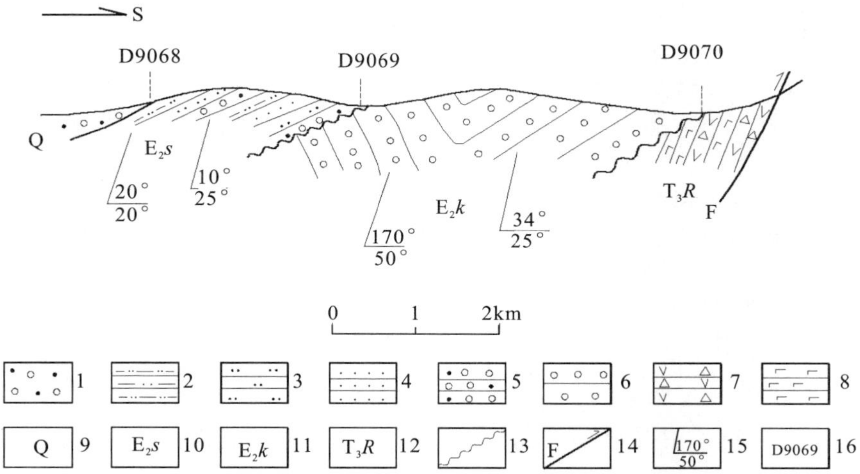

图 5-2-10　狮头山东古近系盖层构造信手剖面图

1-松散砂砾石；2-粉砂质泥岩；3-粉砂岩；4-砂岩；5-砂砾岩；6-砾岩；
7-安山质火山角砾岩；8-变基性火山岩；9-第四系；10-唢呐湖组；11-康托组；
12-若拉岗日岩群；13-角度不整合线；14-逆冲断层；15-产状；16-地质点号

2. 单斜

多见于唢呐湖组地层之中，为一套河湖相沉积，岩层呈半胶结状不整合于康托组砾岩之上。岩性组合为砾岩、岩屑长石砂岩、泥岩不等厚韵律，地形开阔，产态平缓，产状变化于 35°～15°∠15°～20°之间，显示构造变形微弱。

（五）构造变形特征

前已述及，构成若拉岗日构造混杂岩带的主体地层——若拉岗日岩群为一套构造混杂岩系。其中，变质火山岩成因类型包括洋脊型、洋岛型及岛弧型3类，它们与相伴岩石虽然遭受了较强烈的变质变形，使部分火山岩变为变质片岩，但在空间上，仍组成了白头山西以岛弧火山岩为主的弧火山岩片，岗盖日以洋脊型变玄武岩为主夹杂硅质岩、绿片岩、超基性岩等而共同组成的蛇绿混杂岩片及狮头山以洋岛型火山岩为主夹杂碳酸盐岩块体的大洋海山岩片。

若拉岗日构造混杂岩带内存在不同成因属性的构造岩片，说明金沙江构造带南缘晚三叠世时曾出现过类似于有限小洋盆、洋岛和陆缘（岛）弧的大地构造环境。它们应属中特提斯多岛洋盆格局的一部分。从3类岩片变质火山岩的属性及变质变形特征看，岗盖日洋脊型火山岩变质最强烈，构造变形也最强，其次是狮头山洋岛型火山岩，出现了高压变质矿物，再次是白头山岛弧火山岩，只有轻微变质，岩石新鲜程度明显较高。尽管构成若拉岗日构造混杂岩带的混杂岩地层——若拉岗日岩群，它的地层时代被限定于晚三叠世，但据3类岩片所经历的构造变形强度和变质程度不同的事实，可能从侧面反映了3类岩片所代表的构造环境在时间演化上经历了由小洋盆→洋岛→陆缘（岛）弧的逐渐演化过程，即构成中特提斯多岛洋盆格局——部分三叠纪时的若拉岗日地区，不仅在空间上存在盆、岛、弧并举的局面，而且其主环境在时间演化上也呈现由有限小洋盆→洋岛→岛弧逐渐转变抬升的演化趋势。三叠纪末，金沙江构造带闭合后，随着区域上弧—陆碰撞作用的加剧及陆内俯冲作用的进一步发展，产生的造山作用过程促使大量岛弧火山物质、洋岛及洋壳残片消亡，致使目前仅有极少量的上述构造环境的岩石残片存留于测区北部一线，呈现独具特色的若拉岗日构造混杂岩带景观。

构造带内古近系红层不整合叠覆及其微弱变形，主要属新生代以来的构造变动痕迹。

二、羌塘北缘冲断带

（一）概述

位于测区白头山—冬布勒山以南，过车岭之北，即 F_1 和 F_2 断裂之间。带内出露地层主要有：上三叠统藏夏河组半深海复理石沉积；上侏罗统索瓦组、白龙冰河组浅海相碳酸盐岩及碎屑岩沉积；上侏罗统—下白垩统雪山组三角洲相砂泥岩沉积等。该带西段沙窝滩一带，被大面积分布的新近纪火山熔岩被喷发不整合掩盖，东段局部有少量古近系红层（康托组、唢呐湖组）不整合覆盖。除新生代覆盖层外，构成该带的主体地层均以断层为界，呈近东西向长条形、三角形或透镜体等断块型式展布。构造形迹多因地层的岩性差异而表现出不同的形变特点。冲断带东段还被后期南北向断裂（f_7～f_9）截切。

（二）主要构造形迹

1. 褶皱

冲断带内的地层体和地层单元，多呈断片状相互叠置产出，形成规模不等的冲断岩片。各岩片因组成地层的形成时代、形成环境、沉积组合的不同，使其构造改造强度相互间有明显差异。冲断带东部，覆盖于其上的古近系红层内见简单向斜褶皱显示出新构造运动痕迹，新生代火山岩基本未变形。

（1）三叠纪地层褶皱形迹

冲断带内三叠系地层主要为藏夏河组复理石建造沉积。其在带内遭受了相对较强的构造挤压和轻微变质，见单斜或较连续的复式褶曲，其中复式褶曲编号 h_1。

h_1：位于泉湖北，呈连续的斜歪型、尖棱型或紧闭型、不对称型等褶曲（图5-2-11），形态复杂。横向上，这些褶曲紧密排列，轴面呈规律性对称分布，并伴随片理、劈理等构造形迹，组成形态相对宽缓的高一级背、向形褶曲（图5-2-12）。后者属于叠加变形痕迹，反映三叠纪地层经历了较强的多期改造与变形。高级背、向形褶曲两翼代表性产状为20°∠40°、205°∠35°，与次级褶曲的轴面产状相近，而后者斜歪及不对称褶曲的两翼产状则介于(355°～30°)∠(45°～72°)及(180°～215°)∠(40°～80°)之间，

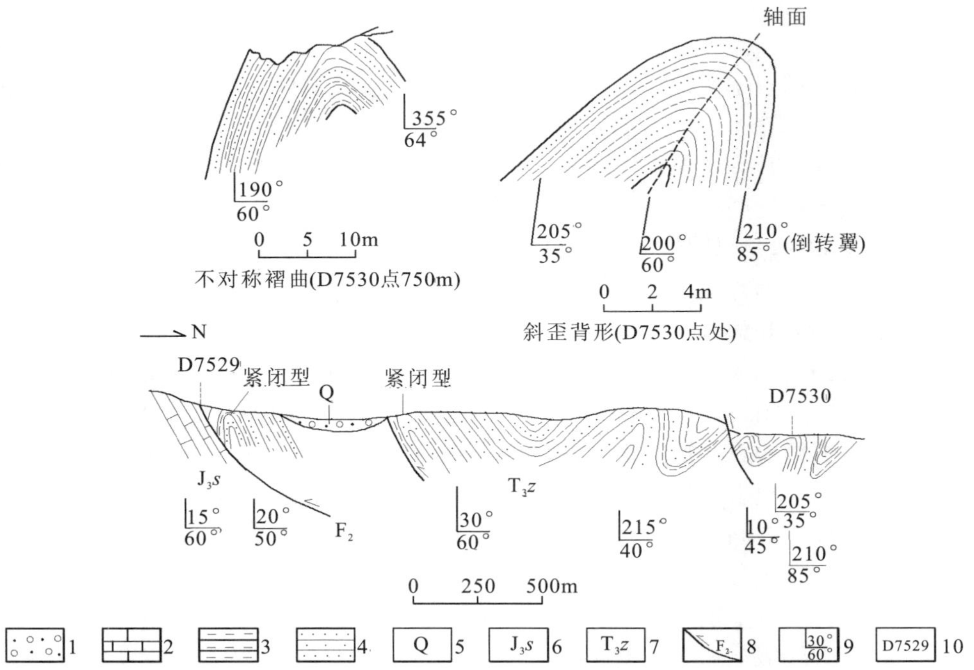

图 5-2-11 测区西部泉湖北三叠系藏夏河组褶曲构造形态剖面图

1-砂砾石；2-灰岩；3-泥岩；4-砂岩；5-第四系；6-索瓦组；

7-藏夏河组；8-断层及编号；9-产状；10-地质点号

变化范围较大。

（2）侏罗纪—白垩纪地层褶皱形迹

冲断带内侏罗纪—白垩纪地层包括上侏罗统索瓦组、白龙冰河组及上侏罗统—下白垩统雪山组。其中索瓦组、白龙冰河组及雪山组二段主要呈单斜，因断裂破坏和岩片叠置而未见完整褶曲。仅雪山组一段地层见1处简单背斜（图5-2-13），编号 h_2。

h_2：位于岗盖日西侧，核部岩层为雪山组一段（$J_3K_1x^1$）紫红色泥质细碎屑岩，出露宽约3km，两翼对称分布，轴向90°～95°。北翼产状：360°∠50°，南翼产状：170°∠63°。两翼在1.5km之外均发育逆冲小断层，北翼被雪山组一段（$J_3K_1x^1$）灰绿色砂岩逆冲叠盖，南翼被雪山组二段（$J_3K_1x^2$）紫红色砂砾岩、砂泥岩层冲断叠置，使两翼遭受断层破坏，出露不完整。

（3）新生代盖层褶皱形迹

见1处，为一简单向斜，编号 h_3。

h_3：位于过车岭之北，褶皱地层为古近系唢呐湖组。唢呐湖组在该地为一套紫红及灰绿色相间的湖相细碎屑岩，分布范围约10km²，不整合覆于藏夏河组之上。向斜形态宽缓，两翼基本对称，产状分别为355°∠35°、155°∠40°，轴面略北倾，南翼延展部位被索瓦组冲断逆掩（图5-2-14）。

2. 断裂

冲断带内主要有3组方向的断裂，分别为：近东西向断裂，近南北向断裂和北东、北西向断裂（表5-2-1）。

（1）近东西向断裂

该组断裂与冲断带展布方向一致，代表冲断带的总体构造线方向，是带内主要的断裂构造形迹。该组断裂多构成晚三叠世、晚侏罗世、晚侏罗世—早白垩世等不同时代地层单元的分界线，使其以断层围限相互叠置，构成一系列近东西向条带状或三角形状排布的冲断叠置岩片。断层多为逆断层，以北倾为主，南倾次之，断裂规模一般大于10km，至数十千米不等，属于与褶皱造山及岩片冲断过程相伴而产生的压性断裂系统，是冲断带内形成较早的断裂，代表性断裂为 f_1～f_5（图5-2-15、图5-2-16）。

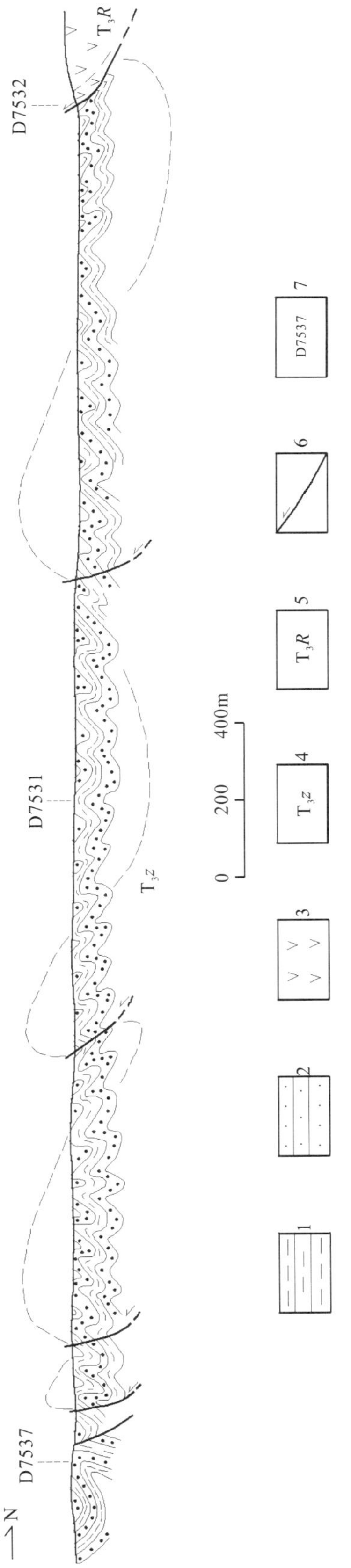

图 5-2-12 羌塘北缘冲断带三叠系藏夏河组复式褶曲叠加变形特征示意图

1-泥岩;2-砂岩;3-安山岩;4-藏夏河组;5-若拉冈日岩群;6-断层;7-地质点号

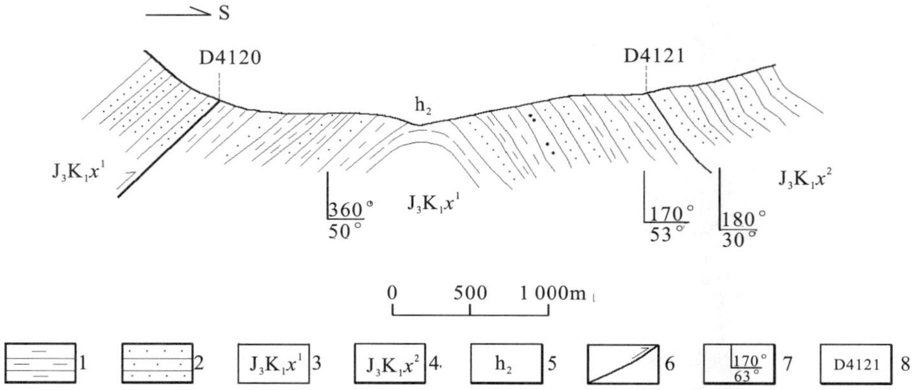

图 5-2-13　岗盖日西侧羌塘北缘冲断带内雪山组一段背斜褶曲构造

1-泥岩；2-砂岩；3-雪山组一段；4-雪山组二段；5-褶皱编号；6-断层；7-产状；8-地质点号

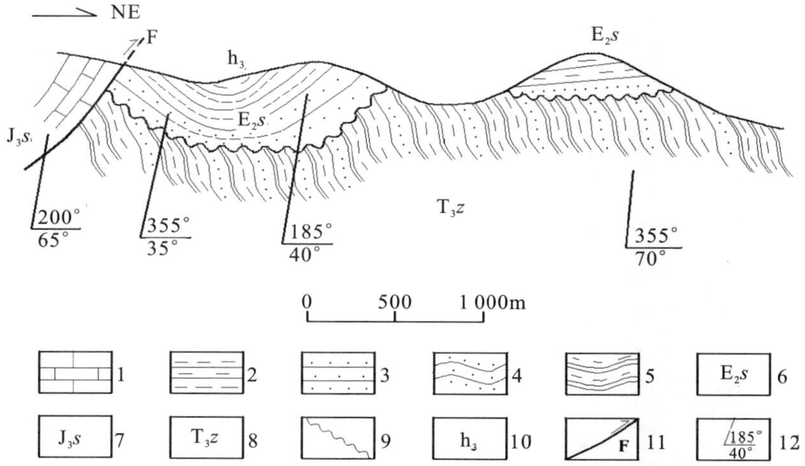

图 5-2-14　羌塘北缘冲断带古近系盖层向斜褶曲示意图

1-灰岩；2-泥岩；3-砂岩；4-变质砂岩；5-泥质板岩；6-唢呐湖组；7-索瓦组；8-藏夏河组；9-不整合界线；10-褶皱编号；11-断层；12-产状

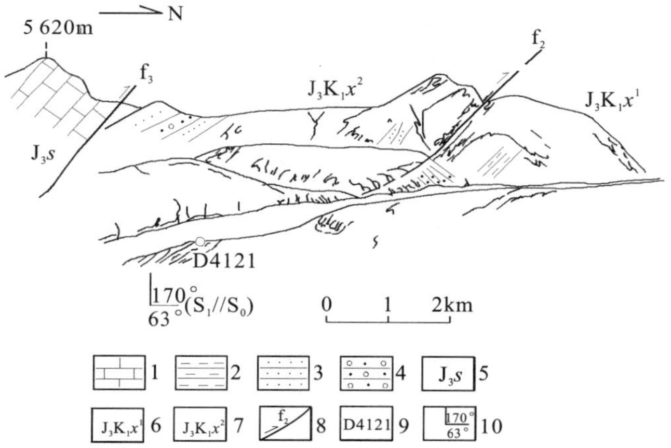

图 5-2-15　岗盖日西南侧 f_2、f_3 断层产出状态

1-灰岩；2-泥岩；3-砂岩；4-砂砾岩；5-索瓦组；6-雪山组一段；7-雪山组二段；8-断层及编号；9-地质点号；10-劈理产状

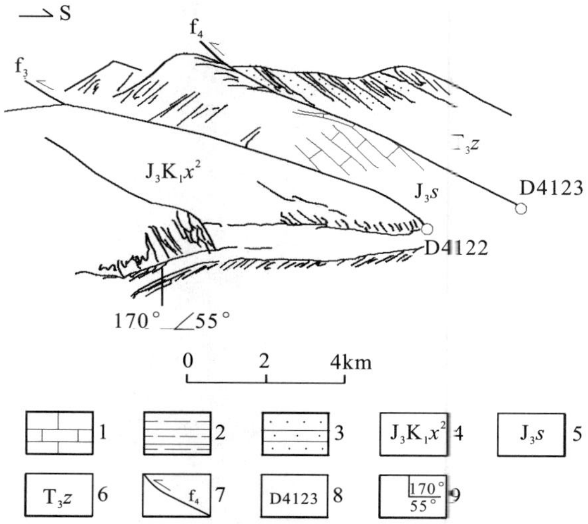

图 5-2-16　岗盖日地区 f_3、f_4 断层产状特征

1-灰岩；2-泥灰岩；3-砂岩；4-雪山组二段；5-索瓦组；6-藏夏河组；7-逆冲断层及编号；8-地质点号；9-产状

表 5-2-1　羌塘北缘冲断带断裂特征一览表

编号	位置	断面倾向	走向	长度（km）	断错地层		断裂性质、描述性特征	备注
					上盘	下盘		
f_1	白头山南	S	近 EW，105°	5	T_3z	J_3s	推测逆断层，ETM 卫片上呈线状影像	
F_2	永波湖—岗盖日	S	近 EW，90°左右	>25	$J_3K_1x^2$	J_3s 及 $J_3K_1x^1$	逆冲断层，线性影像较明显，地貌反差大，岩层中发育顺层劈理	见图 5-2-15
f_3	岗盖日西南	S	近 EW	15	J_3s	$J_3K_1x^2$	逆冲断层，岩层破碎，劈理发育，劈理产状 170°∠55°，见方解石脉，地貌特征明显	见图 5-2-15
f_4	永波湖南—岗盖日南	S	近 EW，90°	40	T_3z	$J_3K_1x^2$、J_3s	逆冲断层，岩层破碎，劈理发育，上、下盘岩性差异大，地形变化较明显	见图 5-2-16
f_5	岗盖日东南	S	EW	>10	J_3s	T_3z、$J_3K_1x^1$	推测逆断层，T_3z 岩层强片理化，破碎，负地形，影像明显	
f_6	岗盖日北东	掩盖推测为 E	近 SN，2°～10°	近 10	T_3R、T_3z、J_3s、E_2k 等		遥感解译断层，原为正断层，后具左行走滑性质，错断一、二级构造单元台阶式地形，线状影像清晰	
f_7	岗盖日东山前	E	近 SN 向弧形弯曲状	>25	T_3R、T_3z、J_3s、J_3b、J_3K_1x 及 E_2k、E_2s 等全部地层		左行走滑型正断层，台阶式地形、断层三角面及线状影像清晰，错断一、二级构造单元	见图 5-2-17
f_8	狮头山西	E	近 SN（10°～15°）	20	T_3R、T_3z、J_3s、J_3b、J_3K_1x 及 E_2k、E_2s 等全部地层		右行走滑型正断层，台阶式地形、断层三角面及线状影像清晰，错断一、二级构造单元	
f_9	狮头山西	W		>20	T_3R、T_3z、J_3s、J_3b、J_3K_1x 及 E_2k、E_2s 等全部地层		左行走滑型正断层，台阶式地形、断层三角面及线状影像清晰，错断一、二级构造单元	
f_{10}	沙窝滩		45°	约 10	J_3b、Nsh		左行走滑断层，线状地形及影像较清楚	
f_{11}	恒梁湖西侧		75°	>10	Nsh		左行走滑断层，线状影像较清楚，有平行排列的同类小断层	
f_{12}	恒梁湖东		160°	>10	Nsh		遥感解译断层，有两条，平行排列，具右行走滑剪切性质，线状影像较清楚	

（2）近南北向断裂

主要见于测区东部红沙滩一带，代表性断裂为 f_7～f_9 三条。ETM 卫片上，断层影像特征清晰。该组断裂一般长 5～30km，近南北—北北东向展布，切穿了带内外所有地层（T_3～E_2）、岩片及断裂，尤其是明显错断本区一、二级构造单元的分界断裂。断裂两侧的地形高、低分明，断裂通过处在山前常形成断层三角面（图 5-2-17）或台阶式地形，表明其控制着红沙滩山间盆地的形成。断裂先期属于倾向红沙滩盆地的正断层，现今各断裂北端向东、南端向西偏转，分别具一定的左旋或右旋走滑剪切变形特征，显示后期叠加改造的痕迹。

（3）北东及北西向断裂

主要有 f_{10}、f_{11}、f_{12} 三条断层，位于沙窝滩新近纪火山岩内，分别呈北东向、北东东向及北北西向展布，规模 5～20km 不等。断层实地多呈隐伏状，露头标志不甚明显，但在 ETM 卫片上，断层影像特征清晰。断层一般具左行或右行走滑剪切特点，不同方向上的左、右行剪切，基本代表了同期“X”共轭剪切性质。北北西与北东东向断裂组合显示其形成时，主压应力方向应为北北东-南南西向（图 5-2-18）。

（三）边界断裂

该冲断带北界断裂为前述若拉岗日-狮头山断裂（F_1），南界为亚克措-过车岭断裂（F_2）。

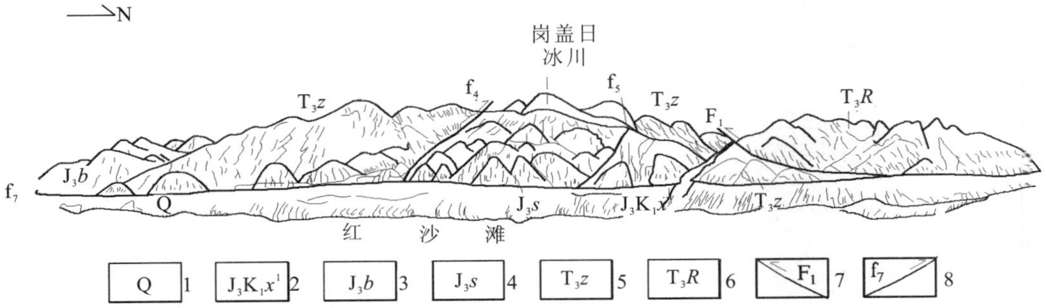

图 5-2-17　红沙滩西侧岗盖日山前南北向大断裂（f_7）景观素描

（前景宽 10km）

1-第四系；2-雪山组一段；3-白龙冰河组；4-索瓦组；5-藏夏河组；

6-若拉岗日岩群；7-边界断裂及编号；8-其他断裂及编号

F_2：为北羌塘陆块内三级构造单元的分界线。自西向东由泉湖南—园湖北—过车岭北近东西向延伸，走向 105°～90°，长度大于 150km，横贯图幅。中西部沙窝滩一带被大片新近纪火山岩（N*sh*）等掩盖，东段红沙滩一带有部分第四系（Q）掩盖，并被后期南北向断裂（f_1～f_7）所切断。

断裂两侧地层、构造及其组合样式明显不同。北侧为羌塘北缘冲断带，由代表晚三叠世、晚侏罗世、晚侏罗世-早白垩世等不同时代及环境的沉积地层构成的一系列冲断叠置岩片组成，其中，紧邻该断层为具紧闭和斜歪型褶曲的上三叠统藏夏河组岩片；断层之南为多格错仁断褶区，主要由晚三叠世、晚侏罗世、晚侏罗世-早白垩世等时代的沉积地层组成，发育一系列完整程度和连续程度不同、形态大小不等的褶皱构造和伴生断层，总体呈现复杂的复式褶曲形态。紧邻该边界断裂出现长湖-玉带山断褶带北部褶皱形态相对开阔而简单的对称褶曲。

区内该断层通过处多呈线状负地形或线形沟谷，断层破碎带宽 100m 以上。断层带中岩石破碎，并有方解石脉等充填。根据断层两侧地层新老关系及伴生构造样式确认本断层总体北倾，属由北向南推的逆冲断层（图 5-2-19、图 5-2-20）。

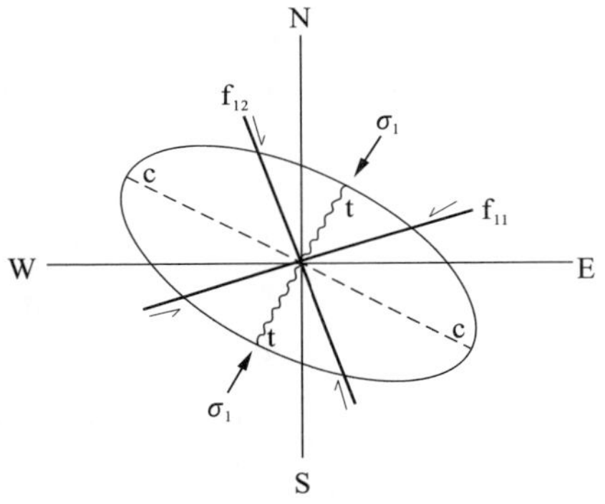

图 5-2-18　羌塘北缘冲断带“X”型共轭剪切断裂及其应力恢复示意图

σ_1-主压应力方向；cc-最大受压面；tt-最大张裂面；

f_{11}、f_{12}-剪切走滑断裂及编号

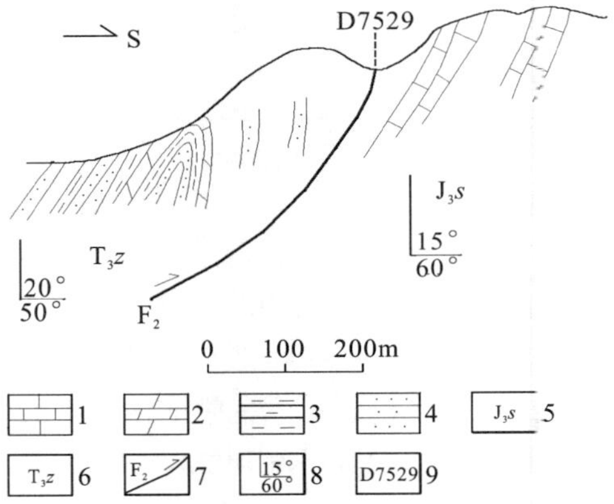

图 5-2-19　泉湖南 F_2 边界断裂及两侧地层产出状态

1-灰岩；2-泥灰岩；3-泥岩；4-砂岩；5-索瓦组；

6-藏夏河组；7-逆断层及编号；8-产状；9-地质点号

（四）构造变形特征

前已述及，组成本冲断带的主要沉积地层多以断层为界，空间上构成一系列近东西向条带状或三角状排布的冲断叠置岩片（图 5-2-20）。岩片间多以逆断层分界，岩片内部的地层无顶无底，但沉积相对连续、完整，自成一体。岩片的叠置状态及其内部变形特征受控于边界断裂，总体由北向南逆冲移置。

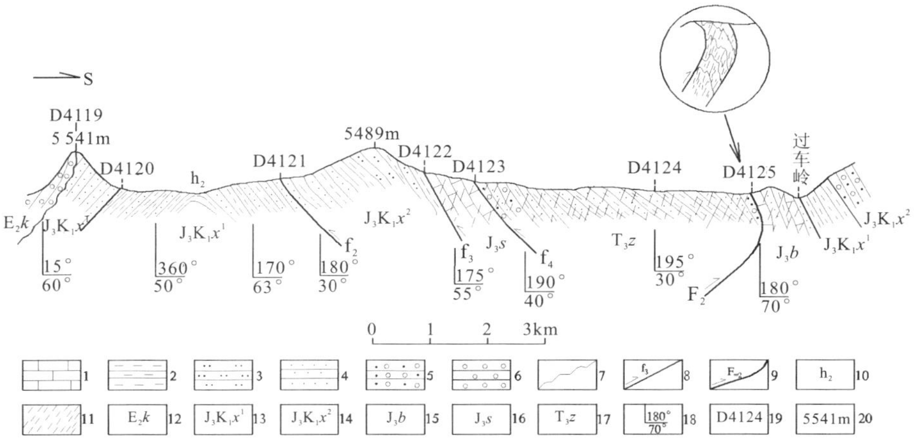

图 5-2-20　岗盖日地区羌塘北缘总断带地质构造信手剖面图

1-灰岩；2-泥岩；3-粉砂岩；4-砂岩；5-砂砾岩；6-砾岩；7-角度不整合；8-逆冲断层及编号；9-边界冲断层及编号；10-褶皱及编号；11-劈理形迹；12-康托组；13-雪山组一段；14-雪山组二段；15-白龙冰河组；16-索瓦组；17-藏夏河组；18-产状；19-地质点号；20-海拔高程

不同岩片内地层褶曲强度及变形样式的差异保留了不同构造层变形的特征。如藏夏河组中紧闭及斜歪褶曲可划归为晚三叠世构造层的变形形迹，而索瓦组、白龙冰河组单斜构造及雪山组内相对简单的对称褶曲则可统归为侏罗纪—白垩纪构造层形迹；新生代红层及火山岩因不整合掩盖本单元各主要岩片及构造形迹，变形微弱而简单，明显为新生代构造层的变形产物。晚期构造层的构造变形总是叠加改造早期的构造产物，致使早期构造层的构造变形形迹最复杂。

断裂构造特征表明，与冲断带总体构造线方向一致的近东西向断裂，与地层褶皱、岩片冲断和叠置有关，其最早形成的断裂系统，属与南北向挤压有关的压性逆冲断层。东部南北向断裂切断本单元主要岩片及构造线，并控制红沙滩山间盆地的形成，地形上呈台阶式变化，反映了新生代以来测区在南北向总体挤压背景中，局部东西向强烈拉张，造成盆—山分离的构造特征，它是青藏高原新生代块断隆升效应的一部分。

南北向断层的左、右行偏转特点及其他较新的隐伏状北北西、北东、北东东向断层的存在，表明本区构造应力最后出现了向东、向南的偏转，即由原先的南北向挤压为主，变为后来的北北东—南南西的挤压为主。而造成这一应力转变的驱动力预示着陆内造山阶段测区处于区域性的走滑剪切应力场中。区域性走滑剪切运动，实际上是测区最新期，也即挽近期青藏高原表层构造活动最主要的表现形式。

三、多格错仁断褶区

位于亚克措-过车岭断裂（F_2）以南，为测区面积最大的三级构造单元，构成测区主体。区域上，其主要由大面积中生代海相沉积地层组成，区内出露地层为中侏罗统布曲组、夏里组，上侏罗统索瓦组、白龙冰河组及上侏罗统—下白垩统雪山组组成。区内构造主要表现为一系列近东西—南东向的连续复式褶皱及相伴断裂，并根据其地层与构造形迹分布、组合特征，可划分为 3 个四级构造单元：长湖-玉带山断褶带（II_{2-1}）、多格错仁-波涛湖断褶带（II_{2-2}）、白滩湖-长水河断褶带（II_{2-3}），本报告主要分述其次级构造单元地质构造特征。

一）长湖-玉带山断褶带

（一）概述

位于泉湖—过车岭之南，多格错仁—太平湖以北广大区域，即 F_2 和 F_3 断裂之间。总体构造线为近东西向，形态呈西窄东宽，向东撒开的喇叭形。组成地层主要为上侏罗统索瓦组、白龙冰河组及上侏罗统一下白垩统雪山组一、二段，局部有少量古近纪红层及火山岩分布。

断褶带内构造以褶皱为主，断裂次之，各种构造形迹较明显，且随所在地层和产出部位不同而呈现不同特征，侏罗系—白垩系地层构造变形样式及其组合具明显而独特的规律性，新生代盖层则无明显变形痕迹。

（二）主要构造形迹

1. 褶皱

断褶带内主要褶皱构造形迹特征见表 5-2-2。带内褶皱构造随所在空间位置和地层的差异可明显分为三组：

表 5-2-2　长湖-玉带山断褶带褶皱特征一览表

编号	位置、性质	褶皱地层		两翼产状	轴向	长度(km)	褶皱形态特征
		核部	翼部				
h_4	泉湖南 连续褶皱	J_3s		10°∠46° 180°∠55°	100°	10	背、向斜连续褶曲，平行排列，其翼对称分布，轴面近直立
h_5	沙窝滩西南 小型复背斜	J_3b		10°∠50° 200°∠70°	90°	10	以背斜为主，背、向斜连续褶曲，线型平行排列
h_6	园湖东 小型复背斜	J_3b		10°∠20° 180°∠70°	90°	10	以背斜为主，短轴背、向斜连续褶曲，平行排列
h_7	长湖西北 向斜	$J_3K_1x^2$		200°∠42° 15°∠60°	100°	10	向斜为主，两翼基本对称，为连续褶曲的一部分
h_8	长湖西北 背斜	$J_3K_1x^2$		10°∠50° 180°∠36°	100°	10	背斜，与 h_7 号向斜连续褶曲，平行排列，南翼又转为向斜
h_9	长湖西北 向斜	$J_3K_1x^2$		165°∠25° 30°∠40°	95°	10	向斜核部，长 6km，宽 1km，轴面直立，两翼对称，并与 h_7、h_8 组成连续褶曲
h_{10}	长湖西北 背斜	$J_3K_1x^1$	$J_3K_1x^2$	358°∠51° 175°∠35°	100°	20	长轴背斜，核部狭窄，枢纽水平，轴面近直立。核宽＜2km，两翼对称，东部有东西向断层破坏
h_{11}	长湖西 向斜	$J_3K_1x^2$		200°∠47° 8°∠53°	100°	15	长轴向斜，核部狭窄，核宽约 1km，枢纽水平，轴面近直立，两翼对称
h_{12}	长湖西 背斜	$J_3K_1x^1$	$J_3K_1x^2$	5°∠56° 200°∠40°	100°	30	长轴背斜，核部地层宽约 3km，总体紧窄，较对称，东南翼被近东西向断层破坏
h_{13}	长湖西南 向斜	$J_3K_1x^1$	$J_3K_1x^1$	190°∠40° 355°∠45°	100°	30	长轴向斜，核部宽 2～5km，相对开阔，南翼有北西向小断层错移
h_{14}	中岛湖 向斜	$J_3K_1x^2$	$J_3K_1x^1$	190°∠43° 20°∠15°	105°	20	倾伏向斜，枢纽倾向南东东，两翼对称，南翼 $J_3K_1x^1$ 变为背斜
h_{15}	中岛湖西南 向斜	$J_3K_1x^2$	$J_3K_1x^1$	195°∠45° 5°∠55°	105°	20	倾伏向斜，枢纽倾向南东东，为 h_7、h_9 号向斜的东延端，倾伏端有小断层错动
h_{16}	双泉湖北 向斜	$J_3K_1x^2$	$J_3K_1x^1$	南翼产状 15°∠40°	100°	10	长轴向斜，两翼对称，核部宽 3km，走向上被新近纪火山岩喷发不整合掩盖
h_{17}	双泉湖 背斜	$J_3K_1x^1$	$J_3K_1x^2$	15°∠45° 190°∠80°	105°	15	长轴背斜，两翼对称，核部地层宽 1km，走向上被新近纪火山岩喷发不整合
h_{18}	双泉湖南 向斜	$J_3K_1x^2$	$J_3K_1x^1$	195°∠45° 15°∠35°	105°	15	对称向斜，核部地层宽约 4km，走向上有北东向小断层错动，并有次级小褶曲
h_{19}	盐碱湖 背斜	$J_3K_1x^1$	$J_3K_1x^2$	0°∠50° 180°∠45°	105°	15	倾伏背斜，枢纽倾向南东东，核部地层宽约 2km，并有次级背、向形褶曲。背斜翼部被北西及北东向小断层错移
h_{20}	长湖东 背斜	$J_3K_1x^2$		10°∠35° 190°∠20°	105°	10	简单背斜，为地区 $J_3K_1x^2$ 地层内部小褶皱，规模小，两翼对称，轴面近直立，向南东东方向倾伏
h_{21}	长湖 复向斜	$J_3K_1x^2$		190°∠20° 358°∠30°	95°	30	为连续褶曲的复向斜，仅见 $J_3K_1x^2$ 地层，走向呈分支、复合形态，核总宽约 10km，两翼基本对称，是连续褶曲
h_{22}	长湖南 背斜	$J_3K_1x^1$	$J_3K_1x^2$		105°	5	倾伏小背斜，枢纽倾向北西西，核部窄小，为 h_{21} 南翼走向小褶皱
h_{23}	多格错仁 向斜	$J_3K_1x^2$	$J_3K_1x^1$	南翼 350°∠45°	95°	15	破向斜，南翼完整，呈北倾单斜，核部及北翼被近东西向断层切断
h_{24}	红沙滩东 向斜	$J_3K_1x^2$		215°∠30° 20°∠25°	105°	5	对称向形，为一系列连续背、向斜褶曲一部分，各褶曲平行排列

续表 5-2-2

编号	位置、性质	褶皱地层		两翼产状	轴向	长度(km)	褶皱形态特征
		核部	翼部				
h_{25}	红沙滩东背斜	$J_3K_1x^1$	$J_3K_1x^2$	30°∠45° 190°∠33°	105°	10	对称背斜，核部地层宽约 3km，沿核部有新生代火山岩喷发
h_{26}	三角湖背斜	$J_3K_1x^1$	$J_3K_1x^2$	360°∠50° 185°∠55°	95°	20	对称背斜，向西倾伏，向东核部变宽，并产生次级背、向斜构造
h_{27}	三角湖东向斜	$J_3K_1x^2$	$J_3K_1x^1$	200°∠35° 25°∠40°	105°	15	长轴向斜，核部地层宽 1km 左右，两翼对称，属 h_{26} 背斜东端核部次级向斜
h_{28}	三角湖向斜	$J_3K_1x^2$	$J_3K_1x^1$	180°∠35° 360°∠28°	95°	20	短轴向斜，核部较宽缓（>5km），两翼基本对称，走向上产状呈弧形弯曲
h_{29}	蓝云峰北背斜	$J_3K_1x^1$	$J_3K_1x^2$	北翼 20°∠30°	95°	5	短轴背斜，向东倾伏，为 $J_3K_1x^2$ 地层走向小褶曲
h_{30}	多格错仁向斜	$J_3K_1x^2$	$J_3K_1x^1$	200°∠41° 311°∠35°	90°	15	开阔向斜，核部宽，大于 8km，两翼对称，向东倾伏，翼部有次级褶曲
h_{31}	多格错仁背斜	$J_3K_1x^1$		300°∠25° 220°∠10°	90°	10	开阔背斜，伴随次级小褶曲，走向上渐变窄，两端倾伏
h_{32}	玉带山背斜	J_3s	J_3b	50°∠30° 220°∠45°	125°	15	开阔复式背斜，核部地层总宽 10km 以上，两翼对称，东部倾伏端褶曲形态较复杂
h_{33}	月牙山向斜	J_3b	J_3s	220°∠15° 60°∠30°	125°	15	长轴向斜，核部宽约 3km，东南端轴向转为南北向，与南北向向斜复合构成叠加褶皱
h_{34}	多格错仁背斜	J_3s	J_3b	20°∠40° 190°∠35°	120°	10	破背斜，核部地层宽 1.5km，自西尖灭，两翼被断层破坏
h_{35}	洪玉泉背斜	J_3s	J_3b	15°∠25° 190°∠30°	125°	15	短轴背斜，核部地层宽 5km，轴面直立、两翼对称，向东与月牙山背斜相连，向西接 h_{32} 号背斜，南翼向西南出露不全
h_{36}	月牙山背斜	J_3s	J_3b	30°∠30° 158°∠60°	95°	10	短轴背斜，轴部开阔，核部地层总宽约 3km，两翼对称，向东倾伏变窄
h_{37}	月牙山向斜	J_3b		165°∠60° 330°∠55°	65°	5	短轴向斜，核宽 2km，北东倾伏，属月牙山背斜南翼叠加褶曲的一部分
h_{38}	月牙山背斜	J_3s		335°∠55° 197°∠60°	70°	5	短轴背斜，核宽 1km，向西南倾伏，为月牙山背斜轴在倾伏端上的叠加弯曲形迹

（1）泉湖南-园湖-过车岭近东西向褶皱组

位于断褶带北缘，褶皱地层主要为上侏罗统索瓦组及白龙冰河组。地层出露宽 10km，有时仅宽 3～5km。地层北延被 F_2 边界断裂所截切，南侧与大面积分布的雪山组地层呈整合（部分地段为断层）接触。褶皱构造形迹主要为近东西向的小型长轴复背斜（h_4～h_6）。延伸总轴长近 100km，而南、北出露总宽不足 10km。复背斜北翼相对平缓，产状变化于（10°～15°）∠（20°～50°）之间；南翼相对略陡，产状介于（175°～200°）∠（40°～70°）之间，总体呈向南斜歪的不对称型。复背斜两翼发育的简单背、向形褶曲构造一般呈轴面直立的对称形态，单个褶曲宽 0.5～2km 不等（图 5-2-21）。

（2）长湖-西峡河近东西向长轴褶皱群

主要分布于断褶带中北部上侏罗统—下白垩统雪山组地层内。雪山组地层在带内出露宽约 20km，呈近东西向带状展布，其南、北均与上侏罗统白龙冰河组整合接触。地层内发育近东西向连续长轴背、向斜褶皱数十个（h_7～h_{31} 号褶皱）。所有褶皱的核和翼部地层均由雪山组一、二段交替组成；褶皱轴向集中于 275°～285°或 95°～105°之间，轴长一般大于 20km。各褶皱长、短轴之比（褶皱核地层的长、宽比）一般大于 10∶1，且横向上呈形态相似的近对称褶皱（图 5-2-22、图 5-2-23），两翼倾角一般在 30°～50°之间。横向上，各背斜核相对较窄（1～5km），向斜核较宽（2～10km），呈现隔档式褶皱组合特点（图 5-2-24）；走向上，较宽的褶皱翼部或核部也发育小型次级背、向斜褶曲，而主要褶皱轴迹在走向上还表现出一定的雁行斜列形式（图 5-2-1）。

（3）玉带山-月牙山北西西向短轴褶皱群

主要分布于断褶带东南部、玉带山-月牙山一带。褶皱地层为上侏罗统索瓦组及白龙冰河组。该套地层在带内呈楔状展布，其北被雪山组整合，东延伸出图外，南在洪玉泉—太平湖一线被北西向隐伏大断层（F_3 边界断裂）所截切，向西变窄，尖灭于多格错仁湖东北边缘。

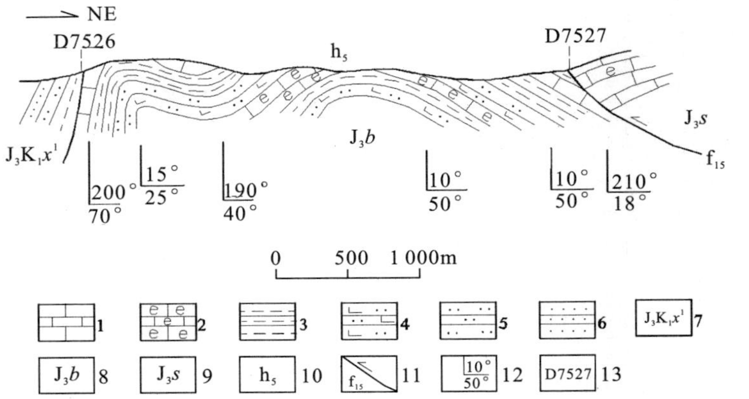

图 5-2-21　泉湖南 h_5 背斜构造信手剖面图

1-灰岩；2-生物灰岩；3-泥岩；4-钙质粉砂岩；5-粉砂岩；6-砂岩；7-雪山组一段；8-白龙冰河组；9-索瓦组；10-褶皱编号；11-逆断层及编号；12-产状；13-地质点号

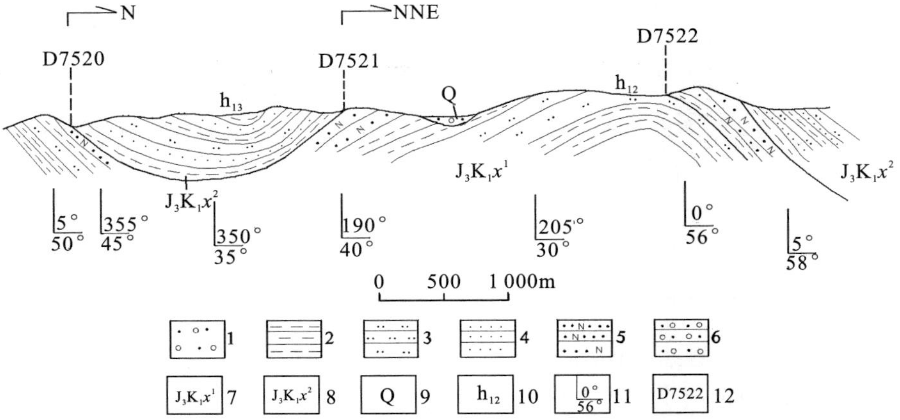

图 5-2-22　长湖西南雪山组连续褶曲构造信手剖面图

1-松散砂砾石堆积；2-泥岩；3-粉砂岩；4-砂岩；5-长石砂岩；6-砂砾岩；7-雪山组一段；8-雪山组二段；9-第四系；10-褶皱编号；11-产状；12-地质点号

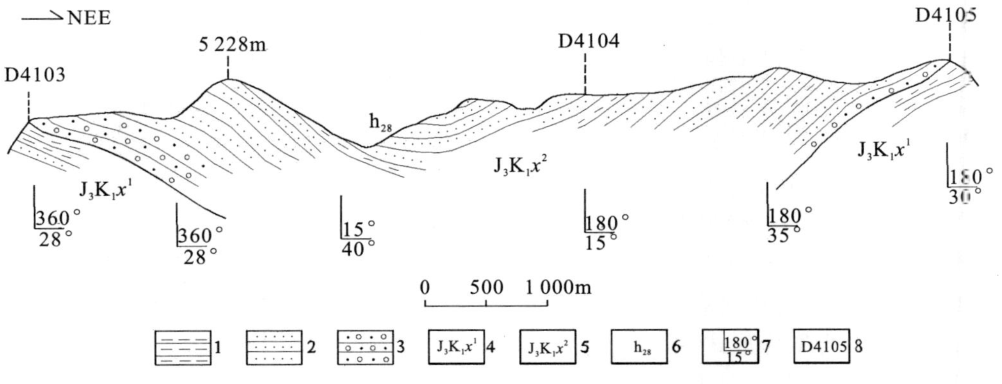

图 5-2-23　三角湖 h_{28} 向斜构造剖面图

1-泥岩；2-砂岩；3-砂砾岩；4-雪山组一段；5-雪山组二段；6-褶皱编号；7-产状；8-地质点号

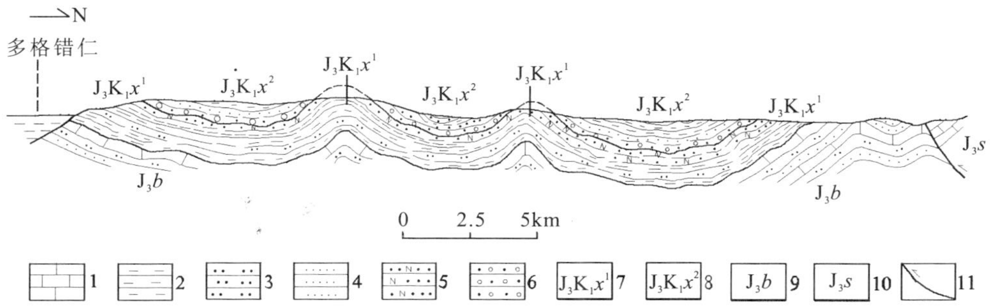

图 5-2-24　长湖雪山组地层隔档式褶皱组合示意图

1-灰岩；2-泥岩；3-粉砂岩；4-砂岩；5-长石砂岩；6-砂砾岩；7-雪山组一段；8-雪山组二段；9-白龙冰河组；10-索瓦组；11-断层

褶皱构造以发育多种轴向的短轴对称背、向斜褶曲形迹为特征（图 5-2-25、图 5-2-26）。

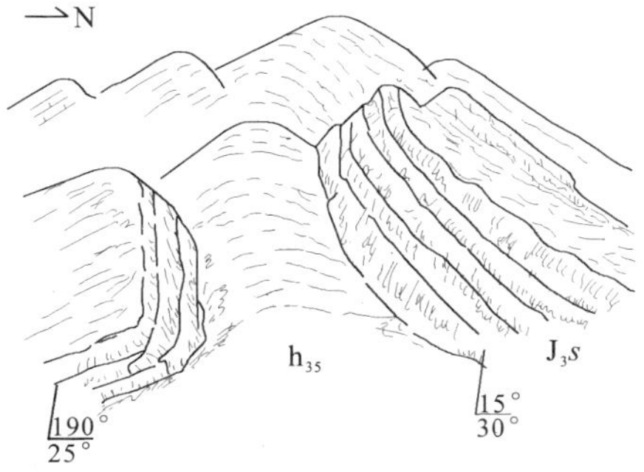

图 5-2-25　洪玉泉东索瓦组（J_3s）灰岩背斜（h_{35}）景观

（前景宽 1km）

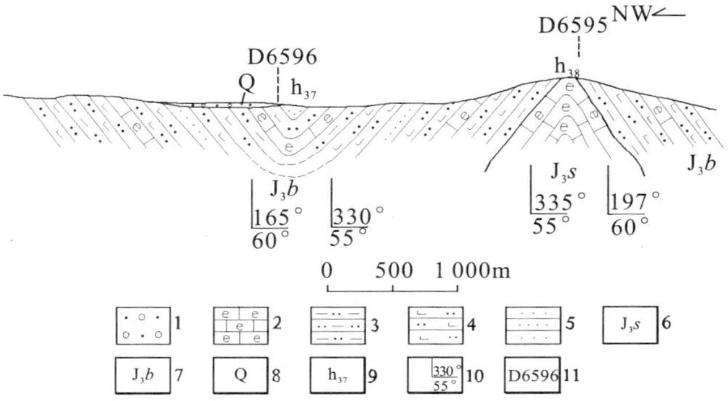

图 5-2-26　月牙山南上侏罗统地层褶皱构造信手剖面图

1-松散砂砾石；2-生物灰岩；3-粉砂质泥岩；4-钙质粉砂岩；5-砂岩；6-索瓦组；7-白龙冰河组；8-第四系；9-褶皱编号；10-产状；11-地质点号

其中以北西-南东向褶皱（h_{32}～h_{35}号）为主，其次为近东西及北东向褶皱（h_{36}～h_{38}号），甚至局部出现南北轴向的褶曲构造。前两种褶皱轴相对较长（大于 10km）；后两种褶皱轴相对较短（小于 10km），并分布于前两种褶皱的翼部或转折端部位，由前两种褶皱的轴线弯曲而成，显示属后期叠加褶皱。玉带山地区的褶皱群，背斜核相对较宽，而向斜核相对较窄，横向上呈现隔槽式褶皱组合（图 5-2-27），较宽的背斜翼内还发育了次级小褶皱。

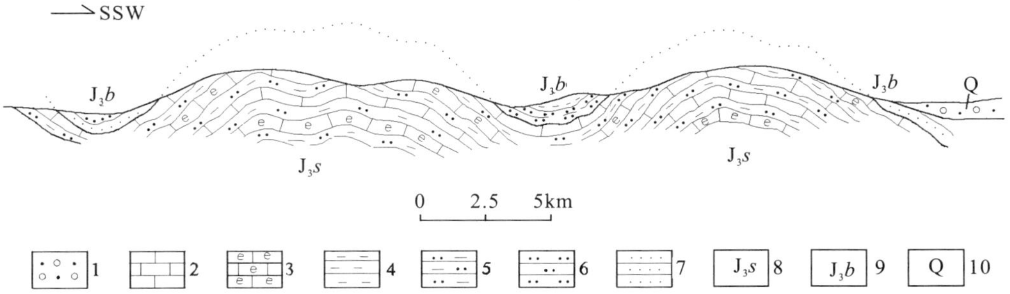

图 5-2-27　玉带山—月牙山上侏罗统地层隔槽式褶皱组合示意图

1-砂砾石；2-灰岩；3-生物碎屑灰岩；4-泥岩；5-泥质粉砂岩；6-粉砂岩；7-砂岩；8-索瓦组；9-白龙冰河组；10-第四系

2. 断裂

本带内断裂系统可明显分为 3 组，分别为近东西向断裂组、南北向断裂组及北西-北东向断裂组（表 5-2-3）。

表 5-2-3　长湖-玉带山断褶带断裂特征一览表

编号	位置	断面产状		走向	长度（km）	断错地层		断裂性质、描述性特征	备注
		倾向	倾角			上盘	下盘		
f_{13}	红河滩东	N		NEE	5	J_3b	$J_3K_1x^2$	逆断层，两侧岩层产状不一致，上盘有拖拉小褶曲，线状影像较清晰	
f_{14}	园湖	N		NWW	5	J_3b	$J_3K_1x^2$	逆断层，地形平坦、线状影像较明显，断层两侧岩层产状不协调	
f_{15}	泉湖南	N		EW	15	J_3s	J_3b	逆断层，两侧岩性产状均伴有褶曲构造，岩石破碎，线状影响较清晰	
f_{16}	长湖北	N		EW	15	$J_3K_1x^1$		逆断层，线状负地形及分布串珠状小湖泊，影像特征明显，邻近断层岩层产状紊乱	见图 5-2-28A
f_{17}	长湖东	180°	75°	EW	15	$J_3K_1x^2$		逆断层，两侧岩性及产出状态不连续，见断层崖，陡坎地形，线状影像特征清晰	见图 5-2-28B
f_{18}	长湖西南	0°	40°	EW	30	$J_3K_1x^2$	$J_3K_1x^2$	逆断层，上盘拖褶皱，岩层劈理化破碎，线状负地形，串珠状小湖泊	
f_{19}	多格错仁北	358°	50°	EW	20	$J_3K_1x^1$		逆断层，两侧岩层岩性产状有差异，下盘有拖褶皱，线状直沟、负地形，有泉水及串珠状小湖泊分布	见图 5-2-29
f_{20}	三角湖东	S		NWW - SEE	10	$J_3K_1x^1$		逆断层，下盘有拖褶皱，且轴面劈理发育，两侧岩层构造形态差异，上盘单斜	
f_{21}	三角湖东	205°	50°	NWW - SEE	10	$J_3K_1x^1$		逆断层，伴生褶皱，轴面劈理发育，线状低洼负地形，影像清晰	见图 5-2-30
f_{22}	三角湖东	25°	50°	NWW - SEE	20	$J_3K_1x^1$	$J_3K_1x^2$	逆断层，伴生褶皱，轴面劈理发育，线状沟谷或丫口等负地形清晰	
f_{23}	玉带山			SN	20	J_3b、J_3s、$J_3K_1x^1$、$J_3K_1x^2$		横断层组，共 2 条，切穿玉带山所有地层及褶皱，形成台阶地形及断层三角面	见图 5-2-31
f_{24}	长湖西			320°- 330°～140°- 150°	5	$J_3K_1x^1$与$J_3K_1x^2$		右行走滑小断层组，共 15 条之多，错断褶皱翼及地层界线平行排列的断层组，成群出现，影像清晰	
f_{25}	长湖南、玉带山			30°- 70°～210°- 250°	5	$J_3K_1x^1$、$J_3K_1x^2$、J_3s、J_3b		右行走滑断层组，共 4 条，较分散，错断地层界线、褶皱轴及近东西向、南北向断层	
f_{26}	长湖北、西峡河南等地			20°- 70°～200°- 250°	5	$J_3K_1x^1$、$J_3K_1x^2$		左行走滑小断层组，共 10 条，有擦痕及断层角砾，错断地层界线，多成群出现，平行排列，线状负地形，影像较清晰	

（1）近东西向断裂组

该组断裂在带内总体量少，主要见 f_{13}～f_{22} 等 9 条。它们与带内主要褶皱轴同向展布，呈近东西或北西西—南东东走向，规模一般 10～30km，多为逆断层，属于与褶皱构造同期伴生的断裂形迹，是断褶带内最先形成的断裂系统，产状南、北倾向均有（图 5-2-28、图 5-2-29、图 5-2-30）。

（2）南北向断裂组

有两条，即 f_{23} 断裂组。平行排列展布于玉带山西侧山前地带，长度均大于 25km，切穿本断褶带主要地层及背、向斜等构造轴线。断层通过处地形陡变，断层所切地形组成由玉泉河河滩—玉带山方向逐次增高的三级构造台阶（图 5-2-31），断面成断层三角面。ETM 卫片上，断层影像特征较清楚。

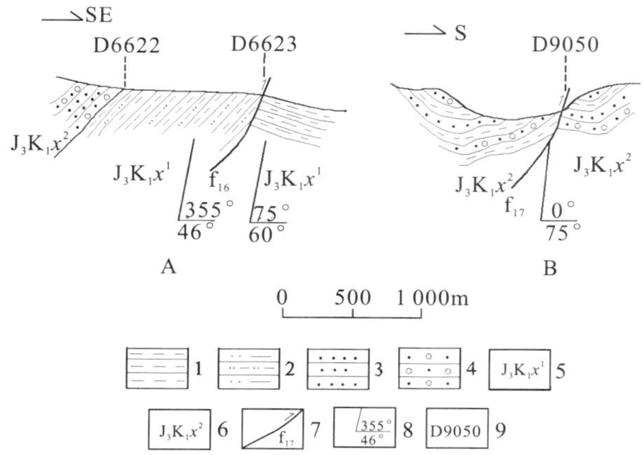

图 5-2-28　长湖地区两条近东西向断层剖面图

1-泥岩；2-粉砂质泥岩；3-砂岩；4-砂砾岩；5-雪山组一段；6-雪山组二段；7-逆断层；8-产状；9-地质点号

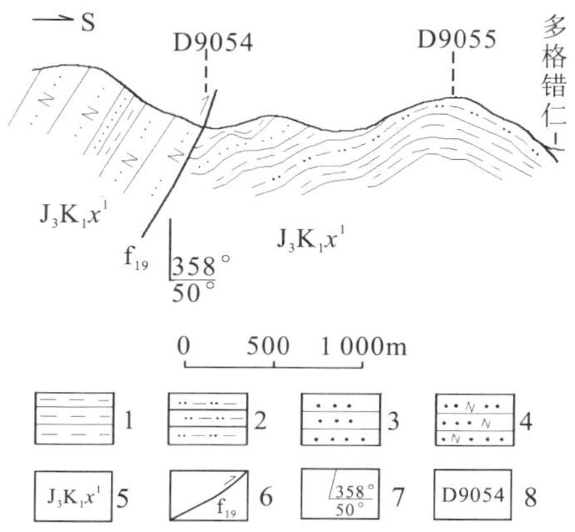

图 5-2-29　多格错仁北 f_{19} 东西向断层产出状态及下盘岩层牵引褶曲

1-泥岩；2-粉砂质泥岩；3-砂岩；4-长石砂岩；5-雪山组一段；6-逆断层；7-产状；8-地质点号

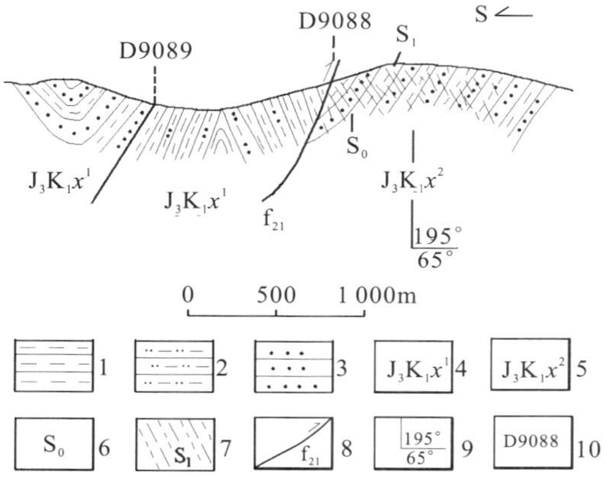

图 5-2-30　三角湖东 f_{21} 断层两盘褶曲、劈理特征

1-泥岩；2-粉砂质泥岩；3-砂岩；4-雪山组一段；5-雪山组二段；6-原生层理；7-劈理；8-逆断层及编号；9-产状；10-地质点号

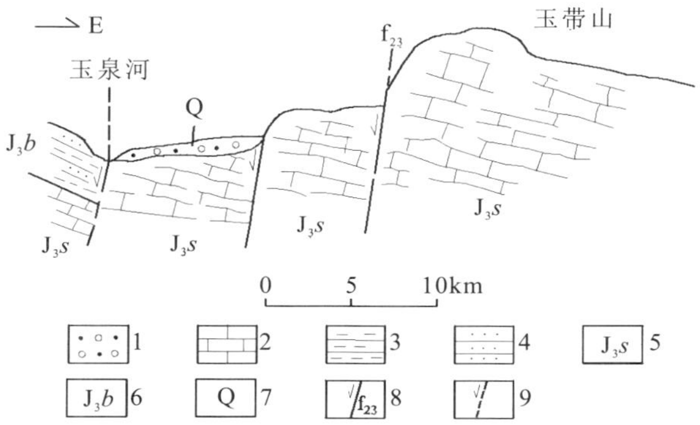

图 5-2-31　玉带山西侧 f_{23} 南北向断裂组形成的台阶式地形

1-松散砂砾石；2-灰岩；3-泥岩；4-砂岩；5-索瓦组；6-白龙冰河组；7-第四系；8-正断层及编号；9-推测正断层

该组断裂与前述红沙滩地区 f_7～f_9 南北向断裂性质类似，地域上皆处于同一纬度带，并且走向上呈相向接近之势。断层产状西倾，断层性质为正断层，后期叠加有走滑剪切痕迹。

（3）北西-北东向断裂组

本组断裂规模小，但数量多，西部雪山组中尤其发育，影像特征清楚。该组断裂均斜切地层走向、褶皱轴、翼及上两组断层，断距一般较小，为测区最晚形成的一组断裂，属走滑剪切断裂系，与前述冲断带（$Ⅱ_1$）内 f_{10}、f_{11}、f_{12} 等几条断裂属于同一系统。根据错动性质和方向又可分为 3 个亚组：

f_{24}：北西向右行断裂亚组

走向 320°～330°，近平行成群出现，斜切褶皱翼部。一般长度 5km，少数大于 10km，均呈右走滑剪切。

f_{25}：北东向右行断裂亚组

走向 30°～70°，长度大于 5km，一般达 10km，较分散，数量不多。西部雪山组及东部侏罗系地层中均有分布，很少成群出现。表现为右行走滑剪切位移，并多切穿早期断层及褶皱核。

f_{26}：北东向左行断裂亚组

走向 20°～70°，长度一般小于 5km，个别接近 10km，多成群出现。主要分布于雪山组地层中，常见于褶皱翼部，部分切穿褶皱核部，具左行走滑剪切位移特性。

f_{26}左行走滑断裂组与 f_{24}右行走滑断裂组似为“X”共轭剪切断裂系，代表挤压应力方向为 20°～200°（图 5-2-32）。

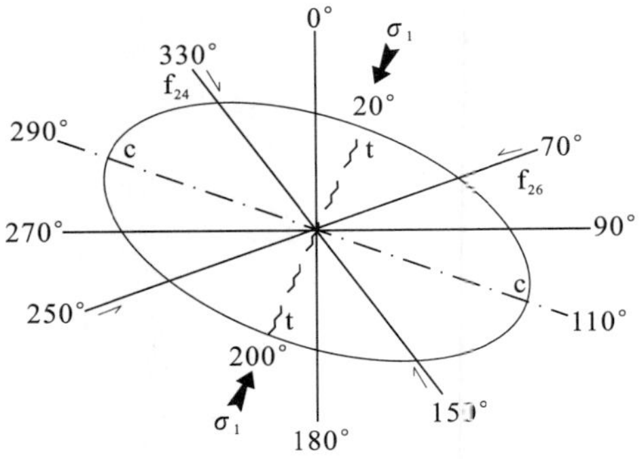

图 5-2-32　长湖-玉带山断褶带“X”型共轭剪切断裂组及其应力恢复示意图

σ1-主压应力方向；cc-最大受压面；tt-最大张裂面；f_{24}、f_{26}-剪切走滑断裂及编号

（三）边界断裂

限制长湖-玉带山断褶带的北边界为上述泉湖-过车岭断裂（F_2），南界为多格错仁-太平湖断裂（F_3）。

F_3：位于测区中部，为多格错仁断褶区内四级构造单元之分界断裂。自西向东沿多格错仁湖北缘—洪玉泉—太平湖一线由近东西转为南东向延伸，全长大于 160km。断裂带宽度大于 100m，断层通过处多为负地形、湖泊或沟谷，西段大部从多格错仁湖内通过，东南段有较多第四系、泉水及小湖泊等分布，从而多掩盖，但 ETM 卫片上，线状影像较清楚。

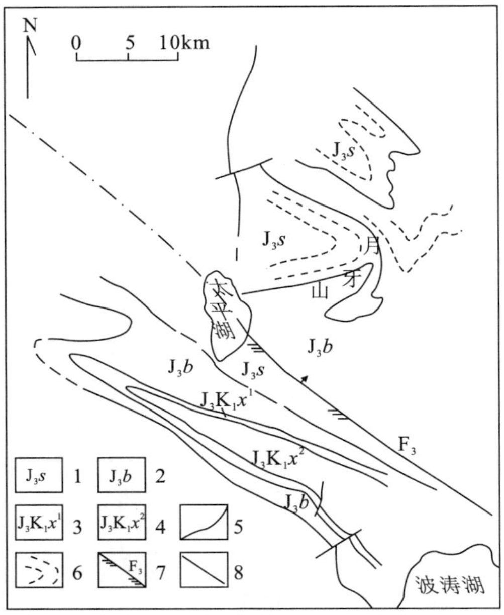

图 5-2-33　太平湖一带地质构造简图

1-索瓦组；2-白龙冰河组；3-雪山组一段；4-雪山组二段；5-地质界线；6-褶曲形迹线；7-压扭性逆断层及编号；8-一般断层

断层北侧为长湖-玉带山断褶带，主要出露晚侏罗世—早白垩世的沉积地层及少量第三纪（古近纪＋新近纪）红层、火山岩等，以发育北西西-南东东向长轴或短轴背、向斜及少量伴生断层为特征，并发育后期南北向、北西、北东向等中小型断裂。断层南侧为多格错仁-波涛湖断褶带，出露中侏罗世—早白垩世的沉积地层及大面积新生代火山岩等，主要发育北西西-北西向短及长轴背、向斜。整体看，无论断裂北西段、还是东南段，两侧相邻地层、产出状态及次级构造均不相协调（图 5-2-33），反映本断裂存在的事实。

该断层性质因掩盖较多，实地难以观察、确认，但根据两侧地层形迹及构造线逐渐向南发生偏转，以及多格错仁湖泊向西变窄，并与长湖-玉带山断褶带直接线状相抵等特征分析，推测主断层面产状应为北倾，具右旋走滑特征的压扭性逆断裂。

另外，该断裂两侧新生代火山岩的岩石化学及地球化学特征也有若干差异，构成玉带山外围与东月湖两个火山岩区，表明本断裂对新生代火山岩的形成演化和空间展布也有一定的控制作用。

综上，本断裂不仅分隔和控制了测区 $Ⅱ_{2-1}$、$Ⅱ_{2-2}$ 两个三级构造单元及其地层、构造、新生代火山岩分布等特征，还对多格错仁湖的形成产生深远影响，使其成为名副其实的断陷湖泊。

（四）构造变形特征

本断褶带的地层、构造展布情况，显示如下规律性特征：

（1）断褶带中部地层新（雪山组），南北两侧地层相对较老（索瓦组及白龙冰河组），总体构成以长湖—西峡河为轴心的近东西向大型复向斜（图 5-2-2 中的 H_1）。复向斜轴与 h_{21} 号向斜轴基本重合，但复向斜轴长大于 100km。

（2）复向斜北翼为上述泉湖南-园湖-过车岭近东西向褶皱组，出露窄；南翼为玉带山-月牙山北西西向短轴褶皱群，呈楔形，出露宽；核部为长湖-西峡河近东西向长轴褶皱群，呈带状，表明复向斜总体为一不对称的斜歪型复式褶曲（图 5-2-34）。

（3）复向斜核部及翼部的上述褶皱群、组还分别组成了一些次级复式褶皱，比较明显的有：泉湖南次级复背斜（H_{1-1}，h_4、h_5号复式褶皱）、长湖西北次级复向斜（H_{1-2}，包括 h_7～h_{11} 号褶皱）、长湖西南次级复向斜（H_{1-3}，包括 $h_{12、13}$ 号褶皱）、三角湖东次级复背斜（H_{1-4}，包括 h_{26}～h_{29} 号褶皱）、长湖东南次级复向斜（H_{1-5}，包括 h_{30}～h_{31} 号褶皱）、玉带山次级复背斜（H_{1-6}，包括 h_{32}、h_{33} 号褶皱）及月牙山次级复背斜（H_{1-7}，包括 h_{34}～h_{38}号褶皱）等。每个次级复式褶曲的翼部或核部走向上均分布着 2～4 个更次级的简单背、向斜构造；次级复式褶曲轴长多大于 30km，而简单背、向斜轴长仅 10～20km。

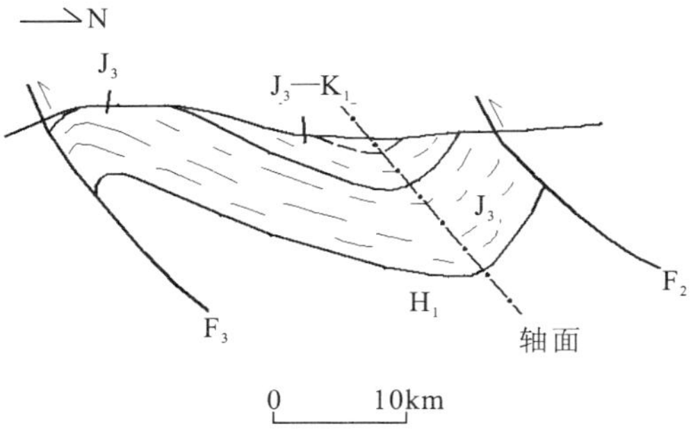

图 5-2-34　长湖西峡河大型斜歪复向斜构造简化示意图

J_3—K_1：上侏罗统—下白垩统地层

J_3：上侏罗统地层

H_1：复向斜编号

F_2、F_3：边界断层及编号

（4）断褶带内次级复式褶皱极其发育，而在纵向上，轴迹又表现出一定的雁列式分布特点。其中，玉带山、月牙山次级复背斜，又连续组成了长湖—西峡河大型复向斜南翼相对大型的复背斜，其与长湖—西峡河复向斜直接相连，整体构成连续、完整的大型复式背、向斜褶皱构造系统（图 5-2-35）。

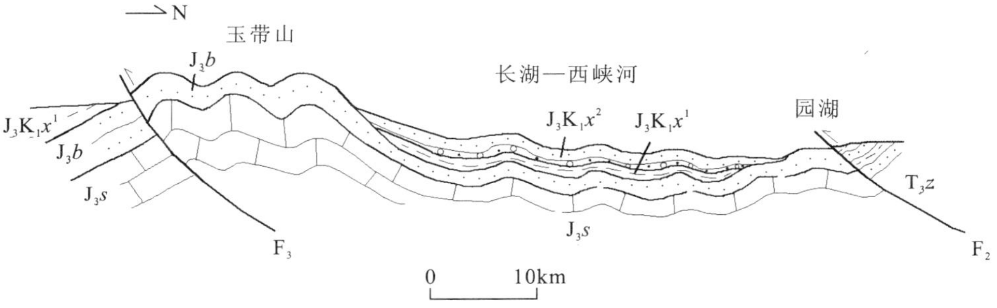

图 5-2-35　长湖-玉带山断褶带复式褶曲构造系统综合剖面示意图

T_3x：上三叠统藏夏河组

J_3s：上侏罗统索瓦组

J_3b：上侏罗统白龙冰河组

$J_3K_1x^1$：上侏罗统—下白垩统雪山组一段

$J_3K_1x^2$：上侏罗统—下白垩统雪山组二段

F_2、F_3：边界断层及编号

（5）断褶带内地层分布形式、复式褶曲构造及地形地貌特点反映出长湖—西峡河一带的雪山组分布区为测区的坳陷区，H_1大型复向斜构成一个坳褶带；南翼玉带山-月牙山次级复背斜相对隆起，其地质地貌特点表现为一个隆褶带（区）。

（6）断褶带内 3 组断裂系统分期配套关系明显。近东西向断裂与褶皱构造同向，为较早时期形成的压性断裂系统；南北向断裂切断主要褶曲构造，为高原块断隆升过程中形成的张性断裂；北西-北东向断裂，规模及断距均小，且以走滑剪切为主，属于最晚时期形成的平移小断层。3 组断裂配套关系反应出：测区应力状况由南北向挤压为主转为东西向拉张为主，最后挤压应力发生右行偏转产生走滑剪切小断裂（图 5-2-36）。

二）多格错仁-波涛湖断褶带

（一）概述

位于多格错仁湖—东月湖—甘桔湖—波涛湖一线，即 F_2 和 F_3 断裂带之间，呈近东西—南东向展

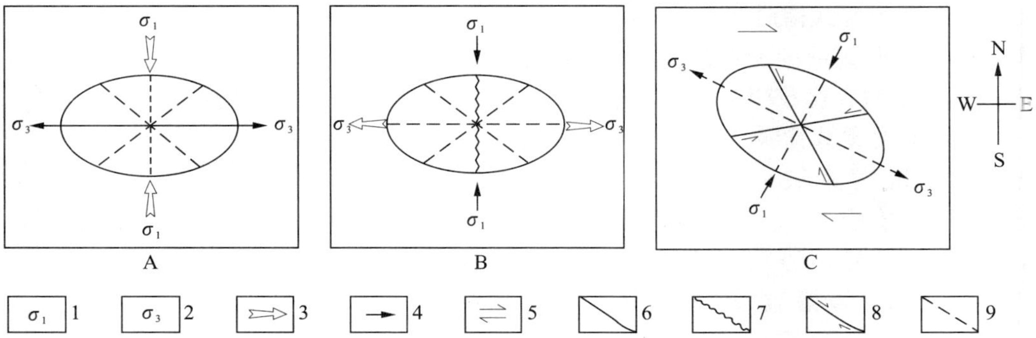

图 5-2-36　长湖—玉带山 3 组断裂系统应力恢复解析图

A-主要形成近东西向断层；B-主要形成南北向断层；C-形成北西及北东东向断层

1-压应力；2-张应力；3-最大主应力方向；4-最小应力方向；5-走滑剪切方向；6-压性断层面；

7-张性断层面；8-走滑剪切断层面；9-可能发生的主要构造面

布，具西窄东宽、向南偏转的“帚状”特点。主要由中侏罗统夏里组、上侏罗统索瓦组、白龙冰河组及小面积上侏罗统—下白垩统雪山组一、二段地层组成，局部有少量古近纪红层掩盖，东月湖—波涛湖一带有大面积新生代火山岩分布，呈熔岩被、熔岩台地及火山锥等形式产出。断褶带总体构造形式是以东南部雪山组一、二段地层组成的长轴向斜为核、而其他侏罗系地层及其所组成的短轴状背、向斜或单斜为翼而共同构成的复式向斜构造，即甘桔湖-波涛湖复向斜。

除边界断裂外，带内断裂构造较少，仅见少量与总体构造线相一致的近东西及南东向压性或压扭性逆断层，另有少量小型走滑断层。中段东月湖一带因大面积新生代火山岩掩盖，构造形迹不多见，西段多格错仁湖周缘，见新生代红色盖层微弱的倾斜变形。新生代火山岩及多格错仁湖主要沿甘桔湖-波涛湖复向斜轴线方向分布，火山岩基本未变形。

（二）主要构造形迹

1. 褶皱

本断褶带内褶皱构造相对简单，仅有少量褶曲构造形迹。西段，多格错仁湖南岸地层总体北倾，构成单斜构造（图 5-2-37）；组成地层由老而新渐次排列，主要为中侏罗统夏里组及上侏罗统索瓦组、白龙冰河组。中段，东月湖地区因被大面积新生代火山岩掩盖，下伏地层的构造样式不清。东南段，甘桔湖-波涛湖一带见少量背、向斜构造形迹，其形态、规模不等（表 5-2-4，图 5-2-38、图 5-2-39）。

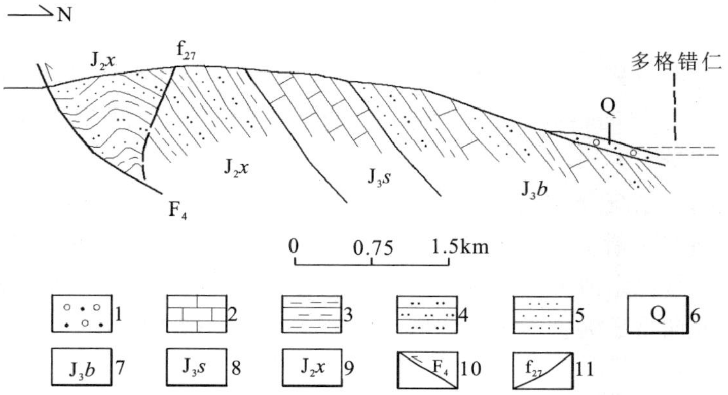

图 5-2-37　测区西部多格错仁湖南岸侏罗系地层单斜产出状态

1-松散砂砾石；2-灰岩；3-泥岩；4-粉砂岩；5-砂岩；6-第四系；

7-白龙冰河组 8-索瓦组；9-夏里组 10-边界断裂及编号；11-一般断裂及编号

表 5-2-4 多格错仁-波涛湖断褶带褶皱特征一览表

编号	位置、性质	褶皱地层		两翼产状	轴向	长度(km)	褶皱形态特征	备注
		核部	翼部					
h_{39}	太平湖西向斜	J_3b	J_3s	200°∠38° 20°∠40°	290°	4	短轴向斜，轴部相对紧窄，核宽约3km，翼部地层过渡为连续背斜，两端被新生代火山岩覆盖	
h_{40}	太平湖东背斜	J_3s	J_3b	7°∠50° 202°∠55°	305°	7	短轴背斜，核宽3km，两翼基本对称，枢纽近水平，北翼被F_3断层切失	
h_{41}	太平湖南东向斜	$J_3K_1x^2$	$J_3K_1x^1$	205°∠60° 21°∠54°	300°	30	线型褶皱，西北端翘起，较紧窄，核窄处2km，向东南渐宽，核宽达5km以上，ES端被新生代红层及火山岩等掩盖。翼部地层对称。向外与J_3b、J_3s等地层组成的背斜褶曲相连	图5-3-38
h_{42}	波涛湖西北背斜	J_3s	J_3b	25°∠49° 227°∠53°	310°	16	线型，核宽5km，与h_{41}号向斜构成连续褶皱群，向SE倾伏，翼部被次级小褶皱复杂化	h_{43}、h_{44}等短轴背向斜构成连续褶曲，均属某大型褶皱之次级构造群 图5-3-39
h_{43}	甘桔湖南背斜	J_3s	J_3b	10°∠40° 205°∠52°	300°	8	短轴背斜，核宽3km，向北西倾伏，轴面直立，两翼对称	
h_{44}	甘桔湖南向斜	J_3b	J_3s	195°∠48° 350°∠48°	300°	7	短轴向斜，核宽3～5km，向东扬起，轴面近直立，翼部过渡为以J_3s为核的背斜	
h_{45}	洋姜湖南东图边背斜	J_3s	J_3b	30°∠35° 210°∠50°	300°	2.5	短轴状，核宽2km，NW端掩盖，剖面上属平行排列之连续褶曲之一，纵向上呈雁列状组合	

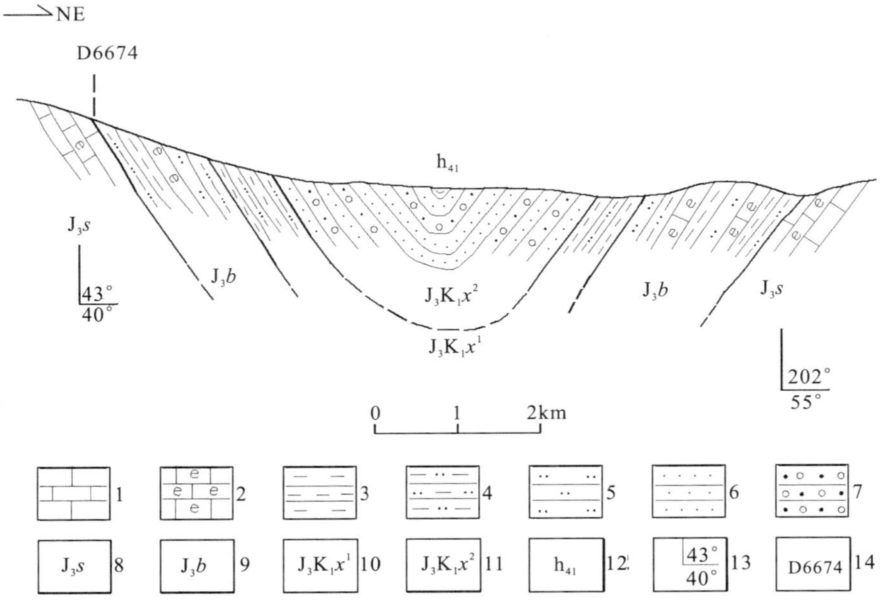

图 5-2-38 太平湖南东 h_{41} 向斜构造信手剖面图

1-灰岩；2-生物碎屑灰岩；3-泥岩；4-粉砂质泥岩；5-粉砂岩；6-砂岩；7-砂砾岩；8-索瓦组；9-白龙冰河组；10-雪山组一段；11-雪山组二段；12-褶皱编号；13-产状；14-地质点号

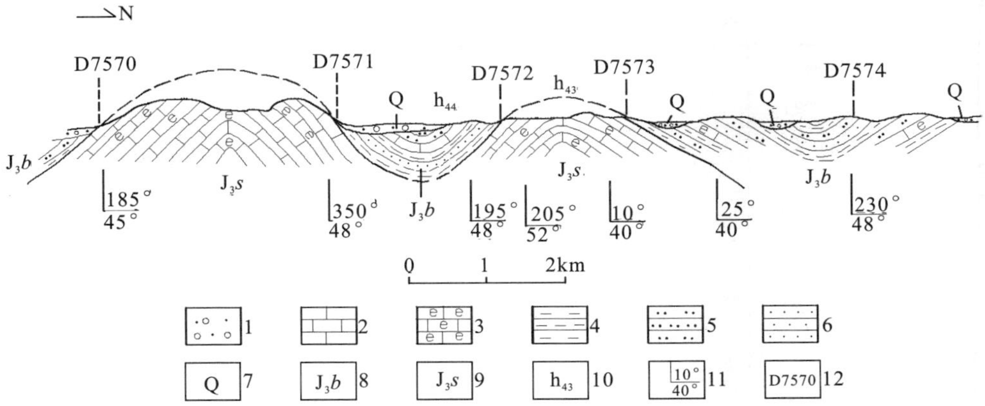

图 5-2-39　洋姜湖西侧上侏罗统地层褶曲构造信手剖面图

1-松散砂砾石；2-灰岩；3-生物碎屑灰岩；4-泥岩；5-粉砂岩；6-砂岩；7-第四系；8-白龙冰河组；9-索瓦组；10-褶皱编号；11-产状；12-地质点号

2. 断裂

本断褶带内主要有 2 组断裂，共 8 条，编号 f_{27}～f_{30}（表 5-2-5）。

f_{27}、f_{28}靠近单元南界（F_4），与该地侏罗系地层走向一致，长度大于 10km，主要为逆断层，属与褶曲相伴而形成的早期压性断层。

f_{29}多被掩盖，仅在 ETM 卫片上有线状影像显示，呈北西向—南南东向，舒缓波状延伸，切入新生代火山岩内，延长达 20km，似具右旋走滑剪切性质。

f_{30}为一组北北东-北东东向弧形小断裂系，一般长 5km，共 5 条，3 条呈右旋剪切，2 条呈左旋剪切，分别断错波涛湖西岸雪山组及新生代火山岩等岩层，均属后期走滑小断层。

表 5-2-5　多格错仁-波涛湖断褶带断裂特征一览表

编号	位置	断面产状		走向	长度（km）	断错地层		断裂性质、特征
		倾向	倾角			上盘	下盘	
f_{27}	多格错仁西岸	S		EW	15	J_2x	J_3s	逆断层，地层交切，产状变化，岩石破碎，线状负地形，反差大
f_{28}	东温泉北侧	N	较陡	NW	16	J_3b	J_3s	逆断层，两侧地层、岩性及产状等不司，有拖褶曲，岩石破碎，线状影像较清，应属东温泉边界断裂（F_2）的影响断裂
f_{29}	东月湖东			NW—SE	20	$E_{2+3}y$		隐伏断裂，弧形弯曲状延伸，地表不明显，ETM 卫片上线状影像清晰
f_{30}	波涛湖西			NNE 及近 EW	5	$E_{2+3}y$、E_2k、J_3K_1x、J_3b 等		走滑平移小断层组，弧形弯曲状延伸．南部 4 条近平行排列，错断地岩层界线，线状影像及地形标志较明显

（三）边界断裂

本断褶带北边界断裂为上述多格错仁-太平湖断裂（F_3），南界断裂为长水河口-东温泉断裂（F_4）。

F_4：位于测区中偏西南部，为多格错仁断褶区内又 1 条三级构造单元分界线。该断裂自西向东大致沿多格错仁湖南岸—长水河口—源泉河—东温泉，呈北西—南东向舒缓波状延伸，图内长约 110km，中及东南段多从河滩、沟谷通过而呈隐伏状。沿线有温泉多处，显示为较新活动时期形成的断层。

断层两侧出露的地层及其产出状态、次级构造等不相一致。断层东北侧为多格错仁-波涛湖断褶带，毗邻断层主要为多格错仁-波涛湖复式向斜的西南翼，次级构造既有背斜、也有破向斜和单斜；断层西南侧为白滩湖-长水河断褶带，出露中侏罗统地层（布曲组、夏里组），主要发育北西-南东向不甚完整的背、向斜及相伴断裂等构造，构造变形较强。

断裂带宽大于100m，断层两侧地层有牵引褶曲及伴生断裂，岩层相对破碎，断层面北倾，断层性质为由北向南斜冲的压扭性逆断层（图5-2-40）。

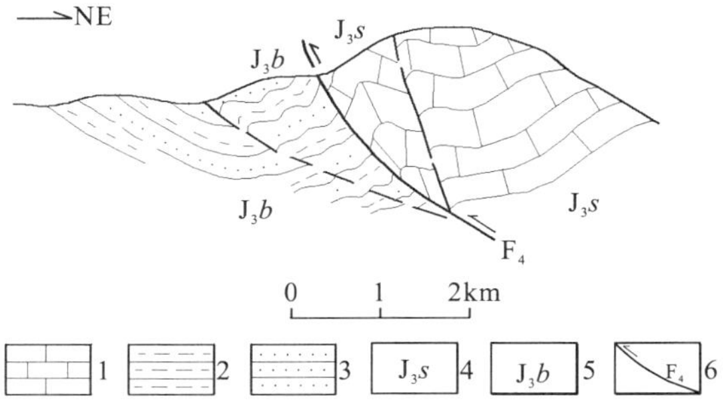

图5-2-40　东温泉F_4边界断裂带及地层牵引褶曲示意图

1-灰岩；2-泥岩；3-砂岩；4-索瓦组；5-白龙冰河组；6-断层及编号

（四）构造变形特征

前已述及，本断褶带总体构造为一个复式向斜，即甘桔湖-波涛湖复向斜（H_2），（图5-2-41）。上侏罗统—下白垩统雪山组地层为复式向斜的核部，波涛湖长轴向斜（h_{40}号）的轴线与复式向斜轴线重合；其他上侏罗统（索瓦组、白龙冰河组）为复向斜的两翼，与其相关的短轴背、向斜构成该复式向斜翼部的次级褶皱。总体看，甘桔湖-波涛湖复向斜北翼窄小，南翼宽大，其东、西两端及南、北两翼出露的完整程度及褶曲变形程度均不相同，呈现非对称型褶曲形式。北翼仅太平湖一带有少量上侏罗统地层出露，而在多格错仁湖北缘已被F_3边界断裂所切，未见出露，反映其大部分倾没于F_3边界断裂及北测单元的长湖复向斜之下；南翼在甘桔湖、洋姜湖一带呈多个连续短轴背、向斜构造，而向西收敛变窄，至多格错仁湖南岸，仅呈窄小的单斜，出露本带相对下部的中侏罗统夏里组地层，表明南翼西端因受边界断裂影响而收敛、掀斜，抬升出下部侏罗纪地层。

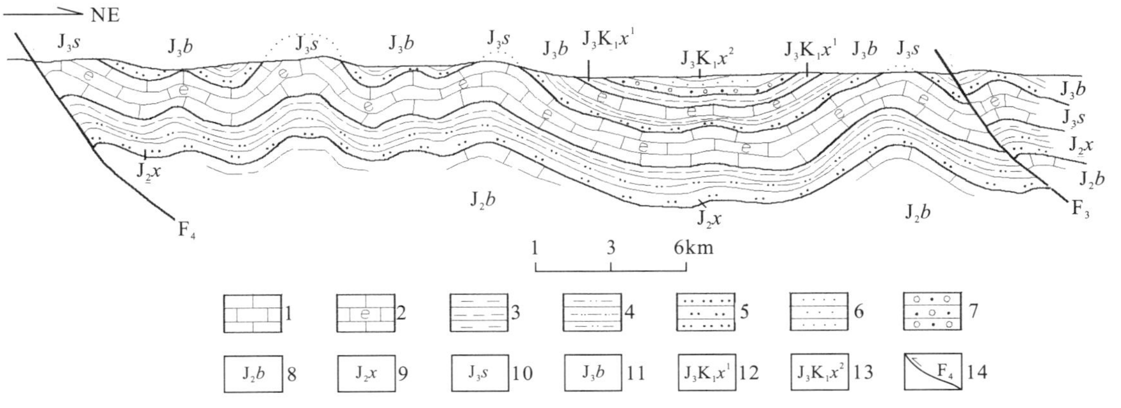

图5-2-41　多格错仁-波涛湖断褶带总体构造样式剖面示意图

1-灰岩；2-生物灰岩；3-泥岩；4-泥质粉砂岩；5-砂岩；6-粉砂岩；7-砂砾岩；8-布曲组；9-夏里组；10-索瓦组；11-白龙冰河组；12-雪山组一段；13-雪山组二段；14-边界断层及编号

复向斜的地层展布和变形特征表明，在其向西收敛过程中，断褶带变形具一定的旋扭性，从而使本带南界F_4断裂与北界F_3断裂相协调，同为具压扭性质的大型逆断层。同时，两边界断裂自然构成测区新生代火山岩——跃进拉、东月湖及玉带山岩区的分界线，东月湖火山岩主体沿甘桔湖-波涛湖复向斜轴线展布，反映了断褶带边界断裂及复式褶曲构造对新生代火山岩的形成演化有一定控制作用。

三）白滩湖-长水河断褶带

（一）概述

位于测区西南部，即F_4断裂西南，呈北西—南东向延展。出露地层主要为中侏罗统布曲组、夏里组及上侏罗统索瓦组、白龙冰河组，局部被少量古近纪红层掩盖。向峰河—跃进拉一带有大面积新生代火山岩分布，普若岗日冰川边缘有喜山期二长花岗岩（$\eta\gamma E_2$）侵入，局部还有少量浅成斑岩脉和基性脉岩。本带构造形迹以北西—南东走向，长、短轴相结合的连续背、向斜及相伴断裂为主，多数褶皱的一翼不完整，局部被后期北东向、北西向及北北西向等走滑小断层所截切。总体看，该带构造呈一大型复背斜——向峰河复背斜（H_3，图 5-2-2），其构造变形强度是多格错仁断褶区（Ⅱ）中相对最复杂的部分（图 5-2-42）。

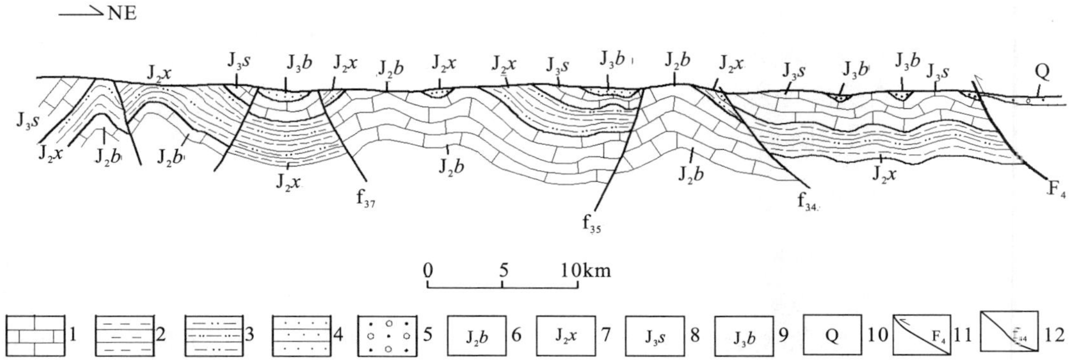

图 5-2-42 白滩湖-长水河断褶带构造地质剖面图

1-灰岩；2-泥岩；3-粉砂质泥岩；4-粉砂岩；5-砂砾石堆积；6-布曲组；7-夏里组；8-索瓦组；9-白龙冰河组；10-第四系；11-边界断层及编号；12-一般断裂及编号

（二）主要构造形迹

1. 褶皱

本断褶带褶皱构造主要由侏罗系地层褶皱组成，后期新生代盖层偶有微弱变形。侏罗纪地层的褶皱构造呈长、短轴相结合的背、向斜（表 5-2-6）。走向为北西—南东向。长轴褶皱轴长多大于 20km，短轴褶皱轴长多小于 10km。部分褶皱与同向压性断裂相伴，呈现翼部断失而不甚完整的背、向斜构造形迹（图 5-2-43、图 5-2-44）。

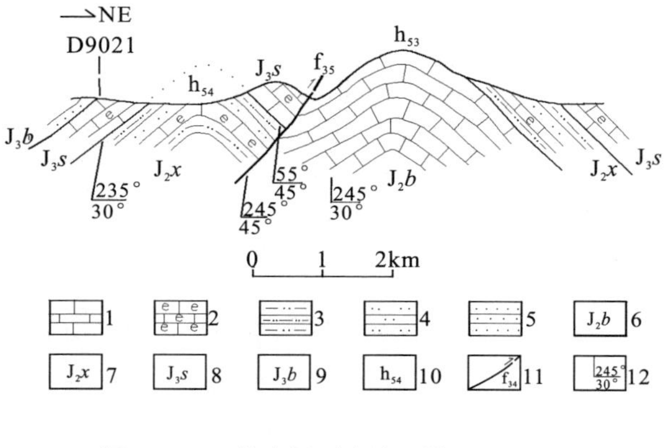

图 5-2-43 长水河西支沟上游 h_{53}、h_{54} 褶曲构造横剖面示意图

1-灰岩；2-生物灰岩；3-粉砂质泥岩；4-粉砂岩；5-砂岩；6-布曲组；7-夏里组；8-索瓦组；9-白龙冰河组；10-褶皱编号；11-逆断层及编号；12-产状

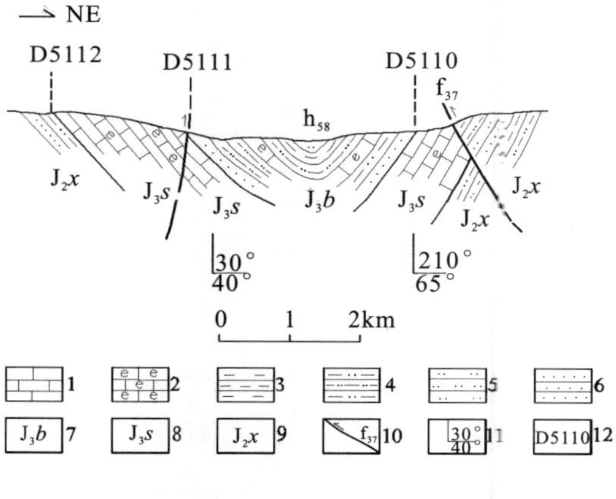

图 5-2-44 强仁温杂日西 h_{58} 向斜构造信手剖面图

1-灰岩；2-生物灰岩；3-泥岩；4-粉砂质泥岩；5-粉砂岩；6-砂岩；7-白龙冰河组；8-索瓦组；9-夏里组；10-逆断层及编号；11-产状；12-地质点号

表 5-2-6 白滩湖-长水河断褶带褶皱特征一览表

编号	位置、性质	褶皱地层		两翼产状	轴向	长度(km)	褶皱形态特征	备注
		核部	翼部					
h_{46}	白滩湖东向斜	J_3b	J_3b	200°∠75° 63°∠49°	290°	9	线型，轴部较紧窄，两翼对称，轴面陡，核部为平行排列的更小褶曲	h_{46}、h_{47}连续褶曲
h_{47}	白滩湖东背斜	J_3b	J_3b	北翼 43°∠61°	295°	13	线型，轴较紧窄，对称状，向东南倾伏，南翼断失	
h_{48}	友谊湖北向斜	J_3b	J_3s	北翼 195°∠40°	285°	5	核部地层宽 2.5km，两翼对称，轴面陡峻，为平行排列之连续褶皱之一，南翼断失	
h_{49}	白滩湖南背斜	J_3s	J_3b	20°∠55° 200°∠30°	290°	10	线型褶皱，核宽仅 1km，轴面直立，两翼对称，轴线被 NE 向断层组连续错断而呈现弧形弯曲形态	
h_{50}	万安湖北背斜	J_3s	J_3b		300°	13	线型，核部宽 1km 左右，轴面陡立，对称状，轴线略呈弧形弯曲，南翼断失	
h_{51}	西支沟破背斜	J_2b	J_2x、J_3s	45°∠32° 200°∠48°	325°	22	线型褶皱，核部被断层挟持、破坏，出露宽＜1km，轴面陡立，两翼对称	
h_{52}	西支沟向斜	J_3b	J_3s	235°∠35° 55°∠42°	320°	15	线型褶皱，核宽 2km 两翼对称，轴面直立，与 h_{51}平行排列为连续过渡褶曲	
h_{53}	西支沟破背斜	J_2b	J_2x	南西翼 245°∠30°	330°	18	轴面直立，核宽 1～3km，两端倾伏，两翼对称，翼部较宽缓，被断层后期破坏	参见图 6-2-43
h_{54}	灰熊沟背斜	J_2x	J_3s	55°∠45° 235°∠30°	320°	20	线型褶皱，核部宽 3～5km，向西北倾伏，呈短轴状，两翼对称，轴面陡立，翼部及核部走向上发育次级褶曲，北东翼断失	参见图 6-2-43
h_{55}	万安湖东背斜	J_2x	J_2s	60°∠62° 230°∠58°	325°	25	线型褶皱，两翼对称，轴面直立，核部地层宽 5km 左右，走向上有连续次级褶曲	
h_{56}	向峰河背斜	J_2b	J_2x	50°∠55° 205°∠30°	300°	15	线型褶皱，核宽 2km 左右，两翼对称，两端倾伏，在剖面上为连续褶曲群中之一，互为平行排列状	
h_{57}	强仁温杂日背斜	J_2b	J_2x	25°∠30° 190°∠40°	300°	15	短轴褶皱，轴部较开阔，核宽达 5km，两翼呈对称状，两端倾伏，轴面陡立，翼部相对较窄，并转变为连续向斜，其他次级褶曲不发育	
h_{58}	强仁温杂日西破向斜	J_3b	J_3s	210°∠65° 30°∠40°	310°	12	短轴褶皱核宽近 5km 对称状，轴面陡立，轴部开阔两翼断失，ES 端被火山岩覆盖	参见图 6-2-44
h_{59}	黄山破背斜	J_3b	J_2x、J_3s	北翼 250°∠50°	310°	10	短轴背斜，向东南倾伏，两翼对称，核部宽近 5km，轴线呈弧形弯曲延展，核部及南翼内有小断层破坏	
h_{60}	东温泉西南破向斜	J_3b	J_3s	南翼 20°∠40°	15°	15	短轴褶皱，核宽＞5km，两翼对称，轴面形态弯曲，轴部较开阔，有次级褶曲，并有基性岩脉及酸性小岩体侵入，东南端断失并被第四系掩盖	
h_{61}	源泉东背斜	J_3s	J_3b	65°∠50° 200°∠30°	325°	12	短轴褶皱，核宽 2～5km，两翼对称，向北西倾伏，轴、翼均较开阔，核部有侵入岩体及火山岩出露，两翼均有断裂，具次级小褶曲	
h_{62}	源泉南向斜	J_3b	J_3b	190°∠37° 30°∠25°	300°	14	短轴向斜，核向东南开阔，向西北端翘起，两翼不对称，北翼宽缓，次级褶曲发育，南翼较短促，轴线弧形弯曲	
h_{63}	东温泉南背斜	J_3b	J_3b	45°∠38° 285°∠35°	310°	5	为层内小型褶曲，对称状，轴部较开阔，两翼发育连续褶曲，北西端倾伏	
h_{64}	河湾山南背斜	E_2k	E_2k	南翼 345°∠34°	96°	10	短轴向斜，核部较平缓而开阔，两翼略有倾斜，不整合于下伏侏罗统地层之上	新构造运动

2. 断裂

本带断裂构造也有3组，即北西向断裂、北东向断裂及北北西向断裂（表5-2-7）。

表5-2-7　白滩湖-长水河断褶带断裂特征一览表

编号	位置	断面产状		走向	长度(km)	断错地层		断裂性质、特征
		倾向	倾角			上盘	下盘	
f_{31}	白滩湖	推测为N		EW—SE	25	J_3b	J_3s	断层性质不明，推断为走向逆断层，两侧地层、岩石及产状构造等不协调，走向上伴随拖褶曲，显示逆断层走滑具压扭性，线状影像较清晰
f_{32}	源泉东南	50°	40°	NW—SE	22.5	J_3s	J_3b	岩层断失、破碎，产状相对立，J_3s地层走向上呈拖曳弯曲，显示逆断层＋左行走滑，遥感图像线性明显
f_{33}	源泉东南	NE		NW	13	J_3b	J_3b J_3s	逆冲断层，见硅化破碎带及构造角砾岩，宽＞10m，断层两侧岩性突变，线状负地形影像明显
f_{34}	万安湖北			NW—SE	40	J_2b、 J_2x	J_3s、 J_3b等	性质不明断层，断层通过处造成地层产状、构造交切不连续，影像标志较清晰
f_{35}	灰熊沟	245°	45°	NW—SE	25	J_2x、 J_2s、 J_3b	J_2b、 J_2x、 J_3s	走向断层，与岩层协调一致，见断错地层褶皱，使其不连续，破碎带为压扭性逆断层，线状沟谷与垭口、影像明显
f_{36}	白峰河下游			NW	15	J_2x、E_2k、E_2s、$E_{2+3}y$等		走向断层，性质不明，错断地层界线，地层及产状交切，不协调
f_{37}	强仁温杂日			NW—SE	15			走向断层，其性质要素不明，断层通过处造成地层产状、褶皱等构造交切，线状影像较清晰
f_{38}	西支沟	SW		SE	15	J_2x	J_2b	向斜轴向断层，与岩层走向协调，线状负地形，沿沟呈舒缓波状延伸，断层两侧岩层产状、构造交切
f_{39}	源泉南			SN	12	J_3s、J_3b、$E_{2+3}y$等		性质不明断层、切错地层界线，线状负地形，影像较清晰
f_{40}	白滩湖等地			NE—NEE	10～8	J_2b、J_2x、J_3s、J_3b等		左行走滑断层组，斜切地层走向，造成地、岩层界线及先期断裂、褶皱同线等构造断错，影像特征较清晰

北西向断裂（f_{31}～f_{37}）与本带侏罗纪地层展布及褶皱构造总方向（320°）基本一致，为与地层褶皱相伴而形成的压性逆断层系，长度一般大于10～20km。它们多切断褶皱翼部，造成褶皱一翼出露不全，属于该地最先形成的断裂构造形迹。个别断层（f_{36}）切断区内最新地层，如新生代火山岩等，表明其新生代继承性活动明显。

其余两组均为后期走滑剪切断裂，多斜切地层走向。其中，f_{38}～f_{39}断裂呈350°方向延伸，切错部分新生代火山岩，长度一般大于10km，似具南北向断裂的某些特征。f_{40}为北东向走滑剪切断裂组，走向65°，长度一般小于10km，呈右旋走滑，错断早期断裂及地层褶皱，属最新期走滑变动构造痕迹。

（三）边界断裂

控制本断褶带的北东边界为长水河口-东温泉断裂（F_4），前已叙述，本节不再重复。其南西边界断裂位于图外，未通过本图区，描述从略。

（四）构造变形特征

本断褶带的各地层的产出状态和分布特征总体构成了以向峰河中侏罗统布曲组为核心的大型复背斜，即向峰河复背斜（H_3，图5-2-2）。

复背斜的北东翼和西南翼均不同程度地发育着次级复背斜和复向斜，其规模及完整程度不同（图5-2-45）。西南翼相对窄小，仅见黄山-河湾山次级复背斜（H_{3-1}）及相关简单褶皱；北东翼较为宽大，见较多完整程度不同的次级复式褶曲等构造，主要有长水河西支沟次级复背斜（H_{3-2}）、长水河上游次级复向斜（H_{3-3}）及白滩湖次级复向斜（H_{3-4}）等，反映出向峰河大型复背斜呈北缓、南陡的不对称型式。每一个次级复式褶皱又分别由更小级别的简单或连续背、向斜褶皱组成，且遭受同向（北西向）断层破坏而出露不完整。次级复式褶皱，以长轴为主；长、短轴结合，长轴者主要为次级复背斜，轴长多大于 20km，相对较紧闭，纵、横轴比达 10：1；短轴褶皱一般为复向斜或简单背、向斜，总体形态较宽缓，纵、横轴之比仅 2：1，部分短轴简单背、向斜为次级复式褶曲走向上的尖灭再现。整体看，次级复式褶皱及简单背、向斜均是与向峰河复背斜协调一致的从属复式褶皱构造。新构造活动有微弱表现，产生断层复活及新近纪红层宽缓褶曲，新生代火山岩和花岗岩侵入体主要沿向峰河复背斜轴线方向分布。

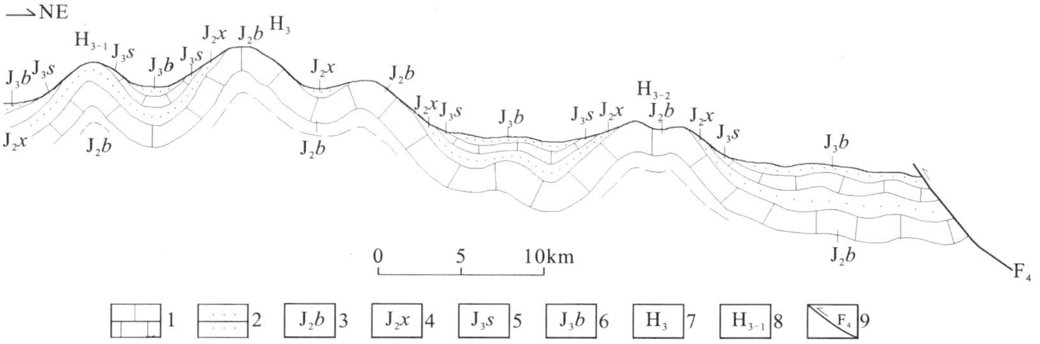

图 5-2-45　白沙滩-长水河断褶带复式褶皱构造剖面示意图

1-灰岩；2-碎屑岩；3-布曲组；4-夏里组；5-索瓦组；6-白龙冰河组；7-主干复式褶皱编号；8-次级复式褶皱编号；9-边界断裂及编号

四）多格错仁断褶区帚状构造

根据前述，多格错仁断褶区内四级构造单元所对应的构造变形样式分别为：①白滩湖-长水河断褶带（$Ⅱ_{2-3}$），对应向峰河复背斜（H_3）；②多格错仁-波涛湖断褶带（$Ⅱ_{2-2}$），对应甘桔湖-波涛湖复向斜（H_2）；③长湖-玉带山断褶带（$Ⅱ_{2-1}$），对应于长湖-西峡河大型复向斜（H_1）。四级构造单元及其对应的褶皱、地层、新生代火山岩等，由分隔它们的边界断裂 F_2、F_3、F_4 所挟持，共同组成了北羌塘地区向西收敛、向东南逐渐撒开，西窄、东南宽的帚状构造组合形式（图 5-2-1、图 5-2-2）。

四级构造单元中的复式褶皱，无论是主干复式褶皱，还是次级复式褶皱，由 $H_1 \to H_3$，复式向斜均呈西南翼地层相对老而翼宽，北东翼或北翼地层相对新而翼窄的褶曲形态，而复式背斜正相反，这种组合形态表现出三级构造单元中主干复式向斜（H_1、H_2）呈现北翼陡、南翼缓且向北斜歪的不对称型式，而主干复式背斜（H_3）呈现北翼缓、南翼陡的不对称型，反映了褶皱形成过程中，其应力处于向西、向左旋扭，而各单元块体向东、向右走滑剪切，并向南偏转的特点，显示具一定的旋扭性（图 5-2-46）。

抛开四级构造单元间的边界断裂，测区各四级构造单元所反映的主体褶皱构造呈 $H_3 \to H_1$ 的连续变化，即复背斜与复向斜交替出现。它们连绵于包括测区之外的更大区域——羌北地区中，并共同构成了羌北地区多格错仁巨型复向斜。该巨型复向斜南翼地

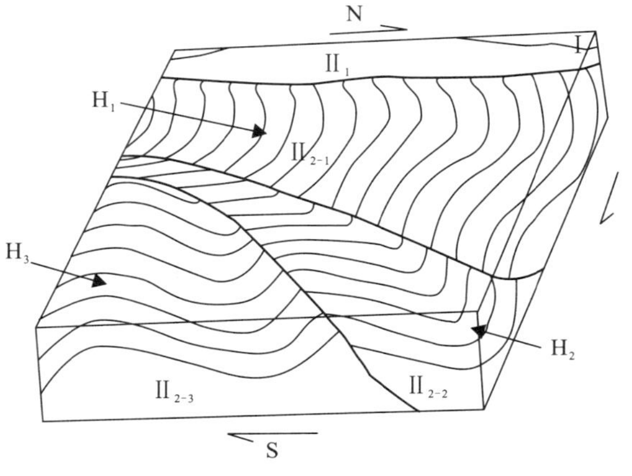

图 5-2-46　多格错仁断褶区四级构造单元复式褶皱形态及帚状构造组合示意图

Ⅰ～$Ⅱ_{2-2}$：各级构造单元编号；H_1～H_3：主干复式褶曲编号

层总体较老而出露较宽，北翼地层相对新而窄，反映了巨型褶曲总的形态呈现北翼陡、南翼缓，且向北斜歪的不对称型。巨型复向斜的核部位于北部长湖一带，被近东西向带状（区域上仍为西窄东宽的楔状）延展的雪山组地层所掩盖。

第三节　测区构造层划分

一、重要不整合界面

区域性角度不整合是构造运动的重要标志和直接记录，是划分构造层的重要依据。测区位于拉竹龙-金沙江缝合带南侧，受多期构造运动影响，尤其后期断裂改造强烈，早期的角度不整合遭破坏，已经不易识别。高原隆升的不整合面保存完好。结合区域地质资料，主要有以下不整合界面。

1. 侏罗系与三叠系之间的角度不整合界面

这个不整合界面在羌塘北缘广泛存在，是一个重要的区域性角度不整合界面。图内掩盖或被破坏未观察到。在西邻黑虎岭幅藏弯弯梁地区，下侏罗统那底岗日组底砾岩角度不整合于上三叠统藏夏河组之上。这个角度不整合是羌北地区发育的最重要的不整合界面。

2. 古近系与下伏地质体之间的不整合界面

这个不整合界面在图幅内广泛出现。古近系陆相沉积的康托组和唢呐湖组覆盖在早期的任何地质体之上。这是羌塘地区结束侏罗系海相沉积之后的第一陆相盖层沉积。有些地区不整合面之上是康托组砾岩，有的地区唢呐湖组湖相灰岩直接覆盖在下伏岩层之上。

二、构造层的划分

构造层是指一定构造单元内，一定的地质历史发展阶段形成的一套地层、岩石和构造形迹的集合。构造层常由角度不整合界定，它们在地层组合、沉积岩相、构造、岩浆活动和变质作用等方面具有一定的特色而区别于其他构造层。在时间上代表了一定的构造旋回和构造幕，空间上代表了该构造幕影响的范围。结合区域地质事件，对若拉岗日构造混杂岩带和北羌塘陆块分别划分了构造层（表 5-3-1）。

表 5-3-1　测区内主要构造层划分一览表

地层年代	构造层划分	
	若拉岗日构造混杂岩带	北羌塘陆块
E－N	古近纪构造层	新生代构造层
J－K_1		中-晚侏罗世构造层
T_3	三叠纪构造层	晚三叠世构造层

（一）若拉岗日构造混杂岩带

该带变质基底岩系零星分布于西邻黑虎岭图幅的前进湖一带，其与上覆盖层间为断层接触。东邻图幅最老地层为晚古生界，接触关系多不再保留，现均为断裂分割。区内下部地层为上三叠统若拉岗日岩群，主要为一套火山碎屑岩建造——碎屑岩；上部地层为古近系陆相沉积，广泛不整合于三叠系之上。根据地层的发育与岩浆活动、变质变形的差异，在该构造混杂岩带上划分出两个构造层。

1. 三叠纪构造层

构造层由上三叠统若拉岗日岩群组成。若拉岗日岩群分布于图幅东北部冬布勒山及图幅西北角白头山，近东西向展布。岩性为一套浅变质岩系，顶底均被断层切割，以逆冲岩片形式出露。部分变质基性火山岩、火山碎屑岩、大理岩化灰岩、大理岩、硅质岩、绿片岩、超基性岩等以不同的岩片和岩块形式出现。构造变形强烈，挤压片理化带、韧性剪切糜棱岩带和韧脆性构造剪切发育。东延与乌兰乌拉幅还见有石炭系—二叠系岩片挟持其间，总体具有构造混杂的某些特征。

2. 古近纪构造层

缺失侏罗纪沉积至古近纪古新统沉积，古近纪始新统为陆相的河流相和湖相沉积。古近系有两个岩石地层单元，下部为康托组，以红色、紫红色、灰绿色砾岩、含砾砂岩、砂岩及少量泥岩组成，以河流相为主；上部为唢呐湖组以含膏薄层淡水灰岩为主，底部有砾岩，呈灰—灰白色调，具湖相沉积特征。唢呐湖组产状平缓，厚度较小，变形微弱。

（二）北羌塘陆块

北羌塘陆块以侏罗系为主，区内广泛发育。三叠系主要沿北侧分布。主要划分出 3 个构造层。

1. 晚三叠世构造层

晚三叠世构造层由上三叠统藏夏河组组成。藏夏河组分布于图幅西北角白头山及东北部岗盖日—冬布勒山一带，近东西向展布。顶底均被断层切割，发育不全。由厚约 3 000m 的陆源细碎屑复理石建造组成，主色调显灰色。该组强烈褶皱变形，以同斜倒转褶皱和叠瓦状逆冲断层组成向南逆冲的褶断组合。地层褶皱紧密（翼间角为 65°～75°），断层面倾角多为 45°～66°左右，沿断层带岩石片理化明显，伴有复杂的牵引小褶皱。

2. 中—晚侏罗世构造层

图幅内中—晚侏罗世沉积地层分为 5 个组，即中侏罗统布曲组、夏里组，上侏罗统索瓦组和白龙冰河组，上侏罗统—下白垩统雪山组。整个构造层厚约 5 200m，是工作区出露最广的构造层，与下伏上三叠统藏夏河组呈角度不整合接触，与上覆始新世地层之不整合关系也多处清晰可见。

这一构造层东西向贯穿整个图幅，相邻图幅都有延伸。该套构造层变形以东西向线状宽缓褶皱为主。侏罗纪构造层是北羌塘坳陷带的主要生、储油层，而褶皱是其有利的储油空间，因此该构造层中的褶皱非常重要，是构造研究的重点。综合研究侏罗纪构造层的褶皱构造要素、组合特点、褶皱性质及成因特征可归纳出如下特点：

①具区域规模的主褶皱和翼部常伴生次级褶皱呈多级组合形式；

②从区域动力学分析，构造层褶皱主体受自北向南挤压应力体制制约，褶皱轴向主要为东西向、北西西方向，在玉带山见北东向叠加褶皱；

③靠近北部褶皱分布密度较大，形态也较为紧闭，而向南褶皱密度相对较小，形态也较为开阔；

④褶皱形迹绝大部分属于平行褶皱，同一褶皱的各岩层在厚度上基本保持一致，具等厚特征；

⑤褶皱轴面近直立，或向南、向北微倾；

⑥褶皱横剖面总体特征显示背斜相对紧闭，而向斜则较宽缓、平坦、开阔，似“类隔挡”式褶皱，具有侏罗山式褶皱特征；另外，复背斜、复向斜组合形式极为常见。

3. 新生代构造层

新生代构造层由古近系始新统康托组、唢呐湖组、渐新统鱼鳞山组和新近系石坪顶组组成。与下伏各时代地层均为不整合接触关系。三统四组地层之间均为不整合接触。考虑到上述地层时代均为新生代，又都是陆相沉积，且褶皱变形宽缓而不发育，之间虽被不整合面分隔，仍将它们作为一个构造层看待。

新生代作为全区分布的最新构造层，它既生成于新生代隆升、断陷的构造环境，又大致在同期近南北向挤压构造背景下变形，因而，该构造层的特点是脆性变形形迹普遍。构造层内的康托组、唢呐湖组岩层在无断裂破坏地区产状平缓，倾角一般均小于 20°。而成片的近水平岩层展布区则更常见。褶皱平缓而零星是此构造层的特点。

第四节　新构造运动与环境地质

本书将新生代以来的构造运动称为新构造运动。根据测区及邻区有关资料，测区新构造运动较为强烈，特别是发生于始新世末的喜马拉雅运动Ⅱ期，尤为强烈。

一、新构造运动的主要类型及特点

（一）新构造运动的主要类型

新构造运动主要表现为青藏高原的强烈隆升、新构造断裂和古近系、新近系、第四系沉积盆地的发育，及其伴有的火山活动、地震和地热活动。

1. 新构造断裂

测区新构造断裂较为发育，是测区新构造活动的主要表现形式。主要有近东西向、南北向、北东向及北西向4组断裂，其中部分近东西向断裂、北西向断裂是在继承早期断裂的基础上进一步活动定型的；南北向、东西向（断层）、北西向及北东向断裂是南北向挤压的统一应力场作用下不同序次的断裂形迹。这些断裂彼此交截组成较为复杂的断裂构造图案。它们控制了测区的山脉、河流、地震及地热、湖泊和沉积盆地的分布和发育，形成的隆起带和断陷带彼此交错成复杂的构造地貌格局。测区新构造断裂特征及褶皱平面分布参见图5-2-1。

近东西向断裂组，发育于测区北部，主要有F_1、F_2断层。该组断裂多表现为断层面向北倾斜的逆冲断层，岩层中发育顺层劈理，在剖面上组成逆冲断层系。断裂是继承性断裂，具多（长）期活动性，断裂规模大，测区内延伸35km（F_2断层）以上，分别为测区Ⅱ、Ⅲ级构造单元的分区断层。断裂常发育于隆起带和坳陷带的接触部位，线性影像较明显，地貌反差大，明显地控制了测区近东西向隆起带和坳陷带的发育。

南北向断层组，主要发育于狮头山（f_6—f_9断层）、跃进拉东侧（f_{39}断层）一带。断裂规模不等，延伸几千米至几十千米，呈南北向大致平行展布。f_6—f_9断层多表现为向东或向西陡倾的左行走滑型正断层，台阶式地形、断层三角面及线状影像清晰，错断一、二级构造单元。f_{39}断层性质不明，切错地层界线，影像较清晰。

北东及北西向断裂组，主要有北西向F_3、F_4、f_{12}、f_{29}、f_{36}断层和北东向f_{10}断层，该组断裂在平面上组成共轭断裂系统，北东向断裂不如北西向断裂发育。f_{10}断层为左行走滑断层，线状地形及影像较清楚。北西向断裂多为逆冲—右行走滑断裂。它们对先期形成的构造形迹有一定的改造作用，使先期构造形迹变形变位，并形成一些走滑拉分盆地。其中F_3、F_4断层规模大，常延伸一百千米以上，对现代地貌水文条件的控制作用亦十分明显，是具有继承性活动的新断裂，也是测区Ⅳ级构造单元的分区断层。f_{12}断层为遥感解译断层，有两条，平行排列，具右行走滑剪切性质，线状影像较清楚。f_{29}断层为隐伏断裂，弧形弯曲状延伸，地表不明显，ETM卫片上线状影像清晰。f_{36}断层为走向断层，性质不明，错断地层界线，地层及产状交切，不协调。

2. 新褶皱构造

测区新褶皱构造发育较差，主要为康托组和唢呐湖组地层中的褶皱，同时新构造运动也使前渐新世中的褶皱进一步加强，形成继承性褶皱。新褶皱主要见于测区狮头山（h_3）、跃进拉西侧（h_{64}）一带，褶皱规模比较小，长几千米不等，多表现轴向为近东西向的宽缓褶皱，两翼产状较为平缓，具一定的对称性，轴面几乎直立，转折端舒缓圆滑。产生这些褶皱的主要压应力作用方式为近南北向挤压，因强度不大，或受巨厚地壳及前期已定型构造制约，褶皱数量不多且呈平缓、短轴类型。其中h_{64}褶皱为短轴向斜，轴向 96°，长度 10km。核部及两翼地层均为 E_2k，向斜较平缓而开阔，南翼产状 345°∠34°，不整合于下伏侏罗纪地层之上。

3. 新生代陆相盆地

测区新生代陆相盆地发育，主要有近东西向和南北向等不同形态特征和不同类型的盆地。它们均受不同方向、不同性质、不同规模的新构造断裂所控制。根据盆地形态特征、盆地充填物特征及控制盆地边界断裂性质的差异，测区盆地类型有压陷盆地、裂陷盆地及走滑（拉分）盆地。

4. 测区的地貌形态

可以看出区内存在三级明显的夷平面：Ⅰ级夷平面由普若岗日、岗盖日、玉带山等最高的山顶面构成，海拔在 5 700～5 500m 之间。该级夷平面不均匀分布于图区，在区内不同的高山山体或边缘均留有较明显的遗迹，在夷平面上分布的新生代以来最老的地层（始新统康托组和唢呐湖组地层），可以断定该级夷平面形成的时代为始新世；Ⅱ级夷平面由顶面宽缓、波状起伏的低山山顶面构成，海拔在 5 400～5 100m 之间；Ⅲ级夷平面由遍布于测区的湖泊面及一些宽浅谷地面构成，海拔在 4 800～5 000m 之间，说明测区急剧隆升之后，第四纪期间又有至少两次跃升而达到现代的高度。测区Ⅰ、Ⅱ、Ⅲ级夷平面的存在并分别与整个青藏高原Ⅰ、Ⅱ、Ⅲ级夷平面基本对应，说明测区内间歇性抬升的地壳运动是显著的，且与整个青藏高原的隆升是协调的，是新构造运动的主要表现形式之一。

（二）新构造运动的主要特点

根据测区新构造运动的表现形式和特征，可以归纳出本区新构造运动具有以下特点。

1. 新构造的继承性和新生性

本区新构造时期的活动断裂多数是重新活动的老断裂，继承有印支—燕山期（或更早）的构造运动断裂轨迹，在新生代重新活动。这些断裂断面新鲜，无风化，断层角砾、断层泥胶结松散，部分断裂与第四系接触在山前形成断层三角面。仅发育于康托组、唢呐湖组的断裂、褶皱，它们以 NE、NW 向和近 EW 向为主，可视为新生断裂、褶皱。

2. 高原隆升的整体性和差异性

青藏高原浅层地质结构、地形地貌及深层结构均反映青藏高原新生代整体隆升。测区高原隆升特点和幅度与整个青藏高原的隆升是协调的，具有隆升幅度大、范围广的整体性特点。测区高原隆升的差异性与整体性相比，只是处于从属地位，但亦具有明显的表现。例如，区内同期的夷平面、古泛湖面、同级湖积阶地及第四纪同期湖积物被抬升至不同的海拔高度、新构造断裂的差异性升降、断块的掀升等。

3. 新构造运动的阶段性

这种阶段性在测区主要反映在地层间的不整合、相关沉积物的差异性以及地貌变迁留下的痕迹上。综合观测区地层记录，第四系与中、上新统石坪顶组均为角度不整合，说明新近世末至第四纪初本区经历过十分强烈的构造运动（喜马拉雅运动Ⅲ期）。石坪顶组与渐新统鱼鳞山组、鱼鳞山组与始新统唢呐湖组以及唢呐湖组与康托组为明显角度不整合，同样表明渐新世末至新近世初、始新世末至渐新世初以及始新世早期与始新世中晚期之间也分别发生过构造运动（喜马拉雅运动Ⅱ、Ⅰ期）。第四纪以来，本区以间歇性抬升为主。据晚更新世沉积物与全新世沉积物出露高度，可以看出本区在晚更新世末至全新世初有过一次较大幅度的隆升，此后全新世相关沉积物仅反映出一些小规模的间歇抬升。

二、环境地质与灾害地质

1. 地震

地震是测区新构造运动的一种表现形式。测区地震受活动构造控制，地震震中主要近东西向带状展布，其方向与活动构造带基本一致。由于本区不直接受到印度板块的挤压，现代构造应力比较分散，地震的强度和频度都较小，一般很少出现Ⅵ级以上地震。

2. 土壤盐渍化

盐渍土的形成是地质、地貌、水文地质条件、气候和人为因素综合作用的结果。地质因素是根本因素，干旱气候条件下的水文地质作用是主导因素。新构造运动导致青藏高原强烈隆升，形成了本区高寒、干旱、日温差大、风大、风频的高原亚寒带半干旱气候特征。随着土壤水分不断地强烈蒸发，土壤里可溶性的盐分也向表层积累，当盐分浓度达到饱和状态时，多余的盐分就开始结晶聚积，造成土壤盐渍化。而水文地质条件对土壤盐渍化的影响更是活跃。它主要包括 3 个方面：地下水埋深、地下水水质及地下水径流条件。一般情况下，地下水位越浅，蒸发作用越强烈，土壤盐渍化的程度越高。

3. 土地沙漠化

在高原形成与发展的过程中，同时形成了高原大面积的疏松的沙、砾地以及含沙量大的地表土壤。干旱少雨，风力大，且大风季节与干旱季节同步，加之地表基体无或很少植被覆盖，风蚀作用强烈，使土地沙漠化不断发生、发展。土地沙漠化使测区脆弱的生态环境日益恶化。

4. 沙尘暴

本区气候干燥，疏松的沙、砾地面积大，土壤含沙量大，植被稀少，加上测区缺水和风动力条件非常大，土地沙漠化倾向严重。因此，大风经常带来沙暴和浮尘天气。沙尘暴主要出现在旱季 4～6 月。这种沙暴、浮尘天气对保护区动植物有明显的机械损伤，并恶化了它们的生存环境。同时，沙暴、浮尘天气给人类的生产和生活造成了极大的不便。

5. 冰雪灾害和冻土退化

区域内发育有数量众多的冰川、广泛分布的积雪和冻土、冰冻圈，构成了这里具有区域特征的生态环境系统。由于复杂的自然、气候条件，测区时有过量积雪造成的雪崩、风吹雪，以及冰川活动触发的冰湖溃决、冰川泥石流、冰川洪水等灾害发生。冻土普遍退化的危害是，对工程的稳定性和道路交通产生严重影响，并导致草场退化和土地沙化。在全球变暖的影响中，大雪和枯雪灾害出现更为频繁；区域内水资源将进一步显著减少，生态环境干旱化大大加剧。

三、新生代火山活动

测区新生代火山活动是青藏高原一种特殊的新构造运动表现形式。新生代火山岩主要为一套中性熔岩，出露面积约 2 300km^2，集中分布于测区西北部的沙窝滩—黑石滩地区、西南部的跃进口地区以及中部的东月湖地区，成片或成带状展布，为陆相中心式火山喷发产物。在向峰河西等地发现了一系列完整的火山机构，如火山口、火山洼地及环状构造等，其火山喷发物呈环状或半环状分布，平面上形态一般呈椭圆形。

测区火山活动几乎持续了整个新生代，2～43Ma 均有分布，火山活动喷发强度大，火山岩分布面积广。同时，火山活动并非完全与板块边缘有关，而更多的是受活动断裂的控制，属新构造运动的直接产物。

四、第四纪冰川活动与大冰盖

第四纪冰川活动与大冰盖的形成演化与青藏高原的隆升过程密切相关。早更新世末至中更新世初，青藏高原经过了一次较强烈的隆升，使高原面上升至 3 000～3 500m 高度，山地高度更达到 4 000m 以上，高原上升的降温与全球性降温相耦合，青藏高原首次全面进入“冰冻圈”，开始了大规模的第四世冰川活动时期。第四世冰期主要包括早更新世希夏邦马冰期、中更新世聂拉木冰期、晚更新世基龙寺冰期和绒布寺冰期 4 次冰期。

其中，聂拉木冰期发育了高原历史上规模最大的一期冰川活动。因为，进入中更新世，高原继续上升，但喜马拉雅山等山脉的高度还不足以阻挡西南季风，因而高原内部仍有较丰富的降水，高原山地的高度和地形处于最有利于冰川发育的时期。当时冰川的长度数倍至十余倍于现代冰川，末端可抵达海拔2 000m左右，形成树枝状山谷冰川。山地冰川面积甚大，冰川伸入山麓主谷或盆地，并在一些平缓的分水岭地带和河源高位盆地中形成了半覆盖型冰川，具有冰源石山的地貌，形成大冰盖。

末次冰期——绒布寺冰期之后，青藏高原高山地区冰川在早全新世缓慢后退，在中全新世期间强烈后退，冰川的末端后退到现代冰川末端之上。在晚全新世，末次冰期后冰川第一次普遍地前进，为晚全新世新冰期。新冰期冰川活动的范围和强度比末次冰期要小，比现代冰川要大。新冰期冰川活动反映了青藏高原继续隆升，巨大的海拔高度和喜马拉雅山等高山屏蔽作用，使高原内部气候环境寒冷干燥。

第六章　地质发展史

第一节　基本思路

测区位于青藏高原班公湖-怒江结合带与拉沙龙-金沙江结合带之间，从南往北依次发育南羌塘陆块、双湖构造混杂岩带、北羌塘陆块和若拉岗日构造混杂岩带等4个次级构造单元，涉及到东特提斯洋和冈瓦纳及欧亚大陆的若干重大地质科学问题。这一地区的大量的地质资料为我们提供了反演区域地质演化史基本素材。因此，我们的工作思路是，以区域构造研究为先导，以沉积建造、构造变形、变质作用和岩浆活动综合分析为依据，以重要地质事件为主线，反演区域地质演化历史，建立地质构造演化模式。

现今的羌塘地区的地质图像是东特提斯洋盆漫长地质变迁和弧—陆碰撞、陆—陆碰撞及与之相应的地质作用及其不断改造的结果。从板块活动论的观点看，仅根据羌塘地区现今的岩石和地层分布来认识它的地质发展，必然会产生认识上的偏差，因此要求我们以更宏观的角度，以全球板块为尺度，用活动论的、综合分析的观点，多层次、广视角地对待和分析野外考察所获得的每一项原始地质资料和测试分析数据。这就是我们在建立地质构造演化模式工作中的基本思路。

第二节　主要地质事件及构造演化阶段划分

一、主要地质事件

地质事件是论述地质演化历史的主线。区域地质资料研究表明，晚古生代冈瓦纳大陆的裂离与分解、中生代东特提斯洋的打开与关闭是藏北羌塘地区地质构造发展演化史中最重要的地质事件，是藏北古地理环境发生巨大变革的主要因素。晚古生代—中新生代沉积作用、构造运动和岩浆活动清楚地记录着羌塘地区的地质发展演化历史。这段历史在测区留下了一系列相应的地质事件和地质记录。本次我们以1∶25万区域地质调查为基础，以前述各章详尽的地层—岩石—构造等实际资料为依据，对测区内发生的主要地质事件进行了归纳和总结（表6-2-1）。这些地质事件是我们合理划分构造演化阶段的主要依据。

二、构造演化阶段划分

根据地球动力学背景、岩浆活动、地质界面、沉积建造、变质作用和构造变形等综合分析，将测区地质发展演化阶段划分为：前奥陶纪变质基底形成、奥陶纪-石炭纪被动大陆边缘、二叠纪南部伸展-中部俯冲（双湖构造带）、早-中三叠世局部伸展、晚三叠世-早侏罗世碰撞造山、中晚侏罗世-早白垩世前陆磨拉石、新生代后造山隆升等7个地质发展演化阶段（表6-2-1，图6-2-1）。

表 6-2-1 藏北羌塘地区主要地质事件简表

年代＼事件	南羌塘陆块			双湖构造混杂岩带				北羌塘陆块			若拉岗日构造混杂岩带			
	沉积事件	岩浆事件	构造事件	沉积事件	岩浆事件	变质事件	构造事件	沉积事件	岩浆事件	构造事件	沉积事件	岩浆事件	变质事件	构造事件
N	陆相山间红色磨拉石		后造山隆升	山间磨拉石			后造山隆升（逆冲推覆）	陆相磨拉石	中酸性火山喷发	后造山隆升（高钾碱性火山喷发）	陆相磨拉石			后造山隆升
E		火山喷发												
K_1	陆相磨拉石	热事件影响	班怒洋盆向南俯冲					海相磨拉石		碰撞造山		岩浆侵位、热事件影响		
J_2-J_3	海相磨拉石			海相磨拉石			碰撞造山（水平缩短和垂直增厚）							
J_1	深水复理石		伸展构造	火山-沉积	火山喷发岩浆侵位热事件影响	接触变质		火山-沉积	火山喷发岩浆侵位	滞留弧			区域变质、动力变质	金沙江洋盆向南消减
T_3		基性岩浆		含煤沉积		动力变质		复理石		弧后盆地	大理岩复理石	中基性岩浆		
T_1-T_2	?		角木日洋盆向北汇聚俯冲	盆地边缘沉积			伸展构造	?		?	?			
P_3				含煤沉积	中酸性岩浆		汇聚消减				复理石	基性岩浆		被动大陆边缘
P_{1-2}	灰岩、复理石	玄武岩		灰岩、复理石	玄武岩	动力变质								
C	杂砾岩		被动大陆边缘	台地碳酸盐岩			被动大陆边缘				?			
O-D	?													
AnO	?			片岩、变粒岩、角闪岩、石英岩	基性岩浆	区域变质	泛非运动(?)							

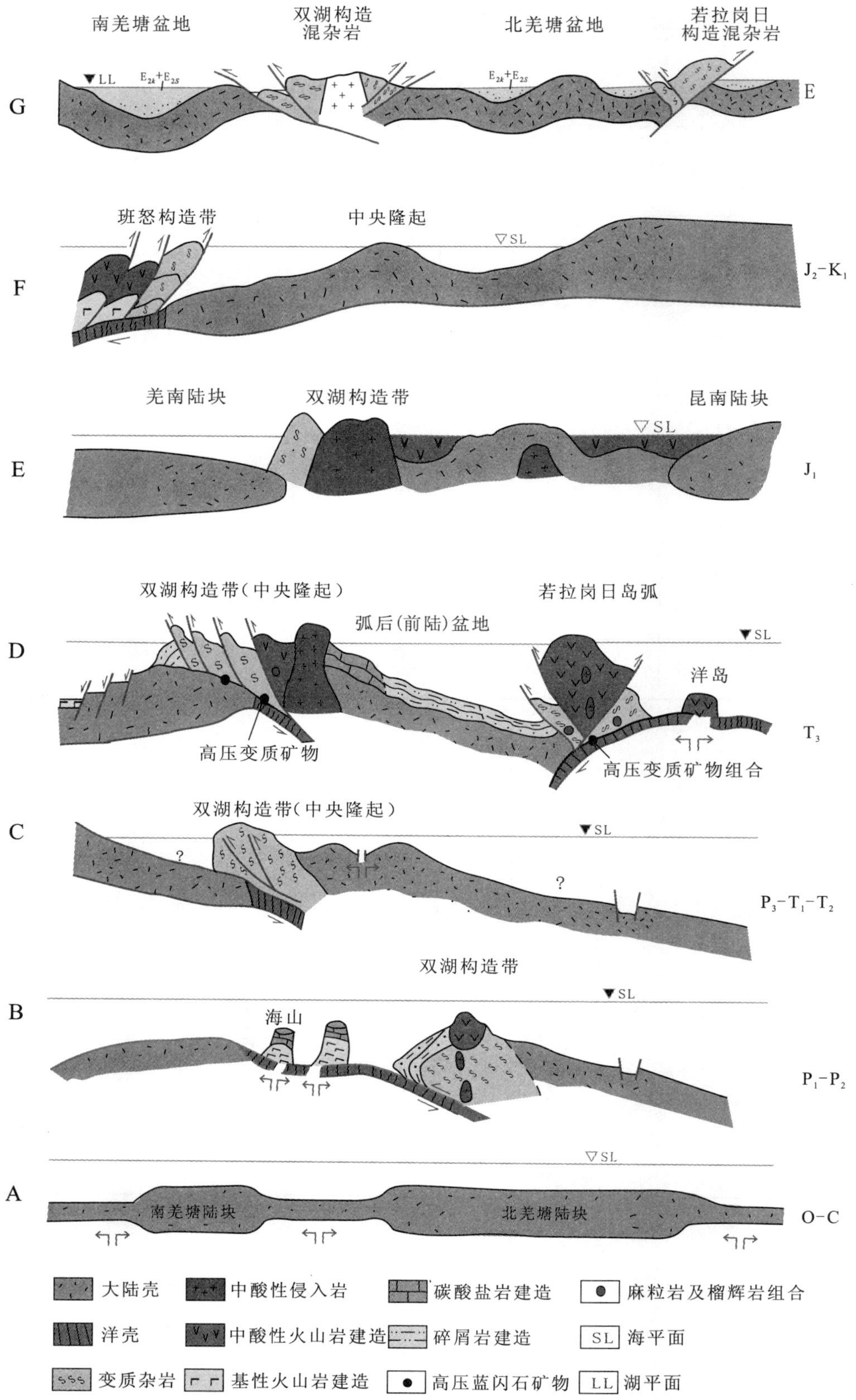

图 6-2-1　西藏北部羌塘地区显生宙地质构造发展演化模式

A-奥陶纪-石炭纪被动大陆边缘演化阶段；B-二叠纪南部伸展-中部俯冲（双湖构造带）演化阶段；C-早-中三叠世局部伸展演化阶段；D-晚三叠世弧后（前陆）盆地演化阶段；E-早侏罗世碰撞造山演化阶段；F-中晚侏罗世-早白垩世前陆磨拉石盆地演化阶段；G-新生代后造山隆升演化阶段

第三节　地质发展演化史

一、前奥陶纪：变质基底形成阶段

测区变质基底岩石主要出露于双湖构造混杂岩带，包括前奥陶系阿木岗岩组、齐陇乌如岩组（新建地层单位）和嘎尔错岩组（新建地层单位）。阿木岗岩组仅在阿木岗地区呈断块状零星出露，变质岩石类型以石英片岩、变粒岩、斜长角闪岩和片麻岩为主，出露厚度不详。齐陇乌如岩组呈断块状零星出露于齐陇乌如、嘎尔错—茶桑以及玛尔果茶卡东等地，变质岩石类型为石英片岩、二云母片岩、石榴白云片岩、变粒岩夹斜长角闪岩、大理岩等，其原岩可能为砂泥质复理石建造夹火山岩建造和碳酸盐岩建造。嘎尔错岩组呈近东西向、断块状分布于双湖构造混杂岩带的嘎尔错乡、绒马乡等地，主要变质岩石类型为变质石英砂岩、石英岩。羌塘地区有关变质岩的地质资料较少，变质岩同位素年龄为509～548Ma（Pb－Pb法，王成善等，2001），暗示羌塘地区可能曾是冈瓦纳超级大陆的一部分。到目前为止，我们还不是十分清楚：是否是泛非运动最终形成了羌塘地区的变质基底，并且伴随着强烈的构造活动和构造变形，造成了羌塘地区地质发展史上的第一期（？）区域动热变质作用。遗憾的是：羌塘中部地区因燕山期岩浆活动和构造破坏严重，并叠加改造了古老基底的构造形迹和变质变形，使基底早期的构造变形和变质作用难于恢复，其研究程度尚有待于变质岩理论的创新和测年技术方法的不断改进。现阶段条件下能够获取的实质性地质证据很少，有待于以后的进一步研究。

泛非运动后，地壳活动趋于平静，大地构造格局发生了质的变化，地质演化历史从基底演化阶段进入了沉积盖层演化阶段。

二、奥陶纪—石炭纪被动大陆边缘演化阶段

泛非运动形成了冈瓦纳超级古大陆，随着前奥陶纪长期的风化剥蚀、夷平化地质作用和奥陶纪海侵作用，在冈瓦纳大陆北缘总体上表现为一个向北倾斜的古生代被动大陆边缘沉积格局（图6-2-1A），沉积环境以陆棚和碳酸盐台地为主，沉积建造发育陆源细碎屑岩建造和碳酸盐岩建造，含丰富的头足类、笔石、腕足类、珊瑚、双壳类化石。

我们推测，古生代沉积盖层与前奥陶纪变质岩基底之间为角度不整合接触。不整合界面是泛非挤压造山运动的作用产物。

奥陶系-石炭系碳酸盐岩沉积建造、陆源碎屑岩沉积建造以及含冰水杂砾碎屑岩沉积建造在测区虽然分布面积较小，且多呈构造断块产出，但其岩性基本稳定、地层层序可以对比。构造恢复表明，奥陶系—石炭系各岩石地层单位之间不存在明显的沉积间断面，表现为连续沉积作用。

三、二叠纪南部伸展—中部汇聚俯冲演化阶段

挤压汇聚和俯冲消减是羌塘中部地区二叠纪最主要的地质构造事件（图6-2-1B）。这一时期的地质构造情况比较复杂：一方面在江爱达日那—阿木岗地区发育二叠纪岛弧型基性火山岩和中酸性火山岩（Pva），在嘎尔措南新发现一套弧前深水复理石（Pfw）沉积，在霍木西萨、鄂柔、才多茶卡等地新发现由超基性岩、枕状玄武岩、辉长岩和放射虫硅质岩等大小不等的岩块组成蛇绿质构造混杂岩（Pop），暗示羌塘中部存在不同程度的挤压汇聚和俯冲消减作用；另一方面在角木日—肖茶卡北—孔孔茶卡地区发育深水复理石（Pfw）沉积、展金组洋脊/洋岛型玄武岩、龙格组海岛型碳酸盐岩沉积（图6-2-1B），指示羌塘南部存在构造拉伸作用。在青藏高原早中二叠世裂谷化的总体背景下，羌塘双湖地区也出现了在克拉通之上发育起来的以查布—查桑地区为代表的裂谷系统。

除在硅质岩中发现部分晚二叠世放射虫外，还在龙格组灰岩中发现丰富的腕足类、苔藓虫、非䗴有孔虫和䗴类古生物化石。可以预测的是，羌塘地区在沿地层南北和东西走向上，同一时代的地层厚度和沉积环境变化较大。最典型的例子如中二叠统龙格组灰岩地层厚度在测区具有南厚北薄之趋势，沉积环

境在测区主要表现为海岛碳酸盐沉积，并且具有东浅西深之趋势。晚二叠世热觉茶卡组含大羽羊齿植物群浅水型含煤碎屑岩系仅零星见于热觉茶卡一带。热觉茶卡组顶部与早三叠世康鲁组呈假整合接触关系；底部与中二叠统地层接触关系不清楚，区域上可能为假整合或不整合接触。

晚二叠世是羌塘中部地质构造非常活跃的重要时期，也是羌塘中生代含油气沉积盆地和双湖“中央隆起带”的定型期。羌塘西部晚二叠世吉普日阿组普遍与下伏地层呈角度不整合接触关系，表明中二叠世以前的沉积盆地演化已经结束，晚二叠世之后又开始了新生沉积盆地的演化历史。

二叠纪汇聚和俯冲还形成了蓝闪石等高压变质矿物，如桃形错地区的蓝闪石 Ar－Ar 同位素年龄值为 275～287Ma（邓希光等，2000）。

四、早-中三叠世局部伸展演化阶段

早-中三叠世沉积地层——康鲁组、硬水泉组和康南组仅在羌塘中部局部发育，零星见于热觉茶卡和江爱达日那等地区。地层沉积层序由粗碎屑岩—细碎屑岩—碳酸盐岩构成，代表的沉积环境也是由浅变深，暗示羌塘早-中三叠世沉积盆地可能是一个向北部延伸的新生盆地，而不是残留盆地。从沉积相和古水流方向分析，早三叠世康鲁组为一套盆地边缘相沉积，物源来自双湖“中央隆起带”。说明早三叠世沉积期，双湖“中央隆起带”已经形成并向沉积盆地提供物源（图 6-2-1C）。早-中三叠世羌塘沉积盆地是否向南部延伸的沉积证据还不是很充分。

五、晚三叠世-早侏罗世碰撞造山演化阶段

晚三叠世-早侏罗世是羌塘地区地质构造发育最关键也是最重要的时期。南、北羌塘陆块之间的持续碰撞和北羌塘陆块与金沙江洋盆之间的俯冲碰撞是羌塘地区晚三叠世-早侏罗世最重要的地质构造事件（图 6-2-1D、E）。印支运动对北羌塘地区有强烈影响。

在若拉岗日—可可西里一带，由于金沙江洋盆向南俯冲消减，形成了一系列由不同时代的复理石、洋岛型—岛弧型中基性火山岩和大理岩、硅质岩、超基性岩组成的若拉岗日构造混杂岩，同时还伴随有强烈的构造剪切和区域变质、动力变质作用，发育构造糜棱岩、斜长角闪岩、石英片岩和蓝闪石—硬玉等高压变质矿物，局部出现下地壳物质组成——麻粒岩相岩石组合（图 6-2-1D）。

晚三叠世末，金沙江洋消失，北羌塘陆块与昆仑陆块最终拼合，进入全面隆升期。强烈的印支造山运动形成了一系列大规模滑脱—逆冲、线性复杂褶皱、断裂及劈理等变形构造，同时伴随有岩浆作用和变质作用。白头山地区发现的岛弧型中酸性火山岩、花岗质闪长岩以及狮头山地区发现的糜棱岩化变质蓝闪石玄武岩可能就与该期造山过程中的岩浆作用和变质作用有关，同时也表明拉竹龙-金沙江洋盆在闭合过程中具有俯冲消减的地质特征。至于俯冲方向的问题，在测区范围并不是十分清楚。本文根据在白头山地区发现的岛弧型中酸性火山岩、花岗质闪长岩以及在狮头山地区发现的糜棱岩化变质蓝闪石玄武岩等地质信息，综合判断拉竹龙-金沙江洋盆大致向南发生俯冲作用。根据研究，若拉岗日构造带构造变形形态以向南逆冲的逆冲断层及伴随的紧闭褶皱为主，构造糜棱岩化和构造片理化强烈。构造带的北界主断层倾向南，南界主断层倾向北，出现明显的南北对冲的构造格局。正是由于若拉岗日构造带强烈的逆冲和构造加载作用为羌塘中生代盆地尤其是北羌塘盆地的形成和演化创造了条件，并提供了丰富的陆源物质。

在北羌塘地区，由于受到昆仑地块向南碰撞造山和南羌塘陆块向北碰撞造山的双重影响，导致北羌塘陆块南北两侧中酸性火山岛弧发育，以弧间或弧后复理石盆地沉积为特征。晚三叠世弧火山岩不发育，作为滞留弧的早侏罗世中酸性火山岩和火山碎屑岩特别发育，并且有岩浆侵位构造。

在江爱达日那—嘎尔措—才多茶卡一带，晚三叠世以含煤碎屑岩系沉积为主，早侏罗世以中酸性火山岩、火山碎屑岩和花岗闪长侵入岩为主。在侏罗纪中酸性侵入岩的俘虏体中新发现 2 处具有晚三叠世岩浆弧的地质信息（如嘎错东部样品 D4169N1 的 Ar－Ar 同位素年龄为 215±4Ma，齐陇乌如东部样品 D7028N1 的 Ar－Ar 同位素年龄为 215±4Ma，更详细资料参见本书岩浆岩部分）。早侏罗世热事件对二叠纪火山岩的氩同位素有强烈影响与改造（例如样品 D7027N1 的年龄数据（175Ma）就是受早侏罗世热事件影响的产物）。晚三叠世强烈的动力变质还形成了蓝闪石、钠闪石、青铝闪石等高压变质矿物

(图 6-2-1D)，如霍木西萨一带蓝闪石的 Ar－Ar 同位素年龄值为 225Ma、嘎错纳若地区青铝闪石的同位素年龄值为 222Ma（李才等，1995）、才多茶卡地区蓝闪石的 Ar－Ar 同位素年龄值为 209Ma。

双湖构造带的地质演化历史似乎表明：晚石炭世—早二叠世形成拉张裂谷，中晚二叠世发生俯冲碰撞，直至晚三叠世—早侏罗世完全碰撞闭合，形成羌塘中央隆起带，成为晚三叠世和侏罗纪沉积的物源区，构成向南和向北扩散的碎屑流沉积体系，因此羌塘中央隆起带无论是对羌南地区还是对羌北地区的晚三叠世和侏罗纪沉积格局都有明显的控制作用。越来越多的地质证据（Kapp et al.，1999）表明，在羌塘中部地区，在晚三叠世—早侏罗世期间，伴随着强烈的造山作用（主要表现在昆仑地块向南俯冲碰撞造山和南羌塘陆块向北俯冲碰撞造山），岩浆喷发作用和动热变质作用较为发育，造成了羌塘中部地壳构造的水平缩短和垂直增厚事件。

与北部地区不同，南羌塘的肖茶卡—孔孔茶卡等地区，晚三叠世除发育一套碳酸盐岩和碎屑岩之外，还发育一套洋岛型基性火山岩，代表的构造环境可能是一种伸展背景。局部伸展促使南羌塘地块向北移动，从而导致碰撞造山作用的进一步发展。在南羌塘中南部地区，晚三叠世—早侏罗世伸展构造背景更加明显，以发育碳酸盐岩沉积建造和暗色细碎屑岩（深水复理石）沉积建造为特征（图 6-2-1D、E)。

六、中晚侏罗世-早白垩世前陆磨拉石盆地演化阶段

晚三叠世—早侏罗世的构造演化基本奠定了羌塘侏罗纪盆地的沉积格架。无论是南羌塘地区还是北羌塘地区，对于侏罗纪盆地来说，都已经形成了统一的盆地基底（图 6-2-1F)。这个时期班公湖-怒江洋盆向南俯冲碰撞，在结合带南侧形成早白垩世则弄群中酸性岛弧型火山岩，在羌塘地区沉积了一套以“雁石坪群”为特征的红色海相磨拉石沉积建造，总体上具有明显的海退沉积序列。大致在早白垩世中期，海水全部退出羌塘地区，从而形成真正意义上的陆地。中晚侏罗世-早白垩世时期最明显的地质构造事件包括：由于班公湖-怒江洋盆向南俯冲碰撞形成了羌塘地区广泛分布的红色海相磨拉石事件沉积；在南羌塘肖茶卡一带，晚三叠世洋岛型基性火山岩受晚侏罗世-早白垩世热事件影响明显，Ar－Ar 同位素组成多被强烈改造（如样品 XP1N1)；在若拉岗日构造混杂岩带的黑石长梁—白头山一带，晚侏罗世—早白垩世不仅发育小型中酸性侵入岩体，而且其热事件还强烈影响和干扰了晚三叠世若拉岗日岩群变基性、超基性火山岩的 Ar－Ar 同位素组成（如样品 WWP4N1、D7532N2)。

七、后造山隆升阶段

晚白垩世以后，羌塘地区完全进入了陆—陆碰撞后造山隆升演化阶段，即喜马拉雅造山运动新阶段。在此阶段演化过程中，印度板块不但没有停止向欧亚板块的俯冲碰撞，而且以更强烈的继生性陆内俯冲的形式继续进行造山活动。强烈的喜马拉雅造山运动不但表现在构造逆冲和构造形迹的叠加，而且表现在岩浆活动等方面。地壳浅层变形主要表现为渐新世以前地层（如康托组等）褶皱和构造逆冲推覆（如二叠纪和三叠纪地层被推覆到中晚侏罗世地层之上；中晚侏罗世地层被推覆到始新世地层之上)。渐新世以前地层被鱼鳞山组高钾碱性中酸性火山岩喷发不整合覆盖。

陆—陆碰撞后造山隆升演化阶段最明显的地质事件包括：构造逆冲作用、地壳构造的南北向水平挤压缩短和垂直增厚事件、青藏高原隆升事件以及由于不均匀隆升在高原内部产生的一系列粗碎屑陆相山间红色磨拉石建造（康托组）沉积和内陆湖泊相细碎屑岩建造（唢呐湖组）沉积（图 6-2-1G)、古近纪大规模高钾碱性中酸性火山喷发和新近纪小规模钾玄质火山喷发作用等。

在若拉岗日构造带和双湖构造带逆冲推覆和构造变形作用强烈。在双湖构造带北部，二叠纪变质岩地层被逆冲推覆在中晚侏罗世地层之上；而在若拉岗日构造带南部，晚三叠世变质岩地层被逆冲推覆在晚侏罗世地层之上。正是这种强烈的逆冲构造使得羌北陆缘原本可能存在的晚三叠世岛弧火山岩被覆盖在晚三叠世复理石和洋岛玄武岩之下。

古近纪始新世晚期以来，羌塘地区发生了持续的陆内碰撞和挤压造山作用，导致地壳缩短并不断被加厚。地壳加厚的结果是一方面直接导致藏北高原的快速隆升；另一方面可以产生地壳物质的部分重融，从而导致新的岩浆活动，形成鱼鳞山组火山岩的脉动式期次活动。岩浆岩的频繁活动，不但形成了

以古近纪鱼鳞山组为代表的高钾碱性中酸性火山岩喷发，而且也形成了以新近纪石坪顶组为代表的粗安质中酸性火山岩喷发。中酸性火山岩的喷发是发育在大陆碰撞过程中派生出来的伸展构造环境中形成的。新生代康托组、唢呐湖组、鱼鳞山组和石坪顶组之间存在的一系列不整合界面都表明：羌塘地区经历了多期次的南北向挤压作用。一些重要（含盆地边界）断裂带构造岩的ESR年龄数据多在5～8Ma，标志着中新世晚期陆内冲断造山作用达到高峰时期（王成善等，2001）。

第四纪以来，羌塘地区遭受了进一步的陆内变形，包括藏北羌塘地区在内的青藏高原隆升迅速，并最终成为世界屋脊。关于高原隆升机制尽管还在争论之中，但是可以肯定的是，高原的隆升是呈多期次、脉动式隆升的。

第七章　国土资源概况与现代生态环境地质调查

第一节　自然资源

测区位于青藏高原羌塘盆地北部，由于所处地质构造和地理位置的独特性，区内蕴藏着丰富而有特色的水资源、土地资源、生物资源、油气资源、光能风能资源、地热资源等自然资源。由于交通、技术等方面原因，这些资源工作程度低，未能得到开发利用。

一、水资源

测区属内陆水系，地表水系发育较差，切割浅，流量小；地下水露头出露较少。加之水源补给不足，蒸发量大等因素，测区水资源较为贫乏。

地表水是指存在于湖泊、河流、冰川等水体中的水。测区高原湖泊发育，星罗棋布，湖水是测区地表水的主体。但湖水面积一般较小，最大的多格错仁湖泊，水域面积约为 $360km^2$。绝大部分湖泊为咸水湖或盐湖，可作为盐类矿产的待开发基地。据 1∶100 万改则幅区调报告资料，湖泊水以 Cl－Na 型水为主，具典型的内陆湖盆特征。一般未能达到饮用水标准（表 7-1-1）。

以湖盆为汇聚中心发育有众多放射状的中、小河流，均属藏北内流域河流。河流稀疏，但分布较均匀。由于降水稀少，缺少补给水源，加之强烈的蒸发和渗流，一般河流宽浅短小流细，径流贫乏，多属间歇性季节河流，不少河流几乎成为终年断流的干河滩。一些和高山冰川相连的河流，则流程较长，在冰雪消融季节流量较大。河流不仅是地表水的径流通道、部分地下水的排泄场所，也是测区的重要淡水资源之一，一般达到了饮用水标准（表 7-1-2）。必须指出的是，测区地域辽阔，各流域地质条件不一，加上季节性的影响，河流水质会有所不同。

冰川是高原水源的重要补给者，一般呈岛状分布于区内各较高山峰顶部，主要包括普若岗日冰川、岗盖日冰川、玉带山冰川。普若岗日冰川测区内面积 $42.5km^2$，岗盖日冰川面积 $38km^2$，玉带山冰川面积 $34.5km^2$。据 1∶100 万改则幅区调报告资料，冰川及冰川径流的温度在 0～2℃之间，pH 值一般在 7 左右，硬度在 5 以下，水质类型一般为 HCO_3－Ca 型或 Cl－Na 型。这些冰川（水）不仅是区内地表水和地下水的主要补给水源，对藏北干旱气候起到重要的调节和制约作用，也是区内宝贵的淡水资源。

测区地下水类型主要有：松散岩层中的孔隙水、基岩区碎屑岩类中的裂隙水及孔隙水、大面积碳酸盐岩类的岩溶水以及冻结水。地下水露头较少且分布不均匀，主要以温泉及冷泉为出露形式和主要排泄途径。

二、土地资源

测区由高原山地、河谷、湖盆等多种地貌单元组成，在高原形成与发展的过程中，区内接受了大量的疏松物质沉积，如残坡积物、冲洪积物、冰渍物、湖积物。在此基础上，形成了高原含沙量较大的地表土壤。受高原气候寒冷、干旱、多风的影响，在高原现代表生作用下，地面风化程度差，土壤发育都很年轻，多具原始性状。土壤土层浅薄，除个别地方因地形等因素土层较厚外，一般厚约 20cm 左右。土层分化差，矿物再分配弱，砂化、石质化强，普遍含有砾块。质地干燥松散，内聚力差，具有较强的易碎性和不稳定性，极易风蚀起沙。在谷地和个别湖岸边可以见到流动和半流动的沙丘。土壤温度低，结冻期长，下伏深厚的多年冻土。生物作用微弱，有机质含量低，普遍具有退化现象。因此，区内土地

表 7-1-1　湖水水化学特征表

湖泊名称	经、纬度	湖面面积(km^2)	湖水阳离子(mg/l)							
			K^+	Na^+	Ca^{++}	Mg^{++}	Li^+	Al^{+++}	Fe^{++}	NH_4^+
永波湖	89°14′、34°57′	33	5 380	107 000	658.40	4 965.25	166.40	—	—	0.00
多格错仁	89°15′、35°20′	360	5 160	8 000	1 954.26	—	—	0.07	—	0.00
东月湖	89°12′、34°23′	5.5	1 337.50	2 000	1 497.42	600.02	0.00	0.04	0.00	0.00
甘桔湖	89°30′、34°15′	7.5	0.85	3.90	18.58	1.66	—	0.00	0.00	0.00
波涛湖	90°00′、34°00′	47.5	22.30	837.50	57.70	62.15	—	—	—	—

湖泊名称	湖水阴离子(mg/l)							pH 值	矿化度(g/l)	硬度(德国度)	水质类型
	HCO_3^-	CO_3^-	Cl^-	SO_4^-	F^-	Br^-	NO_3^-				库尔洛夫分类
永波湖	664.16	0.00	187 318.70	7 908.48	2.50	4.80	0.50	7.45	315.11	438.14	Cl－Na
多格错仁	188.74	0.00	133 732.60	3 184.41	1.88	3.20	0.28	6.5	226.35	255.72	Cl－Na
东月湖	198.03	0.00	35 056.19	1 688.92	2.40	3.40	0.03	6.7	60.29	124.08	Cl－Na
甘桔湖	60.65	0.00	3.46	11.00	0.04	0.00	0.00	7.25	0.69	1.06	HCO_3－Ca
波涛湖	546.23	0.00	1 339.46	—	—	—	0.33	8.57	2.74	7.99	Cl • SO_4－Na

引自 1∶100 万改则幅区调报告

表 7-1-2　河水水化学特征表

湖泊名称	河流发源地	河流流域面积(km^2)	河水阳离子毫克当量(%)							
			K^+	Na^+	Ca^{++}	Mg^{++}	Li^+	Al^{+++}	Fe^{++}	NH_4^+
长水河	普若岗日北坡	225.5	1.33	75.64	4.32	18.67	—	—	—	—
源泉河	普若岗日北坡	39	1.93	5.71	78.46	13.9	—	—	—	—

湖泊名称	河水阴离子毫克当量(%)							pH 值	矿化度(g/l)	硬度(德国度)	水质类型
	HCO_3^-	CO_3^-	Cl^-	SO_4^-	F^-	Br^-	NO_3^-				库尔洛夫分类
长水河	8.82	21.17	0.11	32.66	—	—	—	9.12	0.89	3.66	Cl－Na
源泉河	68.05	0.00	8.30	23.65	0.00	—	—	7.18	0.09	1.34	HCO_3－Ca

引自 1∶100 万改则幅区调报告

资源质量差，土地资源自然生产潜力低，土地资源合理承载量极为有限。

土壤类型主要有高寒草原土和高寒荒漠土，其次有高寒草甸土、沼泽土、盐土、碱土、寒冻土、风沙土。

高寒草原土：是一种主要分布高原面的基带土壤，低山、高山下部和湖泊周边平原、河流两侧坡地等低缓地带也有分布，海拔高度一般 4 600～5 200m。土壤有机质积累不高，微生物活动和化学风化作用较弱、结构性差，为一种较原始的土壤。它是在高寒半干旱气候和高寒草原植被下发育而成，是测区最重要的土地资源，也是测区高寒草地资源的重要分布区。

高寒荒漠土：主要分布在平均海拔 5 000m 以上的高原面和冰川雪线以下的山地，其土壤形成特点是冰冻作用深刻影响下的原始荒漠成土过程。土体湿润，其剖面分化不明显，具有鲕状结构或鳞片状结构和蓝灰色潜育斑，甚至潜育层的特点。

高寒草甸土：上接高山寒漠土，下连高山草原土，是在寒冷湿润气候和高寒草甸植被下发育而成，地面融冻滑塌和草根层斑块状脱落十分明显。

沼泽土：分布于宽谷地带等浅洼低地中。剖面分化简单，上部为根系交错密集、富有弹性的草墩。草墩宽度 40～60cm（个别大于 100cm），高 30～40cm，墩间距离 30～50cm，主要植物为青藏嵩草和苔草等，有机质含量高达 19%；下部为蓝灰色潜育层，中间还有腐殖质层。

龟裂土：多见于海拔 5 000m 以下的湖泊阶地、干涸小湖和低山缓丘间的浅碟形平地中，一般面积不大。

盐土：主要分布于湖滨平原之上，其地面平坦，土体潮湿无结构，表面有白色薄盐结皮。它是在强烈蒸发作用下，水份中盐分通过土壤毛细管上升地表而聚集形成。

碱土：多见于湖滨阶地和高河漫滩，主要是土壤脱盐引起碱化而形成。其上或不长植物，地面平坦龟裂；或为荒漠化草原，生长有垫状驼绒藜、苔草和镰叶韭等。

三、生物资源

测区所在的羌塘自然保护区，是全球具有独特生态系统的地理单元，其生物多样性具有无可比拟的特色。据初步统计，该保护区内的植物有 40 科，147 属，470 多种。主要为矮小的草本和垫状植物，又以青藏高原特有种和青藏高原至中亚高山、西喜马拉雅和东帕米尔分布的种占主导地位。表明其植物区系具有青藏高原快速隆起的典型特征，并与中亚高山有着密切的联系。

许多植物都以低矮、垫状的生长型出现，使该地区出现较大面积的垫状植被景观。垫状植物的存在和发展对改造原始生态环境，尤其是土壤环境有着积极作用。植被类型以高寒草原为主，通常以紫花针茅为主，以及固沙草、三角草等组成的高寒草原带。在海拔较高的地区则被青藏苔草为主的高寒草甸草原所代替，并在局部阴湿的山坡有零星的高山草甸斑块。在季节性干河床的砾石滩上有部分垫状驼绒藜植被。

虽然高寒、干旱的自然环境限制了大多数植物的生存，但青藏高原特有种的种群十分庞大，分布也很普遍。如镰形棘豆（Oxyrropis jalcata），冰川棘豆（Oxytropis glacialis），唐古拉山点地梅，鼠鞠风毛菊（Saussurea gnaphalodes），匍匐水柏枝以及雪灵芝、镰叶韭、高山葶苈等。其中，雪莲、红景天等是特有的药用植物资源。

由于地势高亢，气候干旱寒冷，植被类型简单，食物条件及隐蔽条件较差，区内动物区系组成简单，种类较贫乏。目前已记录的哺乳类动物有 28 种，鸟类百余种，爬行类 3 种，两栖类 1 种，鱼类 15 种，昆虫 340 余种，节肢动物 20 余种。其中，被国家列为一级重点保护的动物有 6 种，二级保护的动物有 19 种。最具有代表特色的有藏羚羊、野牦牛、藏野驴、黄羊、藏原羚、藏棕熊、高原兔、旱獭、黑顶鹤、斑头雁、棕头鸥、喜山兀鹫等，其中哺乳动物特有物种占重要地位。最著名的特有物种有藏羚羊、野牦牛、藏野驴；具有产业意义的种类有喜马拉雅旱獭（*Marmota himalayana*）和高原兔（*Lepus oioslolus*）；具有一定科研价值或在食物链中起到生态平衡作用的小型动物，计有多种鼠兔（*Ochotona* spp）和松田鼠（*Pitymys leucuius*）等。许多种类还有较高的观赏价值和重要的物种价值。

四、能源资源

能源资源主要包括油气资源、太阳能资源和风能资源等。

（一）油气资源

测区所在的羌塘盆地是我国研究程度最低的中生代大型海相盆地和仅有的油气开发处女地。在大地构造上，它位于全球油气储量最丰富、产量最高的特提斯构造带东段。区域地质背景、沉积充填格架、盆地演化过程以及含油气系统研究表明，它可与中亚地区卡拉库姆超大型富油气盆地类比，是我国寻找新的后备油气能源的战略基地。

中泥盆世至侏罗纪，羌塘盆地长期处于坳陷状态并接受沉积，坳陷面积约 18 万 km^2，沉积厚度为 4 000～13 000m。而羌塘盆地周边，特别是南边和北边长期处于抬升环境，给盆地提供丰富的物源，伴随大量有机物输入，从而形成具有丰富油源层的大型生油坳陷盆地。

据现有资料分析，测区大致可划分出两套大的生储盖组合。其一：中侏罗统布曲组泥质岩、页岩为生油层；布曲组粒屑灰岩、灰岩及中侏罗统夏里组碎屑岩为储层；中侏罗统夏里组泥质岩、石膏为盖层，地表多被上侏罗统或古近系—第四系覆盖，构成一套自生自储式生储盖组合，这是本区最有利的一套生储盖组合。其二：上侏罗统索瓦组、白龙冰河组泥灰岩、泥质岩为生油层；粒屑灰岩及砂岩为储层；上侏罗统—下白垩统雪山组泥质岩、石膏为盖层，构成本区另一套自生自储式生储盖组合。

羌塘盆地自印支运动以来，长期处于南北向强烈而持续的挤压状态，可能加速油气成熟和演化。因此，羌塘盆地具备了形成大型油气田的基本地质条件。至今，羌塘盆地已发现沥青显示 200 余处，5 处液态油苗，2 处油页岩，断续延伸达 80 余千米的古油气藏带一条，是一个颇具潜力的含油气沉积盆地。

（二）太阳能资源

区内海拔高，大气洁净，纬度低，日照时数长，太阳辐射强度大，是我国太阳能资源最丰富的地区。据双湖气象站统计资料，大部分地区全年日照时间 4 500 多小时，日照率 85%以上，总辐射量 6 690MJ/m^2以上。充分利用太阳能，具有广阔的发展前景。

（三）风能资源

由于受大气环流及高原地势的深刻影响，该区具有风大、风频、风持续时间长的特点，成为整个青藏高原和全国风速高值区之一。风速变化特点为白天风大，冬夏之交风速最大。根据双湖气象站统计资料，区内年均大风日数 200 余天，年均风速达 9.3m/s。

第二节　旅游资源

测区所在的青藏高原，以其独特的大地构造位置、高亢的地势、巨大的面积、年轻的地质历史，形成了一系列奇特的地质形迹、地理环境、生态系统和自然景观，因而拥有丰富的极具开发潜力的旅游资源（表 7-2-1）。

表 7-2-1　测区旅游资源景区一览表

序号	旅游景区或旅游路线	主要旅游景点
1	向峰河—沙滩窝—黑石滩科考路线	沙滩窝、黑石滩新生代火山岩，向峰河新生代火山机构
2	白头山—狮头山科考路线	白头山、冬布勒山、狮头山等地若拉岗日构造混杂岩带地质剖面，以及原始生态
3	多格错仁风景区	多格错仁湖泊、盐湖，洪玉泉草原及野生动物，长水河、东温河流域温泉群，普鲁岗日冰川，以及原始生态，游牧人文等

（一）向峰河—沙滩窝—黑石滩科考路线

测区新生代火山活动为陆相中心式火山喷发产物，是青藏高原一种特殊的新构造运动表现形式。区内火山活动几乎持续了整个新生代，在沙滩窝、黑石滩等地有一系列较为完整的新生代火山岩，在向峰河西等地保存有一系列完整的火山机构，如火山口、火山洼地及环状构造等，是区域内考察新生代火山岩、火山机构的理想路线。

（二）白头山—狮头山科考路线

该路线不仅大量地保存着地质、古生物及古生态变迁的系列遗迹，而且还较完整地保留有青藏高原新构造运动踪迹。它是大陆碰撞的典型地区，是世界上形成时代最晚，至今仍在继续活动的地区，因而是地球科学的天然实验室。对于研究大陆地壳内部造山带的地质演化，地壳、地幔运动过程与地壳表面构造运动之间相互作用关系提供了极为理想的调研条件。

（三）多格错仁风景区

景区内旅游资源丰富，人文、湖泊、盐湖、草原、野生动物、温泉群以及生态共同组成了一幅幅自然而又和谐的高原风景画。这里是世界上最高的高原，并且还在不断地增高，被誉为“世界第三极”。其自然景观雄伟壮观、原始神奇、宁静祥和，天然美、寂静美和生态美完美地结合，是世界上任何其他地方都无法媲及的。蔚蓝的天空中雪白的云朵如丝如絮。冰山雪岭连绵起伏，拥抱着的广袤的原野，裸露着一种原始的沧桑和凝重，浸透着一股屹然不动、坚不可摧的风骨和傲气，闪烁着发人深省的灵光和智慧。辽阔的草地上，一撮撮枯黄的小草吐着新绿，正顽强地宣示着生命和希望；一群群藏羚羊正在嬉戏，轻快洒脱、疾如长风的它们是雪域的精灵；一只只孤傲、雄壮威武的野牦牛正在巡视，它们是高原的王者……！

众多的湖泊犹如夜空璀璨的珍珠，散落在草原的东西南北，把辽阔的高原点缀得奇丽无比。晶莹透明、碧波荡漾的湖水中倒映着蓝天白云和纯洁的雪峰，更加显得柔情万种；清风徐来，湖水兴起阵阵波浪，拍打着岸边的沙滩，更以她那无比的圣洁荡涤着人们的心灵！在五光十色的湖泊中，还有两种奇特的自然景观：一是盐湖绽开的“朵朵盐花”，在阳光下璀璨夺目；二是在现代冰川之下，湖畔多姿多彩的温泉群，冒着热腾腾的水蒸汽，散发着硫黄皂味，犹如人间仙景。这些天然奇景，使这片无人打扰的高原大地更增加了许多神秘色彩！

这一切，不仅造就了全球最具独特生态系统的地理单元，不可或缺的生物多样性、生态系统多样性环节，众多的珍稀野生动物和高原高寒草垫草地生态系统，更塑造了西藏藏族人民质朴而威严的轮廓，坚韧、勇猛、勤劳的品格，热情开朗、豪爽奔放、能歌善舞的个性，从而形成了富有青藏高原特色的西藏民族文化人文特点。

这一切，给人以生命的启迪，让人深思、留恋和神往！没有纷繁的人群和喧嚣的城市，只有一个个美丽的传说，一杯杯清香的酥油茶，一曲曲缠绵而不乏高亢的藏族民歌，一缕缕淳厚朴实的风土人情……，和纯粹自然的我，返璞归真的情趣！

发展对生态环境影响相对较小的旅游产业，在该区有着得天独厚的优势。但是，测区自然、交通条件恶劣，生态环境极为脆弱，对外界干扰极为敏感，资源的合理承载能力极为有限。因此，测区短期内不具备开放一般旅游项目的条件。旅游探险、科研考察等项目也应适度开展并且规范管理，实行合理利用，保护优先，以达到人和自然和谐、可持续发展的目的。

第三节　矿产资源

一、概述

测区位于北羌塘地区，大地构造位置属于东特提斯构造域若拉岗日-狮头山构造混杂岩带和北羌塘陆块。区域内普遍发育以三叠系-侏罗系为主的海相中生界，地质构造复杂，区域变质作用较发育，岩浆活动特别是新生代火山活动强烈。

测区划属羌塘-“三江”成矿带。该带成矿类型多样，矿化强烈而广泛，是我国具有潜力的矿产地之一。其成矿特征有：在构造混杂岩带发育的深大断裂带上，分布着基性、超基性岩带，它们是Cr、Ni、Co、Pt和石棉等的赋矿母岩，断裂带多沿袭早期裂谷带或板块结合带分布，并经历了多期次构造活动，形成了多期次复合岩浆带，伴随着含矿热流体上升，有利于多种金属矿化，从而导致一系列多金属矿产的形成；在构造带内部，火山活动强烈，新生代火山岩大面积出露，其中常产有Fe、Cu、Au、Pb等金属矿产；发育于某些稳定地区的矿产有煤、油页岩、油气及盐类等。

青藏高原的不断隆升，形成了众多断陷盆地或山间洼地，是区域湖泊分布的地形基础和内流水系的最终归宿。蚀源区岩石中有利的成盐元素地球化学背景以及近代火山岩的喷出和水热活动带的广泛分布，内陆封闭性湖盆、持续交替的干-湿气候、强烈的风化和淋滤作用以及蒸发和浓缩作用，对成盐作用和盐湖的形成、演化提供了充足的物质来源和极为有利的地质、地理和物理化学环境。特别是晚更新世末以来，该区内许多湖泊逐渐进入了咸水湖-盐湖阶段，成盐作用强烈并具有十分广泛的区域性和普遍性，以致现代盐湖广布，许多盐湖除有丰富的石盐、芒硝、镁盐以及天然碱等普通盐类矿产外，还以盛产钾盐和富含K、Li、Cs、Rb等元素为特征，是特种盐湖矿床的主要远景地区。

二、主要找矿线索

1. 盐矿点

据1∶100万改则幅区调报告，测区有盐矿点3处，分别是永波湖钾盐矿点、多格错仁石盐矿点、多格错仁钾盐矿点，均为现代内陆盆地盐湖水，通过化学沉淀作用而形成。盐矿一般纯净无色，具有原生的结晶粒状结构和致密块状构造、微层状构造。

2. 石膏矿点

目前发现有石膏矿点3处，其中洪玉泉河石膏矿点、洪玉泉河南石膏矿点引自1∶100万改则幅区调报告，波涛湖北石膏矿点为本次工作新发现。

洪玉泉河石膏矿矿点：石膏矿赋存于上侏罗统索瓦组石灰岩中，呈似层状顺层产出，其产状与地层产状一致。该矿为化学沉积矿床。石膏矿一般呈浅色、浅红色，具有粗粒到细粒结晶粒状结构和致密块状构造、薄纹层状构造。矿层厚度10～15m，出露长大于1 500m。

波涛湖北石膏矿矿点：石膏矿赋存于上侏罗统-下白垩统雪山组一段碎屑岩中，呈似层状顺层产出，其产状与地层产状一致。该矿为化学沉积矿床。石膏矿一般呈浅色、浅红色，具有粗粒到细粒结晶粒状结构和致密块状构造、薄纹层状构造。有两个矿层，上矿层较薄，厚度5～7.5m，出露长大于1 000m；下矿层较厚，厚度16.5～23.5m，出露长大于1 500m。

3. 滑石矿、菱镁矿点

滑石、菱镁矿矿点，位于冬布勒山，为本次工作新发现。滑石矿、菱镁矿含矿体赋存于上三叠统若拉岗日岩群变质岩系中，滑石矿、菱镁矿体即滑镁片岩，呈岩片产出，岩片与围岩（绿帘透闪片岩、蛇纹片岩）为断层接触。矿体出露宽32m，出露长大于500m。

滑镁片岩：粒状、鳞片状、片状变晶结构，片状构造。矿物成分主要为滑石（26.72%）、菱镁矿（49.46%）及方解石，金属矿物（5%），铬尖晶石数粒。可见铬尖晶石碎裂被方解石充填，其余金属矿物沿碎裂带分布。

可能是富镁质超基性岩石，经区域变质作用，形成滑石方解石菱镁矿片岩。虽然该矿点滑石、菱镁矿矿石品位较低，由于某些金属，如Cr、Ni、Co及Pt等，主要赋存于超基性岩中，滑石、菱镁矿与这些矿产的关系十分密切，这为寻找有关的金属矿产和非金属矿产提供了有益的线索。

4. 蛇纹岩矿点

蛇纹岩矿矿点，位于冬布勒山，为本次工作新发现。蛇纹岩含矿体赋存于上三叠统若拉岗日（岩）群变质岩系中，蛇纹岩矿体即蛇纹石片岩体，呈岩片产出，岩片与围岩为断层接触。含矿体有两个，分别编号为矿体Ⅰ、矿体Ⅱ。

矿体Ⅰ：出露宽为30m，出露长大于500m，其岩性为蛇纹石片岩夹沸石化碳酸盐化蛇纹石片岩。蛇纹石片岩：为矿石。黄绿色，交代网状结构，片状构造。矿物成分以蛇纹石为主，方解石（少～10%）、阳起石（5%～10%）、金属矿物（少～5%）为次，铬尖晶石、滑石、石棉、绿泥石少量。沸石化碳酸盐化蛇纹石片岩：为夹石。黄绿色，粒状纤维状变晶结构，条纹条带状、片状构造。矿物成分以方解石（45%～50%）、蛇纹石（20%～30%）、方沸石（20%～30%）为主，金属矿物（0～5%）为次，铬尖晶石少量。一拣块样，经成都地质矿产研究所分析，矿石蛇纹石片岩主要化学成分及百分含量为：SiO_2 34.5%、Al_2O_3 1.02%、TiO_2 0.14%、Fe_2O_3 4.70 %、FeO1.76%、CaO3.56%、MgO35.3%、烧失量19.38%，矿石质量符合一般工业要求。原岩为辉石橄榄岩，均已蛇纹石化，主要为叶蛇纹石和纤维状蛇纹石，显方向性排列。铬尖晶石呈星散状，大小0.2～1mm。其他金属矿物呈星散状或聚集状分布于蛇纹石间显条纹条带状。岩石裂隙发育，并形成方解石、阳起石、绿泥石、石棉、滑石脉。

矿体Ⅱ：出露宽为21m，出露长大于500m，其岩性为蛇纹石片岩。蛇纹石片岩：黄绿色，纤维状变晶结构、交代网状结构，片状构造。矿物成分以蛇纹石为主，方解石（10%～30%）、金属矿物（少～15%）为次，铬尖晶石、滑石少量。

该矿点蛇纹片岩含矿体，可能是富镁质超基性岩石——辉石橄榄岩，经区域变质作用形成。由于某些金属，如Cr、Ni、Co及Pt等，主要赋存于超基性岩中，蛇纹岩与这些矿产的关系十分密切，该矿点亦显示了寻找有关的金属矿产和非金属矿产的有益线索。

第四节 现代生态环境地质调查

一、目的和意义

生态环境是地球表层系统的组成部分，现代生态环境是自然环境受自然因素（包括地质、地形地貌、气候、土壤、水文、植被等）和人为因素综合作用的结果。本次结合1∶25万多格错仁幅区域地质调查所进行的现代生态环境调查，目的是了解区域自然地理系统的整体特征，摸清区域现代生态环境的现状，探讨区域地质特征对生态环境的影响及其内在联系，为环境资源的综合利用和国土资源大调查奠定基础。

二、方法和手段

1. 野外路线考察：将考察路线的自然环境特征和人类活动等做详细的观察描述，并标注在野外手图上。测区2 281km长的考察路线的描述记录，为测区现代生态环境调查提供了丰富的野外第一手资料。

2. 典型剖面调查：通过对第四系剖面的详细观察记录，分析地貌类型和成因，及其与周围其他生态环境的过渡状态。

3. 访问获取资料：前往区内相关部门收集有关资料，访问当地居民和牧民，获取间接资料。

4. 对比获取资料：在没有进行野外实地调研的区域，在地形图上和遥感影像图上通过与调查资料类比，推测其现代生态环境特征。

三、分类和特征

（一）生态环境分类的目的和依据

在一定程度上，风化的地质体决定了生态系统的物质来源和原始状态。因此，地表生态系统的功能、类型与地质背景有着密切的内在联系了，地质因素决定了原生自然环境的基本特征。进行生态环境分类的目的之一，就在于提示地质背景对生态系统的资源性作用规律，建立能有效利用地质背景资源的良性循环的生态系统。测区所在的青藏高原对全球变化和人类活动反应极其敏感，成为研究全球变化的重点地区，因而研究青藏高原各类生态系统的结构与功能，对揭示青藏高原生物进化，物种多样性的形成、发展，生态系统的稳定以及草地资源的合理利用与畜牧业的可持续发展均具有重要的意义。

自然地理系统的地域分异规律是进行生态环境分类和划分的理论基础。本次生态环境划分参照综合自然区划的原则和方法，结合第四系沉积物的成因类型，在对区域进行生态环境初步调查的基础上，厘定划分的依据：①综合自然条件，包括地质、地形地貌、气候、土壤、水文、植被等环境因子及其生态作用；②生态环境的功能、类型，特别是土地利用情况和人类活动方式。

（二）现代生态环境的分类和特征

测区所属藏北高原平均海拔 4 500～5 000m。高原形态较完整，表现为辽阔坦荡、波状起伏的高原面，众多大小不等的内流湖盆、宽浅的谷地和低缓的高原山地、山前丘陵连在一起。区内现代地貌过程以寒冻风化作用和冰缘作用为主，流水作用和风蚀作用次之。

气候分区属于高原亚寒带半干旱气候区，其气候特征为空气稀薄，气压低，氧气少；日照时间长，太阳辐射强；气温低，年差较小，日差较大，日均温≥10℃，日数少于 50 天；气候干燥，干燥度 1.5～5.0；年降水量 100～300mm，降水主要集中在 6～8 月，且以阵性固态降水为主；风大、风频，致使风沙盛行。属于青藏高原自然地域系统、高原亚寒带羌塘高寒草原地带、北羌塘高原区，其生物循环、土壤发育等生态过程进行缓慢，植物生长季短，生态系统类型少而结构简单，处于相对原始状态。

根据生态环境划分的依据，测区有高寒冰雪生态系统、高寒荒原和荒漠化生态系统、高原湖泊生态系统、高原湿地生态系统 4 个一级区划生态环境系统（图 7-4-1）。

1. 高寒冰雪生态系统

高寒冰雪生态系统面积约为 130 km^2，约占测区总面积的 1%。主要分布于测区高海拔地区，包括普若岗日高寒冰雪生态系统、玉带山高寒冰雪生态系统、岗盖日高寒冰雪生态系统。高寒冰雪生态系统地形地貌较为复杂，冰川侵蚀地貌有冰斗、刃脊、冰川 U 形谷、悬谷等，而冰川堆积物—冰碛地貌则主要表现为基碛地形（冰碛丘陵、鼓丘）、终碛地形（终碛堤）和侧碛地形（侧碛堤）。冰川类型有冰斗冰川、悬冰川、山谷冰川、平顶冰川等。

现代冰川婀娜多姿，十分壮观。值得注意的是，在冰川前缘广泛发育有“消融冰川”，它是受全球气候变暖和降水量减少影响而消失了的“冰川”，表明冰川具有明显的退缩现象。例如，本次区调发现岗盖日冰川的面积，与改则幅区调时（1986）圈定的 45km^2 相比，时隔仅仅 20 年，冰川面积就减少了 7km^2。

2. 高寒荒原和荒漠化生态系统

该生态系统面积约为 9 000km^2，约占测区总面积的 59%。主要分布于测区高山地区。而这些地区气候干旱，日照强烈，昼夜温差大，多大风与尘暴。物理风化作用强烈，土壤发育不良。地表大都为裸露基岩或寒冷风化碎屑物，植被十分稀疏，甚至无植被。植被群落结构简单，伴生种很少。植物生长期很短。植被类型主要是以耐高寒、干旱的垫状（高寒）小半灌木为主体，高度一般小于 10cm，垫状体直径为 20～40cm，基部有小土丘。地面与山坡的融冻十分强烈。

值得指出的是，高寒荒原和荒漠化生态系统十分脆弱，在目前自然环境条件和人类活动情况下，测

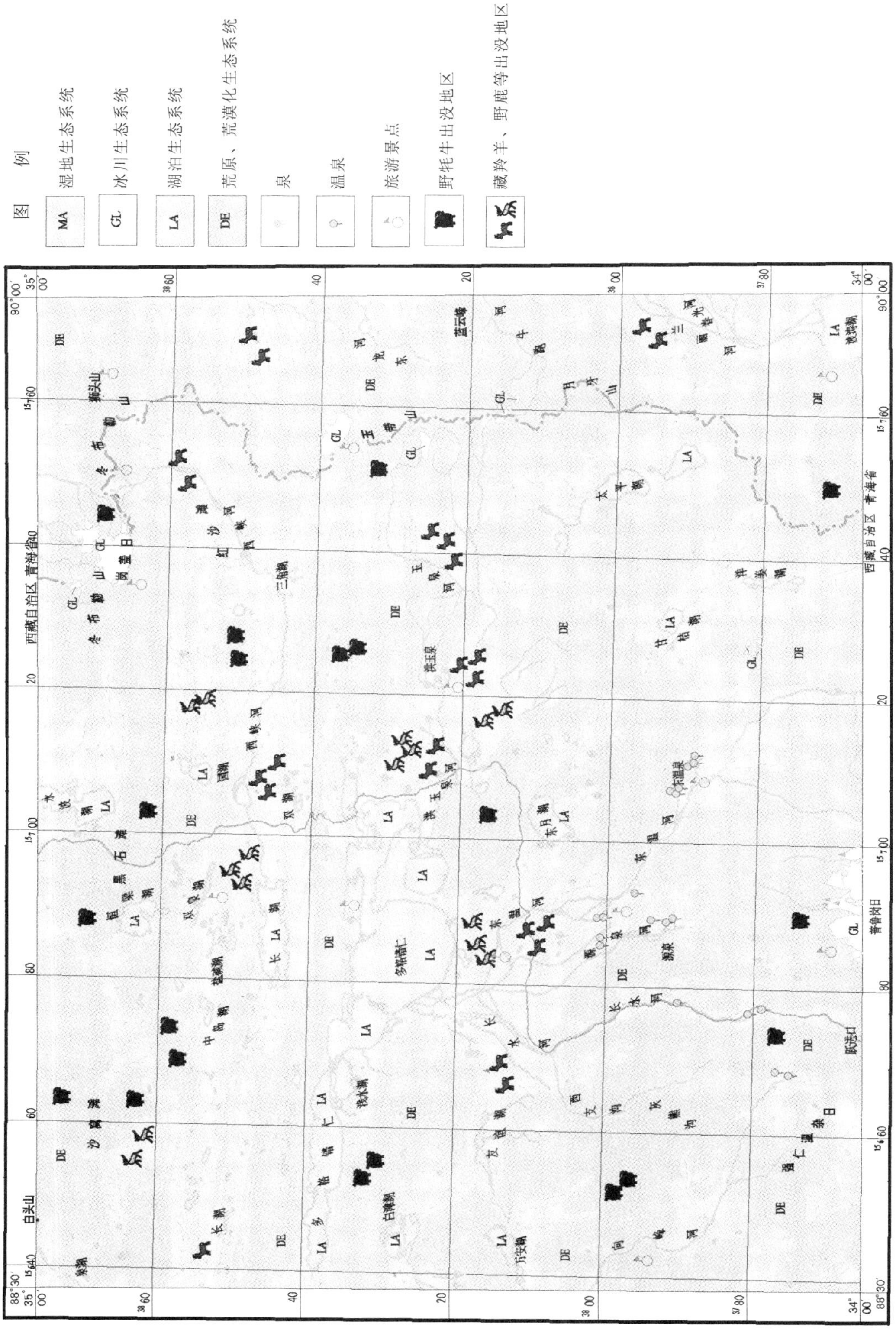

图7-4-1 多格错仁幅生态环境与旅游地质图

区荒漠化和沙化现象日益严重，荒漠化面积有逐年增加之趋势。

3. 高原湖泊生态系统

测区高原湖泊发育，湖泊生态系统面积约为 850km^2，约占测区总面积的 5%。面积最大的湖泊是多格错仁，其面积约 360km^2。面积大于 10km^{2}的湖泊有波涛湖、长湖、永波湖、太平湖、恒梁湖、白滩湖、浅水湖。这些湖泊均属封闭的内陆湖泊，绝大部分为咸水湖或盐湖。湖泊水来源于其周围冰川季节性消融、大气降水以及地下泉水等水源。

本区湖泊的基本特点是数量多、较分散，并且面积小。原因是由于降水少，蒸发损失大；地表起伏平缓，不利于径流形成；多数湖泊汇水面积小，湖盆较浅，不利于储水。一些湖泊受入湖水量的影响，夏季成湖，冬季变干成沼泽或盐滩。入湖河道一般宽浅而短小，底部多为砂砾质，两岸阶地不发育。不少河流上游有来水，流至山前地带或湖滨平原地区，忽而消失，或剩下很少支沟有水。仅少数发源于雪山的河流，水源补给相对丰富，水量较大。

本区湖泊另一个特点是，由于气候和风化作用、深部水热活动等原因，湖泊盐类物质富集，湖水水质成分复杂。湖泊类型齐全，淡水湖、半咸水湖、咸水湖、盐湖均有发现，堪称湖泊博物馆。淡水湖多呈淡绿色或绿色，咸水湖多呈浅蓝色或深蓝色，盐湖多呈白色或浅灰色。

由于干旱的气候条件，区内蒸发量远大于补给量，湖泊普遍退缩，多呈分离湖群及串珠状湖群。例如现在永波湖、东月湖、甘桔湖的面积，与改则幅区调时圈定的 40km^2、28km^2、15km^{2}相比，分别减少了 7km^2、22.5km^2、7.5km^2。高原湖泊退缩明显，这一令人陶醉的世外桃源正逐渐离我们而去！

4. 高原湿地生态系统

该生态系统是测区珍稀野生动物最重要的生存与活动环境。面积约为 5 650km^2，约占测区总面积的 35%。其中高寒草原在测区属于高原湿地生态系统的一种主要类型，其植被优势种为针茅属耐寒种，主要的建群种有青藏苔草（*Carex moorcroftii*）、紫花针茅（*Stipa purea*）、扇穗茅（*Littledalea racemosa*）、豆科的几种棘豆、黄芪和曲枝早熟禾等。常见的伴生种有垫状棱子芹（*Pleurospermum hedinii*）等。青藏苔草高寒草原，分布较为广泛。群落的盖度随所处环境的水热状况有较大的变化，一般为 12%～35%，最高可高达 45%。紫花针茅高寒草原分布零散或局限于个别坡地或山地，群落盖度一般 20%～35%左右。扇穗茅高寒草原，常与紫花针茅高寒草原和莫氏苔草高寒草原复合分布，群落覆盖度一般仅 10%左右，有时可达 18%。豆科类高寒草原广泛分布于测区各类湖岸阶地，冰川河流碎石坦阶地，山坡坡脚坡积物及剥蚀山坡和坡脊。这类草原，种类组成较混杂，群落结构也因质地的变化而有较大差别，盖度一般约 20%，但低于 10%，高达 47%也可见到。

此外，高寒草甸在测区呈零星出露，它是由耐寒的多年生地芽和地下芽草本植物为优势种的一种类型，其分布与发育受一定的生态地理条件所制约。分布海拔高度 4 300～5 200m 不等，分布地区的特点是高寒、中湿、日照充足、太阳辐射强、风大。小蒿草草甸主要分布于山坡、丘陵和谷地；无味苔草-唐古拉点地梅草甸主要分布于山地阴坡、坡脚、山地鞍部、冰碛台地、冰冻洼地，土壤盐分含量较高；藏蒿草草甸主要分布于积水谷地、洼地和水分条件较好的坡脚山裙。土壤为高原草甸土，土层较薄，一般仅为 10～30cm。表层具有根系盘结致密紧实的毡状草皮层，草皮层之下多为松散的砂砾石层或冰土层。高寒草甸草层低矮，高度仅为 5～10cm，秆纤细，叶片呈针状，具有较强适应寒冷干旱的生态特点。群落结构极其简单，层次分化不明显，一般仅有草本一层。草群生长茂密，盖度可达 80%。

四、加强现代生态环境保护

青藏高原以其辽阔高亢的地势为基础，依靠自身的热力作用和动力作用，对大气环流的性质、方向和强度都施加重大影响。它不仅直接驱动我国东部和西南部的气候变化，而且对北半球甚至全球气候变化，都具有明显的敏感性、超前性和调节性，从而对我国乃至全球的生态环境有着十分重要的影响与作用。

该区具有独特的高原生态系统，是全球生物多样性、生态系统多样性不可或缺的地理单元，是高原高寒草垫草地生态系统自然博物馆，是高原珍稀野生动物物种基因库。这里的野生动物种群和群系数量多，具有极度的稀有性和濒危度。同时，它们所保存下来的不同基因组合具有极高的科学价值，能为人类未来开发生物资源提供广阔的舞台，因而具有世界性保护价值。

该区生态系统发育过程缓慢、缓冲性能弱、抗冲击性能差、自我调节和恢复能力低等生态环境特点，使得区内植被种类少，结构简单，生长期短，生产率低，各类生态系统内物质循环和能量的转换过程缓慢且简单。生态系统类型少而结构简单，处于相对原始状态，对外界干扰极为敏感。生态环境变化快，恢复慢，一旦遭受破坏影响大，后果严重而复杂。尤其是植被受到破坏，将引起整个生态系统的破坏。因此，测区是我国乃至世界上生态环境极为脆弱的地区。

然而，随着全球性的气候变干变暖以及青藏高原迅速的差异性升降所带来的内部微气候变化，加上过度人类活动的影响，致使本来就十分脆弱且极不稳定的高原现代生态环境承受着越来越大的压力，呈现出逐步恶化的趋势。主要表现在：冰川面积缩小，固体水库日见消融；冻土面积减少，厚度变薄，冻土退化，原先处于冻结状态的表层转化为疏松的砂砾地，在大风的吹蚀下极易发生风蚀，加速土壤沙化和水土流失，加重了荒漠化的发生和发展速度；河流流量减少，地下水位下降，土壤变干，水土流失，沙化，荒漠化；湖泊萎缩，湖泊盐、碱化，水源枯竭，涵养功能下降。湖滨地带裸露，在遭受风蚀、风积后形成沙（丘）地；高寒草原植被得不到水分供给而凋萎、死亡，草场退化、低质化，趋向荒漠化；沙尘暴加剧等。

土地沙漠化是测区生态环境退化最为明显的表现。调查表明，测区是沙漠化强烈发展—严重发展的区域，特别是近些年以来，土地荒漠化的严重程度显然加大。沙漠化土地类型主要是裸露砂砾地和半裸露砂砾地，其次是流动沙（丘）地、固定和半固定沙（丘）地。沙漠化土地主要分布于内陆湖盆区的湖滨平原、山前平原、河流宽谷，不仅面积较大，而且分布广。并且，原来轻度的荒漠化土地向中度和重度荒漠化发展，相当部分的盐碱化土地也转化为沙漠化土地。可以认为，该区是青藏高原沙漠化土地面积比例较高的区域之一，是青藏高原沙漠化发生、发展的中心地带。

草地退化是测区荒漠化程度加重的重要表征。测区所属藏北高原，是青藏高原内生态环境最酷劣的自然地域，大部分为无人区。草地绝大部分是由紫花针茅（*Stipa purpurea*）及青藏苔草（*Carex moorcroftii*）等组成的高寒草原与高寒荒漠草原，虽然紫花针茅草原是当地藏羚羊的较适宜生态地域，但其鲜草产量不足 800kg/km^2，仅在 6～9 月能利用，加上草地土壤富含砂砾，抗侵蚀能力弱，所以草地生态较脆弱。目前，有 1/4 的草地处于过牧退化状况，有 1/3 的草地受到沙化的威胁。超载过牧和冷暖两季草地比例失调，是人类活动造成草地不断退化的原因。

草地鼠害严重。由于缺少天敌，高原田鼠和鼠兔过量繁殖，大大小小的老鼠洞在草地上随处可见，有时一平方米的草皮上老鼠洞多达 25 个。严重鼠害区犹如刚刚翻新的耕地，草地植被破坏严重。同时，“胃口”不小的它们每只每年食草量至少为 50kg，草皮遭受咬啮、吞食而发生枯死，导致大面积的草地出现退化直至沙化。

不合理的人为活动，在测区主要表现为过度放牧和人口增长过快。测区草地超载过牧的现象十分普遍，人畜活动强度与生态环境容量间的矛盾日益激化，使草地生态系统的结构和功能失调，导致草地退化。同时，人畜活动占据了野生动物的栖息场所和重要的水源涵养区，这无疑使野生动物的活动范围及生存空间日益缩小。同时，野牦牛和家牦牛混杂，这将对野牦牛种群产生致命的影响。野牦牛能顽强地生存在青藏高原恶劣严酷的自然环境中，在生物学和遗传学上有着独特的、不可替代的重大意义。而野牦牛与家牦牛的“杂交混血”将冲淡野生血统，造成野牦牛的野性信息丢失，对自然灾害的抵抗能力大大降低。

近年来，牧民已开始迁入，进入测区的科考队伍和旅游探险的人数和车辆也不断增加，该区已不是真正的“无人区”。人类活动留下的生产、生活垃圾，以及常常宽数十米甚至百米以上的车辙带，大面积的植被将难以恢复，对测区生态环境的影响亦是不容忽视。

总之，测区地质生态环境十分脆弱，地质生态环境日益恶化的趋势明显。有效地保护青藏高原具有典型意义的地质生态环境，维护生物的多样性和生态系统的多样性以及生物资源的可持续利用和自然生态环境的良性循环，显得非常紧迫。自然保护区的建设不仅对于我国的生物多样性和生态系统多样性有重大意义，在保护人类遗产、维护世界生态平衡等方面都具有全球性意义。

第八章　主要成果、存在问题及建议

1∶25万多格错仁幅（I45C002004）区调是羌塘地区四幅1∶25万区域地质调查项目联测图幅之一。该项目是由成都地质矿产研究所承担，云南及甘肃地质调查院部分技术人员参加。项目实施过程中得到了成都地质矿产研究所、云南地调院、甘肃地调院的大力支持和帮助。项目在全面收集、研究测区已有资料、成果的基础上，经全体工作人员三年团结奋战、风餐露宿、爬冰卧雪，克服缺氧、陷车等重重困难，全面完成了项目任务书和设计书的各项要求，取得了丰富、系统的地质调查资料，并按时提交了区域地质调查报告和地质图件。

本图幅完成填图总面积15 300km^2，地质路线2 931km，有效采集各类样品1 385件。报告共八章，约25万字；插图198幅，插表58个，图版7版。报告对测区地层及沉积环境、岩浆岩、变质岩、构造地质特征及地质发展史、遥感地质、经济地质、生态环境等进行了系统全面的论述与总结。

一、主要成果及认识

（一）地层方面

（1）对测区地层进行了全面调研，依据调查区地层分布和产出特征，结合区域构造背景分析，将调查区地层划归为两个地层分区，即若拉岗日地层分区及北羌塘地层分区；认为两者分属区域上的巴颜喀拉地层区及羌塘地层区，并确立了分区边界；对各分区地层沉积特征及建造类型进行了论述，将测区地层划分为19个正式填图单位，从而重新厘定了测区地层系统，建立了地层构造格架。

（2）对测区北部三叠系地层调查后认为，原三叠系肖茶卡组大部分属深水复理石沉积，并新厘定为藏夏河组；对分布于测区西北角白头山地区及东北部岗盖日、狮头山等地的原若拉岗日群调研后认为，其在空间上分别由不同变质程度和岩石类型的变质中基性火山岩与变质片岩、大理岩、硅质岩、超基性岩等相伴组成，总体构成一套构造混杂岩，并按构造—岩石地层单位的定义，将其厘定为若拉岗日岩群。

（3）在实际调查的基础上，结合前人区域地质调查、石油地质调查及西藏岩石地层清理等成果，将调查区原侏罗系雁石坪群地层划分为中侏罗统布曲组、夏里组，上侏罗统索瓦组、白龙冰河组，上侏罗统—下白垩统雪山组，并查明了它们的岩石组合、产出形态、空间分布范围、接触关系及沉积相等特征。

（4）根据测区新生代火山岩中获得的大量同位素年龄值，结合填图中发现的一些新生代地层间不整合接触关系，将测区原石坪顶组解体为古近系始新统—渐新统鱼鳞山组（32.6～43.4Ma）及新近系石坪顶组（2.5～10.6Ma），将测区康托组、唢纳湖组的地层时代划归为古近系始新统；从而改变了前人对测区新生代火山岩及陆相红层层位的认识，厘定了测区新生代主要地层的年代学属性，为分析测区新生代构造盆地演化特征提供了依据。

（5）重视古生物化石的采集和鉴定工作，丰富了测区生物化石资料。野外共采集各类古生物化石259件，已鉴定193件，结合前人大量资料，系统地划分出16个生物地层单位，有力地支撑了区内地层划分及大区域地层对比，为建立羌塘沉积盆地演化的年代地层格架奠定了基础。在藏夏河组发现介形虫：*Sulcocythere Subovata*（Zheng），孢粉：*Cadargasporites granulatus* 等晚三叠世特征的微体化石，显示属诺利期，为藏夏河组的时代确定提供了依据。

（6）以实测地层剖面为基础，详细描述了各时代沉积地层的基本层序和沉积相，共划分出2个巨层序、3个超层序、9个三级层序；较详细描述并总结了各层序界面、沉积体系域的性质、结构特征及其层序地层的时空格架，提高了地层划分与对比的研究精度；初步编绘出测区晚三叠世—早白垩世海平面变化曲线，反演了盆地沉积演化史。

（二）岩浆岩方面

（1）查明了调查区各类侵入岩、火山岩的岩石类型、分布、产状、形态、规模和活动时代等特征。首次在调查区北部岗盖日地区发现少量冷侵位的超基性岩块体，在白头山及普若岗日等地发现小面积酸性侵入岩，丰富了调查区岩浆侵入活动资料，对研究区域岩浆演化规律有一定意义。

（2）对区内主要岩浆岩系统采集了岩石学、岩石化学、地球化学及同位素测年等样品，获得一批重要岩石学分析数据，填补了调查区岩浆岩岩石化学、地球化学、同位素测年等资料的严重空缺。

（3）根据岩浆岩空间分布特征及区域大地构造背景，将调查区侵入岩划分为两个构造岩浆岩带，即若拉岗日构造岩浆岩带及北羌塘构造岩浆岩带。分别对两带内的酸性、基性、超基性等岩体或脉岩进行了岩石学、岩石化学、地球化学、形成时代等方面的研究，探讨了岩浆源区性质及形成环境。

（4）对调查区酸性侵入岩研究后认为，其形成环境与早期弧火山岩的进一步演化有关，为上地幔派生岩浆与地壳同熔或混染而成，具同碰撞 S 型—后碰撞 I 型花岗岩的特点，形成时代早于 40.2Ma（喜山早期）。

（5）综合地质、岩石、地球化学特征认为，调查区超镁铁质岩来自亏损的地幔，属原地侵位并有地壳物质加入，再经构造改造、异地就位而成。其与金沙江中段超镁铁质岩——辉橄岩特征一致，表明它们具有相同的产出背景。

（6）对狮头山一带基性岩墙的研究认为，其形成于大洋板内的洋岛环境，岩浆来源与洋底玄武质岩浆的分异有关。

（7）对调查区三叠系若拉岗日岩群中的变质火山岩进行了深入调研，认为其组成复杂，构造岩浆类型多样。首次将若拉岗日岩群变质火山岩划分为洋脊型（以岗盖日地区为代表）、洋岛型（以狮头山地区为代表）及岛弧型（以白头山地区为代表）火山岩 3 类，并认为岗盖日地区的洋脊型火山岩因与超基性岩、硅质岩等岩片相伴而显示有蛇绿混杂岩的某些特征。

（8）对调查区大面积分布的新生代火山岩调研发现，其主要呈熔岩被形式产出，部分火山岩呈桌状山、熔岩台地、熔岩丘及火山锥等形式产出。新生代火山岩在时间上可分解为两个时代，即 2.5～10.6Ma 的新近纪火山岩及 32.6～43.4Ma 的古近纪火山岩；它们分别代表了两期，即两个火山喷发旋回的产物。古近纪火山岩在空间上大致构成 3 个岩区，即跃进拉岩区、东月湖岩区、玉带山外围岩区；新近纪火山岩主要组成沙窝滩岩区。两期火山岩岩石及地球化学特征总体相似，有显著共性，但又有一定差异。两者主要均由中性粗安岩、粗面岩组成，其他岩类较少，均属高钾钙碱性粗面质火山岩类；新近纪火山岩较古近纪火山岩的岩石类型相对单一，后者多见少量安山岩、英安岩、流纹岩等。

（9）构造环境判别表明，调查区新生代火山岩既具板内火山岩的特征，又具弧火山岩的特征，总体属岛弧造山带火山岩演化而形成的偏碱性火山岩，体现了陆—陆碰撞后岩浆活动的“滞后效应”。岩浆演化过程中不同程度地混入陆壳组分，显示壳—幔混合作用的结果。其中，新近纪火山岩较古近纪火山岩还显示具一定的陆内裂谷特点，岩浆来源趋向于加厚的地壳，表明古近纪火山岩的喷发导致地壳加厚及高原隆升的不断加强，至新近纪，为达到地壳均衡，在总体挤压背景中出现陆内局部拉张的裂谷环境。

（10）将调查区新生代火山岩的岩石化学及地球化学资料与埃达克岩特征作了初步分析与对比，指出：藏北高原可能有埃达克岩存在，并认为古近纪火山岩具高钾钙碱性埃达克岩特征，而新近纪火山岩类似于钾质埃达克岩。其形成与陆—陆碰撞后因陆内俯冲导致的高温高压条件下地壳的部分熔融有关。

（三）变质岩方面

（1）较系统地总结了测区变质岩的岩石类型及时空分布等特征，确定了变质变形期次，划分了变质作用类型。

（2）初步划分了测区变质岩变质相系特征，确认调查区三叠纪岩石具低绿片岩相变质，主要属区域埋深变质作用的产物。其中，若拉岗日岩群部分岩石达绿帘—角闪岩相，并在狮头山变基性火山岩中进一步发现有蓝闪石高压变质矿物存在，显示动力变质特征。

（四）构造方面

（1）厘定了调查区基本构造格架及空间展布规律，将调查区划分为 2 个二级构造单元，2 个三级构造单元及 3 个四级构造单元。指出，二级构造单元具有大地构造分区意义，分别为若拉岗日构造混杂岩带及北羌塘陆块；三级构造单元为北羌塘陆块内的羌塘北缘冲断带及多格错仁断褶区，它们在地层组合、沉积建造、构造变形特征等方面存在明显差异，反映了北羌塘盆地不同构造部位沉积环境及构造改造强度的差异；四级构造单元主要为多格错仁断褶区内由较大断层分隔的断褶带，其组成地层的出露特点、构造形迹特征及复式褶曲构造样式等差异明显，并控制着新生代火山岩的分布，代表了北羌塘盆地内次级沉积环境及构造变形特征的差异。

（2）对调查区北部二级构造单元的调研认为，构成若拉岗日构造混杂岩带的主体地层——若拉岗日岩群为一套构造混杂岩系。其中，不同构造属性的变质火山岩（绿片岩）在空间上分别与硅质岩、超基性岩、大理岩等相伴，组成了调查区北部白头山以岛弧火山岩为主的弧火山岩片、岗盖日以洋脊型变玄武岩为主夹杂硅质岩、绿片岩、超基性岩等块体（小岩片）而组成的蛇绿混杂岩片，及狮头山以洋岛型火山岩为主夹杂碳酸盐岩块体的大洋海山（即洋岛）岩片。指出，若拉岗日构造混杂岩带内存在上述不同属性的构造岩片，说明金沙江构造带南缘曾有过类似于有限小洋盆、洋岛和陆缘（岛）弧等大地构造环境单元，为恢复该构造带的地质演化历程提供了依据。

（3）对三级构造单元即羌塘北缘冲断带地质构造特征的调研认为，组成冲断带的主要地层多以逆断层为界，在空间上构成一系列近东西向的冲断叠置岩片。岩片内地层柱无顶无底，地层序列相对连续、完整，自成一体，岩片之间则以断层为界。不同岩片内地层褶曲程度及变形样式的差异显示属不同构造变形层结果（晚期构造层总是叠加改造早期构造产物，致使早期构造层构造变形形迹最复杂）。

（4）对多格错仁断褶区 3 个断褶带褶皱、断裂等构造形迹特征及复式褶曲组合样式进行了系统总结，认为：

①长湖-玉带山断褶带中部地层新（雪山组），南北两侧地层相对较老（索瓦组及白龙冰河组），总体构成以长湖—西峡河为轴心的近东西向大型复向斜。复向斜北翼组成泉湖南—园湖—过车岭近东西向褶皱组，出露窄；南翼在玉带山—月牙山一带，构成北西西向或隔槽式褶皱群，呈楔形，出露宽；核部为长湖—西峡河近东西向长轴褶皱群，呈带状、隔档式褶皱组合，表明复向斜总体为一不对称的斜歪型复式褶曲。

②多格错仁-波涛湖断褶带总体构造为：以东南部雪山组一、二段地层组成的长轴向斜为核，其他侏罗系地层及其所组成的短轴状背、向斜或单斜为翼而共同构成的复式向斜，即甘桔湖-波涛湖复向斜。复向斜北翼窄小，南翼宽大；呈西窄东宽，向西收敛变窄，向南偏转撒开的“帚状”特点。新生代火山岩及多格错仁湖主要沿甘桔湖-波涛湖复向斜轴线方向分布。

③白滩湖-长水河断褶带构造形迹以北西向，长、短轴相结合的连续背、向斜及相伴断裂为主。该带地层总体构成了以向峰河中侏罗统布曲组为核、其他中上侏罗统地层为翼的大型复背斜，即向峰河复背斜。其构造变形强度是多格错仁断褶区中相对最复杂的部分。复背斜的北东翼和西南翼均不同程度地发育着次级复背斜和复向斜，其规模及完整程度不同。西南翼相对窄小，北东翼较为宽大，反映出向峰河大型复背斜呈北缓、南陡的不对称型式。新生代火山岩及普若岗日花岗岩主要沿向峰河复背斜轴线方向分布。

（5）羌塘北缘冲断带及多格错仁断褶区 3 个断褶带的断裂构造，可明显分为 3 组，3 组断裂系统分期配套关系明显。近东西向断裂与褶皱构造同向，为较早时期形成的压性断裂系统；南北向断裂切断主要褶曲构造，为高原块断隆升过程中形成的张性断裂；北西—北东向断裂，规模及断距均小，且以走滑剪切为主，属于最晚时期形成的平移小断层。3 组断裂系统的分期配套关系反映出：调查区应力状况是由南北向挤压为主转为东西向拉张为主，最后挤压应力发生右行偏转产生走滑剪切小断裂。

（6）多格错仁断褶区四级构造单元及其对应的复式褶曲样式、新生代火山岩等，由分隔它们的边界断裂挟持，共同组成了调查区北羌塘盆地向西收敛、向东南逐渐撒开，西窄、东南宽的帚状构造组合形式。

抛开四级构造单元间的边界断裂，调查区各四级构造单元所反映的主体褶皱构造呈复背斜与复向斜交替出现的连续变化。它们连绵于包括调查区的更大区域——羌北盆地中，并共同构成了羌北盆地多格错仁巨型复向斜。该巨型复向斜是1∶100万改则幅区调中所确立的羌北盆地巨型复向斜（S_3）的一部分。巨型复向斜南翼地层总体较老而出露较宽，北翼地层相对新而窄，反映了巨型复向斜总体形态呈北翼陡、南翼缓，且向北斜歪的不对称型。巨型复向斜的核部位于北部长湖一带，被近东西向带状（区域上仍为西窄东宽的楔状）延展的雪山组地层所充填、掩盖，反映了多格错仁湖北岸雪山组分布区是调查区乃至整个北羌塘盆地坳陷最深的地区。

（7）综合地层、岩浆岩、构造、变质作用特征等全部成果，结合区域大地构造背景及演化特征，论述了本区大地构造格架及其演化历史。即：调查区由晚三叠世弧后前陆盆地转化为侏罗纪坳陷盆地；至白垩纪—古近纪，调查区结束海相沉积历史，开始陆内造山演化阶段，后期伴有大面积火山岩喷发；新近纪，南北大陆的持续挤压，促使青藏高原快速隆升、加厚，产生新的火山岩喷发及南北向张性断裂、断陷盆地等，最终铸就了调查区现今地质构造格架。

二、存在问题及建议

（一）存在问题

（1）测区若拉岗日岩群的地层时代主要借助区域调查资料对比而定，无同位素测年资料及标准化石作证；雪山组地层中也未采集到化石；将测区康托组、唢纳湖组新归为古近系始新统后，与区域上的划分方案存在矛盾。

（2）若拉岗日岩群个别变质火山岩的岩石化学分析数据不理想，产生 SiO_2 过低，而 CO_2 偏高的现象，造成这些样品投影点多位于图解正常区之外。

（3）构造调查中，对多格错仁断褶区四级构造单元分界断裂的野外调研不足、研究资料欠缺。

（4）区域矿产调查显得薄弱。

（二）今后工作建议

（1）区域上若拉岗日岩群中，前人已解体出泥盆系、石炭系、二叠系和三叠系等不同时代及属性地层或构造块体，本区因缺乏相应年龄和化石资料而统归为一套地层，有待今后研究注意，并需加强与金沙江构造带关系的深入研究。

（2）在进行新生代火山岩与高原隆升关系研究的同时，注意埃达克岩的分析与找寻；加强岩浆活动与矿产资源成生关系的研究，研究现代湖泊与盐类矿产、某些稀有矿产资源的关系，进一步分析沉积相、沉积盆地演化对羌塘油气的控制作用等，使基础地质调查面向经济建设的需要，促进地质成果尽快转化为生产力，从而利于国民经济良性循环、健康发展。

（3）区内复式褶曲构造对新生代火山岩的形成及油气生、运、储等起着一定的控制作用，加强其间关系与规律的研究，对羌塘油气找寻将有着重要意义。

参考文献

白生海．青海西南部海相侏罗纪地层新认识[J]．地质论评，1989，35(6)：529～536.

边千韬，常承法，郑祥身．青海可可西里大地构造基本特征[J]．地质科学，1997，32(1)：37～46.

边千韬，沙金庚，郑祥身．西金乌兰晚二叠世—早三叠世石英砂岩及其大地构造意义[J]．地质科学，1993，28(4)：327～335.

边千韬，沙金庚．青海可可西里地区蛇绿岩的时代及形成环境[J]．地质论评，1997，43(4)：347～355.

常承法，福裕生，郑锡澜等．青藏高原地质构造[M]．北京：科学出版社，1982：1～91.

常承法．特提斯及青藏碰撞造山带的演化特点[M]．北京：海洋出版社，1992：1～18.

程顶胜，李永铁，雷振宇等．青藏高原羌塘盆地油气生成特征[J]．地质科学，2000，35(4)：474～481.

程立人，李才，胡克．西藏羌塘地区中部混杂堆积的发现及其地质意义[J]．长春科技大学学报，1998，28(3)：254～258.

邓万明，尹集祥，呙中平．羌塘茶布—双湖地区基性超基性岩、火山岩研究[J]．中国科学(D辑)，1996，26(4)：296～301.

邓万明，刘关键，文世宣等．藏北路线地质[J]．地质科学，1980，(2).

邓希光，丁林，刘小汉等．青藏高原羌塘中部蓝片岩的地球化学特征及其构造意义[J]．岩石学报，2002，18(4)：517～525.

范和平，杨金泉，张平．藏北地区的晚侏罗世地层[J]．地层学杂志，1988，12(1)：66～70.

方德庆，梁定益．北羌塘盆地中部上侏罗统研究新进展[J]．地层学杂志，2000，24(2)：163～167.

方德庆，云金表，李椿．北羌塘盆地中部雪山组时代讨论[J]．地层学杂志，2002，26(1)：68～72.

费琪，邓忠凡．西藏特提斯构造域海相油气前景[J]．地球科学——中国地质大学学报，1996，21(2)：114～119.

冯心涛，朱同兴，李才等．藏北双湖地区上三叠统肖茶卡群的重新厘定及其地质意义[J]．地质通报，2005，24(12)：9～14.

甘克文．特提斯域的演化和油气分布[J]．海相油气地质，2000，5(3)：21～29.

和钟铧，王天武，李才等．对藏北羌塘地体阿木群的新认识[J]．世界地质，2000，19(1)：1～7.

和钟铧，李才，杨德明等．西藏羌塘盆地的构造沉积特征及演化[J]．长春科技大学学报，2000，30(4)：347～352.

胡承祖，吴瑞忠，张懋功等．藏北双湖地区地质构造特征[G]// 青藏高原地质文集．北京：地质出版社，1986，(9)41～56.

胡克，李才，程立人．西藏羌塘中部冈玛错—双湖蓝片岩带及其构造意义[J]．长春地质学院学报，1995，25(3)：268～274.

胡明毅，吴一慧．藏北羌塘盆地上三叠统肖茶卡组沉积相与含油性[J]．石油学报，2001，22(4)：31～34.

黄汲清，陈炳蔚．中国及邻区特提斯海的演化[M]．北京：地质出版社，1987：55～56.

黄继钧．藏北羌塘盆地构造特征及演化[J]．中国区域地质，2001，20(2)：178～186.

黄继钧．羌塘盆地基底构造特征[J]．地质学报，2001，75(3)：333～337.

贾承造，杨树锋等．特提斯北缘盆地群构造地质与天然气[M]．北京：中国石油工业出版社，2001.

蒋忠惕．羌塘地区侏罗纪地层的若干问题[G]// 青藏高原地质文集．北京：地质出版社，1983(3)：87～112.

孔祥儒，王谦身．西藏高原西部综合地球物理与岩石圈结构研究[J]．中国科学(D辑)，1996，26(4)，308～315.

雷振宇，李永铁，刘忠等．藏北羌塘盆地构造变形及其动力学背景[J]．地质论评，2001，47(4)：415～419.

李才．羌塘基底质疑[J]．地质论评，2003，49(1)：4～9.

李才，程立人，胡克等．西藏龙木错—双湖古特提斯缝合带研究[M]．北京：地质出版社，1995.

李才，和钟铧，杨德明．西藏羌塘地区几个地质构造问题[J]．世界地质，1996，15(3)：18～23.

李才，李永铁，林源贤等．西藏双湖地区蓝片岩原岩 Sm－Nd 同位素定年[J]．中国地质，2002，29(4)：355～359.

李才，王天武，杨德明等．西藏羌塘中央隆起区物质组成与构造演化[J]．长春科技大学学报，2001，31(1)：25～31.

李文华，周兴民．青藏高原生态系统及优化利用模式[M]．广州：广东科技出版社，1998.

李星学等．西藏北部双湖地区晚二叠世植物群．西藏古生物(第五分册)[M]．北京：科学出版社，1982.

李亚林，王成善，伊海生等．西藏北部双湖地堑构造与新生代伸展作用[J]．中国科学(D辑)，2001，31(增刊)：228～233.

李勇，王成善，伊海生等．青藏高原中侏罗世—早白垩世羌塘复合型前陆盆地充填模式[J]．沉积学报，2001，19(1)：20～27.

李曰俊，吴浩若，李红生等．藏北阿木岗群、查桑群和鲁谷组放射虫的发现及有关问题讨论[J]．地质论评，1997，43(3)：250～256.

刘宝珺,曾允孚.岩相古地理基础和工作方法[M].北京:地质出版社,1985:133~137.
刘池阳,王成善等.藏北羌塘盆地茶桑地区构造格局与演化[J].中国科学(D辑),2001,19(1):20~22.
刘池洋,扬兴科.藏北羌塘盆地查桑地区构造格局与演化[J].中国科学,2001,31(增刊):14~19.
刘池洋,扬兴科.藏北羌塘盆地西部查桑地区结构及构造特征[J].地质论评,2002,48(6):593~602.
刘世坤,吕荣敬.羌塘地区海相下侏罗统新知[J].地层学杂志,1988,12(2).
刘训.青藏高原不同地体的地层、生物区系及沉积构造演化史[M].北京:地质出版社,1992:1~145.
刘勇,曹春潮,吕金海.藏北羌塘盆地演化初探[J].断块油气田,1998,5(5):6~12.
罗本家,戴国汉.羌塘盆地油气有利勘探区块[J].石油与天然气地质.1996,17(1):58~61.
罗建宁,王小龙,李永铁等.青藏特提斯沉积地质演化[J].沉积与特提斯地质,2002,22(1):7~15.
潘桂棠,陈智梁,李兴振等.东特提斯地质构造形成演化[M].北京:地质出版社,1997.
潘桂棠.全球洋—陆转换中的特提斯演化[J].特提斯地质,1994(18).
潘裕生.青藏高原第五缝合带的发现与论证[J].地球物理学报,1994,37(2):184~192.
潘裕生.青藏高原的形成与隆升[J].地学前缘,1999,6(3):153~163.
任纪舜,王作勋,陈炳蔚等.中国及邻区大地构造图简要说明:从全球看中国大地构造[M].北京:地质出版社,1999.
任纪舜,肖黎薇.1:25万地质填图进一步揭开了青藏高原大地构造的神秘面纱[J].地质通报,2004,23(1).
施雅风,李吉均,李炳元.青藏高原晚新生代隆升与环境变化[M].广州:广东科技出版社,1998.
孙鸿烈.青藏高原的形成演化[M].上海:科学技术出版社,1996.
谭富文,潘桂棠,徐强.羌塘腹地新生代火山岩的地球化学特征与青藏高原隆升[J].岩石矿物学杂志,2000,19(2):121~130.
谭富文,王剑,王小龙等.藏北羌塘盆地最大规模沥青脉的发现[J].地质通报,2002,21(11).
谭富文,王剑,王小龙等.藏北羌塘盆地上侏罗统中硅化木的发现及意义[J].地质通报,2003,23(12).
谭富文,王剑,王小龙等.西藏羌塘盆地——中国油气资源战略选区的首选目标[J].沉积与特提斯地质,2002,22(1):16~21.
滕吉文,张中杰.青藏高原地体划分的地球物理标志研究[J].地球物理学报,1996,39(5):629~641.
滕吉文,张中杰.青藏高原整体隆升与地壳短缩增厚的物理——力学机制研究(上)[J].高校地质报,1996,2(2):121~133.
王成善等.西藏羌塘地区的地质特征兼论古特提斯的构造格局[J].大自然探索,1985,4(12):75~83.
王成善,胡承祖,吴瑞忠.西藏北部查桑—茶布裂谷的发现及地质意义[J].成都地质学院学报,1987,14(2):33~46.
王成善,伊海生,李勇等.西藏羌塘盆地地质演化与油气远景评价[M].北京:地质出版社,2001.
王成善,张哨楠.藏北双湖地区油页岩的发现[J].中国区域地质,1985(8):29~31.
王成善,张哨楠.青藏高原含油气盆地分析及油气资源预测[J].地球科学——中国地质大学学报,1996,21(2):120~129.
王国芝,王成善.西藏羌塘基底变质岩系的解体和时代厘定[J].中国科学(D辑),2001,31(增刊):77~82.
王鸿祯等.中国及邻区构造古地理和生物古地理[M].武汉:中国地质大学出版社,1990.
王鸿祯等.沉积层序及海平面旋回的分类级别——旋回周期的成因讨论[J].现代地质,1998,12(1):1~16.
王剑,谭富文,李亚林等.青藏高原重点沉积盆地油气资源潜力分析[M].北京:地质出版社,2004.
王剑,谭富文,王小龙等.藏北羌塘盆地早侏罗世—中侏罗世早期沉积构造特征[J].沉积学报,2004,22(2).
王乃文.藏北湖区中生代地层发育及其板块构造意义[G]//青藏高原地质文集.北京:地质出版社,1983(3):29~40.
王思恩等.中国的侏罗系[M]//中国地层(11).北京:地质出版社,1985.
王希斌,鲍佩声,邓万明等.西藏蛇绿岩[M].北京:地质出版社,1987.
王岫岩,滕玉洪,王贵文.西藏特提斯构造域及其找油前景[J].石油学报,1998,19(2):44~48.
王岫岩等.西藏特提斯构造域及其找油前景[J].石油学报,1988,2(19):44~48.
王延斌,毕建军,赵厚银等.羌塘盆地中生代源岩中动物型原沥青的成因及意义[J].地质论评,2001,47(4):393~397.
文世宣.西藏北部地层新资料[J].地层学杂志,1979,3(2):150~156.
吴瑞忠.藏北羌塘地区地层系统[G]//青藏高原地质文集.北京:地质出版社,1986(9):1~32.
吴瑞忠,张懋功.藏北羌多—茶布地区下二叠统划分与早二叠世动物群特征[J].地质科学,1991(1).
吴瑞忠.藏北双湖查桑地区中泥盆统的发现及地质意义[G]//青藏高原地质文集.北京:地质出版社,1985(9):33~40.
吴珍汉,叶培盛,胡道功.青藏高原腹地的地壳变形与构造地貌形成演化过程[M].北京:地质出版社,2003.
熊绍柏,刘宏兵.青藏高原西部的地壳结构[J].科学通报,1997,42(12):1 309~1 312.
熊盛青,周伏洪,姚正煦等.青藏高原中西部航磁调查[M].北京:地质出版社,2001.
徐珏林等.西藏侏罗、白垩、第三纪生物地层[M].武汉:中国地质大学出版社,1990.

杨遵仪,史晓颖. 藏北双湖地区中侏罗世早期腕足动物群的发现及其古地理意义[J]. 地球科学——中国地质大学学报,1987,15(3).
伊海生,林金辉等. 藏北羌塘地区地层新资料[J]. 地质论评,2003,49(1):59～65.
阴家润. 青海南部侏罗纪雁石坪群中半咸水双壳动物群及其古盐度分析[J]. 古生物学报,1989,28(4).
尹安. 喜马拉雅—青藏高原造山带地质演化[J]. 地球学报,2001,22(3):193～230.
于远山,朱同兴,张启跃等. 藏北若拉岗日岩群变质火山岩的基本特征及构造属性[J]. 沉积与特提斯地质,2005:25(4).
余光明,王成善,张哨南等. 西藏特提斯中生代沉积盆地特征及演化[J]. 中国科学(B辑),1989,9:982～990.
余光明,王成善. 西藏特提斯沉积地质[M]. 北京:地质出版社,1990:94～98.
张胜业,魏建国,王家映等. 西藏羌塘盆地大地电磁测深研究. 地球科学——中国地质大学学报,1996,21(2):198～202.
张以茀,郑健康. 青海可可西里及邻区地质概论[M]. 北京:地震出版社,1994.
赵政璋,李永铁,叶和飞等. 青藏高原大地构造特征及盆地演化[M]. 北京:科学出版社,2001.
赵政璋,李永铁,叶和飞等. 青藏高原地层[M]. 北京:科学出版社,2001.
赵政璋,李永铁,叶和飞等. 青藏高原中生界沉积相及油气储盖层特征[M]. 北京:科学出版社,2001.
郑祥身,边千韬等. 青海可可西里地区侵入岩的岩石化学特征及其成因意义研究[J]. 岩石学报,1997,13(1):44～58.
朱同兴. Triassic Sedimentary and Tectonic Evolution in Qiangtang Basin, Northern Tibet, China(Abstract), Joural of Nepal Geological Society(16).
朱同兴. 从弧后盆地到前陆盆地的沉积演化:以西藏北部羌塘中生代盆地为例[J]. 特提斯地质,1998(23).
朱同兴,董瀚,李才等. 青藏高原羌塘地区晚三叠世地层展布和沉积型式[J]. 沉积与特提斯地质,2005, 25(3).
朱同兴,李宗亮,李才等. 藏北双湖地区三叠纪地层新资料[J]. 地质通报,2005, 24(12):1～8.
朱同兴等. 藏北双湖地区海相侏罗纪磁性地层研究[J]. 地质学报,2002,76(3):308～316.
地矿部青藏高原地质调查大队. 青藏高原地质文集[G]. 北京:地质出版社,1980～1985.
西藏自治区地质矿产局. 西藏自治区区域地质志[M]. 北京:地质出版社,1993.
西藏自治区地质矿产局. 西藏自治区岩石地层[M]. 武汉:中国地质大学出版社,1997.

图版说明及图版

图版Ⅰ

1. 第曼图兰蛤 *Corbula didimtuensis* Cox
侧视×1.5　采集号:D8517 H_1^1　　产地:多格错仁南　时代: J_1^3～J_2
2. 托托河花蛤 *Astarte tagtonheensis* Wen
侧视×2.4　采集号:D8517 H_1^2　　产地:多格错仁南　时代: J_2
3. 斯氏始心蛤 *Protocardia stricklandi* (M. et L.)
侧视×2　采集号:D7528 H_{2-3}^2　　产地:独山北泉湖南　时代: J_2
4,9. 游离刮具海扇 *Chlamys* (Radulopecten) *vagans* (Sow.)
侧视×1;×0.8　采集号:D7528 H_{2-3}^2　　产地:独山北泉湖南　时代: J_2～J_3
5. 近心形花蛤比较种 *Astarte* cf. *subcardiformis* Fan
侧视×3　采集号:D8517 H_1^3　　产地:多格错仁南　时代: J_1^3～J_2
6. 尾歧心蛤 *Anisocardia* (A.) *rostrata* (Sow.)
侧视×1　采集号:D8517 H_1^{10}　　产地:多格错仁南　时代: J_2
7. 光套海扇 *Chlamys laevis* Wen
侧视×1　采集号:D4521 H_1^2　　产地:长水河西支沟　时代: J_2
8. 梯氏刮具海扇比较种 *Chlamys* (R.) cf. *tipperi* Cox
侧视×0.6　采集号:D4521 H_2　　产地:长水河西支沟　时代: J_{2-3}
10—11. 棱笋海螂比较种 *Pholadomya* cf. *carinata* Goldfuss
10 侧视×0.5　11 后视 ×0.5　采集号:D4548H_2　　产地:半岛湖　时代: J_{2-3}
12. 笋海螂未定种 *Pholadomya* sp.
侧视×0.6　采集号:D4548 H_4　　产地:半岛湖　时代: J～R
13. 青海笋海螂 *Pholamys qinghaiensis* Wen
侧视×0.7　采集号:D4548 H_5^1　　产地:半岛湖　时代: J_{2-3}
14. 克杜篮蛤 *Corbula kidugalloensis* Cox
侧视×1.5　采集号:D4548 H_5^2　　产地:半岛湖　时代: J_{2-3}
15. 缨边蛤未定种 ? *Fimbia* sp.
侧视×0.8　采集号:XDP_1 H_4　　产地:兄弟泉剖面　时代: J_2～K
16—18. 近圆形锥海胆 *Conulus subrotundus* (Mant.)
16 底视　17 顶视　18 侧视 ×0.7　采集号:XDP_2 H_1^1　　产地:兄弟泉剖面　时代: J_2
19. 方锥石未定种 *Conularia* sp. (cf. *sinoconularia*)
侧视×1　采集号:D7502H_3　　产地:长水河西　时代: O～J
20. 梯氏刮具海扇 *Chlamys* (*Radulopectin*) *tipperi* Cox
侧视×1　采集号:D7619 H_{1-5}^7　　产地:普鲁岗日西　时代:J_{2-3}
21,22. 梳状箱贻蛤 *Arcomytilus pectinatus* Sow.
21 前视×0.7、22 侧视×0.8　采集号:XDP_2 H_2^1　　产地:兄弟泉剖面　时代: J_2
23. 白马刮具海扇 *Chlamys* (*Radulopecten*) *barmaensis* Wen
侧视×1.3　采集号:XDP_2 H_2^6　　产地:兄弟泉剖面　时代:J_{2-3}

24. 完乌蛤未定种？*Integricardia* sp.
侧视×1.2 采集号:XDP_2H_{12} 产地:兄弟泉剖面,时代:J～K
25. 游离刮具海扇 *Chlamys* (*R.*) *vagans* (Sow.)
侧视×1 采集号:XDP_3H_1 产地:兄弟泉剖面,时代:J_{2-3}
26. 月形拟叠瓦蛤比较种 *Parainoceramus* cf. *lunaris* Hayami
侧视×1 采集号:$XDP_{46}H_3$ 产地:兄弟泉剖面 时代:J_{1-3}
27. 隐叠瓦蛤未定种 *Retroceramus* sp.
侧视×0.5 采集号:$XDP_{46}H_4$ 产地:兄弟泉剖面,时代:J_{1-3}
28. 缅甸光蛎比较种？*Liostrea* cf. *birmanica* (Reed)
侧视×0.7 采集号:$XDP_{46}H_8^1$ 产地:兄弟泉剖面,时代:J_{2-3}
29. 三角蛤未定种 *Trigonia* sp.
侧视×1 采集号:$FHP_1H_7^1$ 产地:方湖南剖面,时代:J_2～K
30. 阿氏花蛤 *Astarte ayersi* Cox
侧视×0.7 采集号:$D1405H_2$ 产地:玛尔果茶卡,时代:J_2
31,32. 观音滩珍珠蚌比较种 *Margaritifera* cf. *guanyintanensis* Xiong et Wanng
31 侧视×0.5 32 顶视×1 采集号:$D1497H_1^1$ 产地:江爱达日那 时代:J_{1-3}
33. 多饰正海扇粗棱亚种比较种 *Eumorphotis multiformis* cf. *rudaecosta* Kipar
侧视×0.8 采集号:$D1502H_1$ 产地:江爱达日那 时代:T_1
34. 双饰脊褶蛤比较种 *Myophoria* (*Costatoria*) cf. *goldfussi* (Albetti)
侧视×1.5 采集号:$D1504H_1^1$ 产地:江爱达日那 时代:T_{1-3}
35. 射线斜锉蛤比较种 *Plagiostoma* cf. *striatum* (Sch.)
侧视×1 采集号:$D1857H_{1-1}^6$ 产地:乱石沟 时代:T_{2-3}

图版Ⅱ

1—4. 短板沟孔贝 *Holcothyris breveseptata* Ching, Sun et Ye
腹、背、侧、前×1 采集号:$CHP_{12}H_1^3$ 产地:半岛湖南长虹河剖面 时代:J_2
5—8,13—16. 格尔木沟孔贝 *Holcothyris golmudeusis* Ching et Sun
5—8. 腹、背、侧、前×1.2 13—16 腹、背、侧、前×1.3 采集号:CHP_{12} $H^{6、7}$ 产地同前 J_2
9—12. 扇形缅甸贝 *Burmirhynchia flabilis* Ching et Sun
腹、背、侧、前×1.2 采集号:XDP_3 H_7 产地:兄弟泉剖面 时代:J_2
17—20. 叶孔贝未定种 *Lobothyris* sp. (or. sp. nov)
腹、背、侧、前×1.3 采集号:CHP_{12} H_1^{10} 产地:半岛湖南长虹河剖面 时代:J_2
21—24. 三角形拟小咀贝 *Rhynchonelloidella trigonalis* Muir-Wood
腹、背、侧、前×0.7 采集号:CZP_2 H_1^1 产地:多格仁错长水河西支沟剖面 时代:J_2
25,30,35. 三角沟孔贝 *Holcothyris trigonaris* Buckman
腹、侧、前×1.3 采集号:CZP_5 $H^{6、7}$ 产地:多格仁错长水河西支沟剖面 时代:J_2
26—29. 五褶瑟曼贝 *Thurmanella penptychia* Ching et Sun
腹、背、侧、前×1 采集号:CZP_4 H_1 产地:多格仁错长水河西支沟剖面 时代:J_2
31—34. 叶状缅甸贝比较种 *Lobothyris* cf. *deflecta* Ching et Sun
腹、背、侧、前×1.4 采集号:CHP_{19} $H^{6、7}$ 产地:半岛湖南长虹河剖面 时代:J

图版Ⅲ

1. 帕空侧星珊瑚 *Latiastrea pakongensis* Liao et Xia
横切面×2 野外号:$D7508H_1$ 层位及产地:上侏罗统,西藏双湖多格错仁北
2. 肋准柱珊瑚 *Stylina paricosta* Koby

横切面×2 野外号:$CZP10H_1$ 层位及产地:上侏罗统,西藏双湖县长水河剖面

3. 德格福尔茨珊瑚 *Volzeia degeensis* Deng et Zhang
横切面×3 野外号:$D5210H_2$ 层位及产地:上三叠统,西藏吐错诺拉岗日
4. 步态福尔茨珊瑚 *Volzeia badiotica*(Volz)
横切面×3 野外号:$D5210H_1$ 层位及产地:上三叠统,西藏吐错诺拉岗日
5. 光珊瑚 *Actinastrea ramulifera*(Etallo)
横切面×4.5 野外号:$HXP7H_1$ 层位及产地:上侏罗统,西藏双湖灰熊沟剖面
6. 外壁柱剑珊瑚 *Stylosmilla crassitheca* Liao et Li
横切面×3 野外号:$D4535H_1$ 层位及产地:中、上侏罗统,西藏双湖县映天湖
7. 米契林柱剑珊瑚 *Stylosmilia michelini* Edwards et Haime
横切面×5 野外号:$D8509H_3$ 层位及产地:上侏罗统,西藏普鲁岗日东

图版Ⅳ

1. 长水河西支沟剖面夏里组(T_2x)杂色砂泥岩夹泥灰岩韵律式沉积,镜头向东
2. 长水河西支沟剖面夏里组(T_2x)泥灰岩双壳化石富集层
3. 长水河西支沟剖面索瓦组(J_3s)灰岩与泥岩间互韵律,镜头向西
4. 灰熊沟剖面索瓦组(J_3s)灰岩与泥岩间互韵律,镜头向北
5. 长水河西支沟索瓦组(J_3s)生物碎屑灰岩
6. 长水河西支沟剖面白龙冰河组(J_3b)砂泥岩沉积韵律,镜头向南
7. 东温泉南白龙冰河组(J_3b)砂岩层内大型槽状交错层理,镜头向东
8. 长水河西支沟白龙冰河组(J_3b)砂岩层内楔状交错层理,镜头向西

图版Ⅴ

1. 长水河西支沟白龙冰河组(J_3b)粉砂岩层内沙纹交错层理,镜头向西
2. 长水河西支沟白龙冰河组(J_3b)细砂岩层面上的不对称波痕构造
3. 长水河西支沟白龙冰河组(J_3b)细砂岩层面上的干沙波痕构造,镜头向西
4. 长水河西支沟索瓦组(J_3s)生物灰岩中的化石碎片及印模
5. 长湖北雪山组一段($J_3K_1x^1$)紫红色、杂色薄—极薄层状泥岩露头,镜头向西
6. 过车岭南侧雪山组二段($J_3K_1x^2$)紫红色砂、泥岩韵律沉积,镜头向南
7. 盐碱湖北雪山组二段($J_3K_1x^2$)砂泥岩层中的紫达色厚层状细砾岩,镜头向西
8. 盐碱湖北雪山组二段($J_3K_1x^2$)紫达色厚层状细——粉砂岩

图版Ⅵ

1. 狮头山东南康托组(E_2k)紫红色半胶结及其单斜产出状态,镜头向东
2. 岗盖日北康托组(E_2k)砂、砾岩韵律沉积及近水平产出状态,镜头向北
3. 岗盖日南侧古近系唢呐湖组(E_2s)紫红色泥岩不整合于上三叠统藏夏河组(T_3z)之上,镜头向西
4. 岗盖日东若拉岗日岩群(T_3R)中的变基性火山岩及其透镜状构造,镜头向西
5. 岗盖日东若拉岗日岩群(T_3R)中超基性岩片(E),镜头向西
6. 狮头山若拉岗日岩群(T_3R)变基性火山岩及大理岩块体产出状态,镜头向东
7. 狮头山若拉岗日岩群(T_3R)中的变玄武岩
8. 狮头山若拉岗日岩群(T_3R)中的变基性火山角砾岩

图版Ⅶ

1. 狮头山南侵位于若拉岗日岩群中的变辉长岩
2. 狮头山若拉岗日岩群中的条带状硅质岩块

3. 东月湖东南鱼鳞山组火山岩被喷发不整合于唢呐湖组红层之上，镜头向东
4. 测区东部蓝云峰鱼鳞山组火山岩锥状地形及其与周缘康托组红层、白龙冰河组海相碎屑岩地层间的不整合接触关系，镜头向北
5. 多格错仁北东鱼鳞山组火山岩锥，周围地层为雪山组二段，镜头向东
6. 桓梁湖西南石坪顶组火山岩被局部产出状态，镜头向西
7. 沙窝滩地区石坪顶组气孔状粗面安山岩

图版Ⅰ

图版Ⅱ

1
2
3
4
9
5
6
7
8
10
13
14
15
16
11
17
18
19
20
12
21
22
23
24
25
26
27
28
29
30
31
32
33
34
35

图版Ⅲ

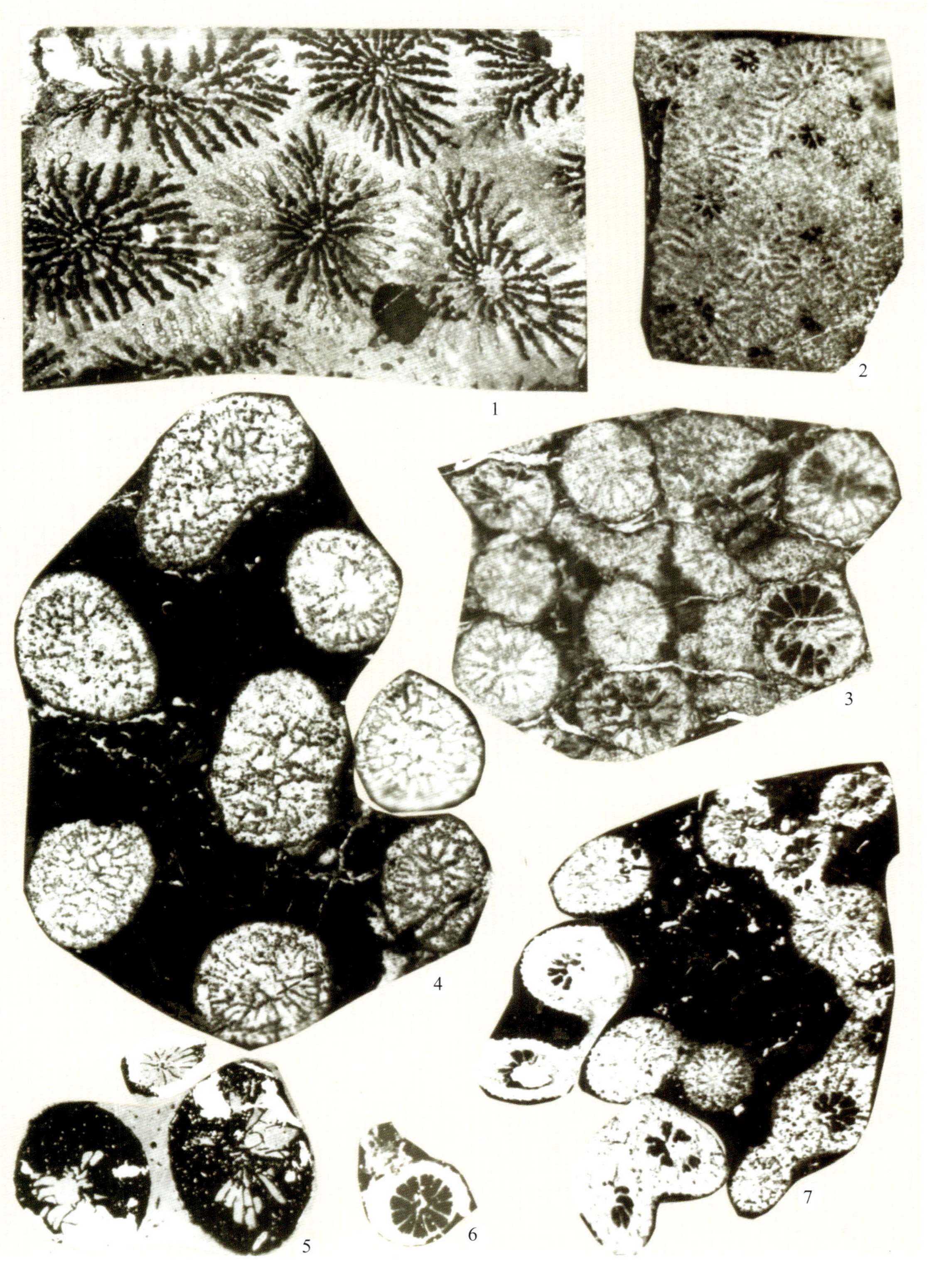

图版Ⅳ

图版Ⅴ

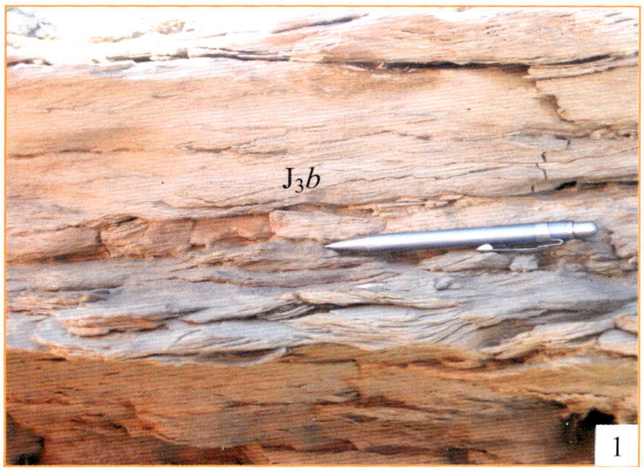

图版Ⅵ

图版Ⅶ

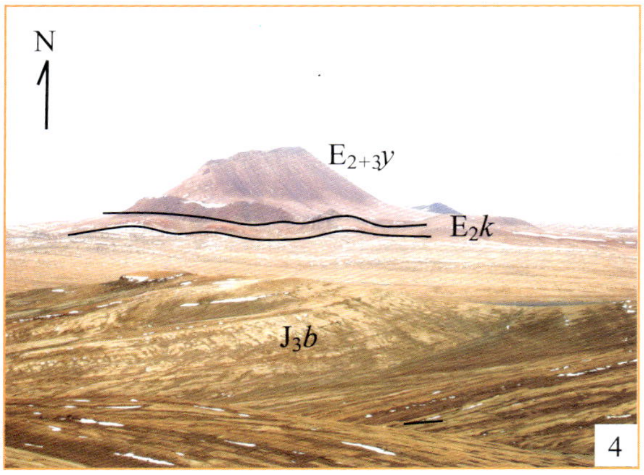

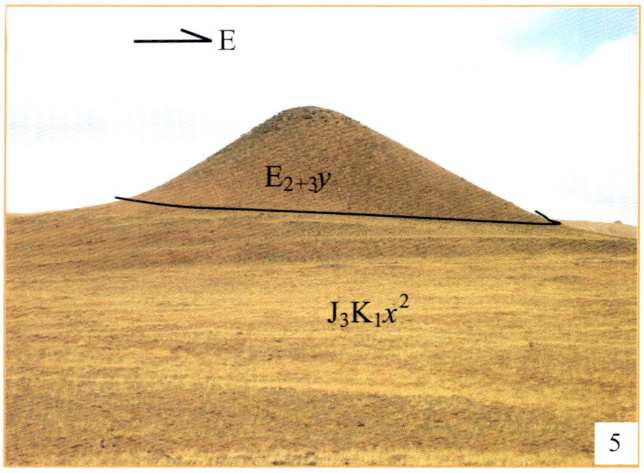